MATERIALPRÜFUNG UND BAUSTOFFKUND
FÜR DEN MASCHINENBAU

EIN LEHRBUCH UND LEITFADE
FÜR STUDIERENDE UND PRAKTIKF

VON

PROF. DR.-ING. WILLY MÜLLF
REGIERUNGSBAURAT A.D.

MIT 315 ABBILDUNGEN

MÜNCHEN UND
DRUCK UND VERLAG V

„Es ist eine mächtige Zeit, durchpulst von gesteigertster Kraft.
Wer das erschauernd gefühlt, der wird sich bewundernd ihr neigen,
Und ist er einmal hinein in den brausenden Strudel gerafft,
Und hat er gefühlt, daß er Kind seiner Zeit — dann, bis sie erschlafft,
Legt er mit Hand an das Werk des Jahrhunderts in staunendem Schweigen."

John Henry Mackay. „Ein Lied der Zeit."

Vorwort.

Das vorliegende Werk, welches ich hiermit der Öffentlichkeit übergebe, ist aus dem Bestreben entstanden, den Studierenden und Praktikern ein Buch an die Hand zu geben, das den Stoff nicht nur vom rein wissenschaftlichen Standpunkte aus betrachtet sondern auch aus der Fülle der Literatur die praktischen Momente hervorhebt und zusammenfaßt. Die Literatur über die Materialprüfung ist heute schon groß, aber sie hat für den im Betrieb tätigen Maschineningenieur vielfach den Nachteil, sich zu sehr in Einzelheiten zu verlieren, die für die praktische Prüfung kaum oder nur in Ausnahmefällen in Frage kommen. Die Werke über die Baustoffkunde gehen aber teilweise in der Theorie nicht weit genug, teilweise stellen sie sich auf einen rein wissenschaftlichen Standpunkt, wodurch der Stoff zu sehr belastet wird.

Das vorliegende Werk erhebt keinen Anspruch auf Vollständigkeit in der Behandlung der Materie; eine derartige Forderung würde auch bei dem heutigen Vorwärtsdrängen der Forschung auf dem großen Gebiete der Metallkunde nicht zu erfüllen sein. Trotzdem, glaube ich, wird es den Studierenden und Praktikern des Maschinenbaues wertvolle Unterlagen zur Erkenntnis der Metalleigenschaften und für die Durchführung der Konstruktionen bieten.

Die Forderung des Tages geht nach größter Wirtschaftlichkeit in der Fabrikation; ohne genaueste Kenntnis der Eigenschaften der Baustoffe ist aber ihre Ausnutzung nicht denkbar. Daß diese Erkenntnis sich immer mehr Bahn bricht, ist zu begrüßen, und ich hoffe, daß auch mein Werk auf diese Weise zum Wiederaufbau unseres Vaterlandes beitragen wird.

Die Arbeit kann als der Niederschlag meiner Vorlesungen über Materialprüfung, Metallographie und Metallkunde gelten, Gebiete, auf deren eingehendste Pflege an den technischen Lehranstalten unter den heutigen Wirtschaftsverhältnissen immer mehr Bedacht genommen werden muß, wenn das erwähnte Ziel erreicht werden soll.

Bei der Abfassung des Werkes hat mich meine Assistentin, Fräulein Margarethe Tietz, in vorbildlicher Weise unterstützt; ich bin ihr dafür zu besonderem Dank verpflichtet.

Ebenso schulde ich Dank den Firmen, die bei der Herausgabe des Buches durch Überlassung von Abbildungen und Druckstöcken behilflich waren; es sind dies folgende Firmen:

Alfred J. Amsler & Co., Schaffhausen	Abb. 14
Düsseldorfer Maschinenbau Akt.-Ges., vormals J. Losenhausen, Düsseldorf-Grafenberg. . .	» 10, 12, 40, 41, 42, 52
Mannheimer Maschinenfabrik Mohr & Federhaff, Mannheim.	» 17, 44
Maschinenfabrik Augsburg-Nürnberg Akt.-Ges., Nürnberg	» 3, 9
Louis Schopper, Leipzig	» 5, 53
A. M. Erichsen, Berlin-Friedenau	» 59, 60
Schuchardt & Schütte, Berlin	» 54
Siemens & Halske Akt.-Ges., Berlin	» 67, 68
Carl Zeiß, Jena	» 74, 75
Ernst Leitz, Wetzlar.	» 76, 77, 89, 90, 94, 96
Metallographische Anstalt P. F. Dujardin & Cie., Düsseldorf	» 66, 88, 91, 92, 93, 95, 139, 140, 142
R. Fueß, Berlin-Steglitz	» 72, 73
C. Reichert, Wien	» 78.

Darmstadt, Juli 1922.
Berlin, Dezember 1923.

Dr.-Ing. W. Müller.

Inhaltsverzeichnis.

Bezeichnungen der Eigenschaftswerte.

In den Abbildungen wurden folgende Bezeichnungen gebraucht:

E Elastizitätsmodul in kg/qcm,
σ_e Elastizitätsgrenze in kg/qmm,
σ_p Proportionalitätsgrenze in kg/qmm,
σ_s Fließ- oder Streckgrenze in kg/qmm,
σ_z Zerreißfestigkeit in kg/qmm,
δ Zerreißdehnung in %,
q Querschnittsverminderung nach dem Zerreißen in %,
Z Bruchschlagzahl beim Dauerschlagbiegeversuch,
H_b Brinellhärte in kg/qmm,
σ_b Biegungsfestigkeit in kg/qmm,
f Durchbiegung,
S Schlagfestigkeit in mkg/qcm,
s Spezifisches Gewicht,
a Temperaturkoeffizient,
R Remanenz,
K Koerzitivkraft,
H Hysteresis,
I Intensität des Magnetismus,
B Induktion,
μ Permeabilität,
σ Spezifischer elektrischer Widerstand,
L Löslichkeit.

Abschnitt AA. Allgemeines.

A. Zweck und Ziel der Materialprüfung.

Unter Materialprüfung verstehen wir die Prüfung der Stoffe auf ihre Eigenschaften. Diese Prüfung kann sich einmal auf die mechanischen Eigenschaften, wie Festigkeit, Dehnbarkeit, Bildsamkeit, Härte usw., erstrecken, sie kann aber auch einen tieferen Einblick in das Metall notwendig machen, für welche Zwecke man sich der Ätzverfahren und des Mikroskopes bedienen muß. Hierdurch erkennen wir den Gefügeaufbau, der uns oftmals Eigenschaften enthüllt, für welche die mechanische Prüfung keinen Anhalt gibt. Als dritte Prüfungsart kommt die chemische Analyse — sei sie qualitativer oder quantitativer Natur — in Betracht. Sie gibt einen Einblick in den elementaren Aufbau, welcher durch die beiden ersten Prüfungsarten in den meisten Fällen nicht erschlossen werden kann. Alle drei Prüfungsverfahren ergänzen sich gegenseitig, und es ist unzulässig, das eine oder das andere als das wichtigere zu bezeichnen. Für viele Fälle wird eine mechanische Untersuchung ausreichen, für andere Fälle dagegen wird nur eine metallographische oder chemische möglich sein; oftmals erfordert die Klärung sämtliche. Die drei Verfahren bilden in vielen Fällen die Möglichkeit einer gegenseitigen Kontrolle.

Der Materialprüfung sind sowohl die Rohstoffe als auch die Erzeugnisse, soweit es sich um Halbfabrikate oder z. B. bei Werkzeugen um Fertigfabrikate handelt, zu unterziehen. Sie beabsichtigt also eine Kontrolle des Lieferanten und eine Beaufsichtigung des Fabrikationsganges des eigenen Werkes.

Die notwendigen Eigenschaften der Rohstoffe ergeben sich aus den Forderungen der eigenen Fabrikation; die Erfahrung verlangt besondere Notwendigkeiten hinsichtlich der Reinheit, der Festigkeitswerte und des Gefügeaufbaues, um die laufende Verarbeitung möglichst reibungslos zu gestalten und Fehlfabrikate auszuschließen. Aber auch die vielfache Forderung des Kunden nach Garantien zwingt ein Werk seinerseits wieder, von dem Lieferanten gewisse Zusicherungen über die Eigenschaften der Rohstoffe zu verlangen. Diese beiden Gesichtspunkte führen zur Aufstellung von Einkaufsnormen, die zweckmäßig von der Versuchsanstalt im Einvernehmen mit dem Betrieb und dem Konstruktionsbureau aufgestellt werden. Durch die genaue Prüfung der eingehenden Waren übt man eine erzieherische Wirkung auf den Lieferanten aus.

Die Kontrolle des eigenen Betriebes ergibt sich aus der Notwendigkeit, die Reklamationen der Kunden auf ein möglichst geringes Maß zu beschränken. Besonders unter den heutigen Verhältnissen liegt der Erfolg einer Fabrikation in der Herstellung von Qualitätsware, die sich nicht nur durch Ersparnisse an Zeit und Unkosten, sondern auch in der Erhöhung des Ansehens eines Unternehmens bezahlt macht. Zahlreiche Kunden, zu denen auch besonders die Behörden gehören, sind bereits dazu übergegangen, ihre Einkäufe nur auf der Basis genau umrissener Güteeigenschaften zu tätigen. Entweder stellen sie ihre Forderungen selbst auf, oder sie verlangen von dem Lieferwerk gewisse Garantien, um die Sicherheit einer gleichmäßigen Erzeugung des Produktes zu erhalten. Es empfiehlt sich, die verlangten Werte durch die Versuchsanstalt auf die Möglichkeit ihrer Einhaltung bei der laufenden Fabrikation prüfen zu lassen, wodurch natürlich die Anstalt auch die Verantwortung für die angegebenen Garantien übernimmt. Die eigenen Garantiewerte wird die Versuchsanstalt im Einvernehmen mit dem Betrieb aufstellen und durch genügende Zwischen- und Endkontrollen die Innehaltung überwachen. Unter Berücksichtigung dieser Umstände weist man die Leitung von Abnahmen zweckmäßig ebenfalls der Versuchsanstalt zu.

Aus dem Vorhergesagten ergibt sich die große Bedeutung der Versuchsanstalt für einen modernen Betrieb. Sie bildet eine neutrale Instanz, die sowohl bei der Prüfung eines vom Kunden beanstandeten Materiales wie auch bei der Kontrolle der eingekauften Rohstoffe in gewissenhafter und objektiver Weise die Wahrheit erforschen und ihren Spruch fällen muß. Daher muß die Versuchsanstalt vom Betriebe vollständig losgelöst sein und unmittelbar der Direktion unterstehen, und es ist als widersinnig zu bezeichnen, etwa den Betriebsleiter zugleich zum Vorstande der Versuchsanstalt, d. h. zu seinem eigenen Richter machen zu wollen.

B. Richtlinien für die Anlage von Versuchsanstalten.

Der Versuchsanstalt gibt man zweckmäßig eine zentrale Lage im Werk, weil sie mit den verschiedensten Betriebsabteilungen zusammenarbeiten und möglichst leicht erreichbar sein muß. Für das Gebäude ist ein hufeisenförmig angelegter Grundriß zu empfehlen, da ein solcher in bequemer Weise die Möglichkeit zur Erweiterung bietet.

Man unterteilt das Institut in 4 Abteilungen:

1. die Zentralabteilung mit dem Sitz der Leitung,
2. die mechanisch-physikalische Abteilung,
3. die metallographisch-metallurgische Abteilung,
4. die chemische Abteilung.

1. Die Zentralabteilung.

Die Zentralabteilung umfaßt eine Reihe Räumlichkeiten, die für die Verwaltung und Durchführung der im nächsten Kapitel zu beschreibenden Organisation notwendig sind. Wir finden hier das Arbeitszimmer des Institutsvorstandes sowie dasjenige seines Vertreters, der zugleich der Leiter der Zentralabteilung angegliederten technischen Bureaus und der mechanischen Werkstätten ist. Zu einer jeden größeren Versuchsanstalt gehört notwendigerweise ein Konferenz- und Vortragssaal sowie eine Bibliothek und ein Archiv. Registratur, Analysenregister, Statistik, Kartothek und Korrespondenz werden in einer Schreibstube erledigt. Für Besucher wird man ein Empfangs- und Wartezimmer einrichten und für bemerkenswerte Proben einen Sammlungsraum. Es hat sich als zweckmäßig erwiesen, für fremde Abnahmebeamte ein Zimmer bereit zu stellen, das ihnen nicht nur als Aufenthaltsraum, sondern auch zu Arbeitszwecken dient. In dem der Zentralabteilung angegliederten technischen Bureau werden die Neukonstruktionen für Apparate und Maschinen entworfen. Außerdem gehört zur Zentralabteilung noch die Materialabnahme und Probenannahmestelle, welche das Ein- und Ausgangsjournal führt und die Verbindung zwischen der Versuchsanstalt und den einzelnen Werksabteilungen herstellt, so daß die eigentliche Untersuchungsstätte für Unberechtigte verschlossen ist. In enger Fühlungnahme mit der Probenannahmestelle steht die mechanische Werkstatt, welche die Proben aus dem eingelieferten Material herausarbeitet und für ihre Vorbereitung sorgt; für die Analysen werden hier die zu untersuchenden Späne entnommen bzw. die Proben mit Mörsern, Mühlen und Stampfapparaten zerkleinert.

Für genügende Kontrolle hinsichtlich der Zuverlässigkeit der Arbeiten in den einzelnen Abteilungen ist von der Leitung Vorsorge zu treffen.

2. Die mechanisch-physikalische Abteilung.

Die mechanisch-physikalische Abteilung umfaßt einen Vorratsraum, einen Saal für die Festigkeitsprüfmaschinen sowie einen Feinmeßraum, in welchem die Versuche zur Ermittlung der Wärmeausdehnungszahlen, spezifischen Gewichte, elektrischen und magnetischen Größen und andere physikalische Untersuchungen ausgeführt werden.

3. Die metallographisch-metallurgische Abteilung.

Diese Abteilung umfaßt neben einem Vorratsraum Räumlichkeiten zum Schleifen, Polieren, Ätzen und Mikroskopieren, für Haltepunktsbestimmungen und sonstige Feinmessungen. Da in der metallographischen Abteilung zahlreiche Lichtbilder angefertigt werden, ist eine Dunkelkammer anzugliedern. Außerdem gehört zu dieser Abteilung noch ein Schmelz-, Glüh- und Härteraum, in welchem Versuchsschmelzen und Probehärtungen und -glühungen vorgenommen werden können. Wir finden also in diesem Raume Tiegelschmelzöfen, Muffelöfen, elektrische Widerstandsöfen, Salzbadöfen sowie Härtebecken.

4. Die Chemische Abteilung.

Die Analysen werden in einem allgemeinen Analysenraum sowie in einem Titrier- und Elektrolysenraum ausgeführt, neben welchen ein Verbrennungsraum besteht, in dem auch kalorimetrische Prüfungen gemacht werden können. In großen Laboratorien kann man für die Untersuchung von Erzen, Kohle, Schlacken besondere Räumlichkeiten bereitstellen. Für Prüfungen, die aus dem gewöhnlichen Rahmen herausfallen, z. B. diejenigen von Gasen, Ölen, Farben usw., ist ein gesonderter Raum vorzusehen. Endlich ist noch auf einen Destillierraum sowie Vorrats- und Spülräume Bedacht zu nehmen.

Es würde zu weit führen, auf nähere Einzelheiten für die Anlage der Laboratorien einzugehen. Die Vorsorge genügender Anschlüsse für Gas, elektrisches Licht und elektrische Kraft, deren Leitungen zwecks leichter Zugänglichkeit frei hängend oder in Kanälen untergebracht sind, für gute Ventilation in den Analysenräumen, für genügende Ausstattung mit Feuerlöschgeräten, für richtige Aufstellung der Prüfmaschinen und Apparate, um sie vor Wärmeschwankungen und Erschütterungen möglichst zu bewahren, alle diese Gesichtspunkte müssen der Einsicht und Erfahrung des Erbauers überlassen bleiben. Nur auf einen Umstand möchte ich noch hinweisen: man lege die Räumlichkeiten nicht zu klein an, denn zu jeder wissenschaftlichen Untersuchung gehört genügender Platz, um die Apparatur übersichtlich und leicht zugänglich aufstellen zu können.

Für Werke, bei denen dauernde Kontrollen des Ganges der Schmelzöfen notwendig sind, eignet sich zur schnellen Beförderung der Proben und Untersuchungsergebnisse vorzüglich ein Rohrpostsystem, falls man nicht besondere Betriebslaboratorien in der Nähe der einzelnen Betriebe vorzieht, die dem Hauptlaboratorium unterstehen. Hierbei ist zu berücksichtigen, daß gewisse Betriebe (Schmelzöfen, Hochöfen usw.) wegen der dauernden Kontrolle auch ein durchgehendes, dreischichtiges Arbeiten des Laboratoriums erfordern.

C. Die Organisation des Prüfwesens in Fabrikbetrieben.

Die Organisation des Prüfwesens kann in verschiedener Weise geschehen und muß sich nach den Einzelbedürfnissen richten. Im folgenden soll daher kein allgemein gültiges Schema gegeben, sondern nur ein Beispiel vorgeführt werden, das sich praktisch bewährt hat. Die Aufgaben des Prüfwesens sind sehr vielgestaltig, man kann sie in folgenden Punkten zusammenfassen:

1. Materialkontrolle,
2. Untersuchung der Ursachen von Fabrikationsmängeln,
3. Wissenschaftliche Untersuchungen zur Vervollständigung unserer Kenntnisse der Eigenschaften der verwendeten Materialien und damit die Ermöglichung zu besserer Ausnutzung der Baustoffe,
4. Ausarbeitung der von den Lieferanten zu fordernden Garantiewerte,

5. Ausarbeitung der den Kunden zu gewährenden Garantiewerte,
6. durch monatliche Prüfberichte der Direktion und dem Betrieb ein
   Bild über die Güte der einzelnen Baustoffe und die Zuverlässigkeit
   der Lieferanten zu geben.

Um diese Aufgaben verwirklichen zu können, ist es notwendig, daß die gesamte Korrespondenz, soweit sie materialtechnischer Natur ist, über die Versuchsanstalt geht. Für die Bestellung der Baustoffe erhalten Materialienbureau, Einkauf und Magazin ein Verzeichnis der laufend gebrauchten Ma-

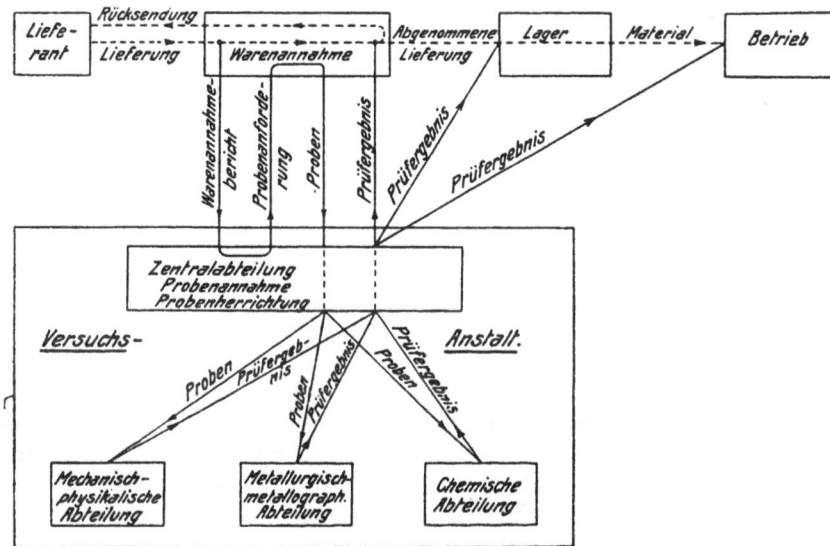

Abb. 1. Organisation der internen Materialabnahme.

terialien sowie der für diese zu fordernden Mindestgarantiewerte. Diese Werte sind jeder neuen Bestellung zugrunde zu legen. Die Mindestgarantiewerte sind, wie bereits gesagt, von der Versuchsanstalt im Einvernehmen mit dem Konstruktionsbureau und dem Betrieb festzusetzen.

Die Prüfung der angelieferten Materialien erfolgt nun in der Weise, daß sie auf dem Wege von der Warenannahme zum Lager von der Versuchsanstalt abgenommen werden müssen. Da der Eintritt der Rohstoffe in die Fabrikation mit dem Augenblick geschieht, wo die Materialien in das Lager kommen, wird durch die Zwischenschaltung der Abnahme erreicht, daß nur geprüfte Baustoffe zur Verarbeitung gelangen.

Der Gang der Abnahme ist nunmehr nach Abb. 1 folgender:

1. Nach Eingang des täglichen Warenannahmeberichtes ist vom Abnahmebeamten der Probenannahmestelle auf dem Probenanforderungsformular (Formular 1) der Auszug der zu prüfenden Gegenstände zu machen;

| | Heftrand | | Formular 1. |

Probenanforderung
für Warenannahme-Bericht Nr. 50 vom 29. Mai 1922.

Eingangs-datum	Liefe-rant	Be-stell-Nr.	Gegenstand			Proben-zahl	Proben-größe mm	Begleit-zettel Nr.	Bemer-kungen
			Stück bez. m		kg				
28. 5. 22.	N. N.	2807	–	geglühte Kupfer-bleche, 2 mm stark	1000	6	50×350	160	–

Versuchsanstalt   (Ort),   den 29. Mai 1922.

(Unterschrift):

. . . .

2. der Abnahmebeamte der Probenannahmestelle wählt in der Warenannahme an Hand des Anforderungsformulars die Proben aus, stempelt sie und übergibt das Formular der Warenannahme; zugleich prüft er das Material auf seine äußere Beschaffenheit, wie Abmessungen, Geradheit, Sauberkeit usw.;

3. die Warenannahme sendet die Proben mit den zugehörigen Begleitzetteln (Formular 2) an die Probenannahmestelle der Versuchsanstalt;

4. die Probenannahmestelle läßt nötigenfalls die Proben bearbeiten und leitet sie weiter an die in Betracht kommende Prüfungsabteilung;

5. diese Prüfungsabteilung prüft das Material (Formular 3), füllt den Begleitzettel mit dem Werturteil aus und gibt ihn auf dem Wege über den Institutsvorstand an die Probenannahmestelle der Versuchsanstalt zurück;

6. der Abnahmebeamte stempelt an Hand der Begleitzettel das brauchbare Material; das unbrauchbare wird als solches kenntlich gemacht;

7. bei sofort vom Betriebe gebrauchten Baustoffen schreibt die Warenannahme ohne Aufforderung den Begleitzettel aus und gibt ihn mit einem Eilvermerk an die Probenannahmestelle, die dann das Weitere veranlaßt;

Formular 2.

Warenannahme Versuchsanstalt	Begleitzettel Nr. *160*			

Gegenstand (u. Sendungs-Nr.)	*Bleche 2 mm stark (Nr. 1896)*	Stück	—
Material	*Kupfer geglüht*	kg	*1000*
Lieferant	*N. N.*	m	—
Bestell-Nr.	*2807*	(Eilt ?)	

Warenannahme		Versuchsanstalt						Warenannahme	
Eingang am	Zeichen des Beamten	Eingang am	Prüfung Nr.	Prüfergebnis	Gegenstand geht an	Reklamation vom	Abteilung und Zeichen	Eingang am	Zeichen
28.5. 22	*Trz*	*29.5. 22*	*1732*	*Zu geringe Festig-keit, narbig, über-glüht unbrauchbar*	*Lieferant zurück*	*29.5. 22*	*1. M.*	*29.5. 22.*	*Trz*

Bei Rücksendungen ist auf der Versandanzeige zu bemerken: »Unbrauchbar wegen . . . . lt. Reklamation vom. . . . .«

Bemerkungen:

Warenannahme:

Versuchsanstalt:

8. je ein Prüfprotokoll (Formular 3) geht über den Institutsvorstand an das Lager und den betreffenden Betrieb;

9. die Warenannahme gibt das durch Stempel abgenommene Material an das Lager und sendet das unbrauchbare zurück; hierbei ist auf der Versandanzeige der Grund für die Zurücksendung sowie das Datum des Reklamationsschreibens der Versuchsanstalt anzugeben (vgl. Begleitzettel Formular 2), um unnötige Rückfragen und Verzöge-rungen in der Ersatzlieferung zu vermeiden;

10. ist die Arbeitsweise eines Betriebes durch fortwährende Kontrollen zu unterstützen, wie dies z. B. für Hochöfen und Stahlwerke zu-trifft, so laufen die Proben automatisch an die Probenannahme-stelle, wobei sich der Betrieb eines dem Begleitzettel ähnlichen Formulares bedienen kann.

Materialprüfung Nr. *1732.*

Material	*Kupferbleche, geglüht*		
Vorgesehen für	*Druckzwecke*		
Lieferant	*N. N.*		

Begleitzettel Nr.		*160*	
Bestellung Nr.		*2807*	
Bezeichnung		—	
Maßeinheit		*1000 kg*	
Abmessungen in mm	Soll	*2,0*	
	Ist	*2,00 — 2,05*	
Probenzahl	Soll-werte	*6*	
Bruchlast kg	—	—	
Festigkeit kg/qmm	*22*	*19,0 ∶ 20,0*	
Streckgrenze kg/qmm	—	—	
Dehnung $(l = 11{,}3 \sqrt{f}\ )$ %	*30*	*35 ∶ 32*	
Kontraktion %	—	—	
Härte (nach)	—	—	
Tiefung mm	*13*	*9*	
Biegungen $(r = $)	—	—	
Torsionen $(l = $)	—	—	
Bördelung $(r = $)	—	—	
Beanstandung vom:		—	

Bemerkungen: *Probenoberfläche nach dem Zerreißen und Tiefen grobnarbig; überglüht.*

Unbrauchbar!

(Unterschrift):

(Ort), den *29. Mai* 1922. . . . .

Heftrand (left margin)

Die Materialabnahmen der Kunden werden durch die Versuchsanstalt geleitet. Diese hat durch eine laufende Betriebskontrolle dafür zu sorgen, daß das zu verkaufende Material einwandfrei ist und den abgegebenen Garantien und damit den Anforderungen des Kunden genügt. Sämtliche Beanstandungen materialtechnischer Natur vom Kunden werden direkt von der Versuchsanstalt bearbeitet, welche allein die für die Erledigung notwendige Erfahrung besitzt.

D. Die äußere Beschaffenheit der Materialien und ihre Probenentnahme.

Die Art der Probenentnahme sowie die Anzahl der Proben, welche für die Untersuchung gebraucht werden, richtet sich ganz nach ihrer Beschaffenheit. Für Baustoffe, die in großen Mengen angeliefert werden, und bei denen es zur Nachprüfung der gegebenen Garantiewerte meist auf die Ermittlung der mechanischen Eigenschaften und der chemischen Zusammensetzung ankommt, kann die Probenentnahme nach feststehenden Grundsätzen in schematischer Weise erfolgen. Bei Untersuchungen jedoch, welche die Aufdeckung von Materialfehlern und ihrer Ursachen bezwecken, lassen sich für die Probenentnahme im allgemeinen keine feststehenden Regeln angeben.

1. Die Beurteilung der Baustoffe nach ihrer äußeren Beschaffenheit.

Zugleich mit der Probenentnahme geht eine Besichtigung der Baustoffe auf ihre äußere Beschaffenheit Hand in Hand. Es genügt nicht, daß nur die mechanischen Eigenschaften gut sind, sondern auch das Äußere muß frei von Fehlern sein, und wenn das Material für Zwecke gebraucht wird, wo es dem Auge in seiner natürlichen Beschaffenheit sichtbar ist, darf die Güte des Aussehens nicht außer acht gelassen werden. Hinsichtlich der Oberfläche müssen die Baustoffe frei von Rissen, Schiefern und Falten sein. Rohre und Stangen dürfen keine Riefen besitzen, Bleche keine Beulen und Kantenrisse, Schweißeisen keine Schweißnähte und Guß keine porösen und schwammigen Stellen; bei abgeschnittenem Material ist auf rechtwinklige und saubere Schnittflächen zu achten. Gebeizte Bleche und Drähte werden vielfach für besondere Zwecke, wie Fassungen, Schmucksachen usw. gebraucht, wo sie dem Auge einen schönen Anblick bieten sollen; bei ihnen ist demnach auch auf gleichmäßige Farbe und Fleckenlosigkeit zu achten. Schlacken, unganze Stellen, Lunker, Blasen und Seigerungen dürfen sich nicht zeigen.

Zur Prüfung der äußeren Beschaffenheit gehört auch diejenige der Maße. Um sich hierüber ein Bild zu machen, welche Toleranzen eine normale Fabrikation nötig hat, sind in Folgendem Maßvorschriften für Eisen, Stahl und sonstige Metalle zusammengestellt. Die Kenntnis derartiger Toleranzen ist naturgemäß von Wichtigkeit, wenn die Aufstellung von Liefervorschriften in Frage kommt. Hierbei muß darauf hingewiesen werden, daß die einzelnen Werke je nach den Möglichkeiten ihrer Fabrikation in ihren Toleranzen auch voneinander abweichen können.

a) Toleranzen für Eisen und Stahl.

1. Bleche.

α) Feinbleche (< 5 mm Stärke).

Blechdicke mm	0,5	0,50 ÷ 0,75	0,75 ÷ 1,00	1,00 ÷ 2,00	2,00 ÷ 5,00
Toleranzen mm	± 0,06	± 0,08	± 0,12	± 0,15	± 0,25

Fixes Format: Länge: + 0,5 %, mind. + 10 mm
Breite: + 0,5 %, » + 6 mm
Unfixes Format: Länge: ± 150 mm
Breite: ± 50 mm

β) Grobbleche (≦ 5 mm Stärke).

Blechdicke mm	5,0 ÷ 6,0	6,1 ÷ 7,0	7,1 ÷ 10,0	10,1 ÷ 15,0	15,1 ÷ 20,0	20,1
Toleranzen mm: Unterschied der kleinsten und größten Dicke:						
für Blechbreiten						
≦ 1500 mm	1,1	1,1	1,0	0,9	0,9	0,8
1501 ÷ 1700 »	1,4	1,3	1,2	1,1	1,0	0,9
1701 ÷ 2000 »	1,8	1,7	1,6	1,5	1,4	1,3
2001 ÷ 2300 »	——	2,1	2,0	1,8	1,7	1,6
2301 ÷ 2600 »	——	——	2,4	2,2	2,1	2,0
2601 ÷ 3000 »	——	——	——	2,7	2,6	2,5
3001 ÷ 3300 »	——	——	——	——	3,1	2,8
3301 ÷ 3600 »	——	——	——	——	——	3,1

Länge und Breite: + 0,5 %, jedoch für Stärken 20 mm + 10 ÷ 25 mm
und » » 20 mm + 15 ÷ 30 mm

2. Stabeisen.

α) Rund-, Vierkant-, Sechskant-, Achtkanteisen.

Dicke mm	5 ÷ 25	> 25 ÷ 50	> 50 ÷ 100	> 100 ÷ 150	> 150
Toleranzen mm	± 0,5	± 0,75	± 1,0	± 1,5	± 2,0

Fixe Länge: abgeschert, warmgesägt, gebrochen ± 10 mm
gefräst, kaltgesägt ± 5 mm
Unfixe Länge: ± 250 mm

β. Flacheisen (+ 10 × 180 mm) und Halbrundeisen:

Dicke mm	< 12,5	≥ 12,5		Breite mm	< 50	≥ 50
Toleranzen	± 0,5 mm	± 4 %		Toleranzen	± 1 mm	± 2 %

Länge wie unter 2 α.

γ) Universaleisen (+5 × 600 mm):

Dicke: ± 5 %, mindestens ± 0,5 mm
Breite: ± 2 %
Länge: ± 0,3 %

δ. Schraubeneisen und Nieteisen:

Dicke mm	5 ÷ 25	> 25
Toleranzen	±0,25 mm	± 1 %

Unfixe Länge: ± 250 mm.

3. Rohre.

für Landdampfkessel.

Rohrlänge m	< 3	> 3
Toleranzen	+ 10 mm	+ 15

Außendurchmesser: $\pm$ 1 %, mindestens $\pm$ 0,5 mm
Wandstärke: $--$ 20 %

4. Drähte.

Walzdraht-Durchmesser: $\pm$ 6 %
gezogener Draht-Durchmesser: $\pm$ 2,5 %

5. Gußeisen.

Gerade Rohre . . . . . Gewicht	$\pm$	5 %
gewöhnliche Formstücke »	$\pm$	10 %
schwierige » »	$\pm$	15 %

6. Stahlformguß.

Gewicht: $+ 10 \div + 20$ % je nach Größe und Form.

b) Toleranzen für Kupfer und seine Legierungen.

1. Bleche.

Blechdicke mm	$0,1 \div 0,2$	$> 0,2 \div 1,0$	$> 1,0 \div 2,0$	$2,0 \div 10,0$	$10,0 \div 20,0$
Toleranzen	+ 0,01 mm	$\pm$ 5 %	+ 0,05 mm	+ 0,1 mm	+ 0,2 mm

Fixes Format: Länge $\pm$ 5 mm
Breite $\pm$ 2,5 »
Unfixes Format: Länge $\pm$ 250 »
Breite $\pm$ 20 »

2. Bänder.

Dicke mm	$< 0,40$	$> 0,40$	Dicke mm	< 1	> 1
Toleranzen mm	+ 0,01	+ 0,02	Breiten-toleranzen mm	+ 0,2	+ 0,5

3. Stangen.

Dicke für gepreßte Stangen $\pm$ 0,3 mm
» » gezogene » $\pm$ 0,1 »
» » » Profile $\pm$ 0,4 »
Fixe Länge . . . . $+$ 10 »
Kurze Abschnitte . . . . . $+$ 1 »

4. Rohre.

Wandstärke mm	0,5 ÷ 1,4	1,5 ÷ 1,9	2,0 ÷ 2,9	3,0 ÷ 3,9	4,0 ÷ 4,9	≥ 5,0
Toleranzen	± 0,1 mm	± 0,15 mm	± 0,2 mm	± 0,3 mm	± 0,35 mm	± 7 %

Lichte Weite mm	< 100	100 ÷ 200	÷ 200
Toleranzen	—0,5 ÷ + 1,0 %	—0,5 ÷ + 1,0 mm	— 0,25 ÷ + 0,50 %

Fixe Längen . . $+$ 10 mm
Kurze Abschnitte $+$ 1 »

5. Drähte.

Drahtdurchmesser mm		Toleranzen mm
0,05 ÷ 0,09		± 0,003
0,10 ÷ 0,24		± 0,005
0,25 ÷ 0,49		± 0,008
0,50 ÷ 1,09	gezogen	± 0,010
1,10 ÷ 1,49		± 0,015
1,50 ÷ 1,99		± 0,020
2,00 ÷ 3,99		± 0,050
4,00 ÷ 12,00		± 0,100
Alle Dimensionen gepreßt		± 0,3
6 — 10		± 0,3
11 — 15	gewalzt	± 0,5
16 — 20		± 0,8

Auf Wunsch werden die $\pm$ Toleranzen auch ganz nach der $+$ bzw. — Seite verlegt.

2. Die Probenentnahme zum Zwecke der laufenden Abnahme.

Für die mechanische Untersuchung richtet sich die Probengröße je nach der Prüfungsart und den Erfordernissen der einzelnen Maschinen. So wird man z. B. für Rundstangen, Profilstangen, Rohre, Drähte, Bänder und Bleche in den meisten Fällen mit einer Probenlänge von 40 cm auskommen, während z. B. Seile eine solche von 1,0 bis 1,5 m je nach der Einspannungsmöglichkeit erfordern. Die Probenzahl richtet sich nach der Menge des abzunehmenden Materials; bei Stangen, Profilen und Blechen ist die Stückzahl, bei Drähten, Bändern und Seilen die Anzahl der Ringe zu berücksichtigen. Bleche und Bänder wird man möglichst längs und quer zur Walzrichtung prüfen. Von Drähten, Bändern und Seilen entnimmt man meist an beiden Enden der Ringe Proben. Material, das besonders starken Beanspruchungen ausgesetzt ist, muß naturgemäß eingehender untersucht werden als solches, das nebensächlichere Zwecke zu erfüllen hat. Im allgemeinen kann man folgendes Schema für die zu prüfenden Materialien aufstellen:

a) Bleche, 5% der Stückzahl, mindestens 2 Proben, Kesselbleche, 25 bis 100% der Stückzahl je nach dem Kesselteil,

b) Bänder, von jedem Ring möglichst außen und innen je 1 Probe, ev. längs und quer,

c) Profile und Rundstangen, 5% der Stückzahl, mindestens 2 Proben,

d) Rohre, 5% der Stückzahl, mindestens 2 Proben, ev. längs und quer,

e) Drähte, von jedem Ring möglichst außen und innen je 1 Probe,

f) Seile, für je 500 m Länge möglichst außen und innen je 1 Probe; Prüfung auf Draht- und Seilfestigkeit.

In ähnlicher Weise wird man bei der Prüfung von Schrauben, Stahlkugeln, Spannschlössern und dergleichen vorzugehen haben. Inwieweit mehr oder weniger Proben zu entnehmen sind, ist der Erfahrung des Institutsvorstandes zu überlassen. Es ist hierbei nach dem allgemeinen Grundsatz zu verfahren, den Materialverbrauch auf ein möglichst geringes Maß zu beschränken, ohne die Möglichkeit einer eingehenden Prüfung aus dem Auge zu lassen. Zuverlässige Lieferanten wird man weniger zu kontrollieren haben als unzuverlässige.

Für die chemische Untersuchung sind von dem Material wenn möglich Späne zu entnehmen; als oberster Grundsatz gilt hier stets die Spanentnahme über den ganzen Querschnitt. Wie aus den späteren Darlegungen hervorgehen wird, kann Bohren zu großen Irrtümern Veranlassung geben, weil hierbei die Späne nur an einer einzelnen Stelle entnommen werden, die zufällig eine ganz andere chemische Zusammensetzung haben kann.

Als zweiter Grundsatz gilt die Vermeidung jeglichen Verlustes bei der Spanentnahme. So enthält z. B. das feinere Hobelpulver von grauem Roheisen einen großen Teil des Graphits, der für die chemische Analyse unter keinen Umständen verloren gehen darf. In dem Hobelpulver von Schweißeisen befinden sich größere Mengen von Schlacke, in welcher Sauerstoff, Phosphor und Silizium angereichert sind; diese feinsten Späne dürfen ebenfalls nicht entfallen. Außerdem ist bei der Probenentnahme durch Hobeln und Drehen darauf zu achten, daß keine fremden Stahlsplitter von dem Werkzeug in die Späne kommen, was natürlich falsche Analysenwerte ergeben würde.

Harte Stähle sind bei 750—800° in offenem Holzkohlenfeuer kurze Zeit auszuglühen und langsam abzukühlen. Von solchen Stoffen, die sich nicht durch Span abhebende Werkzeuge bearbeiten lassen, z. B. weißes Roheisen, müssen Stücke abgeschlagen und in einem Handstahlmörser oder in einem Roheisenklopfer zerkleinert werden.

Ausscheidungen an der Oberfläche von weißem Roheisen sind stärker mangan- und schwefelhaltig als das Muttereisen; auch dies ist wohl zu beachten. Da die Abkühlungsgeschwindigkeit auf die Zusammensetzung des

Gußeisens von Einfluß ist, indem die Graphitausscheidung mehr oder weniger begünstigt wird, kann sich unter Umständen weißes, graues oder halbiertes Gußeisen ausbilden. Sind in einem und demselben Stück derartige Zonen nebeneinander vorhanden, so muß hierauf ebenfalls die Probenentnahme Rücksicht nehmen, da man bei einer Spanentnahme über den ganzen Querschnitt nur einen Mittelwert erhält. In diesem Falle wird man also von einer Spanentnahme über den ganzen Querschnitt absehen, dafür aber den Zonen gemäß vorgehen.

Die Art der Glühung sowie ein Umschmelzen zum fertigen Gußstück können die chemische Zusammensetzung stark beeinflussen; so hat z. B. längeres Glühen von Weißeisen den Zerfall des Eisenkarbides unter Bildung von Temperkohle zur Folge, während beim Umschmelzen des Gußeisens zum fertigen Gußstück der Mangangehalt wegen seiner leichten Oxydierbarkeit abnimmt. Beim grauen Gußeisen findet man auch große Unterschiede im Kohlenstoff-, Silizium-, Mangan-, Phosphor- und Schwefelgehalt je nach der Lage der Probe zum Einguß; bei großen Gußstücken sind beispielsweise diese angeführten Beimengungen in den oben gelegenen Teilen meist angereichert. Man wird in solchen Fällen möglichst eine Skizze der Probenentnahme aufnehmen, weil man bei großen Gußstücken nie eine vollständige Durchschnittsanalyse erreichen kann.

Für Festigkeitsuntersuchungen von Gußstücken gießt man die Probestäbe am besten an, um wenigstens so weit wie möglich die gleichen Gußverhältnisse zu haben.

Bei eingesetztem Eisen ist ebenfalls auf den zonalen Aufbau bei der Probenentnahme Rücksicht zu nehmen; man grenzt diesen in seinem Umfange zweckmäßig vorher an dem ausgeglühten Stück mit Hilfe des Mikroskopes ab. Das Ausglühen darf auch nur kurze Zeit erfolgen, um eine Änderung des Kohlenstoffgehaltes zu vermeiden.

3. Die Probenentnahme zum Zwecke der Aufdeckung der Ursachen von Materialfehlern.

Bei der Probenentnahme für diese Zwecke sind die vorher angegebenen Grundsätze ebenfalls zu berücksichtigen; man entnimmt, wenn z. B. die Ursachen von Rißbildungen aufgeklärt werden sollen, die Proben in nächster Nähe der Risse parallel und senkrecht zur Bruchfläche und dazu unter Umständen auch in einiger Entfernung aus scheinbar gesundem Material. Die Spanentnahme für die chemische Analyse wird zweckmäßig in nächster Nähe der metallographischen Probe erfolgen, und die Lage der Festigkeitsproben wählt man so, daß die Ergebnisse sämtlicher drei Untersuchungsmethoden in Beziehung zueinander gesetzt werden können. Bei der Entnahme der metallographischen Proben, die gewöhnlich in kleineren Stücken aus dem zu untersuchenden Material herausgetrennt werden, ist darauf zu achten, daß die Entnahme stets durch Span abhebende Werkzeuge, Sägen, Drehen,

Hobeln usw. und nicht durch Schneiden mit der Schere, Abtrennung mit dem Meißel o. dgl. geschieht, um keine Änderungen in der Struktur hervorzurufen. Wie aus den späteren Betrachtungen hervorgehen wird, ist es auch unzulässig, die Probe bei der Bearbeitung stark zu erwärmen, weil dies ebenfalls Gefügeänderungen bewirken kann. Im übrigen lassen sich keine weiteren allgemein gültigen Richtlinien aufstellen, vielmehr richtet sich die Probenentnahme im einzelnen nach der Art des Materialfehlers, wobei sämtliche Nebenumstände zu berücksichtigen sind. Hierdurch wird die Probenentnahme zu einem Vorgang, der trotz seiner scheinbaren Einfachheit große Erfahrungen und eine genaue Kenntnis der Baustoffe und der in ihnen möglichen Veränderungen erfordert.

Abschnitt BB. Die Technik der Untersuchung.

I. Kapitel. Die mechanische Prüfung.

A. Die Festigkeitsprüfmaschinen.

1. Allgemeine Anforderungen an die Festigkeitsprüfmaschinen.

An den Festigkeitsprüfmaschinen unterscheidet man drei Teile:

die Krafterzeugung,
die Kraftübertragung und
die Kraftmessung.

Je nachdem für welche Zwecke die Maschine gebraucht wird — sei es für ein rein wissenschaftliches Laboratorium, sei es für ein Fabriklaboratorium — wird man diese oder jene Bauart bevorzugen. Der Bau der Maschinen muß möglichst einfach und übersichtlich sein; eine gute Zugänglichkeit zu allen Teilen bringt den Vorteil einer leichteren Handhabung und einer besseren Überprüfung.

Den Maschinenvorschub (Krafterzeugung) wählt man gern für möglichst weite Grenzen, woraus sich die Notwendigkeit einer Regulierbarkeit des Antriebes ergibt. Der normale Maschinenvorschub ist 1—10% Dehnungszuwachs in der Minute und richtet sich nach der Dehnbarkeit des Stoffes. Man unterscheidet zwischen mechanischem und hydraulischem Antrieb. Bei ersterem wird für Vorschübe von über 50 mm/Min. der Motor unmittelbar mit der Maschine gekuppelt. Der hydraulische Antrieb hat den Vorteil einer leichten Regulierbarkeit der Arbeitsgeschwindigkeiten innerhalb weiter Grenzen; dafür verlangt er aber das Vorhandensein von Druckwasser.

Die Vorrichtung zum Einspannen (Kraftübertragung) der zu prüfenden Proben soll möglichst schnell zu bedienen sein. Zu komplizierte Konstruktionen an diesen Maschinenteilen wirken nachteilig, weil durch Versagen oft ein schnelles Einspannen verhindert wird.

Die Lastanzeige (Kraftmessung) muß ebenfalls übersichtlich angeordnet und leicht zugänglich sein. Bei Manometern ist ein Schleppzeiger unbedingt notwendig, weil es leicht vorkommen kann, daß von dem Beamten die Höchstlast durch irgendeinen Zufall übersehen wird, wodurch der Versuch dann naturgemäß hinfällig wäre. Außerdem ist zu beachten, daß die Manometer stets eine gewisse Reibung besitzen, die man durch leichtes Klopfen ausschalten kann.

Um den Zerreißvorgang später nachprüfen zu können, hat sich die Anbringung eines Schaubildapparates sehr bewährt, der das Spannungsdehnungsdiagramm zeichnerisch aufnimmt.

Um über das Arbeiten der Maschine stets unterrichtet zu sein, ist es zweckmäßig, diese einer mindestens jährlichen Nacheichung zu unterziehen. Für Maschinen, die sehr viel in Benutzung sind, wird sich eine halbjährliche Nacheichung kaum umgehen lassen. Im allgemeinen wird für die Festigkeitsprüfmaschinen eine Genauigkeit von $\pm$ 1% der Lastanzeige verlangt, welcher Fehler vernachlässigt werden kann. Der Maschinenfehler ist gewöhnlich bei den niedrigsten und höchsten Belastungen am größten und bei den mittleren Lasten am geringsten. Es folgt daraus, daß jede Maschine in der Mittellage am genauesten arbeitet. Der ungefähr 10% der höchsten Leistung der Maschine umfassende unterste und oberste Kraftbereich ist daher möglichst zu vermeiden oder unter Berücksichtigung der Fehler nur insoweit zu benutzen, als die Beständigkeit der Fehlerwerte sicher ist.

Für rein wissenschaftliche Versuche ist darauf Bedacht zu nehmen, daß sich die Maschine auf bestimmte Dauerbelastungen ohne Laständerung einstellen läßt. Diese Forderung ist in weitestgehendem Maße bei Maschinen mit mechanischem Antrieb erfüllt, weil bei hydraulisch angetriebenen Maschinen die Dichtung des Kolbens gegen die Zylinderwandung nicht so gut gewährleistet ist, welcher Übelstand auch bei den nach dem Amagatschen Prinzip arbeitenden, eingeschliffenen Kolben unter Verwendung eines zähflüssigen Öles als Druckübertragungsmittel nicht ausgeschaltet ist. Andrerseits ist diejenige Maschine die genauere in ihrer Lastanzeige, die über eine möglichst einfache Anzeigevorrichtung, z. B. ein einziges Hebelsystem, verfügt. Auf die Abnutzung der Schneiden ist streng zu achten.

Das schnelle Arbeiten im Fabriklaboratorium erfordert eine bequeme und leichte Art der Krafterzeugung und Kraftablesung; man wird daher in solchen Fällen, wo viele Stäbe im Laufe des Tages geprüft werden, den hydraulischen oder maschinellen Antrieb bevorzugen. Ebenso ist in diesem Falle eine selbsttätige Lastanzeige (Manometer) am günstigsten, weil sie im Gegensatz zum Aufsatz von Einzelgewichten bzw. zum Handvorschub von Laufgewichten einen kontinuierlichen Gang der Lastanzeige wiedergibt. Im allgemeinen haben aber derartige Lastanzeiger wieder den Nachteil, daß sie entweder direkt mit den Zylindern in Verbindung stehen und dadurch zu

Ungenauigkeiten Veranlassung geben, oder an eine Meßdose angeschlossen sind, welcher Apparat aus den unten geschilderten Gründen einer besonders sorgfältigen Überwachung bedarf. Es möge hier schon erwähnt sein, daß die Meßdosen (vgl. Abb. 15) vollständig frei von Luft sein müssen, wenn sie einwandfrei arbeiten sollen, andernfalls man nie eine konstante Lastanzeige, d. h. ein Stehenbleiben des Zeigers nach Aufbringung einer gewissen Last erreicht; die Forderung der Luftleere ist nicht ganz leicht zu erfüllen. Eine weitere Notwendigkeit für die Meßdosen, die ernstester Beachtung wert ist, besteht in ihrer Dichtigkeit. Sowie nämlich Flüssigkeit, wenn auch nur in geringen Mengen, austritt, sind die Arbeitsverhältnisse der Meßdose ganz andere geworden, weil sich die Membran weiter durchdrückt; hierbei können durch die obere Führungsmembran Zusatzbeanspruchungen auftreten, ganz abgesehen von dem Grenzfall, daß der Kolben während der Lasteinstellung an seiner Hubbegrenzung anlangt und dadurch keine weitere Lastanzeige bewirkt.

2. Der Bau der Festigkeitsprüfmaschinen.

Man kann die Festigkeitsprüfmaschinen einmal nach der Art ihres Antriebes unterteilen in Maschinen mit:

a) Druckflüssigkeitsantrieb (Wasser, Öl, Glyzerin), und

b) mechanischem Antrieb (Schnecke und Schneckenrad),

    α) mit direkt gekuppeltem Motor,

    β) mit Motor und Reibrädervorgelege,

    γ) mit direktem Riemenantrieb,

    δ) mit Riemenantrieb und Reibrädervorgelege,

    ε) mit direktem Handantrieb.

Es läßt sich aber auch eine Unterteilung nach der Art der Kraftmessung vornehmen, und zwar:

a) Maschinen mit Hebelwage,

b) Maschinen mit Neigungswage,

c) Maschinen mit Laufgewichtswage,

d) Maschinen mit Manometer am Preßzylinder,

e) Maschinen mit Meßdose und Manometer.

Wir wollen die letzte Unterteilung zur Besprechung der Maschinentypen wählen, wobei bemerkt sein mag, daß von jeder Maschinengattung nur einige typische Vertreter aufgeführt werden können.

a) Die Maschinen mit Hebelwage.

Zu diesen Maschinen, welche ein unveränderliches Übersetzungsverhältnis besitzen, gehört die 50 t-Martens-Maschine (Abb. 2 u. 3). Die Maschine wird durch Druckwasser angetrieben, der Kolben K ist auf und ab zu bewegen, der Probestab St greift einerseits an der Zugstange des Kolbens K und anderseits an dem Hebel H an. Durch den Kolben wird die Kraft P auf ihn übertragen. Auf der einen Seite des Hebels H sitzt das Gegengewicht g,

18

auf der anderen Seite werden die Belastungsgewichte G_1 und G_2 in Form von Scheiben aufgesetzt, wobei die Ausbalanzierung durch den Zeiger Z geschieht. Abb. 3 gibt das natürliche Aussehen der Maschine wieder.

Die Maschine eignet sich wegen ihrer großen Genauigkeit besonders gut zu wissenschaftlichen Untersuchungen.

b) Die Maschinen mit Neigungswage.

Die Maschinen mit Neigungswage besitzen einen Winkelhebel, an dessen einem Ende ein Gewicht G angebracht ist, während der andere Schenkel durch Kreissegment und Zugband mit dem Probestab St

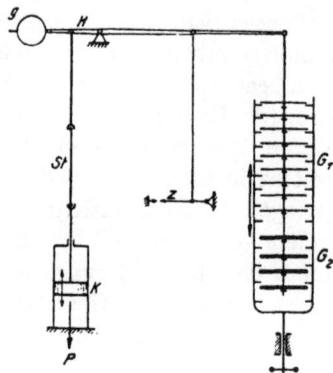

Abb. 2. Maschine mit Hebelwage und hydraulischem Antrieb. (Bauart Martens.)

Abb. 3. Martens-Maschine.

in Verbindung steht. Die Messung der Belastung P erfolgt durch den Ausschlag dieses Gewichts auf einer geeichten Skala. Ab. 4 und 5 zeigen eine solche einfache Maschine (Bauart Schopper), die in den verschiedensten Größen gebaut wird. Sie wird gern für kleinere Lasten, also für die Prüfung von Drähten, dünnen Bändern u. dgl. gebraucht. Der Antrieb der Maschine erfolgt entweder von Hand, durch Druckwasser oder durch Motor.

Abb. 6 und 7 geben eine Maschine mit Neigungswage und Antrieb durch Druckwasser (Bauart Pohlmeyer) für 25, 50 und 100 t Höchstlast wieder. Das Druckwasser übt auf den Kolben K die Kraft P aus, welche auf den Probestab St übertragen wird. Der Probestab greift an den Stangen S an und überträgt die Kraft P auf ein zusammengesetztes Hebelsystem, das durch ein Gegengewicht g ausgeglichen ist. Der

Ausschlag des Belastungsgewichtes G ist proportional der Größe der Kraft P. Die Lastanzeige erfolgt durch ein mechanisches Manometer M.

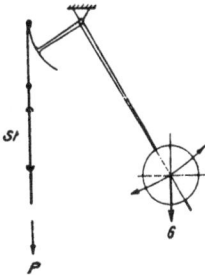

Abb. 4. Maschine mit
Neigungswage.
(Bauart Schopper.)

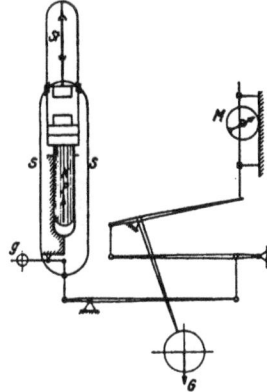

Abb. 6. Maschine mit Neigungswage und hydraulischem Antrieb.
(Bauart Pohlmeyer.)

Die Pohlmeyer-Maschine ist für Zug-, Druck- und Biegungsbeanspruchung zu gebrauchen; das Arbeiten mit ihr geht schnell und leicht vonstatten.

c) Die Maschinen mit Laufgewichtswage.

Bei Maschinen mit Laufgewichtswage wird die Veränderlichkeit des Übersetzungsverhältnisses durch ein Laufgewicht erzeugt, das ähnlich wie bei den gewöhnlichen Brückenwagen auf einem Hebelarm hin und her bewegt wird. Für diese Maschinen ist im Gegensatz zur Schopper- und Pohlmeyer-Maschine wie bei der Martens-Maschine eine jeweilige Gleichgewichtseinstellung des Hebels notwendig.

Abb. 8 und 9 geben eine liegende Maschine (Bauart Werder) wieder, die bis zu 100 t Höchstlast gebaut wird. Die Maschine wird mittels Druckwassers angetrieben. Durch den Kolben K wird die Kraft P auf den Winkelhebel H übertragen, auf dessen einem Arm ein Gewicht Lg bewegt wird, während der andere Arm an dem Probestab St angreift. Dadurch, daß in Wirk-

Abb. 5. Schopper-Maschine.

lichkeit die Zugstange Z in vierfacher Anordnung und auf beiden Seiten der Maschine verläuft und die Angriffspunkte der Stangen Z an dem Hebel H

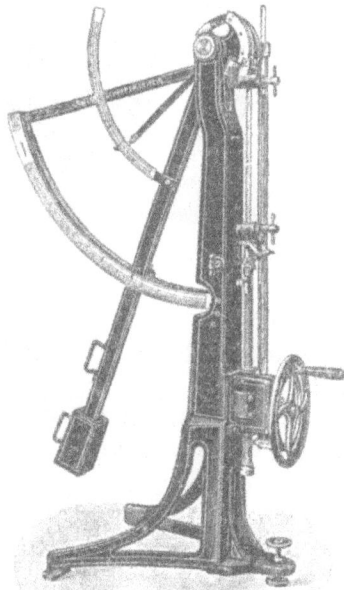

seitlich vom Angriffspunkt des Kolbens K verlegt sind, gewinnt die Maschine kein ganz einfaches Aussehen. Trotzdem ist die Kraftmessung recht genau. Die liegende Bauart sowie das Einschalten von Zwischenlaternen ermöglichen

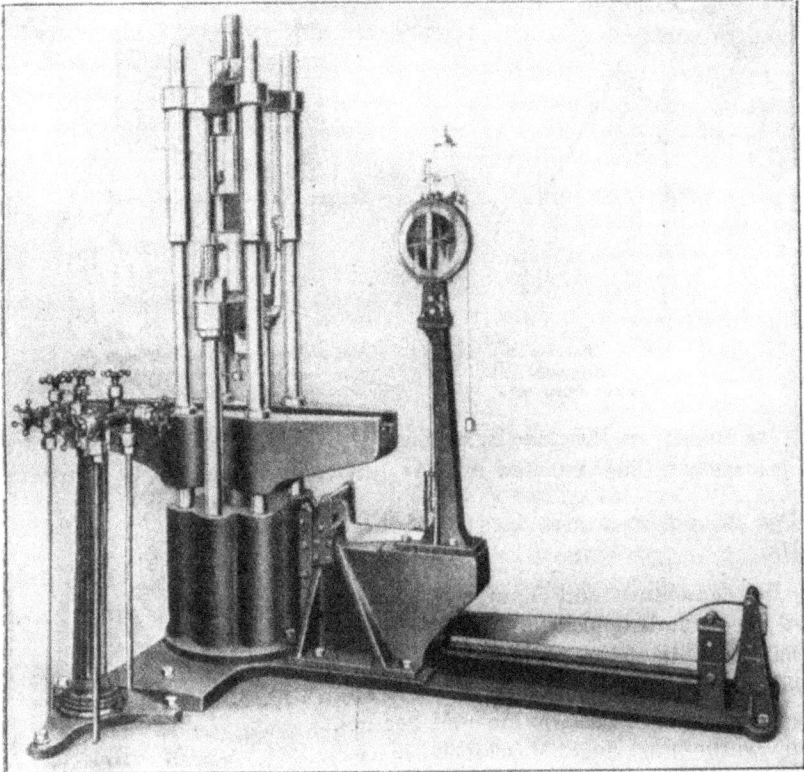

Abb. 7. Universalprüfmaschine. (Bauart Pohlmeyer.)

eine bequeme Prüfung von langen Proben wie Ketten, Seilen, Trägern, Biegebalken u. dgl.

Abb. 10 und 11 geben eine stehende Maschine mit Laufgewichtswage wieder, wie sie in Deutschland vielfach in Benutzung ist. Die Krafterzeugung

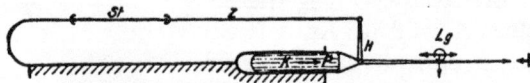

Abb. 8. Maschine mit Laufgewichtswage. (Bauart Werder.)

kann auf eine der oben angegebenen Arten erfolgen. Die Last P greift an den Probestab St an, der die Belastung auf ein Hebelsystem überträgt, das durch ein Gegengewicht g ausgeglichen ist. Das Laufgewicht Lg wird wie bei der

Abb. 9. Werder-Maschine.

Werder-Maschine durch ein Handrad hin und her bewegt. Die Maschine kommt in den verschiedensten Größen auf den Markt und hat sich durch ihre

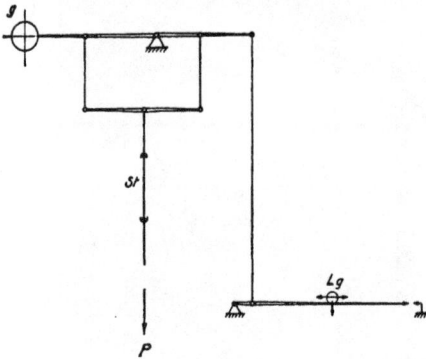

Abb. 10. Maschine mit Laufgewichtswage.

Abb. 11. Maschine mit Laufgewichtswage. (Bauart Losenhausen.)

Abb. 12. Hydraulische Prüfmaschine mit Manometer am Preßzylinder.

große Genauigkeit einen guten Ruf erworben. Abb. 11 gibt die Bauart Losenhausen wieder.

d) Die Maschinen mit Manometer am Preßzylinder.

Abb. 12 zeigt eine einfache Anordnung des Manometers direkt am Zylinder. Die Genauigkeit einer derartigen Anordnung kann nicht allzu groß sein, weil die Kolbenreibung bei der Lastanzeige nicht ausgeschaltet ist. Man kann sie allerdings dadurch berücksichtigen, daß man die Leerlaufskraft der Maschine feststellt, wobei aber stillschweigend vorausgesetzt wird, daß die Lederstulpenreibung an der Zylinderwandung gleichmäßig bleibt. Dies trifft jedoch in Wirklichkeit durchaus nicht zu, wie auch die Reibungsverhältnisse bei den verschiedenen Hubhöhen des Kolbens sowie bei Auf- und Niedergang sich ändern. So nimmt z. B. der zur Überwindung der Stulpenreibung notwendige Betrag des Zylinderdruckes mit wachsendem Arbeitsdruck nahezu nach einer Hyperbel ab.

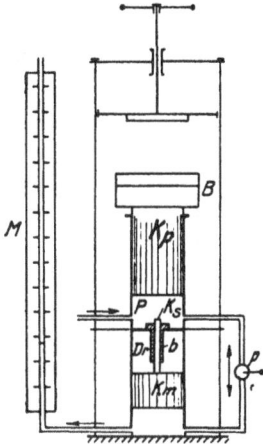

Abb. 13. Druckmaschine mit Quecksilbermanometer. (Bauart Amsler, Laffon & Sohn.)

Um diesem vorzubeugen, wurde von Amsler, Laffon & Sohn eine Maschinengattung entworfen, die in Abb. 13 und 14 wiedergegeben ist. Nach dem Amagatschen Prinzip wird der Kolben K_p eingeschliffen und zur Selbstdichtung ein zähflüssiges Öl als Druckmittel verwendet; der Kolben schwimmt hierbei gewissermaßen in dem Öl. Der Druck P wird in einer seitlichen Kurbelhandpumpe erzeugt. Das Öl hebt den Kolben K_p und drückt zugleich auf den Stiftkolben K_s, der mit dem Meßkolben K_m fest verbunden ist. Hierdurch wird der Druck auf das Quecksilber unter dem Kolben K_m übertragen, das in dem Manometerrohr M hochsteigt. Das Manometer M besitzt 2 Meßbereiche, die dadurch ermöglicht sind, daß ein anderes Meßkolbenübersetzungsverhältnis eingeschaltet werden kann. Zu diesem Zwecke drückt man mit Hilfe der Handpumpe Öl aus dem Druckraum unter K_p in den Raum unter K_m. Hierdurch wird Kolben K_m

Abb. 14. Druckmaschine mit Quecksilbermanometer. (Bauart Amsler, Laffon & Sohn.)

gehoben, kommt zur Anlage an die Buchse b und hebt diese in die Höhe. Nunmehr erfolgt die Übertragung des Druckes P auf den Meßkolben K_m durch den Stiftkolben K_s, vermehrt um die Querschnittsfläche der Buchse b. Will man also die Quecksilbersäule auf eine bestimmte Höhe heben, so ist bei einem kleinen Druck P eine große Druckübertragungsfläche, d. h. Stiftkolben + Buchse nötig; ist der Druck P dagegen groß, so genügt der Querschnitt des kleinen Stiftkolbens allein. Für hohe Drucke arbeitet man also mit dem Stiftkolben K_s und für niedrige Drucke mit dem Stiftkolben K_s + Buchse b. Das Aggregat Stiftkolben, Buchse, Meßkolben nennt man „Druckreduktor".

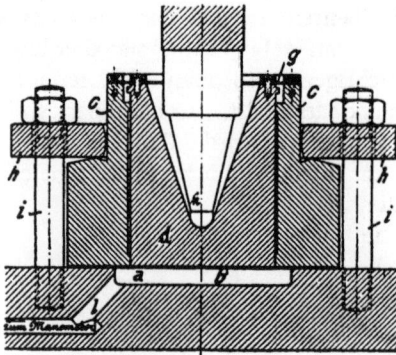

Abb. 15. Meßdose. (Bauart Losenhausen.)

Diese Maschinenarten werden in den verschiedensten Größen hergestellt und eignen sich sowohl für Druck- wie Biegungsbeanspruchung. Ihre Genauigkeit ist groß.

e) Die Maschinen mit Meßdose und Manometer.

Trotz der Schwierigkeit, welche die Meßdose unter Umständen bieten kann, hat sich diese Maschinengattung infolge der bequemen Ablesungsmöglichkeit bereits stark eingebürgert.

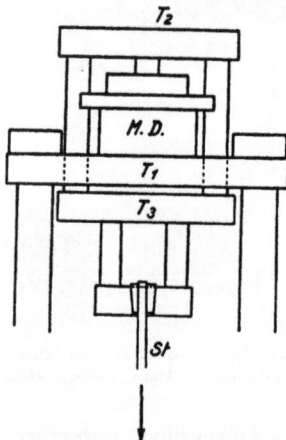

Abb. 16. Anordnung der Meßdose in einer Zerreißmaschine.

Eine Meßdose ist im Prinzip eine mit Wasser oder Öl gefüllte Kapsel, auf die eine Belastung ausgeübt wird, während die Messung des in der Kapsel herrschenden Flüssigkeitsdruckes durch ein Manometer geschieht. Abb. 15 gibt eine schematische Darstellung der Meßdose „Bauart Losenhausen". Der Druck wird durch den Stempel k auf den Kolben d übertragen, der sich im Zylinder c bewegt. Der Zylinder c ist durch den Überwurfring h und die Schraubenbolzen i mit der Grundplatte der Meßdose verbunden. Der Kolben d drückt auf eine Messingblech- bzw. Gummimembran b und erzeugt im Meßdosenraum a einen Druck, der durch die Leitung l vom Manometer gemessen wird. Die Lauffläche des Kolbens d ist durch die Führungsmembran g zugleich vor Verunreinigungen geschützt. Der Kolbenweg darf nur sehr gering sein, er beträgt höchstens bis zu 0,5 mm; Messingblechmembranen erfordern noch kleinere Wege.

Abb. 16 gibt die Anordnung einer derartigen Meßdose in einer Maschine. Der Probestab St greift an einer Traverse T_3 an, die ihrerseits vermittelst Traverse T_2 auf die Meßdose $M.\,D.$ drückt; letztere ist auf dem Maschinenquerhaupt T_1 angeordnet.

Abb. 17. Maschine mit Meßdose. (Bauart Mohr & Federhaff.)

Abb. 17 zeigt eine Maschine für 50 t Druckkraft „Bauart Mohr & Federhaff"; bei ihr ist eine Meßdose sowohl auf Druck- wie auch auf Zugbeanspruchung eingerichtet.

Über die sonstigen Maschinen, wie sie für Spezialzwecke zur Prüfung von Federn, Seilen, Ketten, Winden, Schienen, Achsen und dergleichen benutzt werden, muß auf die einschlägige Literatur verwiesen werden, da eine Beschreibung aller dieser im Rahmen dieses Buches nicht möglich ist.

3. Die Eichung der Festigkeitsprüfmaschinen.

Durch den Gebrauch der Festigkeitsprüfmaschinen erleiden diese Veränderungen, die sich im Laufe der Zeit verstärken können. Bei Maschinen
mit mechanischer Kraftablesung, deren Hebelsysteme meist mit Schneiden
ausgerüstet sind, erfahren diese leicht eine Abplattung durch die normale
Abnutzung sowie als Folge der beim Zerreißen auftretenden Stöße. Maschinen
mit Manometer werden schon von Temperaturschwankungen in ihrer Lastanzeige beeinflußt, und ganz besonders gehören hierher die Meßdosenmaschinen,
wo diese Fehlerquellen bei Warmzerreißversuchen zu unliebsamen Störungen
führen können. Aber auch Unsauberkeit und Vernachlässigung in der Behandlung der Maschinen vermögen die Empfindlichkeit beträchtlich zu verringern. Aus allen diesen Gründen ist eine öftere Nacheichung der Maschinen
unerläßlich. Diese Eichung ist nicht nur dazu bestimmt, um den Fehler
einer Maschine seiner Größe nach festzustellen, sondern je häufiger wir eichen,
einen um so tieferen Einblick bekommen wir in den Gang der Maschine und
in ihr Verhalten hinsichtlich der Fehlerschwankungen. Eine Maschine mit
möglichst gleichbleibendem Fehler ist zuverlässiger als eine solche, deren Fehler
dauernd großen Änderungen unterliegt. Der Maschinenfehler darf, wie bereits
früher schon gesagt wurde, höchstens $\pm 1\%$ der Lastanzeige betragen, wenn
er vernachlässigt werden soll. Dieser Fehler fällt in die Schwankungen der
Versuchswerte, die durch die Ungleichmäßigkeit der Eigenschaften eines
Materials bedingt sind.

Die Eichung der Maschinen kann erfolgen:

    a) mit Kontrollhebel,

    b) mit Kontrollmanometer bei hydraulischen und Meßdosenmaschinen,

    c) mit Vergleichsmeßdose,

    d) mit Kupferzylindern (sog. crusher) bei Fall- und Schlagapparaten
       sowie Druckpressen,

    e) mit Kontrollstab bei Zug- und Druckmaschinen,

    f) mittels elastischer Volumenänderungen von Gefäßen.

a) Die Eichung mit Kontrollhebel.

Der Eichbereich ist durch das Übersetzungsverhältnis des Hebels sowie die Größe der aufzusetzenden Gewichte begrenzt. Die Kontrollhebel
sind nur für geringe Lasten bis zu 10000 kg möglich. Die Eichung geschieht
in der Weise, daß der Hebel (Abb. 18) an Stelle des Zerreißstabes in die
Maschine eingebaut wird. Nachdem nunmehr die Maschine auf die Null-
anzeige gebracht ist, wird die Wagschale stufenweise mit Gewichten belastet, d. h. die Maschine jeweils wieder in die Nullstellung gebracht und
die Angaben des Kraftanzeigers mit den jeweils aufgesetzten Gewichten
verglichen. Aus dem Unterschied der beiden Anzeigen ergibt sich der
Fehler.

b) Die Eichung mit Kontrollmanometer.

Wie bereits früher schon gesagt wurde, ist es notwendig, an jeder mit einem hydraulischen Manometer ausgerüsteten Maschine ein zweites anzuschließen; dieses soll parallel zum Arbeitsmanometer geschaltet sein und lediglich Kontrollzwecken dienen. Damit es im Laufe der Zeit durch das Arbeiten der Maschine sich nicht verändert, muß es für gewöhnlich abgeschaltet sein und darf nur ab und zu zum Vergleich mit dem Arbeitsmanometer herangezogen werden. Das Kontrollmanometer muß seinerseits von Zeit zu Zeit mit einem geeichten Präzisionsinstrument ebenfalls verglichen werden.

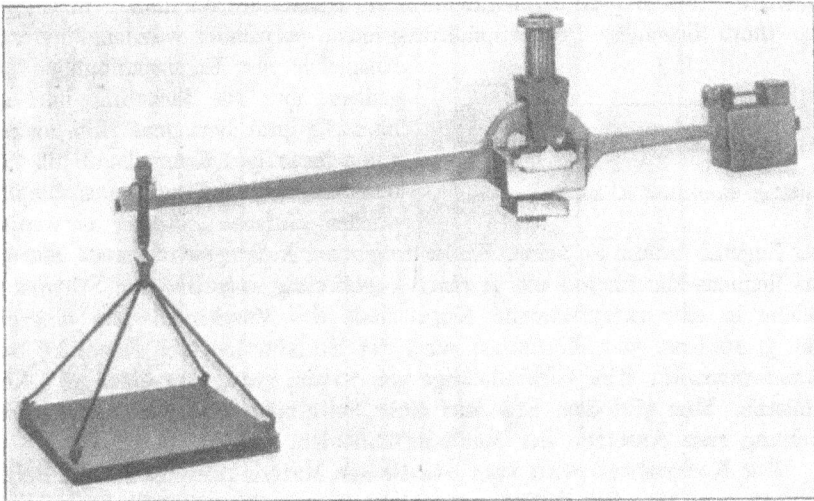

Abb. 18. Kontrollhebelapparat.

c) Die Eichung mit Vergleichsmeßdose.

Bei einer Eichung mit Vergleichsmeßdose wird diese in die Maschine eingebaut und lediglich die Lastanzeige der Maschine mit derjenigen der Meßdose verglichen. Die Meßdose selbst wird man vor und nach der Maschineneichung auf die Genauigkeit ihrer Anzeige kontrollieren. Die Eichungsart mittels Meßdose kommt hauptsächlich nur für Druckbeanspruchung in Betracht.

d) Die Eichung mit Kupferzylindern.

Zur Eichung mit Kupferzylindern benutzt man je nach der Höhe der Belastung solche verschiedener Größe. Man setzt z. B. 5 Zylinder gleicher Höhe und gleichen Durchmessers in einigen Abständen symmetrisch zueinander zwischen zwei genau eben geschliffene Druckplatten und belastet sie mit einer bestimmten Last. Alsdann mißt man die mittlere Zusammendrückung der 5 Zylinder. Da das verwendete Kupfer vorher auf seine Stauchung geeicht ist, läßt sich aus dem Höhenunterschied die wahre Belastung und damit der Maschinenfehler berechnen.

Alle die bisher genannten Verfahren sind zwar in der Anwendung einfach und bequem und daher auch von weniger Geübten leicht ausführbar; es haften ihnen aber Mängel einer gewissen Ungenauigkeit an. Deshalb verwendet man am zweckmäßigsten

e) Die Eichung mit Kontrollstab.

Die Eichung mittels Kontrollstabes geschieht mit Hilfe Martensscher Spiegelapparate, über welche Näheres im Abschnitt B dieses Kapitels zu finden ist. Für den Kontrollstab muß ein Federstahl mit hoher, über 25 kg pro qmm liegender Proportionalitätsgrenze verwendet werden, der zum

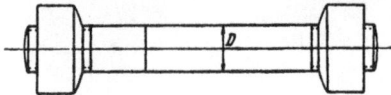

Abb. 19. Kontrollstab für Zugbeanspruchung.

Ausgleich der Eigenspannungen gut gealtert ist. Die Belastung darf nur bis 20 kg/qmm betragen. Abb. 19 stellt einen derartigen Kontrollstab für Zugbelastung dar; für Druckbeanspruchung werden einfache Zylinder verwendet.

Der Zugstab besitzt an beiden Enden möglichst Außengewinde sowie Muttern aus Siemens-Martinstahl mit je einer kugelförmig ausgebildeten Stirnfläche, welche in eine entsprechende Kugelschale des Maschinenkopfes eingreift. Für 5, 10 bzw. 50 t Höchstlast wird der Stabdurchmesser D 20, 25 bzw. 60 mm gemacht. Eine Gewindelänge von 70 mm genügt für einen 50 t Kontrollstab. Man gibt dem Stab auf einer Seite eine feine und saubere Eindrehung zum Ansetzen der Meßfederschneiden.

Der Kontrollstab wird vom Staatlichen Materialprüfungsamt in Berlin-Dahlem geeicht. Die Prüfung geschieht zuerst mit direkter Gewichtsbelastung bis etwa 10 t; die Weitereichung erfolgt alsdann bis zur Grenzbelastung in einer Zerreißmaschine, deren Fehler bekannt ist. Es ist der Einwand erhoben worden, daß das letztere Verfahren nicht sicher genug ist. Wie die tatsächlichen Ergebnisse gezeigt haben, erscheint dieser Einwand nicht stichhaltig, weil der Maschinenfehler, der bei der Eichung des Kontrollstabes eingesetzt wird, zuerst durch vergleichende Dehnungsmessungen an anderen Kontrollstäben unter Zugrundelegung ihrer wirklichen bis 10 t ermittelten Proportionalität errechnet wurde; wenn diese Proportionalität tatsächlich bis zur höchsten Laststufe vorlag, mußte sich hierbei stets der gleiche Maschinenfehler ergeben. Das Amt stellt ein Prüfungszeugnis über die Dehnungen aus, die der Stab bei den verschiedensten Laststufen erfährt; aus diesen Werten ergibt sich alsdann ein mittlerer Sollwert.

Die Eichung einer Maschine geht nun in der Weise vor sich, daß nach Einbau des Stabes, Austarierung der Maschine und Ansetzen der Spiegel der Stab in verschiedenen Stufen bis zur Höchstlast belastet wird (s. Formular 4, Versuchsreihe I). Alsdann wird entlastet und der Stab um 180° gedreht, worauf Versuchsreihe II folgt. Nachdem diese zur Erlangung von Mittel-

Eichprotokoll

5 t-Maschine Nr. 1236.   Datum: 10. Januar 1922.

Mittlere Dehnungen des 10 t-Kontrollstabes M 2432 A 2 in 10^{-5} cm bei den den überschriebenen Lastanzeigen der Maschine in kg:

	Nullast																
Lastanzeige der Maschine in kg	200	500	800	1100	1400	1700	2000	2300	2600	2900	3200	3500	3800	4100	4400	4700	5000
Versuch Nr. I 10^{-5} cm	0	25	50	74	99	124	149	174	199	224	249	274	299	324	349	374	399
„ „ II „	0	26	51	77	103	129	155	181	207	232	258	283	309	334	360	386	412
„ „ III „	0	23	46	69	92	115	132	161	184	206	229	252	275	298	321	344	366
Mittelwerte I : III 10^{-5} cm	0	24,7	49,0	73,3	98,0	122,7	147,3	172,0	196,7	220,7	245,3	269,7	294,7	318,7	343,3	368,0	392,3
Demnach wirkliche Belastung in kg	(200)	504	804	1104	1408	1711	2016	2320	2622	2920	3222	3520	3826	4125	4430	4735	5040
Skalenanzeige der Maschine in kg	(200)	500	800	1100	1400	1700	2000	2300	2600	2900	3200	3500	3800	4100	4400	4700	5000

Mittlere Dehnungszunahme in 10^{-5} cm für je 300 kg

Istwert   24,53

Sollwert   24,36

Mithin beträgt der mittlere Maschinenfehler zwischen o und 5000 kg Belastung

$$\frac{24{,}36 - 24{,}53}{24{,}36} \cdot 100 = -0{,}7\%$$

d. h. die Maschine zeigt im Durchschnitt eine um 0,7% zu geringe Last an.

(Unterschrift):

. . . .

werten auch mehrfach durchgeführt ist, werden die Spiegel abgenommen und neu angesetzt, worauf Versuchsreihe III folgt. Diese verschiedenen Reihen werden ausgeführt, um Meßfehler sowie Zufälligkeiten im Stab- und Spiegelsitz nach Möglichkeit auszuschalten. In Formular 4 sind nunmehr die den einzelnen Versuchsreihen entsprechenden Dehnungsmittelwerte eingetragen und hieraus wieder die Mittel gebildet. Ein Vergleich der gefundenen Dehnungswerte mit den amtlich ermittelten gibt die Unterschiede in den Belastungen und damit die wirkliche Maschinenlast an. Durch den Vergleich zwischen dem Ist- und Sollwert der mittleren Dehnungszunahme für ein bestimmtes Lastintervall erhält man alsdann den mittleren Fehler der Maschine. Der große Vorteil der Kontrollstäbe beruht auf ihrer Unveränderlichkeit hinsichtlich der Dehnung und Abnutzung. Die Eichung erfordert Umsicht, Geschicklichkeit und Erfahrung auf Seiten des Ausführenden.

f) Die Eichung mittels elastischer Volumenänderungen von Gefäßen.

Auf diesem Prinzip beruht der Prüfer „Bauart Amsler", der für Zug bis 30 t und für Druck bis 120 t hergestellt wird. Abb. 20 zeigt den letzteren im Schema. Der Hohlkörper H, dessen Hohlraumvolumen durch ein Einsatz-

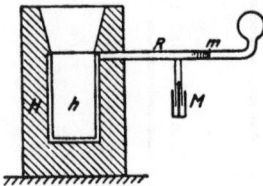

Abb. 20. Eichapparat für Druck.
(Bauart Amsler, Laffon & Sohn.)

stück h verringert ist, besitzt eine Füllung mit Quecksilber, das bei Beanspruchung des Druckkörpers in das Kapillarrohr R verdrängt wird. Vor und nach der Druckbeanspruchung wird der Quecksilberfaden mittels der Mikrometerschraube M auf Marke m eingestellt, wodurch die durch die Last verdrängte Quecksilbermenge gemessen wird. Die vorherige Eichung des Apparates gestattet somit, den Maschinenfehler zu berechnen. Amsler gibt für seine 30 t-Meßdose eine Quecksilberverschiebung in der Kapillare von etwa 7 mm pro t Laststeigerung an. Zu beachten ist das immerhin recht geringe Verdrängungsvolumen, das die Anwendung sehr feiner Kapillaren notwendig macht, was aber zugleich eine Fehlerquelle bedeuten kann. Außerdem müssen diese Prüfer vollständig dicht und luftleer sein, wenn ihre Empfindlichkeit nicht leiden soll. Das Quecksilber darf keinerlei Verunreinigungen enthalten. Das Meßgerät, welches das verdrängte Quecksilbervolumen mißt, muß außerordentlich sorgfältig gearbeitet sein, wenn ungünstige Einflüsse auf die Anzeigen vermieden werden sollen. Wärmeeinflüsse machen sich naturgemäß durch Nullpunktsverschiebungen leicht geltend, worauf bei Dauerversuchen Rücksicht zu nehmen ist.

Ähnlich der Amsler-Meßdose sind die Kraftprüfer von Wazau[1] ausgebildet, jedoch wird das verdrängte Quecksilbervolumen durch eine besondere plattenartige Form des Hohlkörpers möglichst groß angestrebt. Diese Kraft-

---

[1]) Wazau, Verein deutscher Ingenieure, Forschungshefte 1920, Sonderreihe M, Nr. 3.

prüfer sollen für Zug und Druck brauchbar sein; sie können auch an Stelle von Meßdosen direkt in die Maschine eingebaut werden.

Die Kraftprüfer dieser Gruppe haben sich bislang noch wenig eingeführt.

B. Die Apparate zur Dehnungsmessung.

Um die Formänderungen eines einer Belastung unterworfenen Körpers während des Versuches zu messen, werden Grob- und Feinmeßapparate verwendet.

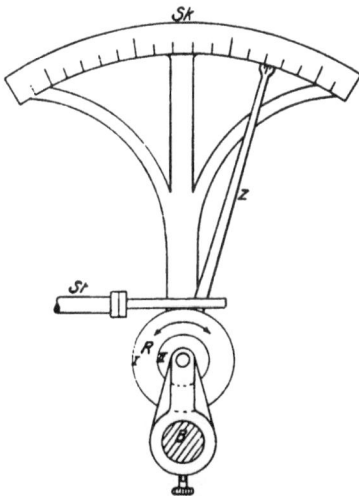

Abb. 21. Durchbiegungsmesser. (Bauart Bauschinger.)

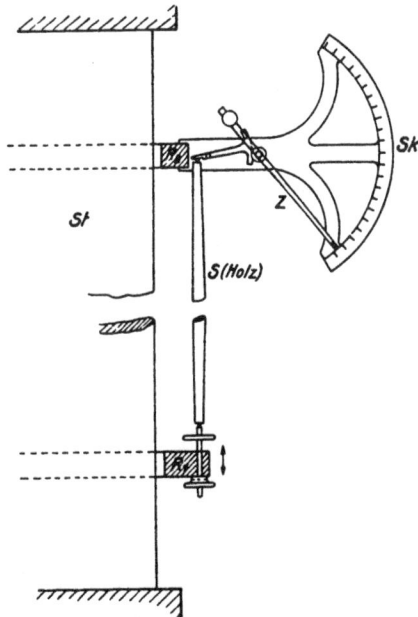

Abb. 22. Dehnungsmesser. (Bauart Bach.)

Die Grobmeßapparate dienen zur Messung der größeren Veränderungen und bestehen gewöhnlich aus einem Maßstab mit feiner Teilung und Nonius. Dieser Maßstab wird mit einer Feder an die Probe angesetzt; die Ablesung erfolgt mittels eines Fernrohres oder Mikroskopes. Sehr große Formänderungen kann man natürlich auch mit einer Schublehre messen, deren Spitzen z. B. in Körner eingreifen.

Zur Messung geringer Formänderungen, wie sie innerhalb des elastischen Bereiches eines Baustoffes auftreten, dienen die Feinmeßapparate, von denen die gebräuchlichsten angeführt sein mögen. Das Arbeiten mit den Feinmeßapparaten erfordert einige Übung. Die einzelnen Versuche nehmen gewöhnlich längere Zeit in Anspruch, so daß derartige Messungen in den Fabriklaboratorien wenig ausgeführt werden. Man überläßt sie lieber den staatlichen Materialprüfungsanstalten, welche hierin Erfahrung besitzen.

Abb. 21 stellt den Bauschingerschen Durchbiegungsmesser dar, wie er bei Biege- und Knickversuchen Verwendung finden kann. Der Apparat wird mit Hilfe des Auges B am Maschinengestell befestigt; an dem Biegebalken greift die Stange St an, die mit ihrem Vorderende auf der Rolle R ruht und beim Vor- und Rückgang diese durch Reibung mitnimmt. An der Rolle R sitzt der Zeiger Z, der auf der Skala Sk die Bewegung der Stange St anzeigt. Das Übersetzungsverhältnis richtet sich nach der Größe des Zeigers Z und des Rollenhalbmessers und kann durch Anbringung von zwei Rollen I und II mit verschiedenem Durchmesser verändert werden. Gewöhnlich ist es 1:20 bzw. 1:50, so daß an der Millimeterteilung der Skala $^1/_{200}$ bzw. $^1/_{500}$ mm Längenänderungen geschätzt werden können.

Abb. 22 zeigt den Dehnungsmesser „Bauart Bach", wie er sich z. B. für Druckversuche gut bewährt hat. Um die Probe St greifen zwei Ringe R_1 und R_2. An R_2 sitzt die Skala Sk. Die Längenänderung der Probe St wird durch einen Holzstab S mit Hilfe eines Segmentgetriebes auf den Zeiger Z übertragen. Das Instrument hat eine Übersetzung von 1:300; $^1/_{10}$ mm Zeigerweg bedeutet also $^1/_{3000}$ mm Längenänderung.

Abb. 23 gibt einen Dehnungsmesser „Bauart Martens-Kennedy". Der Apparat dient zur Messung von Längenänderungen beim Zerreißversuch. Er arbeitet genau und ist sehr empfindlich, so daß er bei der Bestimmung der Streckgrenze gute Dienste leistet. Der Apparat besteht aus zwei Meßfedern m, die durch eine Feder f gegen den Stab St gedrückt werden.

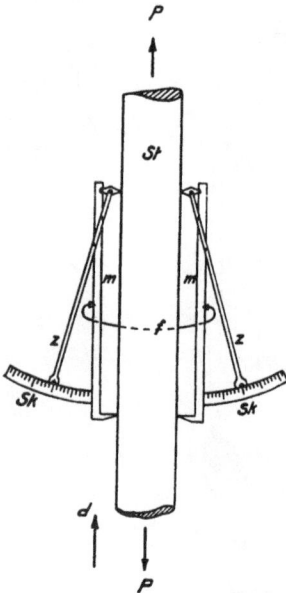

Abb. 23. Dehnungsmesser. (Bauart Martens-Kennedy.)

Die Meßfedern besitzen an einem Ende je eine Schneide, am anderen Ende je eine Kerbe, in welche die Zeigerschneide eingreift. Der Zeiger Z spielt auf der Skala Sk. Das Übersetzungsverhältnis richtet sich nach der Schneidenbreite und der Länge des Zeigers Z; es beträgt für gewöhnlich ungefähr 1:14.

Abb. 24 gibt den Spiegelapparat „Bauart Martens" sowie das Anordnungsschema wieder. Der Spiegelapparat entspricht im Prinzip dem Apparat von Martens-Kennedy, nur sind die Zeiger durch einen reflektierten Lichtstrahl ersetzt. Die Vorrichtung besteht aus zwei Meßfedern 3, die an dem einen Ende mit Schneiden an dem Stab anliegen und durch einen Federbügel 4 gehalten werden. Am anderen Ende der Meßfedern sind Kerben 2, in welche die Spiegelschneiden 1 eingreifen, die sich ihrerseits gegen den Stab legen. Der eigentliche Spiegelapparat besteht aus einer Stange, an der sich die Schneide 1 befindet und die am Ende ein kleines, zugleich als Handhabe

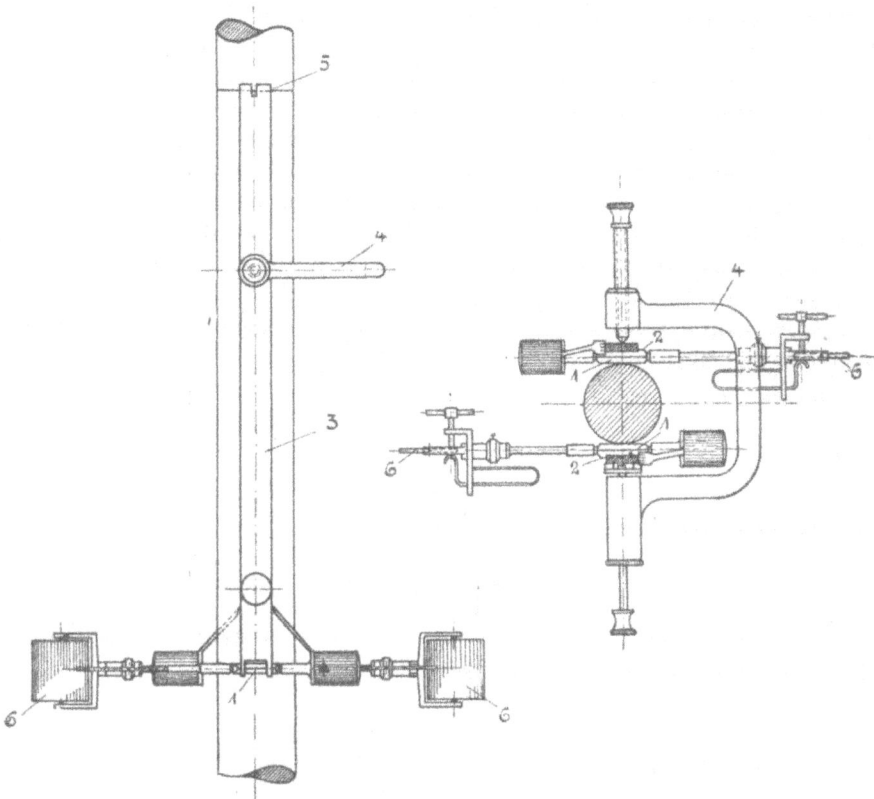

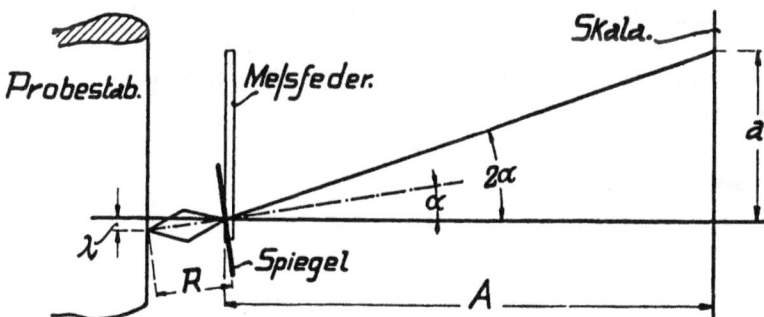

Abb. 24. Spiegelapparat (Bauart Martens) und Aufstellungsschema.

ausgebildetes Gegengewicht mit Einstellzeiger Z trägt. Auf dem anderen
Ende der Stange steckt drehbar und durch Schraube 7 kippbar der Spiegel 6.
Der Zeiger Z dient zur richtigen Einstellung der Schneide gegenüber der

Meßfeder, um Fehler in der Anzeige zu vermeiden. In einer gewissen Entfernung von jedem Spiegel steht ein Fernrohr mit einer in Millimeter eingeteilten Skala. Ändert der Probestab seine Länge um das Stück λ, so macht die Spiegelschneide mit Spiegel eine Drehung, wodurch eine andere Zahl der Skala nunmehr in dem mit Fadenkreuz versehenen Fernrohr erscheint. Dreht sich der Spiegel um den Winkel a, so verschiebt sich das Spiegelbild der Skala gegen das Fadenkreuz um den Betrag a, der nach den Reflektionsgesetzen einem Winkel von $2\,a$ entspricht. Das Übersetzungsverhältnis richtet sich einerseits nach der Schneidenbreite R und anderseits nach dem Abstand A der Skala vom Spiegel. Für gewöhnlich wählt man ein Übersetzungsverhältnis von $1:500$ und berechnet hieraus bei gewöhnlicher Schneidenbreite den Skalenabstand auf folgende Weise:

Es ist

$$\lambda = R \cdot \sin a$$

und

$$a = A \cdot \text{tg}\, 2\, a;$$

hieraus folgt das Übersetzungsverhältnis

$$n = \frac{\lambda}{a} = \frac{R \cdot \sin a}{A \cdot \text{tg}\, 2\, a}.$$

Für kleine Winkel a kann man mit genügender Annäherung den Sinus gleich der Tangente setzen, und man erhält

$$n = \frac{\lambda}{a} = \frac{R}{2\, A};$$

hieraus berechnet sich

$$A = \frac{R}{2\, n}.$$

Die Schneidenbreite wählt man möglichst klein, doch muß auf die Schwierigkeit ihrer genauen Herstellung Rücksicht genommen werden. Es empfiehlt sich eine Breite von ungefähr 4 mm. Unter Zugrundelegung eines Übersetzungsverhältnisses von

$$n = 1:500$$

und einer Schneidenbreite von

$$R = 4\ \text{mm}$$

ist der Skalenabstand

$$A = \frac{4}{2 \cdot \dfrac{1}{500}} = 1000\ \text{mm}.$$

Der Skalenabstand ist für jede Schneide zu berechnen, wobei ihre Breite mit einer Mikrometerschraube festgestellt wird. Um nach dem Ansetzen der Spiegel der Skala den richtigen Abstand vom zugehörigen Spiegel zu geben, benutzt man eine Meßlatte, deren Länge genau gleich dem berechneten

Skalenabstand ist. Die Meßlatte trägt an dem einen Ende eine Metallspitze, die beim Abmessen gegen die Skala gestellt wird, während am anderen Ende eine starke Papierspitze angebracht ist, die auf $^2/_3$ der Spiegelstärke eingestellt wird. Man macht die letztere Spitze aus nachgiebigem Papier, um beim Vorschieben der Skala den Spiegel nicht so leicht herunterzureißen.

Das Ansetzen des Spiegelapparates geschieht in folgender Weise:

1. Einbau des Stabes in die Maschine;
2. Ansetzen der beiden Meßfedern mit Hilfe des Federbügels;
3. Ansetzen der Spiegel und Einstellen der Spiegelzeiger auf die Marken der Meßfedern;
4. Einstellen der Fernrohre in ungefähr 1 m Abstand von den Spiegeln derart, daß bei herausgeschraubtem Okular und dadurch sichtbarem Spiegel das Fadenkreuz auf der Mitte desselben zu stehen kommt;
5. Drehen des Stabes so, daß die Spiegelbilder der Skala seitlich gleich weit von den zugehörigen Fernrohren erscheinen;
6. Einstellung einer Nullast zur Verhinderung von Bewegungen des Stabes;
7. bei hereingeschraubtem Okular und dadurch sichtbarer Skala Einstellung des Spiegels, um die Skalenbilder in das Gesichtsfeld der zugehörigen Fernrohre zu bringen;
8. Einstellung der Skalen auf genaue Entfernung von den zugehörigen Spiegeln.

Dadurch, daß das Übersetzungsverhältnis $n = 1:500$ beträgt, bedeutet $^1/_{10}$ mm der Skala $^1/_{5000}$ mm oder $^1/_{50000}$ cm Dehnung.

C. Die statischen Festigkeitsversuche.

1. Der Zugversuch.

a) Die Abmessung der Probestäbe.

Beim Zugversuch richten sich die Abmessungen der Probestäbe nach der Stärke des Materials, aus welchem diese entnommen werden sollen. In vielen Fällen kann das Material so in der Zerreißmaschine eingespannt werden, wie es vorliegt, z. B. bei Drähten und dünnen Stangen, bei denen eine Bearbeitung nicht möglich ist. Bei dicken Stangen sowie bei sonstigen großen Stücken muß man die Proben durch Drehen oder Fräsen herausarbeiten, und man kann in diesem Falle entweder runde oder viereckige Stäbe wählen; bei Blechen und Bändern nimmt man naturgemäß die viereckige Probenform. Unter Umständen besteht die Vorschrift, das Material in dem Zustande zu prüfen, in dem es verarbeitet wird. So darf Rundeisen, das für die Bewehrung von Betonbauten verwendet wird, nicht abgedreht, sondern muß mit der Walzhaut in seinem natürlichen Zustande zerrissen werden. Ebenso prüft

3*

man Bleche unter Belassung der Walzhaut. Hat man sehr starke Rund-
oder Vierkanteisen, so ist es von Wichtigkeit, ob man den Zerreißstab der
Innen- oder der Außenzone entnimmt. Wegen der Seigerungen, über welche
später gesprochen wird, kann man je nach der Lage des Probestabes andere
Festigkeitswerte erhalten.

Wie aus dem Folgenden hervorgeht, hat es sich gezeigt, daß die Form
der Probekörper im allgemeinen einen Einfluß auf die ermittelten Festigkeitszahlen ausübt. Um hiervon unabhängig zu sein, war es notwendig,
eine Normalisierung der Zerreißstäbe vorzunehmen. Diese Normalisierung

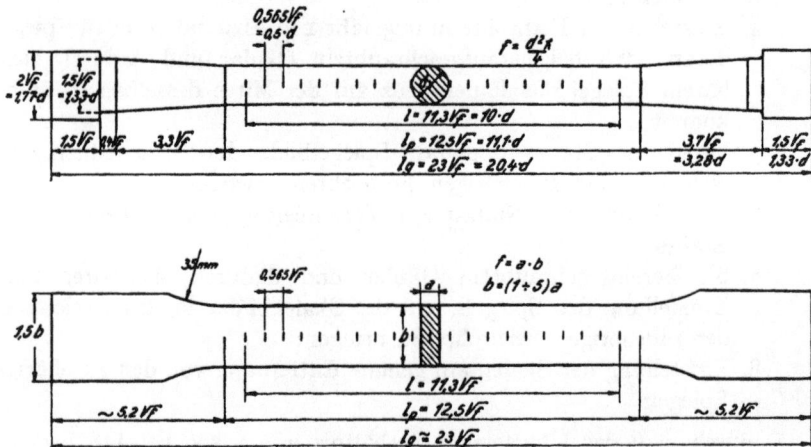

Abb. 25. Rund- und Flachzerreißstäbe mit Verhältnismaßen. (Für Normalstäbe: $f = 314$ qmm.)

hatte die Kenntnis des Gesetzes der Ähnlichkeiten nach Barba oder allgemeiner des Kickschen Gesetzes der proportionalen Widerstände zur Voraussetzung, das die geometrische Ähnlichkeit fordert. Das Kicksche Gesetz
lautet: „Geometrisch ähnliche Körper aus dem gleichen Material erfahren
unter gleichen Umständen bei gleichen Spannungen geometrisch ähnliche
Formänderungen."

Man geht nun in der Weise vor, daß man die Abmessungen der Rund-
und viereckigen Flachstäbe auf die Größe des Querschnittes f bezieht. Abb. 25
gibt die Skizzen der beiden Stäbe mit den auf f bezogenen Massen. Der be-
quemeren Berechnung wegen sind in Abb. 25 die Abmessungen des Rundstabes
auch auf den Durchmesser bezogen. Diejenigen Probeformen, für welche
$f = 314$ qmm ist, nennt man „Normalstäbe"; es gibt also einen normalen
Rund- und einen normalen Flachstab. Sämtliche anderen Stabformen, die
von den Normalstäben unter Zugrundelegung der allgemeinen Verhältnis-
maße abweichen, nennt man „Proportionalstäbe".

Die Stäbe bestehen aus einem prismatischen mittleren Teile, an welchen
sich beiderseits zur gleichmäßigen Übertragung der Zugkräfte allmäh-

liche Übergänge zu den Köpfen ansetzen. Läßt ein zur Untersuchung vorliegendes Stück das Herausarbeiten eines geeigneten Proportionalstabes nicht zu, so muß man zu einer anderen Länge des prismatischen Teiles, etwa zur Hälfte übergehen oder die allmählichen Übergänge zu den Köpfen kürzen. Für Flachstäbe nimmt man die Breite b gleich $1 \div 5$ mal der Stärke a.

Die Bruchdehnungsmessung geschieht über eine bestimmte Anfangslänge (Meßlänge), die

$$l = 11{,}3 \, \sqrt{\text{Querschnitt } f.}$$

ist. Für Rundstäbe ist dieser Wert gleich dem zehnfachen Durchmesser. Für zu kurze Stäbe nimmt man also

$$l = 5{,}65 \, \sqrt{\text{Querschnitt } f.}$$

Die Größe des Beiwertes 11,3 ergibt sich aus der Zugrundelegung des Ähnlichkeitsgesetzes. Hiernach besteht die Gleichung

$$\frac{l_1}{l_2} = \frac{\sqrt{f_1}}{\sqrt{f_2}}.$$

Für $l_2 = 200$ mm und $f_2 = 314$ qmm als Grundlagen des Normalstabes wird

$$l_1 = \frac{200 \, \sqrt{f_1}}{\sqrt{314}} = 11{,}3 \, \sqrt{f_1}.$$

Für dünne Drähte und Bleche bzw. Bänder wird in der Praxis vielfach eine Meßlänge von 100 mm genommen, weil die Länge $l = 11{,}3 \sqrt{f}$ recht gering wird und dadurch große Fehler beim Ausmessen entstehen können.

b) Das Schaubild des Zugversuches.

Wenn man einen Stab in die Maschine einspannt und mit einer Kraft P kg belastet, so längt er sich um ein gewisses Stück λ mm. Da die Kräfte in ihrer Auswirkung von dem Querschnitt der Zerreißprobe abhängen, bezieht man, um einen Vergleich für verschieden große Stabdurchmesser zu ermöglichen, die Kraft P auf die Flächeneinheit des jeweiligen Querschnittes f und bezeichnet diesen Wert als

$$\text{Spezifische Spannung } \sigma = \frac{P}{f} \text{ kg/qmm.}$$

Die Längenänderungen, die ein Stab erfährt, richten sich nach seiner ursprünglichen Länge l_0, und um hier ebenfalls einen Vergleich verschieden langer Stäbe zu ermöglichen, bezieht man die Längenänderung λ auf die Längeneinheit und bezeichnet sie als

$$\text{Spezifische Dehnung } \varepsilon = \frac{\lambda}{l} = \frac{l - l_0}{l}.$$

Tragen wir die Spannungsdehnungswerte schaubildlich auf, so erhalten wir Abb. 26, Kurve E.

Belastet man einen Eisenstab mit allmählich steigender Last, so nimmt seine Dehnung zuerst proportional der Belastung zu. Mathematisch drückt sich dieses Gesetz, das 1678 von Hooke gefunden wurde, durch eine gerade Linie aus von der Form

$$\varepsilon = a \cdot \sigma,$$

worin a eine Materialkonstante bedeutet. a, der Dehnungskoeffizient, entspricht also der Verlängerung eines Würfels von 1 cm Kantenlänge bei 1 kg

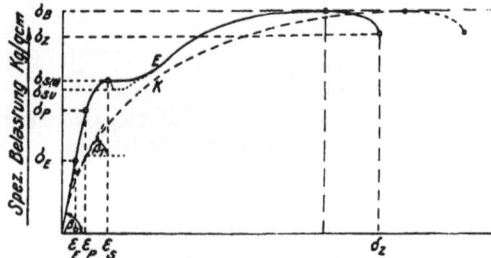

Abb. 26. Spannungs-Dehnungs-Schaubild.

Belastung. Da a eine sehr kleine Zahl ist, benutzt man zweckmäßiger den reziproken Wert und setzt

$$a = \frac{1}{E}$$

oder

$$E = \frac{1}{a}.$$

E nennt man den

Elastizitätsmodul

und drückt ihn für gewöhnlich in kg/qcm aus. Man kann also das Hookesche Gesetz auch in der Form schreiben

$$\varepsilon = \frac{1}{E} \cdot \sigma$$

oder

$$E = \frac{\sigma}{\varepsilon},$$

wobei σ auf die Flächeneinheit von 1 qcm zurückzuführen ist. E kann man auch durch die Tangente des Winkels β darstellen, den die Hookesche Gerade mit der ε-Axe bildet.

Entlastet man den vorher nicht zu stark belasteten Eisenstab wieder, so geht er auf seine ursprüngliche Länge zurück, d. h. er hatte sich bei der Belastung lediglich federnd gedehnt. Bei weiter fortschreitender Belastung wird man jedoch einen Zustand erreichen, bei welchem der Stab nach der Entlastung nicht wieder auf seine ursprüngliche Länge zurückgeht. Er hat also neben seiner federnden Dehnung nunmehr eine bleibende Dehnung erhalten. Den Punkt, bei dem dies eintritt, nennen wir

wahre Elastizitätsgrenze σ_E.

Bei weiterer Belastung über die Elastizitätsgrenze hinaus erreichen wir einen Punkt, bei dem die Proportionalität zwischen ε und σ aufhört und die Kurve von der geraden Linie abweicht; diesen Punkt nennen wir

Proportionalitätsgrenze σ_P.

Die Lage des Punktes σ_P zu σ_E ist nicht ganz einheitlich; es mag dies von der Apparatur zur Dehnungsmessung, aber auch von anderen Umständen abhängen. In manchen Fällen findet man auch σ_P unterhalb σ_E liegend. Für beide Fälle muß also im späteren Verlauf die federnde Dehnung mit zunehmender Belastung vom geradlinigen Gesetz abweichen.

Bei der Belastung über σ_P nehmen die gesamten Dehnungen mit den bleibenden immer mehr zu. Bei einer gewissen Spannung σ_s tritt ein Fließen oder Strecken des Flußeisens ein, ohne daß die Belastung trotz weiteren Maschinenvorschubes steigt. Diese Spannung nennen wir

Fließ- oder Streckgrenze σ_s.

Man findet vielfach Materialien, bei denen die Belastung (Manometeranzeige) nach Erreichen einer bestimmten Spannung $\sigma_{s(o)}$ bis zu einer Spannung σ_{s_u} abfällt; bei letzterer streckt dann der Stab weiter. Man nennt

$\sigma_{s(o)}$ obere Streckgrenze und
σ_{s_u} untere Streckgrenze.

Der Unterschied kann recht beträchtlich sein, und man hat schon Werte bis zu 11 kg/qmm gefunden. Man kann sich die Ausprägung der oberen und unteren Streckgrenze derart denken, daß zunächst eine größere Kraft notwendig ist, um die Massenteilchen in Bewegung zu bringen und ihre Reibung der Ruhe zu überwinden. Für gewöhnlich notiert man nur die obere Streckgrenze oder nimmt bei großen Unterschieden das Mittel aus beiden.

Nachdem ein Flußeisen bei gleich bleibender Belastung sich eine Weile gestreckt hat, nimmt die Belastung (Spannung) wieder zu und erreicht schließlich einen Höchstwert, die

Bruchgrenze σ_B.

Hier beginnt der Stab örtlich einzuschnüren, wodurch ein allmählicher Spannungsabfall einsetzt, bis bei der

Zerreißgrenze σ_z

der Bruch erfolgt.

Die Messung der wahren Elastizitätsgrenze bietet trotz der Spiegelapparate große Schwierigkeiten, weil der Punkt, bei dem die ersten bleibenden Dehnungen auftreten, meist nicht genau feststellbar ist. Ähnliches gilt von der Bestimmung der Proportionalitätsgrenze, wenn diese auch einfacher berechnet werden kann.

Viele Baustoffe, z. B. Kupfer, Bronze und hartgezogener Stahl haben keine ausgesprochene Streckgrenze. Um aber auch für sie einen Anhalt zu bekommen, welcher der ausgeprägten Fließgrenze anderer Materialien wie Flußeisen, weichem Stahl u. dgl. entspricht, ist man dazu übergegangen, als Streckgrenze eine solche Spannung zu bezeichnen, bei der ein gewisses Höchstmaß von Längenänderung stattgefunden hat. In gleicher Weise sucht man der Schwierigkeiten in der Ermittlung der Proportionalitäts- und Elastizitätsgrenze Herr zu werden. Man bezeichnet in diesem Falle als praktische Elastizitätsgrenze diejenige Spannung, bei der 0,001% bleibende Dehnungen aufgetreten sind. Als praktische Proportionalitätsgrenze soll diejenige Spannung gelten, bei der für eine jeweilige Spannungserhöhung um 1 kg/qmm jede neue Dehnung um nicht mehr als 0,0005% vom Mittelwert der vorausgegangenen abweicht. Für den Fall, daß ein Baustoff keine ausgesprochene Fließgrenze besitzt, gilt diejenige Spannung als praktische Streckgrenze, bei der die bleibende Dehnung 0,2% der ursprünglichen Meßlänge beträgt.

Es gibt eine Reihe von Baustoffen, bei welchen die wahre Elastizitätsgrenze außerordentlich tief liegt, z. B. für weiches Kupfer bei ungefähr 1,6—2,9 kg/qmm. Diese Metalle weichen mit ihrem Spannungsdehnungsschaubild von Anfang an von der Hookeschen Geraden ab. Der Elastizitätsmodul dieser Metalle wird sich also mit zunehmender Belastung ändern, und da er sich durch die Neigung der Tangente gegen die ε-Axe ausdrücken läßt, so wird er mit zunehmender Belastung abnehmen (vgl. Abb. 26, Kurve K).

Mit jeder elastischen Längenänderung eines Metalles ist eine Querzusammenziehung verbunden; beide stehen in einem bestimmten Verhältnis, der Poissonschen Konstanten zueinander. Für Metalle liegt das Verhältnis der Dehnung zur Querzusammenziehung ungefähr bei 10/3.

Für die praktischen Bedürfnisse werden für gewöhnlich folgende Daten durch den Zerreißversuch ermittelt:

die Fließ- oder Streckgrenze σ_s bzw. $\sigma_{s_{h}}$ in kg/qmm,
die Bruchgrenze oder Bruchfestigkeit σ_{n} in kg/qmm,
die Bruchdehnung δ_z (Gesamtdehnung nach dem Zerreißen) in %,

$$\delta_z = \frac{l - l_0}{l_0} \cdot 100,$$

die Bruchquerschnittsverminderung q_z (Querschnittsverminderung bis zum Bruch) in %,

$$q_z = \frac{q_0 - q}{q_0} \cdot 100,$$

der Elastizitätsmodul E in kg/qcm.

Für Seile, Fäden, Gewebe u. dgl. wird statt der Festigkeit meist die Reißlänge R bestimmt, weil die Querschnittsabmessungen vielfach nicht genau gemessen werden können. Man bezeichnet als Reißlänge R diejenige

Länge, bei der eine an einem Ende aufgehängte Probe unter ihrem Eigengewicht an der Einspannstelle abreißt. Es ist

$$R = \frac{\text{Bruchlast } P_B \text{ in kg}}{\text{Gewicht } g \text{ in kg/m Länge}} \cdot$$

c) Der wirkliche Vorgang beim Zerreißversuch.

In Abb. 26 ist das Schaubild dargestellt, wie es die Maschine beim Zerreißversuch liefert. Wir sahen, daß der Linienzug nach Überschreitung der Bruchgrenze (Höchstlast) — eine Bezeichnung, die in Wirklichkeit widersinnig ist, weil bei ihr der Stab nicht zu Bruch geht, und die auch durchaus nicht der nach dem Bruch ermittelten Bruchdehnung entspricht — wegen

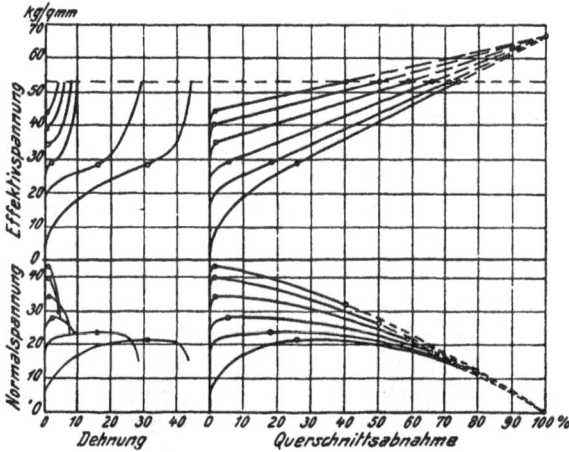

Abb. 27. Zerreißschaubilder für verschieden stark gezogenes Kupfer.

der eintretenden örtlichen Querzusammenziehung wieder abfällt. Dies geschieht, obwohl mit dem Eintritt der bleibenden Dehnungen eine fortschreitende Verfestigung stattfindet. Die letztere Eigenschaftsänderung kann man an der zunehmenden Härte erkennen, außerdem zeigt eine aus einem vorgestreckten Stab herausgearbeitete neue Zerreißprobe eine erhöhte Festigkeit gegenüber dem Ursprungsstab. Der Vorgang der Verfestigung wird also durch das Maschinenschaubild nicht angezeigt; es kommt dies daher, daß die Spannung σ stets auf den Anfangsquerschnitt bezogen wird, während dieser sich mit fortschreitender Belastung dauernd verjüngt. Bezieht man dagegen die Belastung auf den jeweiligen Querschnitt, so erhält man Schaubilder, die den wirklichen Verhältnissen Rechnung tragen.

In Abb. 27 sind die verschiedenen Möglichkeiten der schaubildlichen Darstellung des Zugversuches wiedergegeben, und zwar beziehen sich die Schaubilder auf von mir[1]) untersuchte, verschieden stark gezogene Kupfer-

---

[1]) Müller, Verein deutscher Ingenieure, Forschungshefte, Nr. 211.

stangen. Links unten finden wir die gewöhnliche Art, bei der die Spannung auf den ursprünglichen Querschnitt bezogen ist. Wir nennen diese „Normalspannung" im Gegensatz zur „Effektivspannung", unter welcher die spezifische Belastung für den jeweiligen effektiven Querschnitt zu verstehen ist. Links finden wir die Beziehungen zwischen Spannung und Dehnung, rechts dagegen zwischen Spannung und Querschnittsabnahme. Diese Versuche zeigen, daß das Schaubild der Effektivspannungen in Abhängigkeit von der Querschnittsabnahme (rechts oben) die Verfestigung des Stoffes mit steigender Belastung am deutlichsten wiedergibt. Die Werte der ursprünglichen Höchstlast, bei welcher der Beginn der örtlichen Querzusammenziehung erfolgt, sind durch Kreise gekennzeichnet, außerdem aber auch die Zerreißgrenzen. Es findet sich nun die Tatsache, daß der Bruch der Proben bei derselben effektiven Belastung, in diesem Falle 53,5 kg/qmm, erfolgt. Hieraus ergibt sich eine gleiche Endverfestigung für das geglühte und hartgewalzte Material. Demnach kann man von einer eigentlichen Materialverfestigung, d. h. einer Qualitätsverbesserung überhaupt nicht sprechen, denn eine Erhöhung der „Haltbarkeit" des Materials gegenüber einer Trennung seiner Moleküle wird durch eine Kaltbearbeitung nie erreicht. Wir können lediglich von einer Erhöhung der Beanspruchungsmöglichkeit bis zum Einschnürungsbeginn reden. Bemerkenswert ist noch die Tatsache der linearen Spannungszunahme von der Höchstlast bis zur Zerreißgrenze; diese sämtlichen Linien schneiden sich in einem Punkte der 100prozentigen Querschnittsabnahme, d. h. nach einer theoretischen Querschnittsverminderung zu einer Spitze, welche entsprechende Spannung von 65,5 kg/qmm die theoretische Höchstverfestigung darstellt; die praktisch erreichbare Grenze liegt für den Fall, daß Reck- und Prüfrichtung wie beim Zerreißversuch zusammenfallen, bei 53,5 kg pro qmm, der eigentlichen Zerreißgrenze. Bemerkt möge hier noch werden, daß die Höchstverfestigung von Kupfer durch Kaltziehen im Zieheisen 46 kg pro qmm beträgt, weil hier die spätere Prüfrichtung nicht mit der ursprünglichen Reckrichtung beim Ziehen zusammenfällt.

Die beiden anderen schaubildlichen Darstellungsweisen lassen die Verfestigung weniger scharf erkennen.

Neben der Verfestigung, die ein Stab erfährt, wenn man ihn dem Zerreißversuch unterwirft, treten noch andere bemerkenswerte Eigenschaften auf. Mißt man nämlich mit Hilfe eines Thermoelementes die Temperatur des Stabes, so findet man, daß dieselbe innerhalb des rein elastischen Gebietes abnimmt; es tritt eine Abkühlung ein, deren Gesetz Clausius und Lord Kelvin mit Hilfe der mechanischen Wärmetheorie festgestellt haben. Die Abkühlung beträgt danach für einen Stab von der Länge l und dem Querschnitt s

$$\varDelta T = \frac{T \cdot a}{s \cdot c_p} \cdot \varDelta p,$$

worin

T die absolute Temperatur $(t + 273)$,

p die Zugkraft,

a die Wärmeausdehnungszahl,

c_p die spez. Wärme im mechanischen Arbeitsmaß ausgedrückt,

s die Dichte des Werkstoffes

bedeutet. Sobald der plastische Deformationsbereich nach Überschreiten der wahren Elastizitätsgrenze erreicht ist, findet durch die Reibung der einzelnen Teilchen eine allmähliche Erwärmung statt, die immer mehr zunimmt und schließlich die „elastische" Abkühlung übertönt; das Galvanometer kehrt seinen Ausschlag um, wie aus Abb. 28 hervorgeht, welche Kurve ich an einem Nickelchromstahl aufnehmen konnte. Rasch[1]) hat ein Verfahren ausgearbeitet, um mit Hilfe dieses Verhaltens der Werkstoffe die praktische Streckgrenze

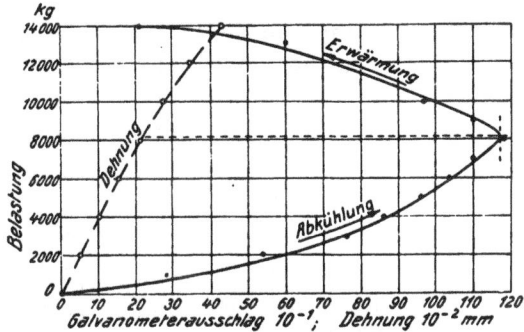

Abb. 28. Abhängigkeit der Wärmeschwankungen und der Dehnung von der Belastung eines Zerreißstabes aus Ni-Cr-Stahl.

(0,2% bleibende Dehnung) zu ermitteln, die durch die Umkehr der Gavanometeranzeige in die Erscheinung treten soll.

Eine weitere Eigentümlichkeit der Stäbe beim Zugversuch findet man in ihrer Magnetisierungsänderung, die von Kirsch[2]) untersucht wurde (Abb. 29). Kurve S stellt das Belastungsdehnungsschaubild dar, Kurve M den Magnetisierungsverlauf. Innerhalb der Elastizität und Proportionalität nimmt die Magnetisierung allmählich zu; kurz vor dem Fließen geht die Magnetnadel etwas zurück, um während des Fließvorganges, d. h. bei gleichbleibenderLast plötzlich stark auszuschlagen und dann ebenso plötzlich wieder eine rückläufige Bewegung zu vollführen. Die Gründe für dieses eigentümliche Verhalten der

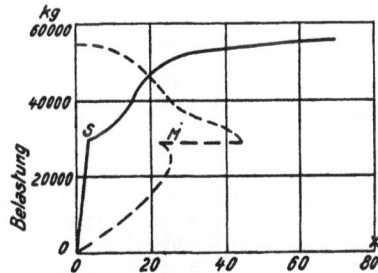

Abb. 29. Belastungs- und Magnetisierungsänderung beim Zugversuch an Flußeisen.

Magnetnadel sind noch nicht geklärt; vielleicht hängt die starke Magnetisierungszunahme an der Streckgrenze mit der Ausbildung der Fluidalstruktur der Kristalle (Einrichten und Strecken in die Kraftrichtung) zusammen, während der spätere Abfall durch die allmählich fortschreitende Raumgitterstörung der gestreckten Kristalliten bedingt ist.

---

[1]) Rasch, Berichte der Kgl. preuß. Akademie der Wissenschaften, 1908, S. 210.

[2]) Kirsch, Mitteilungen Lichterfelde, 1888.

d) Die Ausführung des Zugversuches mit Feinmessungen.

Wie bereits vorher gesagt, werden die Dehnungen beim Zugversuch mit Hilfe der Martensschen Spiegelapparate gemessen. Abb. 24 gibt die Anordnung hierzu wieder. Auf Formular 5 ist das Beispiel eines Versuchsprotokolles verzeichnet; die Berechnung befindet sich unter der Rubrik „Bemerkungen". Ein jeder derartiger Versuch beginnt mit einer Nullast, die gewissermaßen einen künstlichen Nullpunkt darstellt. Die Nullast ist erforderlich, einmal um bei Entlastungen die Beweglichkeit der Einspannvorrichtung und des Stabes und damit eine Verschiebung in der Spiegel-

Formular 5.

Zugversuch mit Feinmessungen.
Antrag Nr. 10.
Material: Chrom-Nickelstahl vergütet.

Stabdurchmesser cm:	1,298
Stabquerschnitt f qcm:	1,323
Feinmeßlänge l_0 cm:	10
Dehnungsmeßlänge $l = 11,3 \sqrt[3]{f}$ cm: 13	

Maschine Nr. 1
Raumtemperatur ^{0} C: 15
Spiegel Nr. 344

Be-lastung P kg	Spezifische Spannung $\sigma = \frac{P}{f}$ kg/qcm	l links $\frac{1}{50000}$ cm	r rechts $\frac{1}{50000}$ cm	Mittel $\frac{l+r}{1}$ $\frac{1}{100000}$ cm	Ge-samt	fe-dernd	blei-bend	Bemerkungen (Berechnung)
Nullast								
200		3 150	2 350	5 500		0	0	
400	($\sigma' = 151$)	3 118	2 310	5 428	72		·	$E = \frac{\sigma - \sigma \text{ Nullast}}{f}$
200		3 148	2 352	5 500		72	0	
600	(302)	3 094	2 260	5 354	146			$= \frac{\sigma'}{10^{-5} \cdot \lambda \text{ fed.}}$
200		3 150	2 350	5 500		146	0	l_0
800	(453)	3 065	2 217	5 282	218			$= \frac{755}{10^{-5} \cdot 370}$
200		3 150	2 350	5 500		218	0	$\overline{10}$
1 000	(604)	3 030	2 175	5 205	295			$= 2\,025\,000$ kg/qcm
200		3 150	2 350	5 500		295	0	
1 200	906(755)	2 996	2 134	5 130	370			
200		3 150	2 350	5 500		370	0	
1 400		2 960	2 096	5 056	444			$\sigma_E = \frac{1200}{1,323} = 906$ kg/qcm
200		3 150	2 349	5 499		443	1	
· 1 600		2 926	2 057	4 983	517			$\sigma_P = \frac{2800}{1,323} = 2\,114$ kg/qcm
200		3 150	2 348	5 498		515	2	
1 800		2 890	2 019	4 909	591			$\sigma_S = \frac{8700}{1,323} = 6\,580$ kg/qcm
200		3 150	2 347	5 497		588	3	
2 000		2 855	1 979	4 834	666			$\sigma_B = \frac{11700}{1,323} = 8\,845$ kg/qcm
200		3 149	2 347	5 496		662	4	$\lambda = \frac{145,7-130,0}{130,0} \cdot 100$
2 200		2 819	1 939	4 758	742			$= 12,1\%$
2 400		2 783	1 899	4 682	818			
2 600		2 745	1 861	4 606	894			$q = \frac{132,3-54,1}{132,3} \cdot 100$
2 800	2 114	2 707	1 823	4 530	970			$= 59,1\%$
3 000		2 667	1 783	4 450	1 050			
3 200		2 624	1 740	4 364	1 136			Bruchquerschnitt: strahlig—zackig
8 700	6 580	Abfall der Wage!						
11 700	8 845	Höchstlast						Oberfläche: matt

einstellung zu vermeiden, dann aber auch um eine Entlastung in richtiger Weise durchführen zu können. Bei letzterer geht man nämlich stets etwas unter die Nullast herunter und hebt alsdann auf diese an. Da sämtliche Lasteinstellungen, sowohl die der Nullast wie der eigentlichen Belastung, von der niedrigeren Lastanzeige her erfolgen, hat man immer die gleichen Reibungsverhältnisse in der Maschine. Um die federnden Dehnungen zu erhalten, muß nach jeder Laststufe wieder entlastet werden. Im übrigen glaube ich, daß dem Protokoll „Formular 5" zum Verständnis nichts weiter hinzuzufügen ist.

e) Die Messung der Bruchdehnung.

Im Abschnitt C 1 a) dieses Kapitels wurde bereits darauf hingewiesen, daß die Meßlänge zur Bestimmung der Bruchdehnung gleich

$$11{,}3 \sqrt{\text{Stabquerschnitt}}$$

sein muß. Tritt der Bruch in dem mittleren Drittel des Stabes ein, so braucht man nur nach dem Zusammenlegen der beiden Stabhälften den Unterschied zwischen der Bruch- und der Ursprungslänge zu ermitteln und hieraus die prozentuale Änderung zu errechnen. Dies ist deshalb angängig, weil beide Stabhälften sich gleichmäßig gedehnt haben. Anders sind die Verhältnisse, wenn die Bruchstelle in einem der ersten Drittel

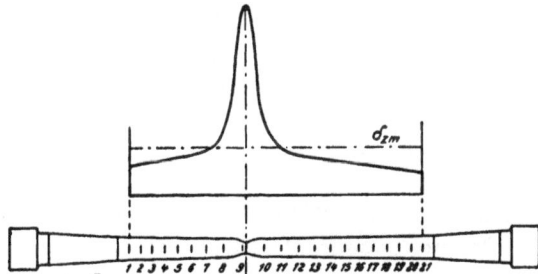

Abb. 30. Dehnungsmessung beim Zerreißversuch.

der Meßlänge liegt; in diesem Falle haben sich die äußersten Stabteile des größeren Bruchstückes geringer gedehnt, als wenn der Bruch in der Stabmitte erfolgt wäre. Um diesen Fehler zu berücksichtigen, was unter Umständen z. B. bei Abnahmen von großer Bedeutung sein kann, geht man in folgender Weise vor:

Man unterteilt vor Versuchsbeginn die gesamte Meßlänge in meist 20 gleiche Teile mit Hilfe einer Teilmaschine oder einer Lehre (Ratsche) und Reißnadel und bezeichnet die Teilstriche mit den Nummern 1—21. In Abb. 30 ist für einen Zerreißstab über jedem der 20 Teile die entsprechende Dehnung aufgetragen, und man erkennt, daß sie an der Bruchstelle am größten ist. Nun verlegt man den Bruch gewissermaßen in die Mitte der Meßlänge, indem man mit gleichen Stabhälften nach beiden Seiten rechnet, und ermittelt die Bruchlänge mit Hilfe folgender Beziehung und unter Berücksichtigung der notwendigen 20 Intervalle

Bruchlänge = (Teilstrich 1 bis 9) + (Teilstrich 9 bis 17) + 2 · (Teilstrich 17 bis 19).

Die gemessene Bruchdehnung gibt den mittleren Wert des Schaubildes
(Abb. 30) an. Wie man leicht erkennt, ist dieser mittlere Wert δ_{zm} von der
Größe der Ursprungsmeßlänge abhängig; je kleiner diese ist, desto stärker
macht sich die örtliche Dehnung im Bruchkegel bemerkbar, wodurch δ_{zm}
höher rückt. Wie sehr die örtliche Dehnung im Bruchquerschnitt das Ergebnis
beeinflussen kann, geht aus ihrer außerordentlichen Größe hervor, die nach
eigenen[1]) Versuchen, z. B. für weiches Kupfer, den Betrag von ungefähr
270% und für Flußeisen einen solchen von 215% ergaben. Um in der Bruchdehnungsmessung eine Einheitlichkeit sowie eine Vergleichbarkeit bei verschiedenen Meßlängen und Stabstärken einzuführen, hat man die Meßlänge,
wie bereits gesagt, zu $11,3 \sqrt{\text{Querschnitt}}$ festgesetzt.

Der Umstand, daß der Dehnungswert um so größer ist, je geringer die
Meßlänge genommen wird, wird mitunter dazu benutzt, um Täuschungs-
versuche vorzunehmen; ist daher bei der Angabe besonders guter Dehnungswerte eine Meßlänge nicht angeführt, so erkundige man sich zuerst nach dieser,
bevor man sein Urteil bildet.

f) Die Umrechnung der Dehnung auf andere Meßlängen.

Es kommt häufig vor, daß von einem Material die Dehnung für eine
bestimmte Meßlänge gegeben ist, und man will den Wert für eine andere
Meßlänge wissen. Zur Lösung dieser Aufgabe gibt es zwei Verfahren, von
denen das eine von Bach und Baumann und das andere von Rudeloff
herrührt.

Verfahren von Bach und Baumann[2]):

Der unbekannte Dehnungswert errechnet sich. nach der Gleichung

$$\delta \% = A + \frac{B}{\sqrt{l}} \; ;$$

hierin bedeuten

A und B Erfahrungswerte,
l die ursprüngliche Meßlänge in mm.

Die Werte A und B müssen für das Material durch zwei Dehnungsmessungen über zwei verschiedene Meßlängen bekannt sein. Man stellt
also die Dehnung für z. B. 50 und 200 mm Meßlänge fest und ermittelt A
und B nach den Gleichungen

$$\delta_{50} = A + \frac{B}{\sqrt{50}}$$

$$\delta_{200} = A + \frac{B}{\sqrt{200}} \, ,$$

worauf man die gesuchte Dehnung für z. B. 100 mm Meßlänge nach der entsprechenden Formel findet.

---

[1]) Müller, Verein deutscher Ingenieure, Forschungshefte, Nr. 211.
[2]) Bach und Baumann, Zeitschrift des Vereins deutscher Ingenieure, 1916, S. 854.

Verfahren von Rudeloff[1]:

Es bedeute

λ die Gesamtdehnung innerhalb der Meßlänge l in cm,

$\lambda_{gl} = l \cdot \varepsilon_{gl}$ die über l gleichmäßig verteilte Dehnung,

λ_e die durch die örtliche Einschnürung bedingte Dehnung,

x und y die Anzahl der Unterteilungen von l in cm;

dann ist

$$\lambda = \lambda_{gl} + \lambda_e = l \cdot \varepsilon_{gl} + \lambda_e.$$

Also für $x = l$ in cm $\qquad \lambda_x = x \, \varepsilon_{gl} + \lambda_e$

und für $y = l$ in cm $\qquad \lambda_y = y \, \varepsilon_{gl} + \lambda_e$

Also $\qquad \varepsilon_{gl} = \dfrac{\lambda_x - \lambda_y}{x - y}$ . . . . (I)

und $\qquad \lambda_e = \lambda_y - y \cdot \varepsilon_{gl}$ . . . . (II)

Durch den Versuch erhält man λ_x und λ_y sowie die zugehörigen Werte von x und y. Aus Gleichung I und II ist daher ε_{gl} und λ_e bekannt. Für eine Meßlänge von $l = 11,3 \sqrt{f}$ cm berechnet sich dann die Dehnung

$$\lambda_{11,3 \sqrt{f}} = 11,3 \sqrt{f} \cdot \varepsilon_{gl} + \lambda_e \, \text{cm}$$

und

$$\delta_{11,3 \sqrt{f}} = \frac{\lambda_{11,3 \sqrt{f}}}{l} \cdot 100 \, \%.$$

Beispiel: Für die Meßlänge $l_x = 10$ cm ist $x = 10$ und $\lambda_x = 3,8$ cm, und für die Meßlänge $l_y = 5$ cm ist $y = 5$ und $\lambda_y = 2,8$ cm. Dann berechnet sich

$$\varepsilon_{gl} = \frac{3,8 - 2,8}{10 - 5} = 0,2 \, \text{cm}$$

und

$$\lambda_e = 2,8 - 5 \cdot 0,2 = 1,8 \, \text{cm};$$

also für $l = 20$ cm

$$\lambda_{20} = 20 \cdot \varepsilon_{gl} + \lambda_e = 20 \cdot 0,2 + 1,8 = 5,8 \, \text{cm}$$

oder

$$\delta_{20} = \frac{5,8}{20} \cdot 100 = 29,0 \, \%.$$

Das zweite Verfahren gibt genauere Werte. So wurden an insgesamt 18 Proben zweier Stabserien aus Fluß- und Schweißeisen nach dem Zerreißen bei höheren Temperaturen Abweichungen der errechneten von der gemessenen Dehnung festgestellt, die nach der zweiten Methode innerhalb der Größen

$$- 3,7 \text{ bis } + 2,0 \%$$

und nach der ersten Methode zwischen

$$- 0,9 \text{ und } + 11,6 \%$$

lagen.

---

[1] Rudeloff, Stahl und Eisen, 1917, S. 375.

g) Die Fließ- und Brucherscheinungen.

Bei Materialien mit Walzzunder kann man das Überschreiten der Fließgrenze an dem Abfallen der spröden Walzhaut erkennen; der Stab „wirft
ab". Bei blank bearbeitetem weichen Eisen findet man vielfach, daß die
Oberfläche des Stabes von Fließfiguren überzogen wird, die als erhabene
Streifungen, von beiden Seiten ungefähr unter 40° gegen die Stabachse geneigt, auftreten. Die Herkunft der Fließfiguren ist noch nicht sicher klar-
gestellt; sie scheinen in härteren, verfestigten Zonen des Eisens zu bestehen,
die nicht so stark dehnen und daher wegen der geringeren Querzusammenziehung an der Oberfläche vortreten. Es erscheint möglich, daß sie mit dem
Walzvorgang bei der Herstellung des Materials in Verbindung stehen.

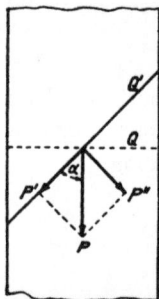

Abb. 31. Kraft-
wirkung in einem ge-
zogenen Stab.

Wenn ein grob kristallines Material, z. B. Gußmessing,
vorliegt, so tritt beim Strecken das Gefüge hervor, und
die Oberfläche des Stabes wird „krispelig" oder „knitterig".
Der Bruch erfolgt meist in Form eines mehr oder weniger
ausgeprägten Kegels. Die Größe der Einschnürung ist ein
Maß für die Zähigkeit, weswegen spröde Körper, z. B. Gußeisen, einen ebenen Bruch ohne Einschnürung besitzen.
Legierte Sonderstähle haben in vergütetem Zustand für
gewöhnlich einen strahlenförmig-zackigen Bruchquerschnitt
mit mehr oder weniger kegelförmiger Ausbildung. Die Ausbildung des Bruchkegels kann man sich durch eine Schubbeanspruchung in Richtung der Kegelmantellinien erklären.
Wie aus Abb. 31 hervorgeht, wird die Zugkraft P in die
beiden Komponenten P' und P'' zerlegt, die unter dem
Winkel a gegen die Stabmittelachse geneigt sind. Eine einfache Berechnung
lehrt, daß die der Kraft P' entsprechende größte Schubspannung unter
einem Winkel $a = 45°$ auftritt und den Wert $\dfrac{P}{2\,Q}$ erreicht.

h) Die Einflüsse der Versuchsausführung.

α) Der Einfluß der Stablänge.

Die Stablänge kann von großem Einfluß auf das Versuchsergebnis sein,
wenn sie sehr klein gehalten wird, weil dadurch die Querzusammenziehung
gehindert ist. Ein extremer Fall tritt dann auf, wenn der prismatische Teil
des Probestabes zu einem Rund- oder Spitzkerb zusammenschrumpft. Für
diesen Fall erhalten wir bedeutend höhere Festigkeits- und Dehnungswerte,
dagegen sehr niedrige Querzusammenziehungsziffern. Versuche, die Dalby[1])
für verschiedene Stablängen zwischen den Köpfen ausführte, zeigen deutlich
den geschilderten Einfluß (Abb. 32). Es ergibt sich also hieraus der Satz,
daß eine Erschwerung der Querzusammenziehung die Festigkeit σ_{B} schein-

---

[1]) Dalby, Stahl und Eisen, 1918, S. 736.

bar erhöht. Die Beeinflussung der Festigkeit σ_B reicht bis zu einer Versuchs-
länge, die dem Stabdurchmesser ungefähr gleich ist; darüber hinaus ändert
sich σ_B nur noch wenig. — Für Nickelchromstähle untersuchte Thallner[1])
ebenfalls diese Frage und fand für Stäbe von 20 mm Durchmesser bei einer
Zerreißlänge von 500 mm eine Festigkeit von 48 kg/qmm, dagegen bei einer
Länge von 10 mm bereits 62 kg/qmm; in ähnlicher Weise stieg auch die
Streckgrenze an. Anders verhält sich nun die Dehnung, die auch bei größeren
Versuchslängen noch weiter abnimmt, woraus sich wieder die Berechtigung
und Notwendigkeit von der Einführung einer bestimmten Meßlänge ergibt.

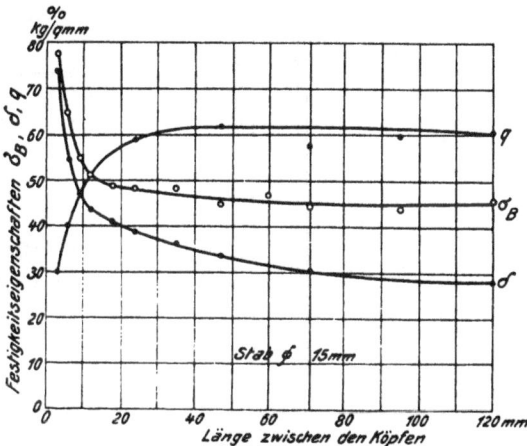

Abb. 32. Abhängigkeit der Festigkeitseigenschaften von der Versuchslänge bei Stahl.

Die Querzusammenziehung hängt sehr stark von der Bildsamkeit eines Baustoffes ab; für die von Dalby benutzten Stäbe ergab sich eine starke Beeinflussung bis zu einer Versuchslänge gleich dem doppelten Stabdurchmesser.

β) Der Einfluß des Stabdurchmessers bei Rundstäben.

Abb. 33 gibt Versuchswerte von Bach[2]) wieder, die nur eine geringe
Verminderung der Festigkeit und Querzusammenziehung mit zunehmendem
Stabdurchmesser erkennen lassen. Zu ähnlichen Ergebnissen sind auch
Barba und Bauschinger gekommen. Bei den vorliegenden Versuchen
war das Verhältnis der Länge zum Stabdurchmesser gleich gewählt, und hierfür zeigte sich die Unabhängigkeit der Dehnung von der Stärke des Probestabes. Inwieweit bei den Versuchen eine ungleichmäßige Beschaffenheit
im Kern der Stange in Betracht kommt, läßt sich nicht erkennen.

Demgegenüber fand Jüngst[3]) bei seinen Versuchen mit Gußeisen ein
Verhalten, das demjenigen des Stahles entgegengesetzt ist. Für einen größeren

---

[1]) Thallner, Stahl und Eisen, 1908, S. 1081.
[2]) Bach, Elastizität und Festigkeit, IV. Aufl., S. 132.
[3]) Jüngst, Beitrag zur Untersuchung des Gußeisens, Düsseldorf, S. 194.

Probestabdurchmesser ermittelte er eine höhere Festigkeit, die sich sowohl beim Zug- als auch beim Druck- und Biegeversuch kundtut, während Durchbiegung und Schlagfestigkeit abnehmen.

γ) Der Einfluſs der Querschnittsform.

Über die Einwirkung der Querschnittsform liegen ebenfalls Versuche von Bach[1]) vor. Hieraus ergibt sich, daß Streckgrenze und Festigkeit für Rundstäbe am größten, für Flachstäbe dagegen niedriger sind.

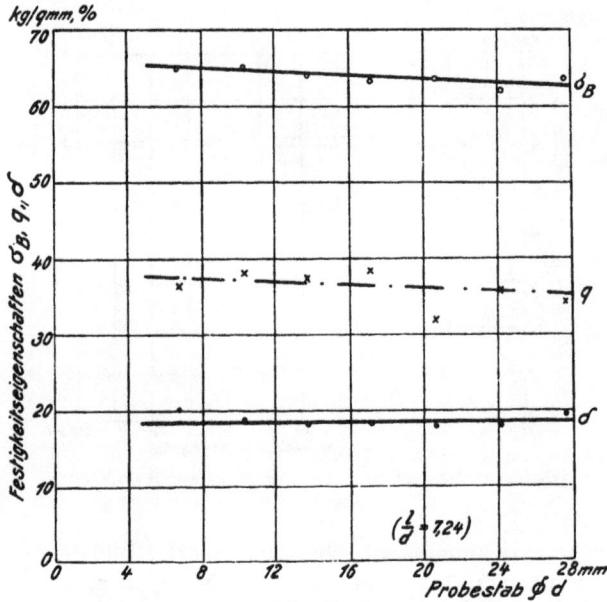

Abb. 33. Abhängigkeit der Festigkeitseigenschaften vom Probestabdurchmesser bei Flußstahl.

δ) Der Einfluſs der Versuchsdauer.

Die Versuchsdauer ist insofern von Wichtigkeit, als bei einem langsamen Maschinenvorschub der Stab zur Dehnung und Verringerung seines Durchmessers genügend Zeit hat. Je schneller die Maschine arbeitet, um so weniger kann sich der Stab in seinen Abmessungen ändern, und eine um so höhere Festigkeit zeigt er. Diese Festigkeitsänderungen richten sich naturgemäß nach der Art der Baustoffe und können nach genügend langer Zeit bis zu rd. 20 kg/qmm betragen. Daraus ergibt sich die Notwendigkeit, den Maschinenvorschub in den zulässigen Grenzen zu halten, um eine Trübung der Versuchsergebnisse zu vermeiden. Innerhalb der angeführten Dehnungsgeschwindigkeiten von 1 bis 10% in der Minute kommt eine größere Beeinflussung der

---

[1]) Bach, Elastizität und Festigkeit, IV. Aufl., S. 132.

Festigkeit nicht in Betracht. Abb. 34 gibt die Änderung der Festigkeit und ·
Dehnung von geglühtem Kupfer für verschiedene Vorschubgeschwindigkeiten
wieder. Hierbei nimmt σ_B zuerst stärker, dann allmählicher zu; man ist also
durch Veränderung der Vorschubgeschwindigkeit in der Lage, die Festigkeitswerte in gewissen Grenzen beliebig zu gestalten. Auf jeden Fall muß
daher bei Abnahmen darauf geachtet werden, daß diese Geschwindigkeiten
zu Zwecken der Verschleierung nicht ungebührlich gesteigert werden.

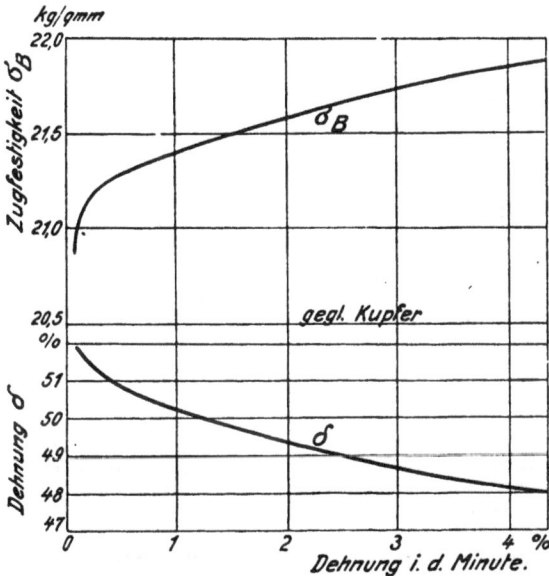

Abb. 34. Abhängigkeit der Festigkeitseigenschaften vom Dehnungszuwachs beim Zerreißversuch.

ε) Der Einfluß von Einkerbungen und Bohrungen.

Im Abschnitt α sahen wir, daß die Festigkeit um so größer ist, je kürzer
der Probestab gewählt wird. Bei einer Einkerbung — sei es mit einem Rund-
oder mit einem Spitzkerb — haben wir nun Grenzzustände, die auch bei der
Spannungsverteilung über den Querschnitt eine bedeutende Rolle spielen.
Es hat sich nämlich nach Versuchen von Preuß[1]) gezeigt, daß sowohl bei
Bohrungen wie bei Einkerbungen Spannungsstörungen auftreten, die eine
besonders starke örtliche Beanspruchung des Materials im Kerbgrunde bzw.
am Rande der Bohrung hervorrufen. Abb. 35 und 36 zeigen die Ergebnisse
der Versuche von Preuß, aus denen eine örtliche Spannungserhöhung bis
zu 135% unter den angegebenen Verhältnissen hervorgeht. Die Spannungsverteilungen sind in den beiden Abbildungen durch Schraffur gekennzeichnet,
während die normal errechnete durchschnittliche Beanspruchung punktiert

[1]) Preuß, Zeitschrift des Vereins deutscher Ingenieure, 1912, S. 1780; 1913, S. 664.

4*

eingetragen ist. Jenseits der Elastizitätsgrenze werden sich naturgemäß die Verhältnisse verschieben, weil wir dann in das Gebiet der bleibenden Deformation eingetreten sind, welche ihre eigenen Gesetze besitzt. Auf jeden Fall ergibt sich aus diesen Versuchen für den Konstrukteur die Notwendigkeit, Querschnittsübergänge, Hohlkehlen u. dgl. mit guten Ausrundungen zu versehen, eine Forderung, deren Bedeutung auch aus Versuchen von mir[1]) und Leber mit Hilfe des Dauerschlagwerkes hervorgeht; im Abschnitt BB I., D 3 findet sich hierüber das Nähere.

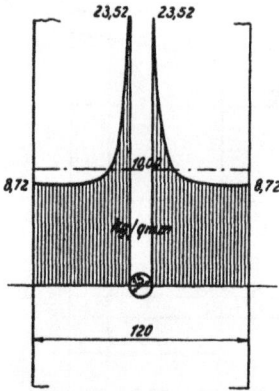

Abb. 35. Verteilung der Längsspannung in gelochten Zugstäben bei Belastungen unterhalb der Elastizitätsgrenze.

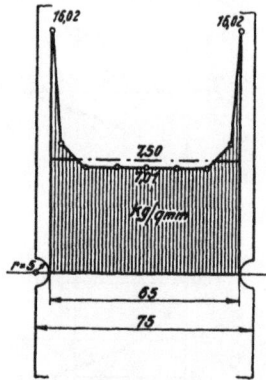

Abb. 36. Verteilung der Längsspannung in gekerbten Zugstäben bei Belastungen unterhalb der Elastizitätsgrenze.

η) Der Einfluß der Lagerung (Altern) auf die Festigkeitseigenschaften.

Wenn man einen Stab einer Belastung über die Streckgrenze aussetzt und ihn nach der Entlastung ruhig sich selbst überläßt, so ändern sich seine Eigenschaften; man nennt dies das „Altern" des Materials. Nach Versuchen von Bauschinger[2]) haben sich hierbei folgende Ergebnisse gezeigt:

Bei wachsender Anspannung eines Stabes wächst die Proportionalitätsgrenze bis zu einem Höchstwert; sobald die ursprüngliche Streckgrenze erreicht ist, nimmt die Proportionalitätsgrenze ganz erheblich ab, um bei vorheriger genügend starker Überschreitung der Streckgrenze bis auf Null herabgedrückt zu werden. Überläßt man einen Zerreißstab nach erfolgter Beanspruchung über die Streckgrenze nach dem Entlasten der Ruhe, so hebt sich mit der Zeit erst schnell, dann langsamer die Proportionalitätsgrenze; sie kann im Laufe der Jahre bis über die ursprüngliche Streckgrenze, unter Umständen sogar bis über die Höhe der vorangegangenen Anspannung anwachsen.

---

[1]) Müller und Leber, Zeitschrift des Vereins deutscher Ingenieure, 1921, S. 1089.
[2]) Bauschinger, Martens, Handbuch der Materialienkunde für den Maschinenbau, Bd. I, S. 207.

Desgleichen wird auch die Streckgrenze selbst gehoben, und zwar schon unmittelbar nach der Anspannung. Sie bewegt sich auf der Spannungsdehnungskurve. In der Ruhe nach der Entlastung hebt sich die Streckgrenze im Laufe der Zeit bis über die Anspannung hinaus.

Durch die Anspannung über die ursprüngliche Streckgrenze hinaus wird auch der Elastizitätsmodul erniedrigt; in der Ruhe nach der Entlastung hebt er sich wieder, aber langsamer als die Proportionalitätsgrenze.

Eine Anspannung über die ursprüngliche Zugproportionalitätsgrenze hinaus erniedrigt die ursprüngliche Druckproportionalitätsgrenze, und zwar um so mehr, je größer die Anspannung war. Die Druckproportionalitätsgrenze kann dabei bis auf Null herabgeworfen werden. Bei einer Anspannung über die ursprüngliche Druckproportionalitätsgrenze ergeben sich analoge Eigenschaften.

Martens[1]) gibt hierüber einige Versuchswerte, welche in folgendem angeführt sein mögen:

Anspannung kg/qmm	Ruhepause	Neue Streckgrenze kg/qmm	Festigkeitssteigerung kg/qmm
54,9	30 Min.	55,0	0,1
56,1	1 Tag	56,5	0,4
54,9	7 Tage	56,3	1,4
54,5	30 Tage	59,6	5,1
54,5	244 Tage	59,7	5,2

2. Der Druckversuch.

Der Druckversuch wird unter praktischen Verhältnissen bei den Untersuchungen nur wenig ausgeführt. Es kommen hierfür lediglich Baustoffe in Betracht, die vielfach einer reinen Druckbeanspruchung unterworfen sind; hierher gehören z. B. Gußeisen und Lagermetalle. Die Form der Probekörper ist von großer Wichtigkeit; die Endflächen müssen genau eben und parallel sein, damit eine gute Lagerung an die Druckplatten erhalten wird. Die Höhe des Körpers darf in bezug auf den Durchmesser nicht zu groß sein, um eine Knickbeanspruchung zu vermeiden. Außerdem müssen die Probekörper zur Erlangung vergleichbarer Werte geometrisch ähnliche Gebilde sein. Man wählt daher als Normalform den Würfel, für welchen die Beziehung besteht

$$\frac{\sqrt{\text{Querschnitt}}}{\text{Länge}} = 1.$$

Neben dem Würfel verwendet man auch wegen der leichteren und billigeren Herstellungsweise Zylinder, deren Höhe gleich dem Durchmesser ist; diese Probenform ergibt gegenüber der Würfelform im allgemeinen etwas höhere Festigkeitswerte. Je höher der Probezylinder ist, um so geringer

---

[1]) Martens, Handbuch der Materialienkunde für den Maschinenbau, Bd. I, S. 207.

ist die Druckfestigkeit; so ergaben Probekörper von 20 mm Durchmesser aus Gußeisen von 19 kg/qmm Zugfestigkeit bei 10 mm Höhe 86 kg/qmm, dagegen bei 40 mm Höhe 72 kg/qmm Druckfestigkeit. Der Druckversuch kann im allgemeinen nicht als einwandfreie Erprobung gelten, weil die Reibungsverhältnisse zwischen den Stirnflächen und den Druckplatten eine bedeutende Rolle spielen. Durch diese Reibung wird der Körper zusammengehalten. Es findet die Zerstörung vielfach durch eine Schubbeanspruchung in den Diagonalen unter Ausbildung zweier mit den Spitzen ineinander verlaufenden Bruchkegel statt. Hiervon kann man sich leicht an Zementwürfeln überzeugen. Bringt man zur Verminderung der Reibung zwischen Stirnfläche und Druckplatte eine nachgebende bzw. schmierende Schicht, etwa Paraffin, so liegt die Möglichkeit vor, daß der Bruch nicht durch Ausbildung zweier Druckkegel, sondern in senkrecht zu den Druckflächen gerichteten Rissen erfolgt und zugleich eine starke Verminderung der Festigkeit mit sich bringt. An Zementwürfeln wurde z. B. eine Festigkeitsabnahme von 430 auf 160 kg/qcm festgestellt. Wählt man die Probenlänge größer, so daß die Spitzen der Bruchkegel sich nicht erreichen können, so liegt die Gefahr der Sprengung des mittleren Probeteiles durch die beiden Druckkegel vor.

Auf jeden Fall muß eine der beiden Druckplatten eine kugelige Lagerung besitzen, um die Druckübertragung von der Maschine auf den Probekörper soweit wie möglich gleichmäßig zu gestalten. Die Erfahrung hat aber gelehrt, daß auch diese Kugellagerung infolge der Reibung unter der Last sich nicht selbsttätig einzustellen vermag, daß vielmehr noch auf Ausrichtung der Probe mit dem Auge besondere Sorgfalt verwendet werden muß.

Der Druckversuch geht im allgemeinen in ähnlicher Weise vor sich wie der Zugversuch; auch hier unterscheidet man zwischen der Elastizitäts- und der Proportionalitätsgrenze, und an Stelle der Streckgrenze tritt die Quetschgrenze in die Erscheinung. Ebenso gilt in vielen Fällen das Hookesche Gesetz. Die Druckfestigkeit wird aus der Formel

$$\sigma = \frac{P}{F} = \frac{\text{Bruchlast in kg}}{\text{Querschnitt in qmm}}$$

berechnet.

3. Der Biegeversuch.

Der Biegeversuch wird selten ausgeführt; er kommt in der Hauptsache für die Gußeisenprüfung in Betracht. Hierbei wird ein Stab, dessen Stützweite man zweckmäßig

$$l = 40 \cdot \sqrt{\text{Querschnitt}}$$

wählt, an den Enden auf 2 Rollen aufgelagert und in der Mitte belastet. Ist P die Bruchlast und W das Widerstandsmoment, so errechnet sich die Biegespannung aus der Gleichung

$$\sigma_b = \frac{P \cdot l}{4\,W} \text{ kg/qmm.}$$

Die Vorschriften für die Lieferung von Gußeisen verlangen Probestäbe von 30 mm Durchmesser bei 600 mm Stützweite und 650 mm Gußlänge. Die Gußhaut darf nicht entfernt werden. Zugleich mit der Belastung erfolgt die Messung der Durchbiegung.

Um Stäbe verschiedener Länge miteinander vergleichen zu können, bezieht man die Bruchdurchbiegung auf 1 cm Stützweite und nennt das Verhältnis

$$\frac{\text{Bruchdurchbiegung}}{\text{Stützweite}} = \text{Biegepfeil}.$$

Die Messung der Durchbiegung erfolgt mit Bauschinger-Apparaten. Hierbei verfährt man nach dem Schema Abb. 37 und setzt sowohl an die beiden Stützpunkte a_1 und a_2 sowie im Belastungspunkt m in die neutrale Faser der Biegeprobe 3 derartige Apparate an. Wenn der Kolben den Biegetisch hebt, geben die Ablesungen a_1 und a_2 die Durchbiegung der Probe an. Da nun aber bei m eine Eindrückung der Druckwalze sowie eine erst nachträglich satte Anlage an diese zustande kommen kann, dienen die Ablesungen a_m des Apparates bei m zur Ausmerzung etwaiger Fehler. Die tatsächliche Durchbiegung ist also

Abb. 37. Biegversuch.

$$s = \frac{a_1 + a_2}{2} - a_m.$$

Unter Annahme einer Nullast P_0, der eine Ablesung s_0 entspricht, sind wir also in der Lage, für das Belastungsintervall $(P - P_0)$ die zugehörige Durchbiegung $(s - s_0)$ zu ermitteln. Der Elastizitätsmodul berechnet sich dann nach der Gleichung

$$E = \frac{(P - P_0) \cdot l^3}{48 \cdot J \cdot (s - s_0)},$$

worin J das Trägheitsmoment des Probenquerschnitts ist. In dieser Formel sind die Schubkräfte nicht berücksichtigt.

4. Der Knickversuch.

Der Knickversuch stellt einen Druckversuch mit genügend langen Proben dar, wodurch ein Knickmoment in dem Stabe erzeugt wird. Die Größe der Knickbeanspruchung ist von der Art der Einspannung abhängig; man muß daher der Lagerung der Proben besondere Sorgfalt zuwenden. Die Druckplatten bildet man mit Kugelkalotten aus, um eine Einstellung und eine möglichst freie Beweglichkeit unter der Last zu gewährleisten. Über die Zuverlässigkeit der Beweglichkeit sei auf das unter Absatz 2 Gesagte verwiesen. Die Belastung muß naturgemäß möglichst zentrisch erfolgen. In

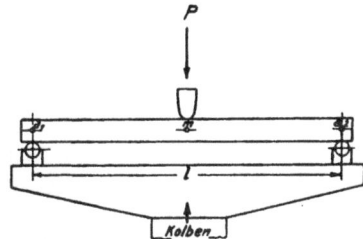

der Hauptsache mißt man bei derartigen Knickversuchen die Ausknickung an 3 Querschnitten, in der Nähe der Enden und in der Mitte der Probe, nach zwei senkrecht zueinander stehenden Richtungen, um die Knickachse festzustellen. Für die Messungen verwendet man mit Nutzen Bauschinger-Rollenapparate. Nachdem das Trägheitsmoment mit Hilfe der Achse der größten Ausknickung berechnet ist, genügt für gewöhnlich die Anwendung der Gleichung

$$P = 4\,\pi^2 \cdot \frac{J \cdot E}{l^2}\,,$$

worin l die Länge der Knickprobe bedeutet.

5. Der Drehversuch.

Der Drehversuch kommt hauptsächlich für Wellenmaterial in Betracht. Ein Rund- oder Quadratstab wird mit dem einen Ende fest im Drehpunkt

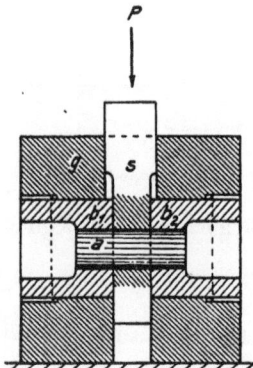

eines Neigungsgewichtes eingespannt, das zur Messung des Drehmomentes dient, während das andere Probenende gedreht wird. Man kann das Neigungsgewicht auch durch einen Hebel ersetzen, der auf eine Meßdose oder im einfachsten Falle auf eine Brückenwage drückt. Aus dem Drehmoment M_d und dem Widerstandsmoment W_d errechnet sich alsdann die Spannung an der Bruchgrenze zu

$$\sigma_d = \frac{M_d}{W_d} = \frac{P \cdot r}{W_d}\,,$$

worin P die Kraft und r der Hebelarm ist; man kann mit Hilfe von Spiegelapparaten auch den Verdrehungswinkel zweier in einem bestimmten Abstand voneinander liegenden Querschnitte messen, um hieraus den Schubkoeffizienten zu finden. Auf die Spiegelanordnung und die Berechnung möge hier verzichtet werden, weil derartige Versuche nur sehr selten vorkommen; die Spezialliteratur bietet hierüber genaue Angaben.

Abb. 38. Doppelschnittiger Scherapparat.

6. Der Scherversuch.

Unter Scherfestigkeit verstehen wir die Festigkeit, die ein Baustoff der gegenseitigen Verschiebung zweier nebeneinander liegender Querschnitte entgegensetzt. Versuche zur Bestimmung der Scherfestigkeit können ein- und zweischnittig ausgeführt werden, je nachdem die Scherbeanspruchung in ein oder zwei Ebenen erfolgt. Um das Biegungsmoment, das bei jedem Scherversuch auftritt, in möglichst niedrigen Grenzen zu halten, wird man zweckmäßig nur den doppelschnittigen Versuch ausführen, dessen Apparat in Abb. 38 dargestellt ist. Die Probe a sitzt in den Buchsen b_1 und b_2, die ihrerseits in dem Gehäuse g verschraubt sind. Probe a wird alsdann durch den ringförmig ausgebildeten Stempel s zweischnittig auf Abscheren beansprucht. Die Scherfestigkeit errechnet sich zu

$$\tau_s = \frac{P}{2 \cdot \frac{a^2 \cdot \pi}{4}};$$

für Flußeisen und die gebräuchlichsten Metallegierungen ist die Scherfestigkeit ungefähr 0,75 der Zugfestigkeit; bei weichem Nieteisen und Gußeisen sind beide etwa gleich.

7. Der Lochversuch.

Der Lochversuch stellt einen Sonderfall des Scherversuches dar. Nach Abb. 39 wird das Blech a, das auf der Matrize m im Unterteil g_1 des Apparates aufliegt, durch die Patrize s_1 und den Stempel s_2, der seine Führung durch den Oberteil g_2 des Apparates erhält, gelocht. Beim Lochen findet zuerst eine Verdrängung und darauf ein Abscheren und Ausstoßen des Putzens statt. Wenn h die Blechstärke und d der Lochdurchmesser ist, so errechnet sich die Scherfestigkeit zu

$$\tau_s = \frac{P}{\pi \cdot d \cdot h}.$$

Die Lochkraft ist von der Blechdicke, vom Patrizendurchmesser, von der Art der Patrizenoberfläche (ob eben oder hohl) und vom Unterschied zwischen dem Patrizen- und Matrizendurchmesser abhängig. Man wählt zweckmäßig den

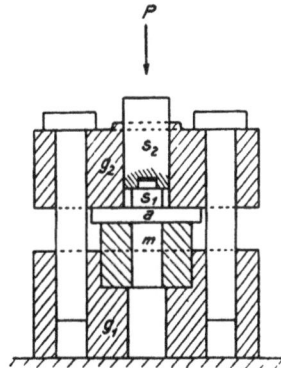

Abb. 39. Lochapparat.

$$\text{Lochdurchmesser} = d$$
$$\text{Patrizendurchmesser} = d - \frac{1}{8} d$$
$$\text{Matrizendurchmesser} = d + \frac{1}{8} d.$$

D. Die dynamischen Prüfungen und ihre Apparate.

Bei den bisher beschriebenen Versuchen geschah die Laststeigerung in allmählicher Weise, weswegen man diese Versuche auch statische nennt. Es hat sich nun gezeigt, daß die Eigenschaften der Baustoffe verschieden sind je nach der Art der Kraftäußerung, ob diese allmählich geschieht oder schlagweise. So zeigen viele Baustoffe gute Eigenschaften bei der statischen Beanspruchung, dagegen schlechte bei der dynamischen. Dieses verschiedenartige Verhalten hat die Notwendigkeit dynamischer Untersuchungsmethoden erwiesen. Die dynamischen Prüfungen dürften in Zukunft eine immer größere Bedeutung in der Materialprüfung erlangen, wozu allerdings die Schaffung einwandfreier Verfahren Vorbedingung ist. Die bisher bestehenden Prüfungsarten erfüllen nicht die Anforderungen, welche von der Wissenschaft gestellt werden müssen. Auf Grund dieser Tatsache rechnet man sie besser zu den technologischen Proben. Die wichtigsten dynamischen Prüfungsverfahren sind:

> der Schlagstauch- und Schlagbiegeversuch,
> der Kerbschlagbiegeversuch und
> der Dauerschlagbiegeversuch (Ermüdungsversuch).

1. Der Schlagstauch- und Schlagbiegeversuch.

Der Schlagstauch- und Schlagbiegeversuch geschieht mit dem Fallwerk „Bauart Martens", das in Abb. 40 dargestellt ist. Ein Fallbär von 20 bis 100 kg Gewicht fällt zwischen zwei Führungsschienen aus einer Höhe bis zu 6 m auf eine Schabotte herab, deren Gewicht mindestens gleich dem zehnfachen Bärgewicht ist, und auf der die Probe ruht. Der Versuch kann in verschiedener Weise ausgeführt werden. Bei Proben, welche dem Schlagbiegeversuch unterzogen werden sollen, z. B. Eisenbahnschienen und Achsen wird die Anzahl Schläge festgestellt, die bei bestimmter Arbeitsleistung und einer gewissen Stützweite eine bestimmte Durchbiegung erzielen.

Liegen die normalen Zylinder- oder Würfelproben vor, welche dem Schlagstauchversuch unterzogen werden sollen, so dient als Gütemaßstab nach Kick der Bruchfaktor, d. h. diejenige spezifische Schlagarbeit, die den Bruch des Probekörpers durch einen einzigen Schlag herbeiführt; falls man jedoch solche Materialien prüfen muß, für die wegen ihrer großen Plastizität der Bruchfaktor nicht bestimmt werden kann, wird man .die

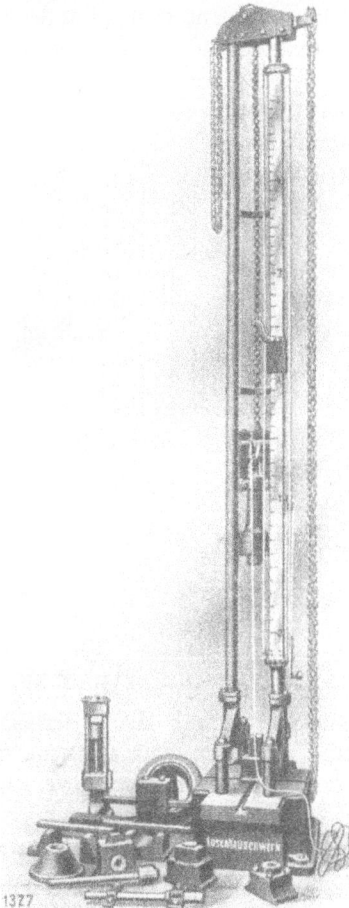

Abb. 40. Fallwerk (Bauart Martens).

Arbeit ermitteln, die erforderlich ist, um die Probe um ein bestimmtes Maß zu stauchen.

Für alle Fälle ist zu beachten, daß ein einzelner Schlag mit großer Arbeitsleistung eine stärkere Wirkung erzielt als mehrere kleinere Schläge mit derselben Gesamtarbeit. Die errechnete spezifische Arbeit in mkg je ccm Probeninhalt beim Stauchversuch ist nicht der Arbeit gleich zu rechnen,

Abb. 41. Kleines Pendelschlagwerk
10 mkg (Bauart Charpy).

Abb. 42. Großes Pendelschlagwerk 75 und 250 mkg
(Bauart Charpy).

die den Bruch des Körpers ausschließlich herbeiführt, da ein Teil der aufgewendeten Arbeit von der Schabotte aufgenommen wird und der Bestimmung entgeht. Dies hat zur Konstruktion der Pendelschlagwerke geführt.

2. Der Kerbschlagbiegeversuch.

Vom deutschen Verbande für die Materialprüfungen der Technik ist als Normalpendelschlagwerk der Pendelhammer von Charpy in den Größen 10, 75 und 250 mkg als Höchstleistung eingeführt worden. Abb. 41 und 42 geben die beiden Ausführungsarten. Ein Hammer schwingt pendelnd an einem Gestänge um eine mit Kugellagern ausgerüstete Achse, während die Probe auf einer Schabotte von bestimmten Größenabmessungen ruht. Der Schwerpunkt des Pendels muß tief liegen, und zur Vermeidung von Erschütterungen müssen sich Schwerpunkt des Pendels und des Probestabes und Treffpunkt der Schlagschneide in der Schwerpunktsschwingungsebene des ganzen Pendels befinden. Das Stoßzentrum darf je nach der Größe des Apparates bis zu 50 mm über dem Probestabschwerpunkt liegen. Für die Proben sind die Abmessungen festgelegt; außerdem sind die Versuchsstücke, wie Abb. 43 zeigt, mit einem Rundkerb versehen, der jeweils eine Materialstärke von 15 mm mißt. Normal beträgt der Probenquerschnitt 30 × 30 mm. Hat man jedoch z. B. dünnere Bleche, so wird man die Seitenfläche parallel zum Kerb kleiner machen, wie es in Abb. 43 angegeben ist.

Für den kleinen Hammer nimmt man am besten Proben von 100 mm Länge und 10 × 10 mm Querschnitt mit scharfen Kerben von 45⁰ Winkel und 2 mm Tiefe. Die Stützweiten werden zweckmäßig möglichst einheitlich gewählt, und zwar für die beiden großen Apparate zu 120 mm, für den kleinsten zu 70 mm.

Der Versuch geschieht in folgender Weise: Wenn auch festgestellt ist, daß eine Veränderung der Schlaggeschwindigkeit in den Grenzen von rd. 4,5 bis 7,5 m/sek unter sonst gleichen Verhältnissen keine wesentliche Änderung der spezifischen Schlagarbeit bedingt, so wird man doch stets die gleiche

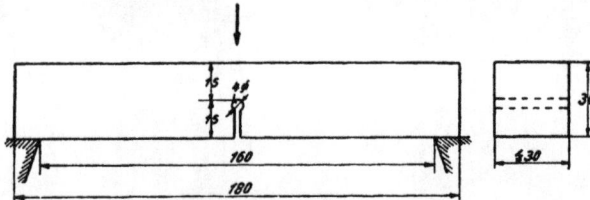

Abb. 43. Kerbschlagprobe nach Charpy.

Schlagarbeit, also 10 bzw. 75 bzw. 250 mkg einleiten, weil das angegebene Gesetz nicht bedingungslos und für alle Fälle gilt. Alsdann wird der Hammer gelöst, wobei er auf die Probe prallt, diese günstigenfalls zerschlägt und auf der anderen Seite weiterschwingt. Die Durchschwinghöhe und damit die dem Hammer innewohnende, nicht verbrauchte Arbeit wird gemessen. Der Unterschied zwischen der eingeleiteten und der noch unverbrauchten Arbeit ist die zum Bruch notwendig gewesene, die durch die Querschnittsfläche (normal 15 × 30 qmm) dividiert, die sog. ,,spezifische Schlagarbeit'' oder ,,Kerbzähigkeit'' heißt.

Bei diesem Pendelschlagwerk haben sich zahlreiche Nachteile ergeben, die durch viele Fehlerquellen verschuldet sind. Hierzu gehört als größte die Reibung der Proben an den Widerlagern während der Zerstörung. Als weiterer Nachteil bei der Kerbschlagprobe kommt noch der Umstand in Betracht, daß das Gesetz von den proportionalen Widerständen auf diese Versuche in der bisher gebräuchlichen Ausmittelung nicht anwendbar ist. Infolge des Fehlens einer Proportionalität zwischen dem Kerbquerschnitt und der zu seiner Durchschlagung notwendigen Schlagarbeit sind die Kerbzähigkeitswerte, die man durch Division der verbrauchten Schlagarbeit durch den Kerbquerschnitt erhält, bei verschiedenen Querschnitten nicht vergleichbar. Proportionale Stäbe ergeben demnach nicht gleiche spezifische Schlagarbeiten. Aber auch die Kerbform und -größe sind von Einfluß; eine Verringerung des Kerbdurchmessers bringt unter sonst gleichen Umständen eine Verminderung der spezifischen Schlagarbeit mit sich, weil ein geringerer Dehnungsbetrag bis zur Rißbildung in Betracht kommt. Desgleichen gibt ein scharfer Kerb geringere Zähigkeitswerte als ein Rundkerb. Diese beiden letzten Beobachtungen haben darin ihren Grund, daß der Beanspruchungsbereich in dem Kerbquerschnitt, in Volumenteilen gemessen, eine geringere Ausdehnung besitzt, weil die Fließfähigkeit des Baustoffes durch den Kerb beeinträchtigt wird. Die Richtigkeit dieser Überlegung wird durch Versuche von Moser[1]) bestätigt, der fand, daß die Kerbzähigkeit, bezogen auf die Raumeinheit der Beanspruchungszone, eine Gesetzmäßigkeit gibt. Nach Versuchen von Ehrensberger[2]) ist der Unterschied zwischen dem Ergebnis scharfer und runder Kerben bei sehr zähem Stahl nicht so groß wie bei sprödem. Und eingehende Versuche Thallners[3]) an Proben mit Spitzkerb (60⁰) ergaben ein lineares Ansteigen der spezifischen Kerbschlagarbeit mit zunehmendem Bruchquerschnitt. Bei rechteckigen Flachkerben wächst die Kerbzähigkeit mit der Kerbbreite bei sonst gleichem Bruchquerschnitt; ähnliches findet man für Flachkerben mit rundem Grund.

Abweichend von dem Charpyschen Hammer ist der Apparat von Guillerey gebaut, der allerdings in Deutschland nicht allgemein eingeführt ist. Bei ihm wird eine kleine Probe von 8 × 10 × 30 mm mit einem rechteckigen Kerb von 1 mm Breite, 1 mm Tiefe und entsprechend der Probenbreite 10 mm Länge versehen und durch ein rotierendes Stahlrad, auf dessen Felge ein Hammer befestigt ist, zertrümmert; dabei wird die Probe automatisch im richtigen Augenblick unter den Hammer geschoben. Die Größe des Apparates ist 60 bzw. 200 mkg bei etwa 300 Umdrehungen in der Minute. Die zum Durchschlagen aufgewendete Brucharbeit wird aus der Geschwindigkeitsänderung des Rades berechnet. Bei dieser Probe ist zu bedenken, daß die Herstellung des scharfkantigen Kerbes Schwierigkeiten bietet.

Außer diesen Apparaten gibt es noch andere Konstruktionen, die aber in Deutschland keine Verwendung finden.

3. Der Dauerschlagbiegeversuch.

(Ermüdungsversuch.)

Wird ein Baustoff dauernd Beanspruchungen ausgesetzt, so tritt, falls die Einzelbeanspruchungen die wahre Elastizitätsgrenze überschreiten, mit der Zeit ein Bruch ein. Diesen Bruch nennen wir Dauerbruch, und charakterisieren ihn als eine Ermüdungserscheinung des Materials. Je höher die Dauerbeanspruchung über der Elastizitätsgrenze liegt, desto schneller erfolgt natürlich der Bruch. Der Zeitpunkt des Bruches steht in hyperbelähnlicher Beziehung zur Größe der Beanspruchung. Man unterscheidet zwei Arten von

---

[1]) Moser, Stahl und Eisen, 1922, S. 90.
[2]) Ehrensberger, Stahl und Eisen, 1907, S. 1797.
[3]) Thallner, Stahl und Eisen, 1908, S. 1170.

Ermüdungsversuchen: bei der einen sind statische, bei der anderen dagegen dynamische (Schlag-) Belastungen vorhanden.

Die erste Art ist heute noch von verhältnismäßig geringer Bedeutung. Ich möchte an dieser Stelle nachdrücklich hervorheben, daß die Wichtigkeit der Probe sehr unterschätzt wird; ihr steht für die Zukunft eine weite Verbreitung in Aussicht. Bauschinger[1]) untersuchte die Ermüdungserscheinungen mit Hilfe statischer Zugbeanspruchung an Stäben und fand folgendes: Wird die Anspannung zwischen den Grenzen O und $+ \sigma$ oftmals wiederholt, wobei σ zwischen der ursprünglichen Proportionalitäts- und Streckgrenze bleibt, so wird im Laufe der Zeit die Proportionalitätsgrenze selbst bis über die Höhe der Anspannung und die ursprüngliche Streckgrenze hinaus gehoben. Diese Erhöhung ist um so größer, je mehr Schwingungen erfolgt sind; eine gewisse Höhe kann nicht überschritten werden. Wird σ über die ursprüngliche Streckgrenze erhöht, so kann die Proportionalitätsgrenze auch durch eine noch so große Schwingungszahl nicht mehr bis an die obere Anspannungsgrenze σ gehoben werden. Die Bruchgrenze σ_B zeigt sich durch sehr viele Schwingungen nicht vermindert, sondern eher erhöht, wenn der Stab nachher mit ruhender Belastung zerrissen wird. Für die Widerstandsfähigkeit eines Materials gegen Ermüdung ist nicht nur die Höhe der Maximalanspannung maßgebend, sondern, wie Versuche von Wöhler[2]) zeigen, auch die Amplitude der Schwingung. Um einen Bruch zu verhüten, muß der Schwingungsausschlag ($\sigma_{max} - \sigma_{min}$) um so kleiner werden, je höher die obere Anspannung σ_{max} wächst. Der Ermüdungsbruch infolge statischer Belastungsweise geht meist von einem Punkte der Oberfläche aus und setzt sich strahlenförmig und muschelig nach dem Innern des Querschnittes fort; das muschelige Aussehen wird durch konzentrische Ellipsen hervorgerufen. An dieser eigenartigen Ausbildung ist ein Dauerbruch leicht zu erkennen. Wenn man die Grenzen der Beanspruchung von Zug und Druck gleich groß nimmt und die Spannungs-Deformationskurve aufträgt, so erhält man nach Überschreiten einer gewissen Spannung eine Fläche nach Art der magnetischen Hysteresisschleife, wie Untersuchungen von Stanton[3]) ergeben haben. Vergrößert man den Spannungsbereich, so wächst die bleibende Deformation bis zu einer gewissen Höchstspannung, nach deren Überschreiten sie nicht mehr zunimmt. Die Geschwindigkeit des Lastwechsels wurde innerhalb der Grenzen 200 bis 2200 in der Minute ohne Einfluß auf die Ermüdung der Materialien gefunden. Ähnliche Ergebnisse fand Roos af Hjelmsäter[4]) bei einer rotierenden

---

[1]) Bauschinger, Martens, Handbuch der Materialienkunde für den Maschinenbau, Bd. I, S. 210.

[2]) Wöhler, Martens, Handbuch der Materialienkunde für den Maschinenbau, Bd. I, S. 210.

[3]) Stanton, Internationaler Verband für die Materialprüfungen der Technik, VI. Kongreß, V 1.

[4]) Roos af Hjelmsäter. Internationaler Verband für die Materialprüfungen der Technik, VI. Kongreß, V 2 b.

Biegungsbeanspruchung für ein Intervall von 1200 bis 2400 Dehnungs-
wechsel in der Minute, allerdings erreichte das Material bei den größeren
Geschwindigkeiten etwas höhere Dauergrenzen, deren Unterschiede jedoch
nur gering waren. Beim Dauerhin- und -herbiegeversuch konnte Kommers[1]
das entgegengesetzte Verhalten feststellen, und zwar innerhalb 150 bis 700
minutlichen Schwingungen; im allgemeinen kann man jedoch sagen, daß zur
Erzielung größerer Ermüdungsunterschiede sehr beträchtliche Änderungen
in der Zahl der Belastungswechsel nötig sind.

Die zweite Art der Ermüdungsversuche ist dagegen in letzter Zeit mehr
beachtet worden; sie stützt sich auf das Dauerschlagwerk „Bauart Krupp".

Abb. 44. Dauerschlagwerk (Bauart Krupp).

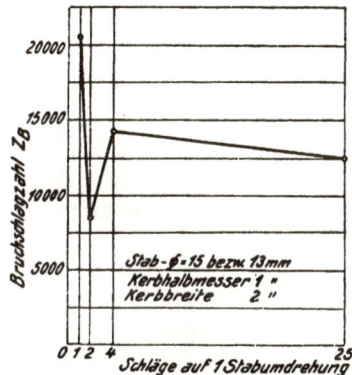

Abb. 45. Abhängigkeit der Bruchschlagzahl
von der Anzahl der Schläge je Stabumdrehung
bei Ni-Cr-Stahl (0,12 % C; 4,93 % Ni;
0,94 % Cr).

Bei diesem wird, wie aus Abb. 44 hervorgeht, ein Probestab von 18 mm
Stärke, der mit einem Rundkerb versehen ist und ungefähr 100 mm Stützweite besitzt, in der Minute 86 mal von einem mechanisch hoch gehobenen
und ausgelösten Bären von rd. 4 kg Gewicht aus rd. 30 mm Höhe geschlagen.
Der Probestab kann hierbei feststehen, aber er kann auch nach jedem Schlage
ein Stück weiter gedreht werden, so daß es in das Belieben gestellt ist, ob der
Stab immer nur auf dieselbe Stelle, oder abwechselnd auf zwei gegenüber-
liegende oder ringsherum auf 25 Stellen geschlagen wird. Die Bruchschlagzahl,
d. h. die Anzahl der Schläge bis zum vollständigen Bruch ist natürlich eine
Funktion der Anzahl der Schläge für jede Umdrehung des Stabes, wie aus
Abb. 45 hervorgeht. Die von mir[2] in Gemeinschaft mit Leber ausgeführten
Versuche ergaben, daß bei einer jeweiligen Stabdrehung um 180° die Probe

---

[1] Kommers, Internationaler Verband für die Materialprüfungen der Technik,
VI. Kongreß, V 3.
[2] Müller und Leber, Zeitschrift des Vereins deutscher Ingenieure, 1921, S. 1089.

am meisten beansprucht wird. Die Kerbschlagzahl ist naturgemäß von der Art und Größe des Kerbes abhängig. Spitzkerb und scharfkantiger Flachkerb ergeben, wie aus den Versuchen von Preuß[1]) hervorgeht, geringere Bruchschlagzahlen als der Rundkerb. Nach den von mir und Leber angestellten Untersuchungen nimmt gemäß Abb. 46 die Schlagzahl linear mit der Größe des Kerbhalbmessers zu. Die Forderung guter Querschnittsübergänge ist um so wichtiger, je mehr der Maschinenteil Dauerbeanspruchungen ausgesetzt ist. Die Größe der mit jedem Schlage ausgeübten Arbeit ist von großem Einfluß auf die Bruchschlagzahl. Das Gesetz ist durch Abb. 47 dargestellt, wie es für einen vergüteten Nickelchromstahl von mir[2]) und Leber gefunden wurde; für andere Stähle erhält man gleichartige Kurven. Berechnet man die für jede Schlagarbeitsgröße auftretende größte Biegespannung σ, was natürlich nur angenähert möglich ist, so findet man nach Abb. 47, daß eine Unterschreitung der wahren

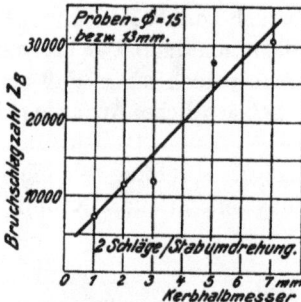

Abb. 46. Abhängigkeit der Bruchschlagzahl vom Kerbhalbmesser bei geglühtem Ni-Cr-Stahl (0,4% C; 4,52% Ni 1,0% Cr).

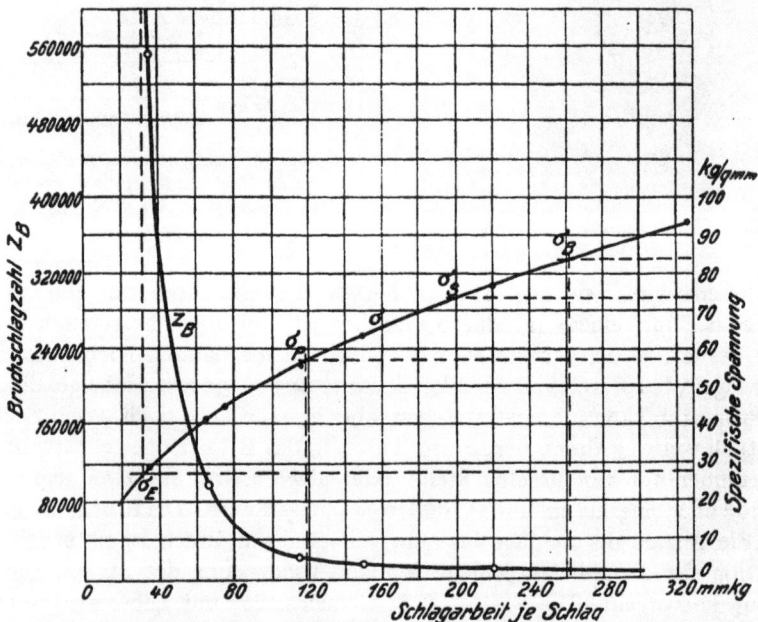

Abb. 47. Abhängigkeit der Bruchschlagzahl von der Schlagarbeit und den statischen Festigkeitswerten eines vergüteten Ni-Cr-Stahles mit ausgeprägter Streckgrenze.

---

[1]) Preuß, Zeitschrift des Vereins deutscher Ingenieure, 1914, S. 701.
[2]) Müller und Leber, Zeitschrift des Vereins deutscher Ingenieure, 1923, S. 358.

Elastizitätsgrenze σ_{E} keinen Bruch herbeiführt. Andrerseits ist die Proportionalitätsgrenze σ_{P} und eine ausgeprägte Streckgrenze σ_{s} ohne erkennbaren Einfluß auf die Gestaltung der Kurve; ja, nach Überschreiten der Zerreißfestigkeit σ_{B} wird der Stab infolge der nur momentan wirkenden Kräfte immer noch eine gewisse Anzahl Belastungswechsel aushalten.

Abb. 48. Beiderseits geschlagener Spitzkerbstab (Flußeisen) mit geringem Anriß. Längsschnitt in der Schlagebene.

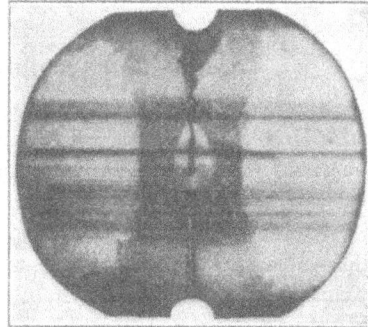

Abb. 49. Beiderseits geschlagener Rundkerbstab (Flußeisen) kurz vor dem vollständigen Bruch. Längsschnitt in der Schlagebene.

Um einen Einblick in die Größe der Beanspruchungszone zu erhalten, wurden von mir einige Stäbe teils weniger, teils mehr (bis zum Anriß) beansprucht und der Längsschnitt durch die Stabachse nach dem von Fry angegebenen Verfahren geätzt (vgl. V. Kapitel, Die metallographische Prü-

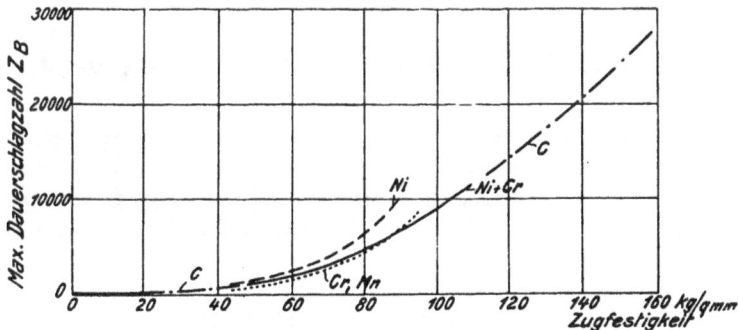

Abb. 50. Abhängigkeit der Dauerschlagzahl von der Zugfestigkeit bei verschiedenen Stahlsorten.

fung, Abschnitt B, 2, e). Die Beanspruchungszonen gehen aus den Abb. 48 und 49 hervor. In dem dunklen Teil der Bilder sind die Eisenkristalle geflossen und haben den Zustand der „Erzwungenen Homöotropie" mehr oder weniger angenommen. Aus Abb. 48 geht das Fortschreiten und aus Abb. 49 der Endzustand hervor.

Setzt man die Dauerschlagzahlen vergüteter Stähle in Beziehung zu ihrer Festigkeit, so findet man wie ich[1]) an Hand von Versuchen feststellen konnte, daß eine zunehmende Festigkeit auch eine erhöhte Bruchschlagzahl, d. h. eine geringere Ermüdungsmöglichkeit mit sich bringt. In Abb. 50 habe ich die Kurven für verschiedene Stahlsorten zusammengestellt. Zugleich erkennt man die Überlegenheit der Nickel- und Nickelchromstähle über die Chrom- und Manganstähle.

E. Die Härteprüfung und ihre Apparate.

Unter der Härte H versteht man nach Martens ganz allgemein den Widerstand, den der betreffende Stoff dem Eindringen eines anderen Körpers entgegensetzt. Je nach der Art des Eindringens und der Gestalt des zu prüfenden und des eindringenden Körpers wird daher der Härtewert ganz verschieden sein. In der Materialprüfung sind im Laufe der Zeit die verschiedensten Methoden ausgearbeitet worden, weil die vorliegenden Verfahren — sei es in Ermangelung einer Gesetzmäßigkeit, sei es infolge ihrer umständlichen Handhabung — keine reine Befriedigung aufkommen ließen. Neben der Härtebestimmung durch Eindrücken einer Linse mit bestimmtem Krümmungsradius in eine Platte (Auerbach) oder durch Zusammendrücken zweier kreuzweise übereinander gelegten Zylinder aus dem Probematerial (Föppl) oder durch Eindrücken eines Stahlkegels in die Probe (Ludwik) oder durch Einritzen eines Diamanten (Martens) sind noch zahlreiche andere Verfahren ausgearbeitet worden. Von allen diesen haben sich aber bisher nur zwei eingebürgert, die Brinell- und die Shoremethode, während eine dritte, dynamische Schlaghärteprobe scheinbar zur Aufnahme geeignet ist. Aus diesem Grunde mögen auch nur diese 3 Verfahren besprochen sein.

1. Allgemeine Gesichtspunkte für die Ermittlung der Härte.

Um die Härtemessung in richtiger Weise durchführen zu können, müssen die Proben eine genügende Größe besitzen, über welche unten noch Näheres gesagt ist. Die Fläche, an der die Härte zu messen ist, ist sauber zu schlichten und mit feinem Schmirgelpapier abzuziehen. Die Auflage der Proben muß ohne Federung und satt erfolgen; Prüf- und Auflagefläche sind möglichst genau parallel zueinander herzustellen.

2. Das Verfahren von Brinell.

Das Verfahren von Brinell beruht, wie aus Abb. 51 hervorgeht, auf dem Eindrücken einer polierten Stahlkugel in die zu prüfende Fläche. Ist

P die Eindruckkraft in kg,
D der Kugeldurchmesser in mm und
d der Eindruckkalottendurchmesser in mm,

---

[1]) Müller, Verein deutscher Ingenieure, Forschungshefte, Nr. 247.

so gilt als Beziehung für die Brinellhärte

$$H_B = \frac{\text{Belastung in kg}}{\text{Kalottenoberfläche in qmm}}$$

$$= \frac{P}{\pi \dfrac{D^2}{2} - \pi \dfrac{D}{2} \sqrt{D^2 - d^2}} .$$

Bei diesem Verfahren muß also der Kalottendurchmesser, der durch den seitlich aufgetriebenen Wulst gebildet wird, mit Hilfe eines Mikroskopes ausgemessen und daraus die Kalottenoberfläche berechnet werden. Für genaue Versuche wird der Kalotten-
durchmesser als Mittelwert zweier senkrecht zueinander stehenden Durchmesser gemessen, weil der Eindruck oft unrund ist. Die Errechnung der Kalottenoberfläche mit Hilfe der genannten Formel ist sehr umständlich. Man legt sich am zweckmäßigsten erst eine Tabelle an, aus welcher die Oberflächen für die zugehörigen Durchmesser bei verschiedenen Kugelstärken zu ersehen sind. Vielfach wird unter praktischen Verhält-

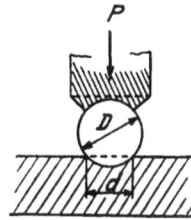

Abb. 51. Kugeldruck-
(Härte-) Versuch.

nissen auf diese umständliche Berechnung verzichtet und die Eindruck-
fläche zur Berechnung der Härte genommen. Es ist dann

$$H_{B'} = \frac{P}{\pi \dfrac{d^2}{4}} .$$

Ein Mangel des Brinell-Verfahrens besteht darin, daß ein eindeutiger Härtewert bei verschiedenem Kugeldurchmesser und veränderter Belastung nicht gefunden wird. Bei gleichbleibender Belastung wird der Härtewert kleiner, je größer der Kugeldurchmesser gewählt wird, und ebenso ändert sich der Härtewert bei gleichbleibendem Kugeldurchmesser mit zunehmender Belastung, indem er je nach der Höhe der Belastung größer oder kleiner wird. Neben diesen Einflüssen spielt die Zeitdauer der Belastung noch eine gewisse Rolle, indem besonders bei weichen Metallen unter einer bestimmten Last die Kugel noch etwas nachsinkt. Man wählt für gewöhnlich die Belastung für Eisen und Stahl $P = 30\,d^2$ und für Kupfer und seine Legierungen $P = 10\,d^2$, und zwar bei einer

Probenstärke von	< 3 mm			3—6 mm			> 6 mm		
Material	Kugel-φ mm	Be-lastung kg	Zeit-dauer Sek.	Kugel-φ mm	Be-lastung kg	Zeit-dauer Sek.	Kugel-φ mm	Be-lastung kg	Zeit-dauer Sek.
Eisen und Stahl .	2,5	187,5	10	5	750	10	10	3000	10
Kupfer und seine Legierungen . . .	2,5	62,5	30	5	250	30	10	1000	30

Im allgemeinen sollen sich die Belastungen wie die Quadrate der Kugeldurchmesser verhalten

$$\frac{P}{P_1} = \frac{d^2}{d_1^2},$$

weil in diesem Fall für verschiedene Kugeldurchmesser die Härtewerte sich nahezu decken. Die angegebenen Kugeln bringen verhältnismäßig große

Abb. 52. Brinellhärte-Prüfmaschine (Bauart Losenhausen).

Kalottendurchmesser hervor, weswegen der Versuch in genügendem Abstande von dem Rande der Probe gemacht werden muß. Der zu untersuchende Probekörper darf auch nicht zu dünn sein, damit der Druckbereich von dem Material ganz aufgenommen wird. Baucht sich also eine Kante unter dem Druck der Kugel aus, oder ist wegen der geringen Stärke der Probe der Kugeleindruck auf der Unterfläche zu sehen, so ist der Versuch hinfällig und unbrauchbar, und man muß zu einer kleineren Belastung übergehen. Zur besseren Kenntlichmachung der Eindrücke kann man die Probenoberfläche vor dem Versuch anrußen. Für die Erzeugung des Kugeleindruckes ist eine Maschine notwendig. Hierzu kann man eine beliebige Presse nehmen, jedoch sind vielfach Spezialmaschinen konstruiert worden, von denen Abb. 52 einen Typ „Bauart Losenhausen" zeigt.

3. Die dynamische Schlaghärteprüfung.

Das Brinell-Verfahren ist wegen der Erzeugung der verhältnismäßig großen Kräfte an eine Maschine gebunden, die recht kostspielig ist. Außerdem ist die Ausmessung des Kalottendurchmessers und die Berechnung der Härte zeitraubend. Aus diesem Grunde war man bestrebt, für die Be-

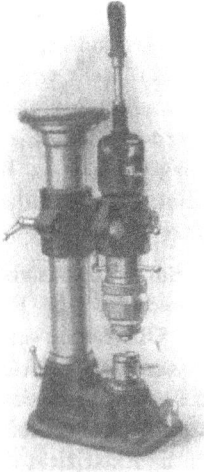

Abb. 53. Schlaghärteprüfer (Bauart Wilk).

Abb. 54. Härte-Skleroskop (Bauart Shore).

dürfnisse der Praxis ein billigeres Schnellverfahren auszubilden, das sich in der Ausnutzung eines Schlages durch eine gespannte Feder bot. Nach diesem Verfahren arbeiten die sog. Schlaghärteprüfer, von denen in Abb. 53 der Schoppersche (Bauart Wilk) dargestellt ist, welcher von mir[1] eingehend untersucht wurde. Bei ihm wird durch den Schlag einer gespannten Feder mit einer eingeleiteten Schlagarbeit von rd. 130 mmkg eine Kugel von rd. 2,5 mm Durchmesser in die Probe eingetrieben und mit Hilfe einer besonderen Vorrichtung zugleich die Eindrucktiefe gegenüber der ursprünglichen Probenoberfläche, also unter Vernachlässigung des Wulstes gemessen. Man kann nunmehr aus der Eindrucktiefe und dem Kugeldurchmesser die Kalottenoberfläche oder das verdrängte Volumen berechnen und dieses in Beziehung zur Schlagarbeit bringen. Auch kann man die Eindrucktiefen in Vergleich zur normalen Brinellhärte setzen.

4. Das Fallhammer-Verfahren von Shore.

Bei dem Shoreschen Skleroskop (Abb. 54) fällt ein Stahlhämmerchen von rd. 2,2 g Gewicht in einer Glasröhre aus einer Höhe von ungefähr 250 mm

---

[1]) Müller, Verein deutscher Ingenieure, Forschungshefte, Nr. 247.

auf die Probe herab. Infolge der Elastizität von Hämmerchen und Probe prallt es zurück, wobei die Höhe des ersten Rückpralles an einer Skala abgelesen wird. Durch eine sehr sinnreiche Konstruktion wird bei dem Original-Shore-Apparat das Hämmerchen mittels eines Ballons hochgesaugt, durch Einklinkung festgehalten und durch einen weiteren Druck auf den Gummiballon losgelöst, so daß es wieder herabfallen kann. Für weiche Baustoffe wird ein Stahlhämmerchen mit abgeflachter Stahlspitze, für harte dagegen ein solches mit Diamantspitze verwendet. Die Eindrücke sind mit dem Auge kaum wahrzunehmen, so daß das zu untersuchende Stück nicht verletzt wird. Der Vorzug dieser Methode beruht neben schneller Handhabung also darauf, daß fertige Gegenstände der Prüfung unterzogen werden können, ohne daß sie dadurch unbrauchbar werden. Für gehärtete Gegenstände, z. B. Werkzeuge kommt vorläufig nur das Shore-Verfahren in Betracht, weil das Kugeldruckverfahren keine oder nur sehr geringe Eindrücke erzeugt.

Die Mängel des Fallhammerverfahrens liegen darin, daß neben einer genauen Vertikalstellung des Apparates zur Vermeidung von Reibungen des Hämmerchens an der Glasröhre die zu prüfende Oberfläche eine Ebene in genau horizontaler Lage sein muß, um das Hämmerchen vollständig lotrecht zurückprallen zu lassen. Besonders die letzten Forderungen sind schwer zu erfüllen. Man muß sich darüber klar sein, daß der Apparat keine Härte im eingangs definierten Sinne mißt, sondern lediglich die Elastizität des durch den Hammereindruck beanspruchten Materiales. Die Skala ist demgemäß auch willkürlich, und wenn wir z. B. für gehärtete Bolzen, Lagerrollen u. dgl. eine Härte von mindestens 70 Shore-Graden verlangen, so liegt in der Methode doch eine gute Anwendungsmöglichkeit, falls es sich um Vergleiche verschiedener Härtungsgrade handelt. In der folgenden Tabelle sind die Shore-Härtegrade für einige Metalle zusammengestellt:

Material	Geglüht	Gehämmert bezw. gehärtet
Messing, gegossen	7—35	—
Messing, gezogen	10—15	24—25
Kupfer, gegossen	6	14—20
Zink, gegossen	8	20
Reines Eisen	18	25—30
Weicher Stahl mit 0,15 % C . . .	22	30—45
graues Gußeisen	30—45	—
Hartguß	50—90	—
Werkzeugstahl mit 1 % C	30—35	40—50
Werkzeugstahl mit 1,65 % C . . .	35—40	—
Schnelldrehstahl, gehärtet	—	70—105
Kohlenstoffstahl, gehärtet	—	70—110
Nickel-Chrom-Stahl	47	—
Nickel-Chrom-Stahl, gehärtet . . .	—	60—95

5. Der Zusammenhang zwischen Kugeldruckhärte und Zerreißfestigkeit.

Für die Praxis hat sich das Bedürfnis herausgestellt, zur Ermittlung der Zugfestigkeit statt des umständlichen und kostspieligen Zerreißversuches ein anderes Verfahren aufzufinden. Man hat nun die Beziehung zwischen der Festigkeit und der Kugeldruckhärte aufgestellt und für recht viele Baustoffe einen Festwert gefunden. Mit Hilfe dieses Wertes stellt man in der Praxis in einfacher Weise die Zugfestigkeit aller möglichen Metalle fest. Aus zahlreichen Versuchen hat sich ergeben, daß für die gewöhnlichen Kohlenstoffstähle im ausgeglühten Zustande $\sigma_B \infty 0{,}36 \cdot H_B$ ist, und durch eigene Versuche, die ich[1]) an Kupfer und Bronze verschiedenen Reckgrades vorgenommen habe, konnte ich für Kupfer $\sigma_B \infty 0{,}33 \cdot H_B$ und für Bronze $\sigma_B \infty 0{,}34 \cdot H_B$ ermitteln. Diese Verhältniszahlen sind aber durchaus nicht so feststehend, wie es scheinen möchte, vielmehr kommen erhebliche Schwankungen zwischen $\infty 0{,}25$ und $\infty 0{,}45$ vor, besonders bei legierten Sonderstählen sowie bei wärmebehandelten Kohlenstoff- und Konstruktionsstählen, so daß eine Verallgemeinerung des Gesetzes unmöglich ist. Dies schließt natürlich eine vorteilhafte Benutzung nicht aus, nur ist es nötig, daß für jede Stahlsorte genügende Erfahrungswerte vorliegen. Das Verfahren kommt daher in erster Linie für Stahl- und Metallwerke in Betracht und weniger für die weiterverarbeitende Industrie. Zwischen der Schlaghärte und der Festigkeit besteht eine ähnliche lineare Beziehung.

Neben den angeführten Härteuntersuchungsverfahren gibt es noch eine ganze Reihe vereinfachter Methoden, die ich wegen ihrer teilweise nur geringen Genauigkeit nicht erwähne. Es sind meist Schnellprüfungen, denen eine wissenschaftliche Bedeutung nicht zukommt.

F. Die Zähigkeit und Sprödigkeit.

Unter der Zähigkeit versteht man die Möglichkeit bleibender Deformationen neben genügender Festigkeit. Je größere Formänderungen ohne Bruchgefahr angängig sind, desto zäher ist ein Material; spröde ist ein Baustoff, der nur geringe Formänderungen verträgt. Die Formänderungen können dabei durch statische oder dynamische Beanspruchung hervorgerufen werden. Die mathematische Fassung und eindeutige Definition des Begriffes „Zähigkeit" ist also wie bei der Härte schwierig. Für gewöhnlich wird als Maß der Zähigkeit die Bruchdehnung bzw. die Querzusammenziehung betrachtet. Während Fischer[2]) und Hartig[3]) die gleichmäßige Dehnung, d. h. die gesamte Bruchdehnung abzüglich der Fließkegeldehnung als Wert-

---

[1]) Müller, Verein deutscher Ingenieure, Forschungshefte, Nr. 211.

[2]) Fischer, Dinglers Polyt. Journal, 1882, S. 67.

[3]) Hartig, Der Zivilingenieur, 1882, S. 94.

messer gelten lassen wollen, betrachten Martens[1]) und Ludwik[2]) die Querzusammenziehung als geeignetes Maß. Bei Dehnung und Brucheinschnürung ist jedoch die Größe sehr Zufälligkeiten durch die Ungenauigkeit der Bearbeitung des Probestabes ausgesetzt, kann man doch für die Bruchdehnung bei 1% Ungenauigkeit im Durchmesser Dehnungsabnahmen bis über 20% feststellen.

Martens gibt der Zähigkeit die Gleichung

$$A = P \cdot \frac{(a \cdot f - f_1)}{f \cdot f_1} = \frac{P}{f_1} \cdot \left(\frac{a \cdot f - f_1}{f} \right),$$

worin

A die Formänderungsarbeit auf die Volumeneinheit bis zum Bruch des Körpers,

P die Kraft im Augenblick des Bruches,

f der ursprüngliche Querschnitt,

f_1 der Bruchquerschnitt und

a der Wert der Dichteänderung (praktisch $= 1$)

ist. Für $a = 1$ ist

$$A = \frac{P}{f_1} \cdot \left(\frac{f - f_1}{f} \right).$$

Die Zähigkeit ist hiernach also proportional der effektiven Bruchspannung und der Brucheinschnürung. Erstere ist aber gemäß Absatz C, 1, c dieses Kapitels für das gleiche Material im weichen und verfestigten Zustand gleich, so daß also die Zähigkeit nach Martens lediglich von der Brucheinschnürung abhängt. Aus Versuchen, die ich[3]) an verschieden hart gezogenen Kupfer- und Bronzestangen ausgeführt habe, dürfte als Maß der Zähigkeit besser die Einschnürung des Fließkegels als Unterschied der gesamten Brucheinschnürung, vermindert um die Einschnürung im Höchstlastpunkte, anzusprechen sein. Pye[4]) hat schon darauf hingewiesen, daß z. B. Kupfer beim Ziehprozeß vom weichen in den brüchigen Zustand durch ein Zwischenstadium größter Zähigkeit hindurchgeht. Diese Beobachtung deckt sich mit meinen Resultaten, wonach die angeführte Fließkegeleinschnürung bei 20 bis 30% Reckgrad (Querschnittsabnahme) einen Höchstwert besitzt, so daß also die angegebene Definition den praktischen Verhältnissen entspricht. Nach Martens würde der völlig ausgeglühte Draht mit seiner größten Gesamtbrucheinschnürung die größte Zähigkeit haben, was tatsächlich wegen der geringen Festigkeit nicht der Fall ist. Als bestes Maß der Zähigkeit ergibt sich daher, wie auch die Bearbeitung der Zieh- und Druckbleche lehrt, die reine Einschnürfähigkeit. Leider stellen sich dieser Art der Ermitt-

---

[1]) Martens, Handbuch der Materialienkunde für den Maschinenbau, Bd. I. S. 245.
[2]) Ludwik, Elemente der technologischen Mechanik, Berlin, S. 22.
[3]) Müller, Verein deutscher Ingenieure, Forschungshefte, Nr. 211.
[4]) Pye, Engineering, 1911, S. 403.

lung Meßschwierigkeiten bei dünnen Proben (Blechen und Drähten) entgegen, abgesehen von der Langwierigkeit der Untersuchung. Für die von anderer Seite vorgeschlagene Methode, den Unterschied zwischen Streck- und Bruchgrenze oder nach Tetmajer[1] das Produkt aus Bruchdehnung und Zugfestigkeit als Maß der Zähigkeit zu nehmen, besteht ebenso wie für Martens Vorschlag des Verhältnisses zwischen Streck- und Bruchgrenze keine wissenschaftliche Begründung. Die letztgenannte Beziehung ist vielmehr ein Ausdruck für den Kaltbearbeitungsgrad eines Baustoffes.

G. Die technologischen Proben und ihre Apparate.

Als technologische Proben bezeichnet man diejenigen, bei denen das Material lediglich auf sein äußeres Verhalten beobachtet wird, ohne daß eingehende Kraft- und Formänderungsmessungen vorgenommen werden. Sie geben Aufschluß über den Grad der Zähigkeit und der Bearbeitbarkeit. Man unterscheidet zwischen Kalt- und Warmproben.

1. Die technologischen Kaltproben.

a) Die Kaltbiegeprobe.

Die Biegeproben (Abb. 55) werden an Probestäben von etwa 150 bis 300 mm Länge je nach der Probenstärke ausgeführt. Man macht die Breite etwa gleich der dreifachen und die Länge ungefähr gleich der achtzehnfachen Dicke. Die Proben werden über einen Dorn von bestimmtem Radius gebogen, dessen Durchmesser gleich oder ein Vielfaches der Probendicke a sein soll. Um Zufallsrisse auszuschließen, wie sie durch unsauber bearbeitete Kanten auftreten können, werden die letzteren in der Mitte der Proben gebrochen. Falls keine Querbrüche an der gedehnten Außenseite auftreten, wird der Biegeversuch soweit fortgesetzt, bis die beiden Schenkel zur gegenseitigen Anlage kommen. Sobald Risse auftreten, wird der

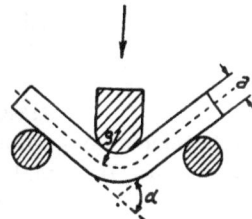

Abb. 55. Technologischer Biegeversuch.

Versuch abgebrochen und der Biegewinkel a mit Hilfe einer Lehre gemessen. Als Wertmesser zur Beurteilung des Baustoffes hat Tetmajer den Begriff der „Biegegröße" eingeführt, weil das Gütemaß von der Probendicke a und dem Bruchbiegeradius ϱ für die neutrale Faser abhängig ist. Es ist

$$B_g = \frac{50 \cdot a}{\varrho} \cdot$$

Man unterscheidet je nach dem Materialzustand Kaltbiegeproben in unbehandeltem, angeliefertem Zustande, in bei 800⁰ geglühtem Zustande und in bei 800⁰ in Wasser von 25⁰ bis 30⁰ abgeschrecktem Zustand. Durch

---

[1] Tetmajer, Die angewandte Elastizitäts- und Festigkeitslehre, 3. Aufl., S. 39.

die Prüfung im angelieferten und geglühten Zustande erkennt man den Bearbeitungsgrad sowie die Formbarkeit des entreckten Materials. Ein hoher Phosphorgehalt beim Eisen, Kaltbrüchigkeit und etwaige Materialspannungen tun sich hier kund. Die Prüfung in abgeschrecktem Zustande ergibt dagegen ein Maß für die Härtbarkeit.

b) Die Kaltstauchprobe.

Die Kaltstauchprobe kommt z. B. für Stehbolzenkupfer in Betracht, das für Lokomotivkessel verwendet wird. Proben von der Höhe gleich der doppelten Stärke müssen sich auf ein Drittel der ursprünglichen Höhe zusammenstauchen lassen, ohne Risse zu bekommen. Kupfer, das stark kupferoxydulhaltig (Cu_2O) oder zu hart ist, platzt an der Außenhaut auf.

c) Die Hin- und Herbiegeprobe.

Verfahren für Drähte: Abb. 56 gibt das Schema der Anordnung. Der Draht wird zwischen Klemmbacken gespannt und durch einen Mitnehmer aus der Strecklage abwechselnd nach beiden Seiten in die 90^0-Lage gebracht.

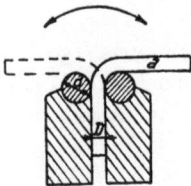

Abb. 56. Hin- und Herbiegeversuch.

Jede Biegung um 90^0 und wieder zurück in die Strecklage des Drahtes, gleichgültig, nach welcher Seite sie erfolgt ist, gilt als eine Biegung. Die Anzahl der Biegungen bis zum Bruch wird gezählt. Bei der Versuchsausführung ist auf die gute Anlage der Drähte an die Abrundungen der Klemmbacken zu achten, weil die Drahtproben sonst nicht voll beansprucht werden.

Nach Schuchart d. Ält.[1] bestehen eine Reihe Gesetze für den Hin- und Herbiegeversuch an Drähten. Nach seinen an geglühten und harten Flußeisendrähten ermittelten Zahlen wächst die Biegezahl mit dem Abrundungsradius unter sonst gleichen Bedingungen nach einer Parabel zuerst langsam, dann schneller. Für große Rundungsradien verhalten sich also die Biegezahlen desselben Drahtes wie die Quadrate der Biegungsdurchmesser; für große und gleichbleibende Rundungsradien stehen die Bruchbiegezahlen zu den Quadraten der Drahtdicken in umgekehrtem Verhältnis. Man wird derartige Gesetzmäßigkeiten oft zur Umrechnung auf andere Versuchsbedingungen mit Vorteil gebrauchen können, weil über die Wahl der Radien in Ermangelung einer allseits anerkannten Normalisierung nur willkürliche Annahmen getroffen werden. Bei Liefervorschriften müssen die Abrundungsradien der Klemmbacken also stets vorgeschrieben werden.

Verfahren nach Heyn: Abb. 57 zeigt das Heynsche Verfahren, das auf der Hin- und Herbiegung eines eingekerbten Probestabes von $4 \times 6 \times 60$ mm

---

[1] Schuchart d. Ält., Stahl und Eisen, 1908, S. 988.

Größe beruht und besonders einen Einblick in die Sprödigkeit gibt. Die Stäbe werden zwischen scharfkantigen Backen eingeklemmt und in der bezeichneten Weise aus der Strecklage um 90° hin- und hergebogen, so daß in dem Kerb abwechselnd eine Zug- und Druckbeanspruchung entsteht. Die Anzahl der Biegungen, die also nur nach einer, und zwar der dem Kerb abgewandten Seite geschehen, wird gezählt.

d) Die Verwinde- und Wickelprobe.

Die Verwindeprobe dient zur Prüfung von Drähten, indem Abschnitte von bestimmter Länge nach Abb. 58 unter einer dem jeweiligen Durchmesser angepaßten Belastung G mit Hilfe einer Handkurbel bis zum Bruch verdreht werden. Die Anzahl der Drehungen ist ein Gütemaß für den Draht.

Man kann den Verwindeapparat auch zur Ausführung der Wickelprobe verwenden, indem man nach Abb. 58 einen Draht um einen solchen gleichen Durchmessers spiralförmig auf- und wieder abwickelt; die Anzahl der Auf- und Abwicklungen bis zum Bruch läßt die Bewertung des Materials zu.

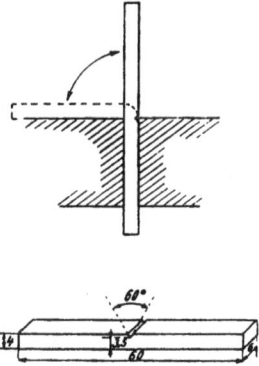

Abb. 57. Hin- und Herbiegeversuch (nach Heyn)

e) Die Druckprobe von Erichsen.

Die Prüfung von Blechen, die für Druck-, Zieh- und Stanzzwecke gebraucht werden, wurde bisher durch Ermittlung der Festigkeit und Dehnung ausgeführt. Abgesehen davon, daß diese Prüfungsart für sehr dünne Bleche keine einwandfreien Festigkeitsergebnisse liefert, weil die Bleche während des Zerreißversuches in den Spannbacken gern einseitig rutschen und schiefe Brüche ergeben, ist der Zustand der größten Weichheit durchaus nicht der günstigste für Tiefzugbleche. Ich habe bereits früher[1]) darauf hingewiesen, daß eine bestimmte Zähigkeit, d. h. eine große Bildsamkeit oder Dehnbarkeit bei genügender Festigkeit notwendig ist. Dieser Zustand ist aber nicht der völlig ausgeglühte, der die geringste Festigkeit und größte Dehnung besitzt, sondern für Tiefzugqualitäten kommt nur ein zweckmäßig überwalztes bzw. geglühtes Produkt in Betracht.

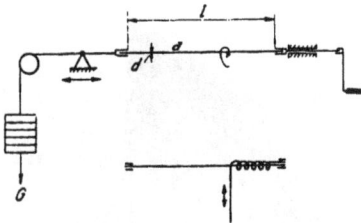

Abb. 58. Drahtverwindungs- und Wickelversuch.

---

[1]) Müller, Verein deutscher Ingenieure, Forschungshefte, Nr. 211.

Zur Prüfung des Ziehwertes wurde von Erichsen der in Abb. 59 dargestellte Apparat konstruiert, bei dem in bequemer Weise ein Blechstreifen eingespannt und mittels eines durch ein Handrad bewegten Stössels allmählich bis zum Bruch getieft wird. Der Augenblick des Bruches wird mit Hilfe eines Spiegels festgestellt; er läßt sich auch schon durch das Gefühl bei der Bewegung des Handrades erkennen. Die Höhe des

Abb. 59. Druckapparat (Bauart Erichsen).

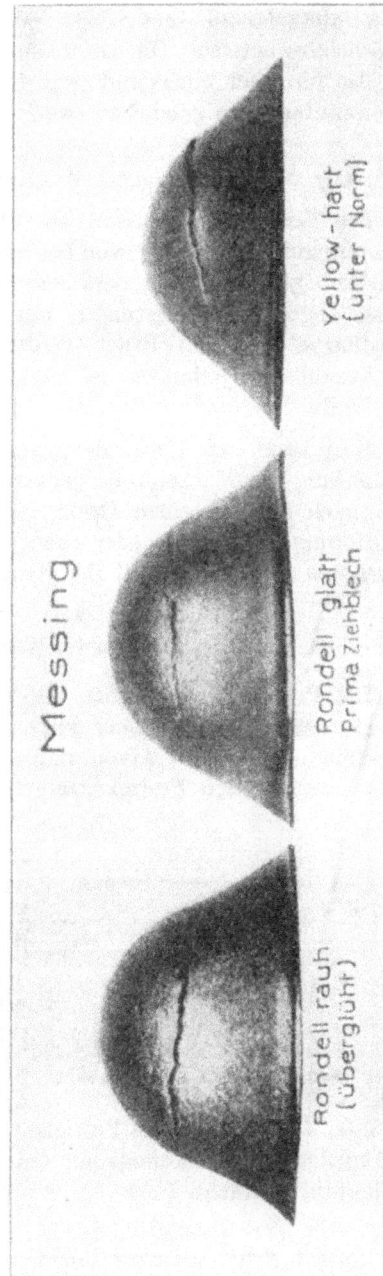

Messing

Yellow-hart (unter Norm)

Rondell glatt Prima Ziehblech

Rondell rauh (überglüht)

Abb. 60. Druckproben nach Erichsen.

Drucknäpfchens, der „Tiefungswert", wird an dem Vorgang des Stößels mit Hilfe einer Mikrometerschraube abgelesen. In Abb. 60 sind einige Druckproben dargestellt. Das linke Bild zeigt eine narbige Oberfläche, die auf eine Überhitzung des Bleches hindeutet, während das rechte Bild ein zu hartes Material kennzeichnet. Von einem guten Zieh- und Druckblech ist ein möglichst hoher Tiefungswert bei wenig ausgeprägter Faserbildung und glatter Oberfläche des Drucknäpfchens zu verlangen. Das Blech muß außerdem eine saubere, schieferfreie Oberfläche besitzen und darf nicht „doppelt" sein.

2. Die technologischen Warmproben.

a) Die Warmbiegeprobe.

Die Warmbiegeversuche werden im blauwarmen und rotwarmen Zustande ausgeführt. Unter Blauwärme versteht man ungefähr 300⁰ C, während die Dunkelrotglut bei rd. 600⁰ C liegt. Die Prüfungen werden wie die Kaltbiegeversuche ausgeführt. Bricht das blauwarme Eisen, so nennt man es „blaubrüchig". Dieses Eisen besitzt dann bei 300⁰ eine ganz besonders geringe Zähigkeit, so daß eine Bearbeitung durch Hämmern und Walzen in diesem Zustande gefährlich ist. Bricht das rotwarme Eisen, so nennt man es „rotbrüchig", welche

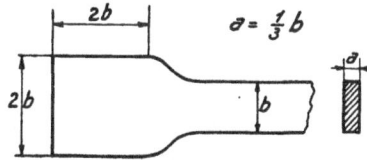

Abb. 61. Technologischer Ausbreitversuch.

Eigenschaft auf einen zu hohen Schwefel- oder Sauerstoffgehalt schließen läßt. Erfolgt der Bruch in der Rothitze durch fremde, schichtenartig gelagerte Einschlüsse, so spricht man von „Faulbrüchigkeit" des Eisens.

b) Die Ausbreitprobe.

Bei der Ausbreitprobe wird ein Probestreifen, dessen Stärke zur Breite wie 1:3 sich verhält, mit der Hammerfinne im rotwarmen Zustande bearbeitet, bis sich normalerweise die Breite auf das Doppelte gestreckt hat (Abb. 61). Risse dürfen dabei nicht entstehen.

c) Die Aufdornprobe.

Bei der Aufdornprobe wird ein Blechstreifen, dessen Breite gleich der fünffachen Stärke ist, in hellrotwarmem Zustande zuerst mit einem Dorn von einem Durchmesser gleich der doppelten Probendicke vorgelocht; alsdann wird dieses Loch durch einen konischen Auftreibdorn vergrößert, wobei dieser Dorn eine Steigung von 10% bei einer Länge von 50 mm besitzt. Das Material darf hierbei nicht rissig werden.

d) Die Warmstauchprobe.

Die Warmstauchprobe kommt im allgemeinen nur bei Nietmaterial zur Anwendung. Hierbei müssen sich Proben, deren Länge gleich dem doppelten Durchmesser ist, in warmem Zustande bis auf ein Drittel ihrer Länge zusammenstauchen lassen, ohne Risse zu zeigen.

e) Die Polterprobe.

Für die Polterprobe wird ein kreisförmig ausgeschnittenes Blech von 600 mm Durchmesser in kirschrot glühendem Zustande durch Hämmern in ein Gesenk von der Form einer Kugelkalotte eingetrieben, wobei es keine Risse und Abblätterungen zeigen darf.

f) Die Bördelprobe.

Die Bördelprobe wird sowohl bei Blechen wie bei Rohren ausgeführt. Bei Blechen verwendet man ein kreisringförmiges Probestück, dessen innerer Rand in kirschrot glühendem Zustande bis 90° umgebördelt wird. Bei Rohren wird ein Ende um 90° oder sogar 180° umgebördelt. Je nach den Vorschriften ist das Rohr hierbei warm zu machen oder in kaltem Zustande zu belassen, wobei allerdings zeitweilige Ausglühungen stattfinden müssen.

Aus den angeführten technologischen Proben erkennt man die Vielseitigkeit, in der die Prüfung der Baustoffe in der Werkstatt selbst durchgeführt werden kann. Es ist unmöglich, sämtliche Arten anzuführen, da ihrer zu viele sind. Zugleich möge aber auch gesagt sein, daß jeder Prüfingenieur eigene Methoden einführen kann, die sich der Fabrikation zweckmäßig anpassen.

II. Kapitel. Die elektrische Prüfung.

Für die elektrische Prüfung kommt in erster Linie die Bestimmung des Widerstandes in Betracht. Hierfür kann man irgendeine der bekannten physikalischen Methoden[1]) verwenden. Jedoch ist dabei wohl zu beachten, daß ein Mangel der Drahtbrücken vielfach in einer fehlenden Übereinstimmung zwischen Längen- und Widerstandsverhältnis der Brückendrahtabschnitte besteht, weswegen der Brückendraht genau kalibriert sein muß. Der Ersatz des Brückendrahtes durch Widerstandssätze umgeht diesen Fehler. Allerdings bleibt die Fehlerquelle, die sich durch Übergangswiderstände ergibt, bestehen, und die Messung kleiner Widerstände mit weniger als 1 Ohm ist daher nicht zuverlässig.

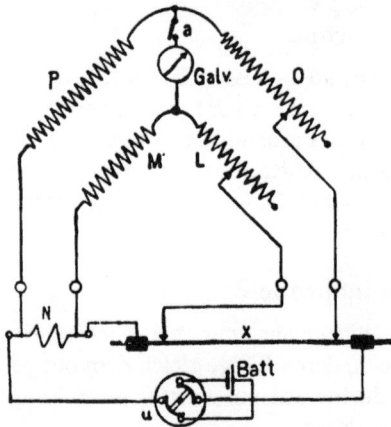

Abb. 62. Thomson-Brücke.

Mit Vorteil verwendet man daher die als bekannt vorausgesetzte Thomsonsche Doppelbrücke, welche Widerstände von 1×10^{-6} bis 10 Ohm zu messen gestattet. Bei ihr üben die Widerstände der Zuleitungen und der Klemmkontakte keinen Einfluß auf die Meßgenauigkeit aus. Abb. 62 gibt die Thomson-Schaltung wieder.

---

[1]) Kohlrausch, Lehrbuch der praktischen Physik. — Linker, Elektrotechnische Meßkunde.

P und M sind Stöpselwiderstände, O und L dagegen Kurbelwiderstände; N ist ein Normalwiderstand und X die Probe. Der Probenwiderstand berechnet sich dann zu

$$X = O \cdot \frac{N}{P}.$$

Der Probenquerschnitt q qcm wird am besten durch Auswiegen eines Stückes von L cm Länge in Luft (G g) und destilliertem Wasser von 20^0 (g g) ermittelt, wonach er sich zu

$$q = 1{,}003 \cdot \frac{G-g}{L}$$

berechnet. Die Leitfähigkeit ist alsdann

$$\sigma = \frac{l}{w \cdot q},$$

worin w Ohm der gemessene Widerstand der Länge l in m bei einem Querschnitt von q qmm bedeutet.

III. Kapitel. Die magnetische Prüfung.

Auf Grund der Normalien des Verbandes deutscher Elektrotechniker für die Prüfung von Eisenblech kommt hauptsächlich die Bestimmung der Energieverluste (Verlustziffern) bei den Induktionen 10000 und 15000 sowie der Permeabilität bei 25, 50, 100 und 300 Amperewindungen in Betracht. Die magnetischen Untersuchungen können mit einer ballistischen Methode, mit dem Köpselapparat und mit dem Epstein-Apparat ausgeführt werden. Hinsichtlich der näheren Einzelheiten der Apparaturen muß auf die einschlägige Literatur[1]) verwiesen werden.

A. Die ballistische Methode von Weber und Rowland.

Es sei nur erwähnt, daß bei der besonders für genaue Messungen beliebten ballistischen Methode die Probe P in Ringform mit gleichmäßig verteilter Wicklung zur Erzeugung des magnetisierenden Feldes angewandt wird. Die Dicke des Ringes ist im Verhältnis zum Radius klein zu wählen; ausgestanzte Blechringe werden zu mehreren zusammengefaßt. Abb. 63 gibt das Schaltungsschema. Die Änderung der magnetischen Induktion wird durch die Elektrizitätsmenge des Stromstoßes gemessen, welcher in der um den Probenring gewickelten Spule erzeugt wird. Wegen der Kürze der Zeitdauer, in der die Stromstöße wirken, wird ein ballistisches Galvanometer verwendet. Das ballistische Galvanometer G ist mit einem Widerstand R_2 an die Sekundärspule II angeschlossen, die dicht auf den Kern gewickelt sein muß. Primärspule I ist mit einem Amperemeter J, einem Regulierwiderstand R_1 und einem

---

[1]) Kohlrausch, Lehrbuch der praktischen Physik. — Linker, Elektrotechnische Meßkunde.

Kommutator c an die Stromquelle E gelegt. Die Ablenkung des Galvanometers ist also ein Maß für den magnetischen Kraftfluß. Man ermittelt nun für verschiedene Stromstärken $+J$ und $-J$ die Ausschläge des Galvanometers und findet durch Rechnung die Werte $\mathfrak{B}$ und $\mathfrak{H}$ und daraus die Hysteresisschleife. Es ist der Gesamtwiderstand des Sekundärkreises

$$R = W_2 + R_2 + W_g,$$

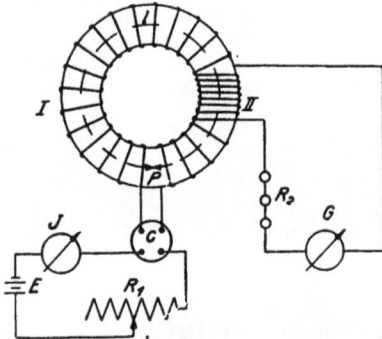

Abb. 63. Ballistische Methode von Weber und Rowland.

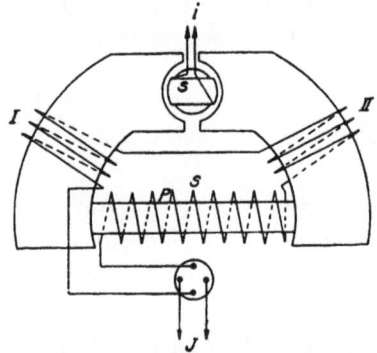

Abb. 64. Apparat nach Köpsel.

worin

W_2 der Sekundärspulenwiderstand,
W_g der Galvanometerwiderstand und
R_2 der Vorschaltwiderstand

ist, und der gesamte Kraftfluß

$$\mathfrak{N} = F \cdot \mathfrak{B} = \frac{R}{Z_2} \cdot c \cdot s \cdot K,$$

worin

R den gesamten Widerstand des Sekundärkreises,
F den Eisenquerschnitt in qcm,
c die statische Galvanometerkonstante,
K den Dämpfungsfaktor des Galvanometers zu dem Widerstand R,
s die jeweilige Galvanometerablenkung und
Z_2 die Anzahl der Sekundärwindungen

bedeutet. Mithin ist $\mathfrak{B}$ in Gauß bekannt. Die Werte für $\mathfrak{H}$ errechnen sich aus der Gleichung

$$\mathfrak{H} = \frac{J \cdot Z_1}{l} \text{ AW/cm,}$$

worin

l die mittlere Ringlänge in cm,
J die Stromstärke in Ampere, und
Z_1 die Anzahl der Primärwindungen

ist.

B. Die Köpsel-Methode.

Abb. 64 gibt das Schaltungsschema. Bei dem Köpsel-Apparat wird die Probe P als Stab verwendet, der in der Magnetisierungsspule S liegt und den Durchmesser eines halbkreisförmigen Elektromagneten bildet, in dessen Unterbrechungsstelle eine um einen Eisenzylinder drehbare Spule s aufgehängt ist. Auf dem Joch sind 2 Hilfsspulen I und II angeordnet. Man leitet durch die bewegliche Spule s einen konstanten Strom i und erregt die Spule S durch den Magnetisierungsstrom J; alsdann wird s durch den im Stabe erzeugten Magnetismus proportional der Induktion $\mathfrak{B}$ abgelenkt. Ein Zeiger gibt die Ablenkung auf einer Skala an. Sowohl Spule S wie Hilfsspulen I und II erhalten bei einer freien Probenlänge von $4\,\pi \backsimeq 13$ cm eine solche Windungszahl, daß die Feldstärke $\mathfrak{H} = 80 \cdot J$ AW/cm wird. Man wählt i derart, daß die Ablenkungen direkt die Induktion $\mathfrak{B}$ in Gauß angeben; es muß sein

$$ i = \frac{c}{F}, $$

worin

c die Apparatkonstante und
F der Probenquerschnitt

ist. Die Magnetisierungskurve und Hysteresisschleife kann so ohne besondere Berechnungen punktweise aufgenommen werden, wodurch schnelle Vergleiche der verschiedensten Werkstoffe möglich sind. Bei diesem Apparat muß die Aufstellung derart erfolgen, daß der Erdmagnetismus die drehbare Stromspule nicht beeinflußt, d. h. sobald die Jochspulen stromlos sind, darf die von der normalen Stromstärke durchflossene drehbare Spule keine Ablenkung zeigen.

C. Die Epstein-Methode.

Mit dem Epstein-Apparat[1]) werden auf Grund der Vorschriften des Verbandes deutscher Elektrotechniker Dynamo- und Transformatorenbleche geprüft zur Feststellung der Verlustziffern durch Hysteresis und Wirbelströme bei den maximalen Induktionen 10000 und 15000 cgs-Einheiten und 50 Perioden/sek bei 20⁰ C, bezogen auf sinusförmigen Verlauf der Spannungskurve. Außerdem wird mit Hilfe dieses Apparates auch die Magnetisierbarkeit bestimmt, und zwar sind die Induktionen zweier verschiedener Feldstärken der Werte 25, 50, 100 oder 300 AW/cm zu ermitteln. Die dabei zur Prüfung notwendigen Blechstreifen P müssen 500 mm lang und 30 mm breit sein und je zur Hälfte längs und quer der Walzrichtung entstammen. 4 Pakete derartiger Streifen dienen, in Quadratform angeordnet, als Kerne von hintereinander geschalteten Wicklungen bestimmter Größe (Abb. 65),

---

[1]) Epstein, Elektrotechnische Zeitschrift, 1900, S. 303; 1903, S. 684.

Die einzelnen Bleche der den magnetischen Kreis bildenden Pakete sind unter sich durch Papier isoliert und dürfen sich nicht gegenseitig berühren.

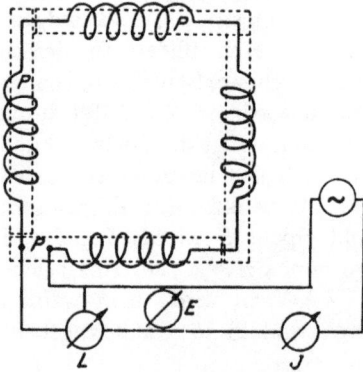

Abb. 65. Apparat nach Epstein.

Die Spulen haben je 435 mm Länge und 38 × 38 mm lichte Weite, sowie 150 Windungen von 14 qmm Drahtquerschnitt. Sie werden an eine Wechselstromquelle angelegt. Den Energieverlust mißt man mit einem Leistungsmesser L; Amperemeter J und Voltmeter E vervollständigen die elektrische Ausrüstung. Für die notwendigerweise genaue Berechnung des Eisenquerschnitts wird das absolute Gewicht, das spezifische Gewicht (7,7 für Dynamoblech und 7,5 für legiertes Blech) und die Länge benutzt.

Die Berechnung der Verlustziffer geschieht mit Hilfe folgender Formeln: Es sei

E_K die Klemmenspannung der Spule in Volt,
J die Stromstärke in Ampere,
L die Leistung in Watt,
r der Widerstand der Magnetisierungsspule in Ohm,
F der Eisenquerschnitt eines Kernes in qcm,
l die Länge der 4 Kerne in cm,
G das Gewicht der 4 Kerne in kg,
v die Periodenzahl des Wechselstroms,
f_e der Formfaktor der Spannungskurve beim Versuch,
w die Windungszahl des Apparates,
R_S der Widerstand des Spannungsmessers,
R_L der Widerstand der Spannungsspule des Leistungsmessers,

dann ist

$$\cos \varphi = \frac{L}{E_K \cdot J},$$

sowie die Stromstärke für den Spannungsmesser bzw. den Leistungsmesser

$$J_S = \frac{E_K}{R_S} \quad \text{bezw.} \quad J_L = \frac{E_K}{R_L}$$

bekannt. Also ist der in der Magnetisierungsspule fließende Strom

$$J_o = \sqrt{J^2 + (J_S + J_L)^2 - 2 \cdot J \cdot (J_S + J_L) \cos \varphi}.$$

Aus J_0 finden wir die zur Induktion $\mathfrak{B}_{max}$ gehörige elektromotorische Kraft der Spule

$$E = \sqrt{E_K^2 + (J_o \cdot r)^2 - 2 \cdot E_K \cdot J_o \cdot r \cdot \cos \varphi_o}.$$

Hierin ist

$$\cos \varphi_o = \frac{L_e}{E_K \cdot J_o} \quad \text{und} \quad L_e = L - \frac{E_K{}^2}{R_S} - \frac{E_K{}^2}{R_L},$$

wobei L_e die in den Apparat eingeführte Leistung ist. Die Verlustziffer ist
dann

$$V = \frac{L_e - J_o{}^2 \cdot r}{G} \text{ W/kg}$$

und die Induktion

$$\mathfrak{B}_{max} = \frac{E \cdot 10^8}{4 \cdot f_e \cdot v \cdot w \cdot F} \text{ Gauss.}$$

Eine Temperaturkorrektion ist ev. zu berücksichtigen.

IV. Kapitel. Die Untersuchung durch Röntgenstrahlen und polarisiertes Licht.

Die Untersuchung durch Röntgenstrahlen steht erst in den Anfängen
der Entwicklung; ihre Wichtigkeit ist nicht zu verkennen, weil sie neben der
Ermittlung von Fehlern, wie Blasen, Einschlüssen u. dgl., voraussichtlich
einen tieferen Einblick in den Aufbau der Metalle und ihre Strukturelemente
geben wird. Die hauptsächlichsten Hemmungen liegen noch in der Be-
grenzung der Probenstärken, weshalb die Untersuchung nicht leicht auf ganze
Werkstücke, z. B. Gußteile, anwendbar ist; die Aufnahmen geschehen in na-
türlicher Größe, die Kosten der Apparatur sind bedeutend.

Die Untersuchung mit polarisiertem Licht ist bisher mit Erfolg lediglich
zur Ermittlung der Spannungsverteilungen in durchsichtigen Körpern angewendet, die innerhalb der Elastizitätsgrenze beansprucht waren. Für die
Untersuchung der Kristallisationsvorgänge liegen keine Literaturangaben
vor, obwohl man von der Anwendung des polarisierten Lichtes sich manchen
Einblick versprechen kann.

V. Kapitel. Die metallographische Prüfung.

A. Die Ermittlung der Abkühlungskurve.

Das Abkühlungsschaubild einer Schmelze ist von großer Wichtigkeit,
weil sich in ihm der Vorgang der Erstarrung und ev. weiterer Umbildungen
dartut. Das Schaubild gibt den Verlauf als Beziehung zwischen der Temperatur und der Abkühlungszeit. Wir wollen nun sehen, wie man es ermittelt,
weil die Feststellung der Abkühlungskurven für gleiche Legierungsarten
verschiedener Mischungsverhältnisse auch dazu dient, die später zu bespre-
chenden Zustandsschaubilder aufzustellen. Dieses Verfahren nennt man die
„thermische Analyse".

Die Aufnahme der Abkühlungskurven der flüssigen und festen Metalle geschieht grundsätzlich in gleicher Weise, indem man in die zu untersuchende Probe ein Thermoelement einführt und die Temperaturanzeige während der Abkühlung beobachtet. Als strommessendes Instrument nimmt man ein Galvanometer mit Fadenaufhängung. Die einfachste Art der Beobachtung geschieht gleichzeitig mit Uhr und Galvanometer. Eine bessere Beobachtung läßt sich mit Hilfe eines Zeitschreibers anstellen, der in Form eines Morse-apparates die Zeiten auf einem ablaufenden Papierstreifen aufzeichnet. Da dieses einfache Verfahren Fehlerquellen im Gefolge hat, hat man ver-schiedene andere Methoden ausgearbeitet, die in der Hauptsache auf dem Gebrauch eines Vergleichskörpers in Verbindung mit einer Kompensations-schaltung beruhen. Bei der von Roberts-Austen und Heyn durchgeführten

Abb. 66. Einrichtung zur Bestimmung der Haltepunkte mit Zeitschreiber.
(Bauart Richard-Dujardin).

Untersuchungsart besteht der Vergleichskörper aus Platin oder Hartporzellan oder sonst einem Stoffe, der im festen Zustande frei von Wärmetönungen ist, und der in inniger Berührung mit der zu untersuchenden Probe sich be-findet. Man bringt nun die eine Lötstelle eines Kompensationsthermo-elementes — dieses besteht aus zwei gegeneinander geschalteten gleichartigen Elementen — in die Versuchsprobe und die andere Lötstelle in den Vergleichs-körper. Das Galvanometer des Kompensationselementes gibt auf diese Weise die Temperaturdifferenz zwischen Probe- und Vergleichskörper bzw. Ofen an. Um nun die absolute Temperatur feststellen zu können, bei der die Wärme-tönungen auftreten, bringt man in die Versuchsprobe noch die Lötstelle eines normalen Thermoelementes. Man gebraucht also für diese Anordnung, die in Abb. 66 mit Zeitschreiber „Bauart Richard-Dujardin" dargestellt ist, zwei Galvanometer. Die Versuchsprobe wird zylindrisch ausgebildet mit ca. 15 bis 20 mm Durchmesser und der gleichen Höhe. Sie enthält in der Mitte zwei Durchbohrungen. Man wählt am zweckmäßigsten als Stoff des Vergleichskörpers einen solchen, der möglichst gleiche Wärmeleitfähigkeit und spezifische Wärme wie die Versuchsprobe hat. Die Glühung geschieht in einem kleinen Heräus-Ofen, ev. unter Durchleitung von Stickstoff. Der Zeitschreiber zeichnet die zu den Temperaturveränderungen gehörenden Zeiten auf, indem man z. B. von 10 zu 10 Celsiusgraden den Chronographen durch einen elektrischen Kontakt in Tätigkeit setzt, so daß er auf dem Papierstreifen die für die bestimmten, gleichen Temperaturintervalle notwendigen Zeiten durch kleine Striche markiert; andrerseits können auch die Angaben des normalen Thermoelementes zugleich aufgezeichnet werden.

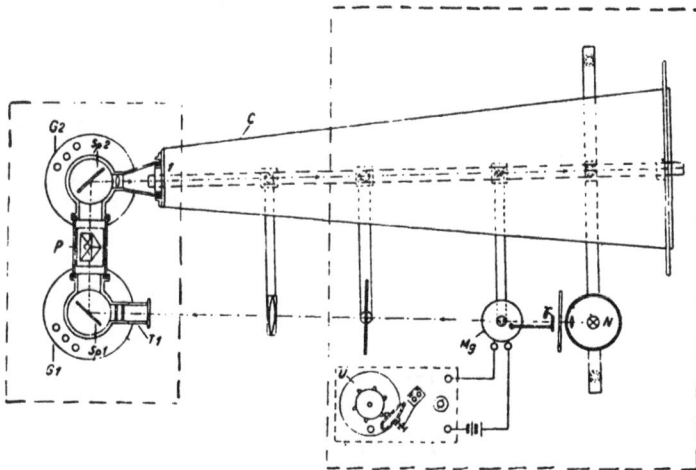

Abb. 67. Saladin-Apparat.

Mit Hilfe des von Siemens & Halske gebauten Saladin-Apparates ist man in der Lage, das Schaubild der Umwandlungen photographisch aufzunehmen. Der Apparat besteht im wesentlichen aus einem Doppelspiegelgalvanometer; beide Galvanometer G_1 und G_2 stehen nebeneinander und sind optisch durch ein totalreflektierendes Prisma P gekuppelt, wie Abb. 67 darstellt. An die Galvanometer ist ein Kompensationsthermoelement derart angeschlossen, daß die beiden Kaltlötstellen des gesamten Elementaggregates an das empfindlichere Galvanometer G_1, die Kaltlötstellen des zur Probe gehörigen Thermoelementes dagegen an das Galvanometer G_2 führen. Der sich horizontal bewegende Lichtstrahl des Galvanometers G_1 wird durch das schrägstehende Prisma P in einen sich vertikal bewegenden verwandelt, so daß die Vereinigung zwischen dieser senkrechten Bewegung von Spiegel Sp_1 aus mit der horizontal bleibenden von Spiegel Sp_2 die mit Kamera C photographisch festgehaltene Haltepunktskurve gibt. Die Registrierung der Zeiten geschieht durch eine Gelbscheibe γ, die zwischen Galvanometer und Lichtquelle in bestimmten Intervallen durch die Uhr U und das Relais Mg ein- und ausgerückt wird. Die Gelbscheibe schwächt für die Dauer ihres Einrückens den Lichtstrahl und damit die Kurventeile. Abb. 68 gibt eine mit dem Saladin-Apparat ermittelte Haltepunktskurve wieder, bei der die Punkte $Ac_1 = 730^0$, $Ac_2 = 825^0$, $Ac_3 = 955^0$ und $Ar_3 = 925^0$, $Ar_2 = 760^0$, $Ar_1 = 640^0$ deutlich zu erkennen sind.

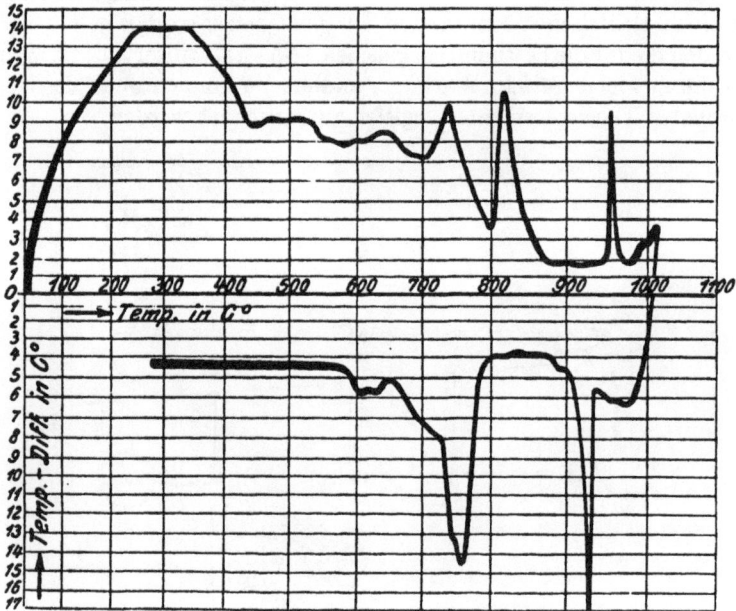

Abb. 68. Haltepunktskurve, mit dem Saladin-Apparat aufgenommen.

B. Die makroskopische Untersuchung.

1. Die Vorbereitung der Proben.

Unter der makroskopischen Untersuchung versteht man die Prüfung mit unbewaffnetem Auge oder mit ganz schwachen Vergrößerungen des Mikroskopes. Sie erstreckt sich auf große Objekte und kommt meist für Eisen und Stahl in Betracht. Die Vorbereitung der Proben erfolgt in der Art, daß nach dem Abhobeln ein Schlichten mit der Feile und darauf ein Abziehen mit gröberem Schmirgelpapier geschieht. Bei dem letzten Vorgang muß man zweckmäßig auf einen gleichgerichteten Strich Bedacht nehmen. Die Herstellung dieser Proben nimmt also nur geringe Zeit in Anspruch. Nachdem die Proben so vorbereitet sind, werden sie zur Entwicklung des Gefüges geätzt. Je nachdem, welche Erscheinung man erkennen will, wird man verschiedene Ätzmittel anwenden müssen.

2. Die makroskopischen Ätzverfahren.

a) Ätzung auf Phosphorseigerungen (Verfahren von Heyn).

Die Ätzung auf Phosphorseigerungen geschieht mit einer wässrigen Kupferammoniumchloridlösung im Verhältnis 1:12; die Eisenprobe wird in diese eingetaucht und überzieht sich sogleich infolge elektrolytischer Einwirkung mit einem roten Kupferniederschlag. Man läßt die Probe 1 Minute in der Flüssigkeit, spült sie darauf unter fließendem Wasser ab und entfernt zugleich den Kupferniederschlag mit Hilfe eines Wattebausches. Dehnt man die Ätzung zu lange aus, so besteht die Gefahr, daß man, genau wie bei einem zu feinen Vorschleifen der Probe, den Kupferniederschlag nicht mehr entfernen kann. Will man also die Ätzung verstärken, so empfiehlt es sich, diese zweimal nacheinander auszuführen, aber dabei die Probe nicht länger als je 1 Minute in dem Ätzmittel zu belassen. Die Ätzung mit Kupferammoniumchlorid wurde von Heyn eingeführt. Nach der Ätzung erscheinen die phosphorangereicherten Stellen dunkel, während das reine Eisen hell bleibt. Hierbei ist zu beachten, daß die Stellen mit Phosphoranreicherungen gewöhnlich auch Schwefel- und Kohlenstoffseigerungen besitzen. (Vgl. Abb. 139 u. 141.)

Für kohlenstofffreie Stähle ist dieses Verfahren wegen des Festhaftens des Kupfers nicht ohne weiteres anwendbar; das Kupfer soll sich durch eine 30 prozentige Cyankalilösung bei 50° C entfernen lassen.

b) Ätzung auf Phosphorseigerungen (Verfahren von Rosenhain-Oberhoffer).

Rosenhain fand ein Ätzmittel, das später von Oberhoffer abgeändert wurde, mit Hilfe dessen man die Phosphoranreicherungen im Eisen sehr deutlich erkennen kann. Dieses Mittel besteht aus folgenden Bestandteilen:

500	ccm	destilliertes Wasser,
500	,,	Äthylalkohol,
50	,,	konzentrierte Salzsäure,
30	g	Eisenchlorid,
1	,,	Kupferchlorid,
9,5	,,	Zinnchlorür.

Die Lösung greift die phosphorreichen Stellen weniger an als die phosphorarmen, so daß bei senkrechter Beleuchtung im Mikroskop die phosphorhaltigen hell und die phosphorarmen dunkel erscheinen. Bei schräg einfallender Beleuchtung mit oder ohne Mikroskop bietet sich das umgekehrte Bild, indem nunmehr die phosphorreichen Zonen dunkel sind. (Vgl. Abb. 140.)

c) Ätzung auf Schwefelseigerungen (Bromsilberverfahren von Baumann).

Um Eisen auf Schwefelseigerungen zu prüfen, tränkt man ein Stück Bromsilberpapier in der Dunkelkammer mit fünfprozentiger verdünnter Schwefelsäure, tupft es zwischen Fließpapier ab und drückt es mehrere Minuten auf den Schliff, wobei man etwaige Blasen mit dem Finger fortstreicht. Alsdann zieht man das Papier vorsichtig ab, fixiert es, und wäscht es gut aus. Die schwefelreichen Stellen erscheinen dunkelbraun. (Vgl. Abb. 142.)

d) Ätzung auf Schwefel- und Phosphorseigerungen (Seidenläppchenverfahren von Heyn und Bauer).

Mit einer Lösung aus

> 10 g   Quecksilberchlorid,
> 20 ccm   Salzsäure (1,12),
> 100 ,,   Wasser

wird ein weißer Rohseidenlappen, mit dem der Schliff überzogen ist, öfters befeuchtet. Nach genügender Einwirkung der Lösung wird das Läppchen abgezogen, vorsichtig ausgewaschen und getrocknet. Schwefelanreicherungen des Eisens bewirken eine Schwarzfärbung, Phosphor dagegen eine Gelb-färbung des Läppchens. (Vgl. Abb. 143.)

Anmerkung; Abb. 139, 140 und 142 stellen die gleiche Probe dar.

e) Ätzung auf Kraftwirkungsfiguren in Flußeisen (Verfahren von
Fry[1])).

Man stellt folgende Lösung her:

> 120 ccm   konzentrierte Salzsäure,
> 100 ,,   destilliertes Wasser,
> 90 g   kristallisiertes Kupferchlorid.

Die Probe wird nach Fertigstellung der Schlifffläche eine Stunde auf 200° bis 300° angelassen und alsdann in das Ätzmittel getaucht. Ein Verreiben

Abb. 69. Beiderseits geschlagener Rundkerbstab (Flußeisen)
ohne Anriß. Längsschnitt in der Schlagebene.

von gepulvertem Kupferchlorid mit einem im Ätzmittel getränkten Watte-bausch beschleunigt die Ätzung. Nach einiger Zeit entstehen auf der Schliff-fläche dunkle Streifungen und Felder, die den Kraftwirkungsbereich bei

---

[1]) Fry, Stahl und Eisen, 1921, S. 32.

einer plastischen Deformation anzeigen. Es sind dieses die Stellen, deren Kristalle durch die Kraftäußerung gelitten haben. Nach genügender Ätzung wird die Probe in Alkohol abgespült. Eine Reinigung in Wasser ist wegen

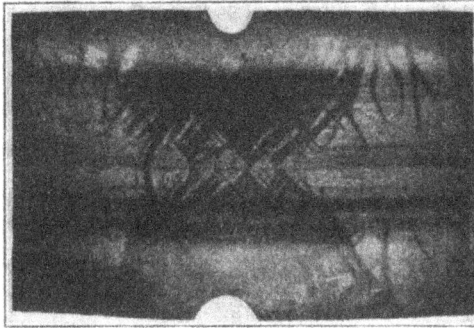

Abb. 70. Kraftwirkungsfiguren in einem einseitig geschlagenen Rundkerbstab (Flußeisen). Längsschnitt in der Schlagebene.

des in ihm eintretenden Kupferniederschlages unbedingt zu vermeiden. Abb. 69 und 70 stellen derartige Ätzungen an Dauerschlagproben dar. Das Verfahren eignet sich nicht für jedes Flußeisen.

C. Die mikroskopische Untersuchung.

1. Die Vorbereitung der Proben.

Bei der mikroskopischen Prüfung wird ein Metall auf seine Struktureigenschaften mit Hilfe des Mikroskopes untersucht. Für die mikroskopische Beobachtung sind die Proben besonders peinlich herzustellen. Man entnimmt ein kleines Stück von vielleicht 10 × 10 mm Größe aus dem zu untersuchenden Material durch schneidende Werkzeuge wie Sägen, Drehen und Hobeln. Abschneiden mit der Schere sowie Abbiegen oder Abschlagen mit dem Meißel ist unzulässig, weil mit der Entnahme eine Deformation der kleinen Kristalliten einhergeht. Nachdem die Probe herausgearbeitet ist, wird die zu untersuchende Fläche eben gehobelt oder gedreht und auf einer Karborundumscheibe nachgeschliffen. Alsdann wird die Probe auf rotierenden Schmirgelpapierscheiben mit vier- bis fünffacher Kornabstufung bis Nr. 000 trocken weitergeschliffen. Den Schleifscheiben gibt man am besten einen Durchmesser von 25 cm bei einer Umdrehungszahl von höchstens 500 in der Minute. Bei dem Schleifen verfährt man derart, daß bei jedesmaligem Wechsel der Scheibe die neue Schleifrichtung senkrecht zur vorhergehenden läuft. Dabei ist zu beachten, daß man für jede Scheibe stets in der gleichen Richtung schleift, und zwar so lange, bis die Schleifkratzer der vorhergehenden Scheibe beseitigt sind. Nach genügendem Abspülen und Trocknen der Probe geht man dann zur nächstfeineren Scheibe über.

Lösung	Lösungsverhältnis	Art der Anwendung	Anwendung
konz. Salzsäure abs. Alkohol	1 : 100 ccm	Eintauchen bis zum milchigen Überzug, Wirkung langsam	Eisen, Kohlenstoffstähle, Aluminium, Magnesium, Blei, Zinn, Zink, Weißmetall
konz. Salpetersäure abs. Alkohol	1 : 100 ccm	Evtl. nachfolgendes Anlaufenlassen	Eisen, Kohlenstoffstähle, Doppelkarbid-haltige Stähle
konz. Salpetersäure dest. Wasser	1 : 6 ccm	Wirkung schnell	Eisen (Korngrenzenätzung)
krist. Pikrinsäure abs. Alkohol	1 g : 25 ccm	Wirkung schnell	Eisen und Kohlenstoff-Stähle, legierte Sonderstähle
Jod abs. Alkohol	1 g : 20 ccm	Mit Wattebausch betupfen. Wirkung schnell	Eisen und Kohlenstoff-Stähle, Nickel-Stähle
Natriumhydroxyd dest. Wasser Pikrinsäure	25 g : 75 ccm 2 g	Dauer 1—15 Minuten in siedendem Wasserbad	Eisenkarbid (wird gelb bis schwarz)
—	—	Anlaufenlassen im erhitzten Sandbad bis blau	Eisenkarbid (wird lebhaft gefärbt)
6%ige käufliche schweflige Säure dest. Wasser	1 : 1 ccm	—	Hochlegierte Sonderstähle
Kupferammoniumchlorid dest. Wasser	1 g : 12 ccm	Lösung des Kupferniederschlages in Ammoniak unter tropfenweisem Zusatz von H_2O_2, bis der Niederschlag verschwindet	Hochlegierte Sonderstähle
krist. Ammoniumpersulfat dest. Wasser	1 g : 10 ccm	Wirkung langsam	Eisen, Stahl, Kupfer und seine Legierungen

krist. Kupferammonium-chlorid dest. Wasser Ammoniak	1 g : 12 ccm bis Niederschlag wieder verschwunden ist	Wirkung langsam	Kupfer und seine Legierungen
Salzsäure (1,12) Wasserstoffsuperoxyd (3%ig) evtl. dest. Wasser	1 : 1 ccm 1 ccm	Evtl. mit Wattebausch polieren	Kupfer und seine Legierungen
Schwefelsäure (1,84) dest. Wasser	1 : 2 ccm	—	Messing, Zinn, Kupfer-legierungen
Chromsäure dest. Wasser	1 : 10 ccm	—	Kupfer, Zink, Kupfer-legierungen
Ammoniak (0,91)	—	Ätzpolieren mit Wattebausch	Kupfer, Kupferlegierungen
Natriumhydroxyd dest. Wasser	1 g : 10 ccm	—	Aluminium
Flußsäure abs. Alkohol	1 : 5 ccm bis 1 : 10 ccm	—	Aluminium
—	—	Reliefpolieren auf Pergament- oder Gummiunterlage mit abgeschlemmtem Polierrot	Zur Hervorhebung harter und weicher Bestandteile
Süssholzspäne dest. Wasser	10 g : 100 ccm	Reliefpolieren wie vorher, statt mit Wasser jedoch mit nach 4 Stunden abfiltriertem Snß-holzextrakt	Zur Hervorhebung harter und weicher Bestandteile
Ammoniumnitrat dest. Wasser	2 g : 100 ccm	oder Ammoniumnitratlösung	

Die fertig geschliffene Probe wird jetzt in fließendem Wasser von etwa anhaftendem Schmirgel gut gesäubert und auf der Polierscheibe hochglänzend poliert. Zu diesem Zwecke besitzt die Polierscheibe einen Tuchüberzug, der keine Baumwoll- oder Zwirnfäden enthalten darf, sondern aus reiner Wolle bestehen muß. Am besten eignet sich hierfür das gute Militärtuch, weil dieses neben der genügenden Weichheit auch die notwendige Festigkeit besitzt. Das Polieren geschieht mit Hilfe von Wasser, dem Polierrot (Eisenoxyd) oder Aluminium- oder Chromoxyd zugesetzt ist; hierbei wird die Polierrichtung durch Drehen der Probe ständig gewechselt. Beim Schleifen und Polieren ist zu beachten, daß die Proben nicht zu stark an die Scheiben angedrückt werden, weil sonst sehr leicht Kratzer entstehen, die schwer zu entfernen sind. Die Proben dürfen auch nicht durch irgendeine mechanische Vorrichtung gehalten werden, weil sonst die Gefahr einer zu starken Erwärmung besteht. Nach dem Polieren ist der Schliff zum erstenmale unter dem Mikroskop zu betrachten, um etwaige fremden Einschlüsse zu erkennen. Von dem Gefüge selbst, d. h. von den einzelnen Kristalliten ist in den meisten Fällen noch nichts zu sehen. Das Gefüge muß erst entwickelt werden.

2. Die Entwicklung des Gefüges.

Die Entwicklung des Gefüges kann auf die verschiedenste Art und Weise erfolgen. Die meist angewendeten Methoden bestehen in einer Ätzung, deren Mittel sich nach der Art der zu ätzenden Metalle richten. Die Zahl der Ätzmittel ist bereits außerordentlich groß, und es hat keinen Zweck, sämtliche anzuführen. In vorstehender Tabelle ist daher nur eine Anzahl der wichtigsten zusammengestellt, mit deren Hilfe man unter normalen Verhältnissen gut auskommt.

D. Die Apparate zur mikroskopischen Beobachtung.

1. Die Beleuchtungsarten.

In der gewöhnlichen Mikroskopie, wie sie von Ärzten, Botanikern, Petrographen usw. angewendet wird, wird zur Beleuchtung des zu untersuchenden Gegenstandes durchfallendes Licht gewählt, d. h. ein Strahl, der durch eine Öffnung des Mikroskoptisches und durch das zu beobachtende Objekt hindurchfällt. Wegen der Undurchsichtigkeit der Metalle ist diese Beleuchtungsart des durchfallenden Lichtes bei der Metallmikroskopie natürlich nicht anwendbar; hier muß man mit auffallendem Licht arbeiten, d. h. mit Strahlen, die auf den Schliff fallen, und von diesem in das Mikroskoprohr (Tubus) reflektiert werden. Für die Beleuchtung mit auffallendem Licht gibt es drei Arten, die schematisch in Abb. 71 dargestellt sind. Für ganz schwache Vergrößerungen kann man das Objekt O schräg stellen und als Belichtungsquelle das natürliche Tageslicht oder eine künstliche Beleuchtung wählen. In diesem Falle (A) fällt der Lichtstrahl L seitlich auf das Objekt O

und wird von diesem durch das Mikroskopobjektiv, den Tubus und das Okular in das Auge geworfen. Diese Beleuchtungsart hat den Nachteil, daß durch die Schrägstellung des Objektes nur die zur Tubusachse senkrecht stehende Objektzone in Form eines ganz schmalen Streifens scharf zu erkennen ist. Will man Parallelzonen deutlich einstellen, so muß man den Tubus entsprechend heben oder senken. Man wendet diese Art der Beleuchtung wegen ihrer Einfachheit trotz der Nachteile vielfach an, jedoch nur zu Voruntersuchungen. Ebenfalls für schwache Vergrößerungen dient die in Abb. 71 unter B dargestellte Beleuchtungsart. Bei ihr ist Objekt O senkrecht zur Tubusachse gelagert, wodurch die vorher angedeuteten Mängel beseitigt sind. Um jedoch eine genügende Beleuchtung der Probe zu erhalten, ist

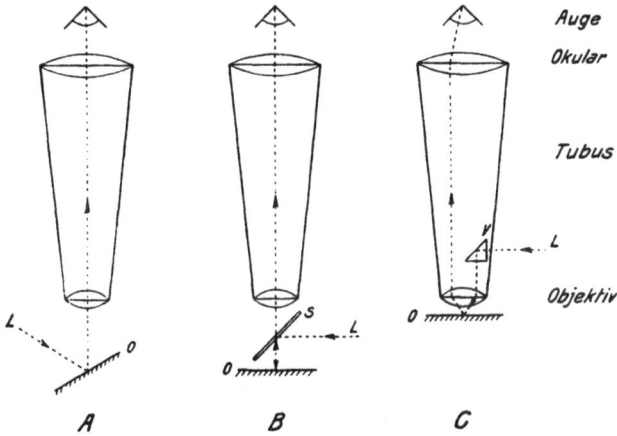

Abb. 71. Schema der Beleuchtungsarten.

zwischen Probe und Objektiv ein durchsichtiges Planparallelglas S eingeschaltet, welches das von der Seite einfallende Licht L auf O reflektiert, von wo es durch S hindurch in den Tubus zurückgeworfen wird. Der Nachteil dieser Methode beruht darin, daß ein Teil des Lichtes verloren geht, weil einmal beim ersten Auftreffen auf S Lichtstrahlen horizontal durch S hindurchgehen; andrerseits wird ein Teil des von O reflektierten Lichtes von S nach der Lichtquelle zurückgeworfen und geht für den Durchgang durch den Tubus ebenfalls verloren. Um das Planparallelglas zwischen Probe und Objekt schalten zu können, muß ein genügender Abstand vorhanden sein, aus welchem Grunde man dieses Glas nur für schwache Vergrößerungen gebrauchen kann. Als dritte Beleuchtungsart wird die unter C dargestellte am häufigsten angewendet. Sie eignet sich für Beobachtungen bis zu sehr starken Vergrößerungen, die in der Metallmikroskopie bis zu 2000fach linear zur Anwendung gelangen. Mit Hilfe dieser Beleuchtungsart kann nämlich der Abstand des Objektes vom Objektiv beliebig eingestellt werden. Der Lichtstrahl L fällt durch eine kleine Öffnung seitlich im Tubus in diesen ein und trifft auf ein kleines Glasprisma *V*, den „Vertikalilluminator", und wird von diesem durch das Objektiv auf die Probe geworfen. Der Schliff reflektiert den Lichtstrahl in den Tubus zurück, von wo er ins Auge fällt. Der Nachteil dieser Anordnung besteht einmal darin, daß der Vertikalilluminator auf das Licht schwächend einwirkt und durch die teilweise Verdeckung des Objektivquerschnittes einen Teil der Lichtstrahlen zurückhält; andrerseits muß hervorgehoben werden, daß trotz dieser Verdeckung das Gesichtsfeld kreisförmig und ohne sichtbare Störung durch den Vertikalilluminator erscheint. Bessere Bilder erhält man, wenn man an Stelle des Prismas ein kleines Planglas anwendet, das wie das Prisma in den Tubus eingebaut ist. Diese besonders für starke Objektive gern vorgenommene Abänderung bietet manche Vorteile hinsichtlich der Schärfe des Bildes.

2. Die Mikroskope und mikrophotographischen Apparate.

In Abb. 72 ist ein Kugelmikroskop „Bauart Martens" dargestellt, wie es für Voruntersuchungen vielfach gebraucht wird. Es arbeitet mit der in Abb 71 dargestellten seitlich auffallenden Beleuchtung. Zu diesem Zwecke ist der Objekttisch auf der Unterseite kugelförmig ausgebildet und hierdurch in alle möglichen Lagen zur Tubusachse zu bringen. Das Stativ besitzt zwei Kugelgelenke, welche die freie Beweglichkeit des Tubus ermöglichen.

Abb. 73 zeigt ein stereoskopisches Mikroskop „Bauart Greenough", allerdings mit einer Einrichtung für durchfallendes Licht. Trotzdem ist es für auffallendes Licht verwendbar, weil es auch nur für schwache Vergrößerungen gebraucht wird. Dieses Mikroskop benutzt man mit Vorteil für die Untersuchung von Bruchflächen u. dgl., die stark uneben sind, weil das Mikroskop durch seine stereoskopische Einrichtung ein körperliches Sehen ermöglicht.

Für starke Vergrößerungen muß man ein normales großes Mikroskop verwenden. Abb. 74 gibt ein solches in der „Bauart Zeiß", wobei das große Stativ durch Einsetzen eines Vertikalilluminators für auffallendes Licht brauchbar gemacht wurde. Das normale Stativ steht auf einer besonderen Platte, welche die Kamera trägt. Die künstliche Beleuchtung wird durch eine elektrische Lampe erzeugt.

Abb. 75 zeigt das große Metallmikroskop, „Bauart Martens-Zeiß", bei dem ein Spezialmikroskop in liegender Anordnung, das sog. Martens-Stativ, verwendet wird. Als Beleuchtungsquelle dient eine Bogenlampe 1, die mit dem Mikroskop 6 und den zwischengeschalteten Sammellinsen und anderen notwendigen Apparaten 2—5 auf einem Tisch montiert ist, während die Kamera zur Vermeidung von Erschütterungen auf einem anderen Tisch ruht, der rechtwinklig zum ersten Tische steht. Bei diesem Apparat ist die Aufspannung der Proben auf den senkrecht stehenden Objekttisch für den Anfänger etwas schwierig, wenn man ein in allen Teilen scharfes Bild auf der Mattscheibe der Kamera haben will. Zweckmäßig kittet man die Probe auf einen Glasobjektträger mit Plastilin auf, indem man zur Erzielung einer

Abb. 72. Kugelmikroskop. (Bauart Martens.)

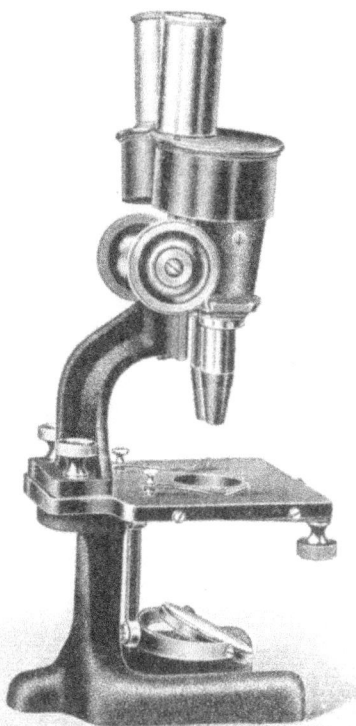

Abb. 73. Stereoskopisches Mikroskop.
(Bauart Greenough.)

Abb. 74. Kleiner mikrophotographischer Apparat. (Bauart Zeiß.)

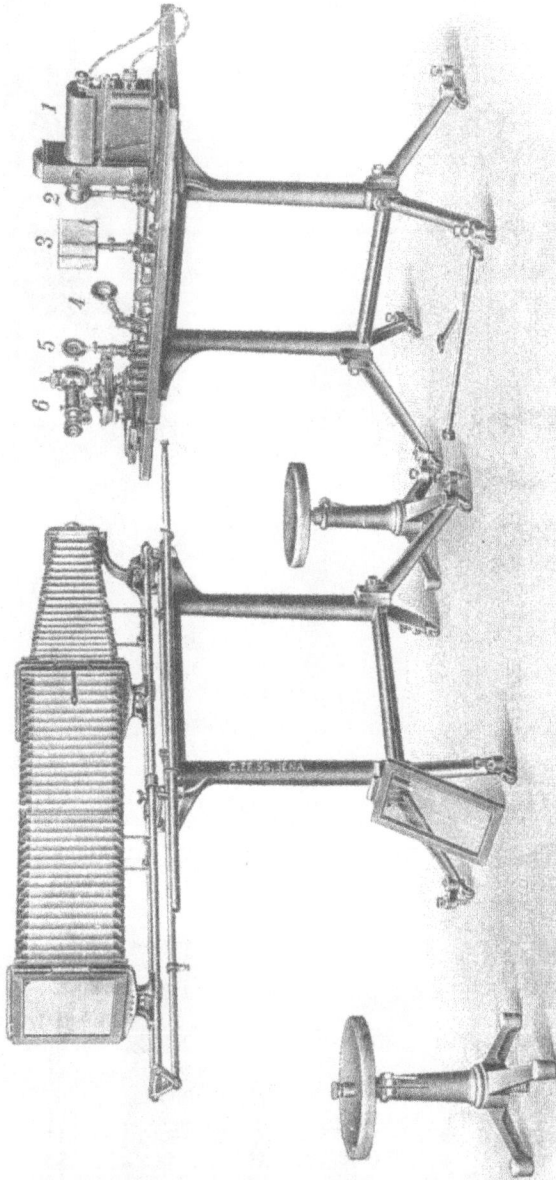

Abb. 75. Großer mikrophotographischer Apparat. (Bauart Martens-Zeiß.)

genau horizontalen Lage der Schlifffläche ein sauber gedrehtes Stück Rohr um die Probe auf den Objektträger setzt und die Probe nunmehr mit einer ebenen Platte soweit in das Plastilin eindrückt, bis die Platte zur Auflage auf das Distanzrohr kommt. Nach Abheben des Rohrabschnittes hat man

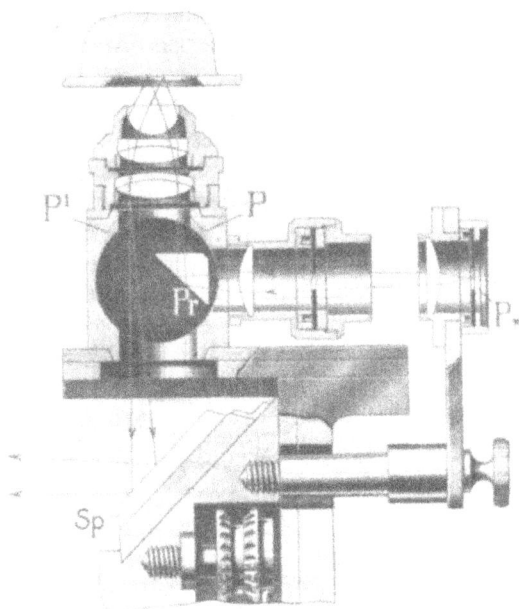

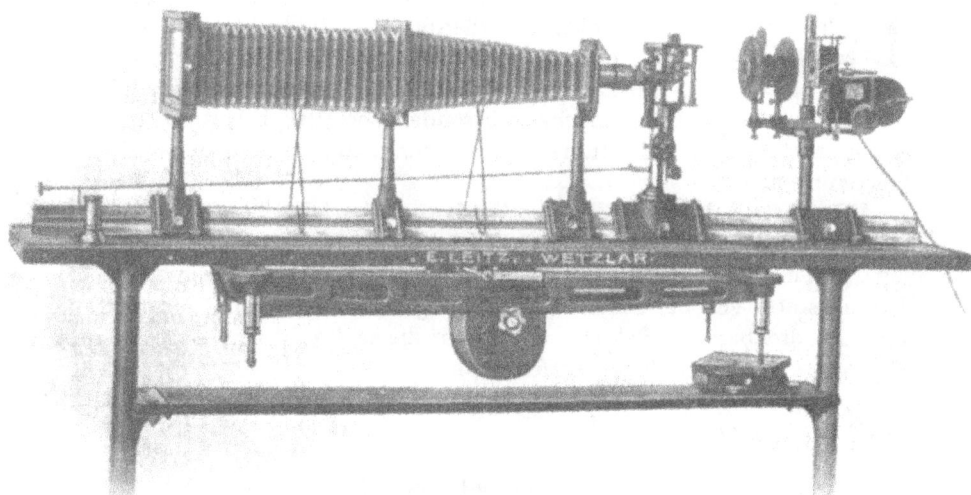

Abb. 77. Mikrophotographischer Apparat. (Bauart Leitz.)

die Gewähr, daß die Schlifffläche genau parallel zur Objektträgerfläche steht. Bei dem großen Martens-Stativ empfindet der Anfänger den weitläufigen Bau des Apparates störend, der aber durch die mit ihm erreichbaren Vergrößerungen und Bildgrößen notwendig ist. Die vorzügliche Lichtstärke des Apparates muß noch hervorgehoben werden.

Bei dem Martens-Mikroskop wurde bereits darauf hingewiesen, daß die Einstellung der Probe für den Ungeübten mit Schwierigkeiten verknüpft ist. Diesen Mangel suchen die folgenden Apparate zu umgehen, indem bei ihnen nach Abb. 76 die Probe auf einen durchbohrten horizontalen Tisch gelegt wird, wodurch jede Aufspannung fortfällt. Der Lichtstrahl fällt von

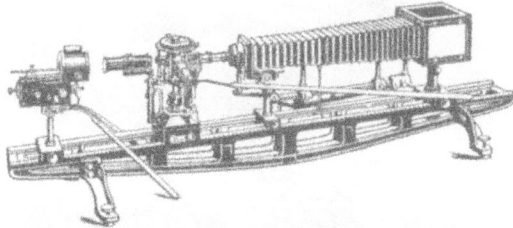

Abb. 78. Mikrophotographischer Apparat (Bauart Reichert).

einer Bogenlampe durch ein Prisma *Pr* (Vertikalilluminator) und das Objektiv *P*, *P₁* auf den Schliff und wird von diesem auf das Objektiv zurück und mit Hilfe des Metallspiegels *Sp* in das Auge bzw. in die Kamera geworfen. Abb. 77 gibt einen derartigen Apparat „Bauart Leitz". Er hat den Vorzug, daß man durch das seitlich vor der Kamera angeordnete Okular beobachten kann, ohne die Kamera fortzunehmen. Die gedrungene Bauart ermöglicht eine leichte und bequeme Bedienung; allerdings ist die Lichtstärke nicht so groß wie beim Martens-Apparat, weil die zahlreich zwischengeschalteten Prismen, Linsen usw. das Licht schwächen. Die hochpolierte Metallplatte *Sp* muß wegen ihrer Empfindlichkeit besonders sorgfältig behandelt werden. Der Apparat besitzt eine Aufhängevorrichtung zur Vermeidung von Erschütterungen.

Abb. 78 stellt das große Metallmikroskop „Bauart Reichert" dar, das auf demselben Prinzip wie das Leitzsche beruht. Es besitzt den Vorteil, daß man durch einen Spiegelreflektor in der Kamera sich auch nach Einsetzen der Plattenkassette von der scharfen Einstellung überzeugen kann, indem man durch den drehbaren Reflektor das Bild auf die senkrecht zur Kassette seitlich angeordnete Mattscheibe werfen kann.

Der Apparat von Le Chatelier-Dujardin ist in seiner Anordnung den beiden letztgenannten ähnlich.

3. Die mikrophotographische Aufnahme.

Für die mikrophotographische Aufnahme sind besondere Okulare, sog. Projektionsokulare zu verwenden. Je nach der Art des Schliffes und der

Größe der Helligkeit wendet man Buntfilter an und blendet das Licht durch die Irisblende des Vertikalilluminators ab. Nachdem man eine geeignete Stelle der Probe ausgesucht hat, wird die Mattscheibe gegen eine durchsichtige ausgewechselt, auf der man dann mit Hilfe einer Einstellupe die scharfe Einstellung vornimmt. Als Platte verwendet man möglichst eine orthochromatische und lichthoffreie. Die Belichtungsdauer beruht auf Erfahrung, weil sie sich nach der Plattenempfindlichkeit, der Art des Schliffes und der Lichtstärke richtet; letztere hängt von der Vergrößerung und der verwendeten Optik ab. Da es bei den Bildern auf möglichste Hervorhebung der Kontraste ankommt, so ist eine kräftige Entwicklung der Platten zu empfehlen. Die Vergrößerung wird durch Auswechseln der Probe gegen ein Metallobjektmikrometer festgestellt. Die auf der Mattscheibe sichtbare Millimeterteilung des Objektmikrometers wird ausgemessen und aus dem Vergleich mit der wahren Größe die lineare Vergrößerung berechnet.

VI. Kapitel. Die chemische Prüfung.

Es würde über den Rahmen dieses Buches hinausgehen, wollte man eine Beschreibung der Methoden für die chemische Untersuchung der Metalle geben. Hierfür muß auf die Spezialliteratur verwiesen werden. Die Methoden sind die gewöhnlichen, wobei man vor allen Dingen besonderen Wert auf die sog. Schnellverfahren legen muß. Für Stahl und Eisen kommt hauptsächlich die Bestimmung von Kohlenstoff, Silizium, Mangan, Phosphor, Schwefel und Kupfer und bei Grauguß und getempertem Eisen noch Graphit und Temperkohle in Betracht. Während in den Roheisensorten noch Titan und Vanadium vorkommen können, finden wir in den Stählen oftmals Nickel, Chrom und Arsen; außerdem ist für Flußeisen die Ermittlung des chemisch gebundenen Sauerstoffes vielfach notwendig. Als weitere Legierungsbestandteile kommen noch Kobalt, Aluminium, Wolfram und Molybdän in Betracht.

Für die sog. Metalle und deren Legierungen ist die Bestimmung von Arsen, Blei, Eisen, Kupfer, Mangan, Zink, Zinn, Antimon, Wismuth, Nickel, Kobalt, Schwefel, Phosphor, Cadmium, Magnesium, Silizium usw. erforderlich.

Über die Möglichkeit des Ersatzes chemischer Teilanalysen durch die metallographische Untersuchung, z. B. die Kohlenstoffbestimmung in Eisen und Stahl wird später das Weitere gesagt.

Abschnitt CC. Die Eigenschaften der Metalle.

I. Kapitel. Allgemeines über die Erstarrung und innere Umwandlung der Metalle.

Zunächst erscheint es notwendig, daß wir uns einmal über die Vorgänge klar werden, die sich bei der Erstarrung einer flüssigen Schmelze, aber auch bei der Weiterverarbeitung durch Glühen, Kaltbearbeiten u. dgl. abspielen.

A. Das Wesen einer Schmelze und ihre Erstarrung.
(Primäre Kristallisation.)

1. Das Wesen der Löslichkeit.

Wir unterscheiden in der Hauptsache zwei Metallarten, die entweder durch die Gegenwart von nur einem Element oder von mehreren charakterisiert sind. Zu den ersteren gehören die reinen Metalle, zu den letzteren dagegen die Legierungen, sei es, daß bei diesen die einzelnen Komponenten gewollt oder als Verunreinigungen ungewollt vorhanden sind. Sind zwei oder mehrere Stoffe im flüssigen Zustande vereinigt, so kann der Fall eintreten, daß sie sich in allen ihren Teilen miteinander vermischen, welchen Zustand man als „homogene" Schmelzen bezeichnet; ihre Einzelbestandteile sind ineinander vollkommen gelöst. Es kann aber auch sein, daß die flüssigen Einzelbestandteile sich voneinander trennen, etwa wie Wasser und Öl, welchen Zustand man als den der vollständigen Unlöslichkeit anspricht. Zwischen diesen beiden Zuständen gibt es noch einen dritten, den der beschränkten Löslichkeit, bei welchem sich zwei Schichten in gegenseitiger Unlöslichkeit absondern, von denen jede eine homogene Lösung der beiden Stoffe allerdings in verschiedenem Mischungsverhältnis darstellt.

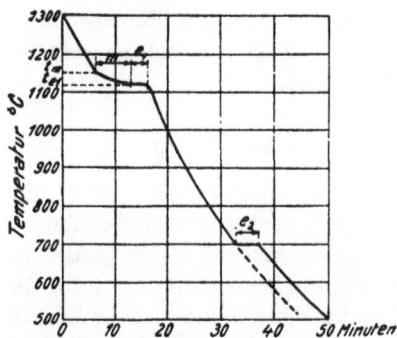

Abb. 79. Abkühlungskurve einer Schmelze.

Eine vollkommene Unlöslichkeit wird bei Metallen kaum bestehen, so daß wir also nur zwischen den beiden Arten einer vollkommenen und einer beschränkten Löslichkeit zu unterscheiden haben. Es sei vorweg bemerkt, daß grundsätzlich die gleichen Verhältnisse auch auf den festen Zustand zutreffen, worüber später das Nähere gesagt wird.

2. Das Abkühlungsschaubild (Haltepunkte).

Wenn eine Schmelze erstarrt, und wir tragen die Temperaturänderungen in Abhängigkeit von der Zeit in ein Koordinatensystem ein, so bekommen wir ein Bild, wie es Abb. 79 darstellt. Bei einer gewissen Temperatur t_m wird die Erstarrung beginnen und sich während eines gewissen Temperaturintervalles t_m bis t_{s1} vollziehen. Zunächst entstehen Kristalle in immer wachsender Menge. Die Auskristallisation stellt aber eine Aggregatzustandsänderung dar, die infolge der Unstetigkeit der spezifischen Wärme mit einer Wärmetönung verbunden ist; es wird bei der Auskristallisation Wärme frei, die eine Verzögerung in der Abkühlung der Schmelze hervorruft. Dies drückt sich in einem Abweichen des Kurventeiles m von dem ursprünglichen Verlauf der Abkühlungskurve aus. Bei binären Legierungen wird in gewissen Fällen diese Abweichung so stark, daß der nun folgende Teil der Kurve horizontal verläuft und damit während einer gewissen Zeitdauer eine Temperatur-konstanz anzeigt. Während dieser Zeit erstarrt der letzte Rest der Schmelze zu einem Konglomerat von kleinen Kristallen, die aus den beiden Bestand-teilen der Schmelze unter deren Zerfall in ihre Komponenten bestehen. Es hat sich nun gezeigt, daß dieser letzte Rest der Schmelze eine ganz bestimmte Zusammensetzung hinsichtlich der Menge der beiden Komponenten besitzt. Dieses auskristallisierte Zerfallsprodukt hat also folgende Eigenschaften: es erstarrt bei der niedrigsten Temperatur (t_{e1}), es besitzt eine ganz bestimmte Zusammensetzung, und die Erstarrung vollzieht sich unter Zerfall der Schmelze in ihre beiden Komponenten. Ein derartiges Zerfallsprodukt nennt man „Eutektikum" (eutektisch = gut-fließend). Nachdem die Schmelze vollständig erstarrt ist, vollzieht sich der Temperaturabfall entweder gleichmäßig bis zur Abkühlung auf Zimmertemperatur, oder er erleidet nochmals Unterbrechungen in ähn-licher Weise, wie es eben geschildert wurde. Dieser letztere Fall deutet darauf hin, daß im festen Zustand

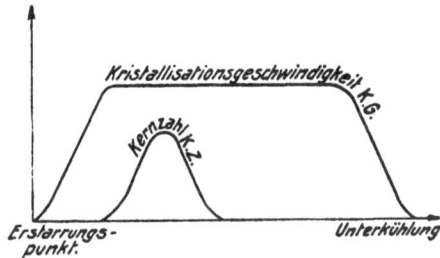

Abb. 80.   Unterkühlungsfähigkeit einer Schmelze in Ab-hängigkeit von der gegenseitigen Lage von $K.G.$ und $K.Z.$

bei der Abkühlung ebenfalls Wärmeentbindungen eintreten, die auf innere Umwandlungen schließen lassen. Wie die Untersuchung gezeigt hat, bestehen diese in einer Umkristallisation der beim Erstarrungsvorgang primär aus-geschiedenen Kristalle. Auch hier können wir eine doppelte oder eine einfache Abweichung von der Temperaturkurve feststellen je nachdem, ob ein Um-kristallisationsbereich oder ein festliegender Umkristallisationspunkt t_{e2} vor-liegt. Die letztgenannte Umkristallisation folgt den Gesetzen der Bildung des Eutektikums; man nennt daher dieses Kristallisationsprodukt „Eutektoid". Über das Verfahren zur Ermittlung der Haltepunkte findet sich näheres im V. Kapitel, Abschnitt A, Seite 83.

3. Die primären Kristallisationsvorgänge.

Kühlt eine Schmelze allmählich ab, so findet zuerst eine Unterschreitung des Erstarrungspunktes statt, die wir „Unterkühlung" nennen, ohne daß irgendeine Auskristallisation erfolgt. Bei einer gewissen Unterkühlung bilden sich alsdann nach Tammann Kristallisationszentren (Keime oder Kerne), die mit einer bestimmten, mit dem Grade der Unterkühlung verän-derlichen Kristallisationsgeschwindigkeit wachsen. Die Größe der Kristalli-sationsgeschwindigkeit und der Kernzahl, d. h. der Anzahl der in der Vo-lumen- und Zeiteinheit bei gleichbleibender Temperatur sich bildenden Zentren sowie die Lage ihrer Temperaturbereiche zueinander sind von großem

Einfluß auf den Erstarrungsvorgang. Abb. 80 gibt den Zusammenhang zwischen der Kernzahl und der Kristallisationsgeschwindigkeit wieder, und wir erkennen daraus, daß mit zunehmender Unterkühlung beide von Null an wachsen, einen Höhepunkt erreichen und dann wieder eine Abnahme erfahren. Die Metallschmelzen besitzen eine große Keimfähigkeit, und die entstehenden Kerne erreichen bereits bei geringer Unterschreitung des Erstarrungspunktes eine beträchtliche Kristallisationsgeschwindigkeit, so daß sie wegen der geringen Unterkühlungsmöglichkeit weiter zu wachsen in der Lage sind. Dieses geschieht entweder durch Bildung von Globuliten, Polyedern oder in Form von Kristallskeletten (Dendriten), indem von den Keimen Fäden auslaufen, die Äste ansetzen (Tannenbaumstruktur). Alsdann füllen sich die Zwischenräume aus, so daß einzelne Kornindividuen entstehen. Die Anordnung der Moleküle im Kristall ist nach den Untersuchungen v. Laues[1]) und andrer in Gestalt eines Raumgitters. Für Kupfer, Aluminium, Nickel und Eisen ist dieses das 14-Punktgitter, bei dem eine kubische Anordnung der Moleküle in den Würfelecken und den Seitenmitten, allerdings je nach dem Metall mit verschiedenen Abständen besteht. Während die Kristalle nun größer werden, kommt der Augenblick, in dem der letzte Rest auch erstarrt und die einzelnen Kristalle aufeinanderstoßen. Durch diesen Umstand bleibt ihr äußerer Kristallhabitus nur in gewissen Fällen erhalten, und man bezeichnet diese unausgebildeten Kristalle als „Kristalliten". Während nun die Kristalle anisotrope Gebilde sind, d. h. nach den verschiedenen Richtungen ungleiche Eigenschaften haben, im Gegensatz zu den isotropen Körpern, verhalten sich die Kristallkonglomerate der Metalle wie isotrope Gebilde, weil ihre Einzelkristalliten die verschiedenste kristallographische Orientierung zueinander besitzen; die Metalle nennt man daher „pseudoisotrop".

Je mehr Kerne sich in der Schmelze befunden haben, desto feinkörniger ist also nach der Erstarrung das Metall. Bei langsamer Abkühlung setzt die Kristallisation naturgemäß schon bei einer geringeren Unterkühlung der Schmelze ein, wodurch die Kernzahl auch geringer und das Gefüge daher grobkörniger wird. Bei Umwandlungen im festen Zustande sind Kristallisationsvermögen (Keimbildungsfähigkeit) und Kristallisationsgeschwindigkeit geringer als bei den Schmelzen, weswegen man hier durch schroffe Abschreckung den Zustand der Unterkühlung festhalten kann.

4. Die Schwindung und Lunkerbildung.

Wenn flüssiges Metall in einer Kokille erstarrt, so beginnt die Kristallisation an den kalten Wänden, von wo aus die Kristalle senkrecht nach dem Innern wachsen. Die Kruste von festem Metall, die sich an den Kokillenwänden gebildet hat, ist von geringerem Volumen als die flüssige Schmelze. Mit weitergehender Erstarrung der Schmelze tritt infolge der Volumenverminderung ein Sinken des Flüssigkeitsspiegels ein, wodurch an der Oberfläche zuletzt ein offener Trichter entsteht, falls das Metall dort vorher nicht auch

---

[1]) v. Laue, Annalen der Physik, 1913, S. 971.

erstarrt ist. Meist bildet sich an der Oberfläche ebenfalls eine Kruste aus, die den Trichter schließt. In diesem Falle findet man in dem Trichter vielfach horizontale Zwischenwände, die den einzelnen Erstarrungsstadien entsprechen. Die Trichterbildung nennt man Lunker, Schwindhohlräume oder Saugtrichter. Durch späteres Verarbeiten, wie Walzen, Ziehen, Schmieden u. dgl., ist ein Schließen der Lunker möglich, jedoch nicht immer sicher. Bei Gußstücken bilden sich Lunker heraus, wenn eine ungleichmäßige Materialanhäufung stattfindet. Hierbei erstarren die schwächeren Teile zuerst und saugen aus den flüssigeren, stärkeren noch Metall nach. Dadurch entstehen in den stärkeren Teilen Hohlräume, die vielfach mit Kristallskeletten durchsetzt sind. Derartige Fälle findet man häufig z. B. bei schwammigem Stahlformguß. Als Gegenmittel gegen die Lunkerbildung bei Gußstücken kommt neben einer richtigen Materialverteilung die Anwendung des verlorenen Kopfes in Betracht. Um im übrigen sonst einen dichten und porenlosen Guß zu erhalten, wendet man gern eiserne Platten, sog. Kokillen, wegen ihrer schnellen Wärmeentziehung an.

Die Lunkerbildung beruht also auf der Schwindung der Metalle, und zwar tritt sie um so ausgeprägter hervor, je größer zu Beginn der Erstarrung die Temperaturdifferenz zwischen der Schmelze an den Wandungen und in der Mitte der Form ist. Nach der Erstarrung verändert bei der Abkühlung das Metall weiter sein Volumen. Während bei der Erstarrung das Verhalten der einzelnen Metalle unterschiedlich ist, indem sie teilweise eine Schwindung, teilweise eine Ausdehnung erkennen lassen, tritt im festen Zustand lediglich eine Schwindung ein. Man versteht nun unter „Schwindungskoeffizient" die Zahl, welche angibt, um wieviel die linearen Abmessungen des Abgusses kleiner sind als diejenigen des Modelles. Bei der Angabe dieses Wertes ist nicht ersichtlich, wie sich das Metall während der Erstarrung verhält, und doch ist dieses Verhalten von Wichtigkeit, wenn man erkennen will, ob ein Metall scharfe Abgüsse zu liefern in der Lage ist. Der Ausdehnungskoeffizient der Metalle hängt von der jeweiligen Temperatur ab; neben etwaigen Umwandlungen im festen Zustande spielen auch schon geringe Beimengungen anderer Stoffe eine große Rolle. Auf Grund zahlreicher Untersuchungen hat Wüst[1]) folgende Gesetze aufgestellt:

1. Diejenigen Metallegierungen, deren Komponenten im festen Zustande vollkommen unlöslich ineinander sind, haben eine geringere Schwindung als jede ihrer Komponenten; die eutektische Legierung hat die geringste Schwindungszahl,

2. diejenigen Legierungen, die nach der Erstarrung aus einer oder mehreren festen Lösungen bestehen, schwinden stärker als jede ihrer Komponenten,

3. eine Gesetzmäßigkeit zwischen dem Schmelzpunkt und der Schwindung ist nicht erkennbar.

---

[1]) Wüst, Metallurgie, 1909, S. 769.

Lineare Schwindmaasse nach

Material	Chemische Zusammensetzung					
	Pb	Sn	Zn	Fe	Al	Cu
Grauguß je nach Größe	—	—	—	—	—	—
Stahlformguß	—	—	—	—	—	—
Schmiedbarer Guß	—	—	—	—	—	—
Blei (Handelsware mit Lunkern)	98,2	1,3	—	—	—	—
Zink (Handelsware)	—	—	97,3	2,7	—	—
Zinn (Banka)	—	100	—	—	—	—
Aluminium (Handelsware)	—	—	—	0,3	99,2	—
Kupfer (Elektrolyt)	—	—	—	0,4	—	99,2
Blei-Zinn-Legierung	80,8	18,3	—	—	—	—
» » »	29,1	70,0	—	—	—	—
» » »	18,4	81,0	—	—	—	—
Blei-Antimon-Legierung	80,6	—	—	—	—	—
» » »	85,2	—	—	—	—	—
Zinn-Zink-Legierung	—	50,8	49,0	—	—	—
» » »	—	85,4	14,5	—	—	—
» » »	—	95,2	4,8	—	—	—
Kupfer-Zink-Legierung	0,24	—	16,2	—	—	83,5
» » »	0,40	—	32,9	—	—	66,6
» » »	0,55	—	36,2	—	—	63,1
» » »	0,72	—	35,3	—	—	63,9
Kupfer-Zinn-Legierung	—	5,1	—	—	—	94,7
» » »	—	10,2	—	—	—	89,7
» » »	—	19,1	—	—	—	80,7
Kupfer-Nickel-Zink-Legierung	—	—	22,2	—	—	61,6
» » » »	—	—	23,4	—	—	56,2
» » » »	—	—	22,3	—	—	51,4
» » » »	—	—	18,0	—	—	46,1
Blei-Antimon-Kupfer-Legierung	78,9	—	—	—	—	8,5
Blei-Zinn-Antimon-Legierung	58,8	19,8	—	—	—	—
Zinn-Antimon-Kupfer-Legierung	—	85,4	—	—	—	5,1
» » » »	—	90,2	—	—	—	1,9
Zinn-Antimon-Blei-Kupfer-Legierung	9,2	70,8	—	—	—	4,9
Zink-Zinn-Kupfer-Blei-Legierung	1,7	14,5	79,4	—	—	4,4
» » » » »	0,9	45,8	51,2	—	—	1,9
Kupfer-Zinn-Zink-Blei-Legierung	2,3	2,7	8,1	—	—	87,1
» » » » »	1,4	9,8	2,0	—	—	86,7
Kupfer-Zinn-Zink-Legierung	—	17,5	1,5	—	—	81,1
» » » »	—	9,7	1,6	—	—	88,8
Aluminiumbronze	—	—	—	—	—	—

Treuheit, Wüst und Ledebur.

in %		Erstarrungs-punkt °C	Ende des Erstarrungs-intervalles °C	Beginn der Erstarrung °C	Beginn der Schwindung °C	Schwindung— Ausdehnung + bei der Erstarrung %	Schwindung	
Sb	Ni						im festen Zustand %	Gesamt %
—	—	—	—	—	—	—	—	0,4—1,1
—	—	—	—	—	—	—	—	0,8—2,0
—	—	—	—	—	—	—	—	1,5
—	—	326	—	—	—	— 0,07	0,75	0,82
—	—	416	—	—	—	— 0,08	1,32	1,40
—	—	225	—	—	—	— 0,12	—	0,44
—	—	683	—	—	—	—	—	1,78
—	—	1060	—	—	—	+ 0,05 unsicher	1,40	1,42
—	—	—	—	251	—	—	—	0,56
—	—	—	174	—	—	—	—	0,44
—	—	—	180	—	—	—	—	0,50
19,2	—	—	239	—	—	—	—	0,55
14,7	—	—	232	—	—	—	—	0,55
—	—	—	200	—	—	—	—	0,50
—	—	—	195	—	—	—	—	0,46
—	—	—	190	—	—	—	—	0,49
—	—	—	—	993	973	+ 0,3	2,17	—
—	—	—	—	902	870	+ 0,03	1,98	—
—	—	—	—	874	877	+ 0,03	1,97	—
—	—	—	—	881	879	+ 0,03	1,90	—
—	—	—	—	1035	786	+ 0,09	1,66	—
—	—	—	—	996	706	+ 0,12	1,44	—
—	—	—	—	—	752	+ 0,01	1,52	—
—	16,1	—	—	1020	917	+ 0,05	2,03	—
—	20,4	—	—	1060	924	+ 0,04	2,05	—
—	26,2	—	—	1087	949	+ 0,03	2,03	—
—	35,8	—	—	1085	1010	+ 0,03	1,94	—
12,5	—	—	—	250	266	—	0,55	—
21,4	—	—	—	263	247	—	0,49	—
9,5	—	—	—	225	225	—	0,51	—
8,0	—	—	—	228	226	—	0,56	—
15,1	—	—	—	259	228	—	0,43	—
—	—	—	—	379	374	—	1,02	—
—	—	—	—	340	334	—	0,73	—
—	—	—	—	992	840	+ 0,03	1,76	—
—	—	—	—	965	750	+ 0,08	1,47	—
—	—	—	—	873	756	+ 0,02	1,50	—
—	—	—	—	977	726	+ 0,06	1,47	—
—	—	—	—	—	—	—	—	1,65

Langsame Abkühlung und Gußstücke mit großen Abmessungen bedingen eine geringere Schwindung. In vorstehender Tabelle sind die linearen Schwindmaasse einer Reihe Metalle nach Treuheit[1]), Wüst[2]) und Ledebur[3]) vermerkt.

5. Die Bildung der Gasblasen.

Bei der Herstellung der Metalle und der Legierungen kommen diese mit den verschiedensten Gasen in Berührung, so daß für sie die Möglichkeit einer Gasaufnahme gegeben ist. Die Löslichkeit für Gase nimmt mit steigender Temperatur zu, während bei sinkendem Wärmegrade entsprechend der verminderten Löslichkeit eine Gasabgabe geschieht. Wenn das Metall nun am Rande einer Kokille zu erstarren anfängt, so werden Gase abgegeben, die in der Schmelze aufsteigen und aus ihr zu entweichen trachten. Dies geschieht so lange, bis sich eine Oberflächenkruste gebildet hat. Sobald diese eine genügende Stärke erreicht, wird der Druck auf das noch flüssige Metall im Innern verstärkt und dadurch die weitere Gasabgabe hintertrieben. Dieser Vorgang ist nur möglich, wenn geringe Gasmengen gelöst waren. Wir finden bei derartigen Blöcken lediglich Randblasen, während das Innere blasenfrei bleibt.

Ein hoher Gasgehalt bewirkt von Anfang an eine starke Gasentwicklung, wodurch die Schmelze in ständige Bewegung versetzt wird. Die hierdurch eintretende gleichmäßigere Abkühlung des Metalles bringt eine allmähliche Erstarrung über die ganze Masse mit sich. In diesem Falle können die Blasen die Oberfläche nicht mehr erreichen, sie bleiben in dem teigigen Metall stecken und durchsetzen das ganze Innere des Blockes.

6. Die festen Lösungen.

In derselben Weise wie sich zwei oder mehrere flüssige oder feste und flüssige Stoffe ineinander lösen können, geschieht dies auch bei festen allein. Man spricht in diesem Falle von „festen Lösungen", und nennt die Kristalle, die als feste Lösungen aus zwei oder mehreren Metallen bestehen, „Mischkristalle". Die Grundstoffe können dabei innerhalb bestimmter Grenzen in allen möglichen Verhältnissen gelöst sein. Wie bei flüssigen Lösungen unterscheidet man ungesättigte, gesättigte und übersättigte feste Lösungen. Da die Sättigung von der Temperatur abhängt und mit ihr wächst, so kann ein Bestandteil aus festen Lösungen auskristallisieren bzw. in Lösung aufgenommen werden. Die Aufnahme geschieht mit bemerkenswerter Geschwindigkeit. Legierungen, die nur aus festen Lösungen bestehen, besitzen im stabilen Zustand überall den gleichen chemischen und strukturellen Aufbau und ähneln in dieser Beziehung den reinen Metallen; man bezeichnet auch sie als homogen.

[1]) Treuheit, Stahl und Eisen, 1908, S. 1319.
[2]) Wüst, Metallurgie, 1909, S. 769.
[3]) Ledebur, Lehrbuch der mechanisch-metallurgischen Technologie.

7. Die Kristallseigerungen in Mischkristallen.

Gehen wir von einer Schmelze aus, die z. B. aus 75 Gewichtsprozenten A und 25 Gewichtsprozenten B besteht. Bei der Temperatur t_1 beginne die Ausscheidung von Mischkristallen. Die Untersuchung dieser anfänglichen Mischkristalle wird eine Zusammensetzung von 50 Gewichtsprozenten A und 50 Gewichtsprozenten B ergeben. Wenn wir nunmehr die Schmelze auf die Temperatur t_2 abkühlen lassen, so finden wir bei einer neuerlichen Untersuchung der Kristalle vielleicht, daß sie 63 Gewichtsprozente A und 37 Gewichtsprozente B enthalten. Nähert sich nunmehr die Erstarrung bei der Temperatur t_3 ihrem Ende, so ergibt eine abermalige Analyse der Kristalle die Zusammensetzung von 75 Gewichtsprozenten A und 25 Gewichtsprozenten B, d. h. also die der ursprünglichen Schmelze entsprechende Konzentration. Zwischen den Temperaturen t_1 und t_3 hat also eine Änderung der Konzentration, eine Änderung der Zusammensetzung der Mischkristalle stattgefunden, und zwar durch Aufnahme des Bestandteiles A aus der Schmelze infolge Diffusion. Wir haben also am Ende der Erstarrung bestenfalls einheitliche Mischkristalle. Sowie eine Diffusion nur mangelhaft vor sich gehen kann, sei es, daß die Erstarrungszeitdauer zu gering, sei es, daß das Diffusionsvermögen der Elemente zu klein oder der Erstarrungstemperaturbereich zu groß war, finden wir in den einzelnen Kristallen nach der vollständigen Erstarrung keine einheitliche Zusammensetzung aus den Komponenten A und B, sondern A wird von innen nach außen und B entsprechend von außen nach innen zunehmen. Diesen Zustand nennt man „Kristallseigerung", wie man allgemein unter Seigerung eine örtliche Anreicherung versteht, und die Kristalle heißen „Schichtkristalle". Man findet sie vielfach bei den Legierungen Kupfer—Zinn, Kupfer—Nickel, Eisen—Mangan, Eisen—Phosphor u. a. Die Kristallseigerungen werden verhindert, indem man der Schmelze genügend Zeit zum Erstarren und daher zum Ausgleich der Kristalle läßt; einen Ausgleich kann man auch durch nachträgliches Ausglühen, „Homogenisieren" des Gusses bewirken.

8. Die Blockseigerungen.

Während die Kristallseigerungen sich an allen Stellen im Block gleichmäßig verteilt vorfinden, trifft dies für die Blockseigerungen nicht zu. Die zuerst an den Kokillenwandungen erstarrte Kruste besteht aus reinem Metall, weil dessen Erstarrungstemperatur am höchsten liegt. Hierdurch wird die Mutterlauge nach dem inneren Kern zu gedrängt, wo sie sich mit weiter fortschreitender Erstarrung der Kruste an anderen Bestandteilen anreichert. Die reichste Lauge erstarrt zuletzt unterhalb des Lunkers. Hier finden wir die meisten Verunreinigungen und sonstigen ausgeseigerten Bestandteile. Abb. 81 gibt ein Schema über den zonalen Aufbau eines geseigerten Blockes.

9. Der innere Aufbau der Metalle und ihre Festigkeitseigenschaften.

Die Eigenschaften der Metalle richten sich naturgemäß zum großen Teil nach dem inneren Gefügeaufbau, der Art der Phasen, ihren Mengenverhältnissen und ihrer Anordnung. Genaue Gesetzmäßigkeiten lassen sich über den inneren Zusammenhang noch nicht angeben, jedoch möge hierüber schon einiges allgemeiner Natur gesagt sein. Ein Eutektikum besteht aus vielen kleinen Kristallen in lamellarer oder körniger Anordnung, und zwar in der Weise, daß ein Kristall aus einer Komponente der binären Legierung neben dem Kristall aus der anderen Komponente gelagert ist. Durch diese Feinkörnigkeit wird eine gute Festigkeit verbürgt, weil die Kornbegrenzungen als Zonen höherer Festigkeit gelten können, da bei gewöhnlichem Kaltbruch der Riß unter Vermeidung der Korngrenzen durch die Körner hindurch (intragranular) geht. Im Gegensatz hierzu verläuft der Warmbruch intergranular, d. h. an den Korngrenzen entlang. Entsprechend der Zusammensetzung der Eutektika lassen sich die Eigenschaften ungefähr nach der Mischungsregel als Mittel aus den Eigenschaften der Komponenten bestimmen.

Im Gegensatz zu den Eutektika sind die chemischen Verbindungen, die zwischen Metallen hin und wieder auftreten und ebenfalls keine Erstarrungsintervalle besitzen, meist spröde und hart.

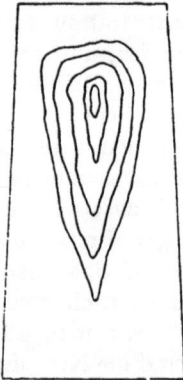

Abb. 81. Schema einer Blockseigerung.

Die Mischkristalle besitzen Eigenschaften, die mit der Zusammensetzung veränderlich sind und in Abhängigkeit von den einzelnen Komponenten mehr oder weniger stetige Änderungen erfahren. Bei einer lückenlosen, sich über den ganzen Legierungsbereich erstreckenden Mischkristallreihe findet man vielfach z. B. ein Maximum der Härte bei mittleren Zusammensetzungen. Im allgemeinen kann jedoch gesagt werden, daß einer Erhöhung der Festigkeit und Härte eine Erniedrigung der Dehnung und Querschnittsverringerung entspricht.

B. Die sekundäre Kristallisation.

1. Die Strukturformen.

Unter sekundärer Kristallisation versteht man die Umkristallisation von Mischkristallen im festen Zustande. Je nach den Verhältnissen, unter denen die Umwandlungen vor sich gehen, ist das Produkt ein anderes. Für den Fall, daß kristalline Seigerungen vorliegen, geht die sekundäre Kristallisation durch Ausscheidung des einen Bestandteiles an denjenigen Kristallstellen vor sich, die an diesem Bestandteil angereichert sind. Während sich dieser Bestandteil auf den kristallographischen Achsen ausscheidet, bildet sich der andere Bestandteil in den Zwischenräumen aus. Man nennt dieses Gefüge die „Struktur der großen Kristalle". Sie ist eine typische Gußstruktur und wird durch eine nachfolgende Bearbeitung zerstört.

Erhitzt man die Legierung bis hoch in das Mischkristallgebiet hinein, oder setzt man sie der normalen Glühtemperatur lange Zeit aus und kühlt verhältnismäßig schnell ab, so scheidet sich in den durch die hohe Erhitzung stark angewachsenen Körnern der eine Bestandteil nach kristallographischen Gesetzen aus. Die Absonderung erfolgt parallel den Flächen, die der Kristallform zukommen. Die Abscheidungen sind nadelig, und ihre Begrenzungsflächen wirken dadurch wie Spaltflächen, weswegen die Kristalle eine große Stoßempfindlichkeit besitzen. Man nennt dieses Gefüge „Widmannstättensche Struktur". Die Widmannstättensche Struktur tritt auch im Gußgefüge auf.

Bei einer Warmbearbeitung einer Legierung tritt eine Kornzerkleinerung ein, worauf in einem der nächsten Absätze eingegangen ist. Bei einer Umkristallisation geschieht in diesem Falle die Ausscheidung des einen Mischkristallbestandteiles an den Korngrenzen, so daß sich ein Netzwerk bildet. Diese Ausscheidung wird unter Umständen bei langsamer Abkühlung auch durch die Gegenwart von Schlackeneinschlüssen begünstigt, die an den Begrenzungen lagern. Diese Schlackeneinschlüsse wirken als Impfpunkte. Man nennt diese Struktur „Netzstruktur".

Sind diese Schlackeneinschlüsse beim Stahl und Eisen durch einen bei genügend hoher Temperatur erfolgten Walz- oder Schmiedeprozeß zeilenförmig angeordnet, so bedingen sie auch infolge ihrer Keimwirkung zumal bei langsamer Abkühlung gleichartige Ausscheidungen. Wir sprechen dann von einer „Zeilenstruktur". Je größer der Schlackengehalt ist, desto deutlicher tritt die Zeilenstruktur auf. Durch rasche Abkühlung an der Luft aus einer Glühtemperatur, die eine Kornverfeinerung bedingt, oder durch Erhitzen auf hohe Temperaturen (1300 ^{0}) wird sie verhindert. Ein derartiges Material kann durch Glühen bei 850^0 wieder in Zeilenstruktur überführt werden, wie Versuche von Oberhoffer[1]) ergaben. Neben den Schlackenzeilen treten auch Phosphorzeilen als Ursachen der Zeilenstruktur auf. Diese zeilenförmigen Phosphoranreicherungen sind vielfach die Kennzeichen für die Überreste zusammengeschweißter Blasen. Die Seigerungen durch eine Glühbehandlung zur Verteilung zu bringen, ist nicht möglich. Auf ihnen beruht die Ausbildung des „Schieferbruches" beim Stahl.

2. Die Korngrößenveränderung durch Wärmebewegung.

Abgesehen von der eutektoiden Legierung ist vielfach ein Umkristallisationsintervall vorhanden. Wenn wir eine Legierung im sekundären Kristallisationsbereich erhitzen, so treten zwischen unterer und oberer Umkristalli-

---

[1]) Oberhoffer, Stahl und Eisen, 1913, S. 1569; 1914, S. 1241.

sationstemperatur, d. h. innerhalb des Umkristallisationsbereiches, Umkristallisationen ein, die mit höherer Temperatur fortschreiten. Sie beruhen auf der Bildung von Mischkristallen und bewirken durch das Entstehen kleiner neuer Kristalliten mithin stellenweise eine Gefügeverfeinerung. Erhitzen wir über die obere Umkristallisationstemperatur, so ist die Zahl der neuen Kerne sehr groß und die Korngröße anfänglich sehr klein. Je höher die Temperatur steigt, desto größer wird das Wachstumsbestreben, bis sich die einzelnen Körner berühren. Bei der Abkühlung und der darauffolgenden Rückumwandlung zum Eutektikum liefern diese Kerne die Keime für das spätere Umwandlungsprodukt. Man kann also durch Temperaturbewegung eine Kornverfeinerung herbeiführen.

Durch Glühen unterhalb der unteren Umwandlungstemperaturen geschieht ein Zusammenballen (Koagulieren) der Bestandteile des Eutektikums. Während Kristallisationsvermögen und -geschwindigkeit bei der Erstarrung aus dem Schmelzfluß beträchtliche Werte erreichen, sind diese bei der sekundären Kristallisation, also im festen Zustande, bedeutend kleiner, wodurch Unterkühlungen leicht bleibend zu erhalten sind.

Erhitzt man die Legierung sehr hoch über die obere Umwandlungstemperatur, so wachsen nach dem Vorhergesagten die Körner sehr stark; wenn dann bei zu schneller Abkühlung die Widmannstättensche Struktur entsteht, so bedeutet dies eine Herabsetzung der Güteeigenschaften des Materials, die sich in einer verminderten Zähigkeit ausdrückt. Man bezeichnet ein solches Material als „überhitzt". Wie schon gesagt, ist dieses Gefüge durch Wärmebewegung regenerierbar. Geht man mit der Erhitzung bis nahe zum Schmelzpunkt unter gleichzeitigem Sauerstoffzutritt, so dringt der Sauerstoff zwischen die Kristallkörner ein, und es bilden sich an den Grenzen Oxydationsprodukte. Dadurch verlieren die Körner den festen Zusammenhalt, das Material wird unbrauchbar, es ist „verbrannt". Ein derartiges oxydiertes Metall ist nicht regenerierbar.

3. Die Strukturänderung durch Kaltbearbeitung.

Die Kaltbearbeitung eines Metalles, die im Hämmern, Walzen, Ziehen usw. bestehen kann, geschieht durch eine plastische Deformation, welche durch Überschreitung der wahren Elastizitätsgrenze hervorgerufen wird. Wenn ein Kristall bis zur plastischen Formänderung belastet wird, so kann sich diese auf zwei Arten ausbilden: einmal nach Mügge durch Entstehung von Schiebungen, welche die „Translationsstreifen" oder „Gleitlinien" hervorrufen, dann aber auch nach Reusch durch eine kombinierte Schiebung und Drehung in der Lamelle, die „Zwillingsbildung" genannt wird. Abb. 82 und 83 geben das Schema für beide Möglichkeiten. Die Zwillingsbildung tritt bei gewissen Metallen vor allem beim Glühen nach einer Kaltreckung und beim Warmrecken auf (vergl. Abb. 276). Die Ausbildung von Translationsebenen läßt das Raumgitter des Kristalles intakt, weil lediglich eine

Parallelverschiebung einzelner Teile stattfindet. Bei der Zwillingsbildung haben wir neben der Schiebung eine Drehung eines oder mehrerer Kristallteile, durch welche die Raumgitterstruktur gestört wird, weil die Moleküle der gedrehten Teile durch die Drehung eine andere Richtungslage als die ursprüngliche einnehmen. Die Lage der Gleitebenen steht in Beziehung zu den Kristallflächen; nach Tammann[1]) ist ein Kristall dann plastisch, bildsam, wenn die Zahl der Gleitebenensysteme mindestens drei beträgt und die Festigkeit eines von drei Gleitflächen begrenzten Kristallelementes im Vergleich zu den die Gleitung hervorrufenden Kräften möglichst groß ist. Ein Material ist demnach um so plastischer, je mehr Gleitebenensysteme es besitzt, und je größer die Zahl der Gleitflächen jedes Systems ist. Wenn ein Kristall über die Elastizitätsgrenze hinaus beansprucht wird, so treten Gleitlinien auf, deren Zahl mit der

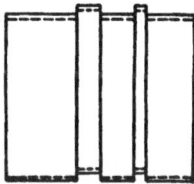

Abb. 82. Schema für die Ausbildung von Translationsstreifen.

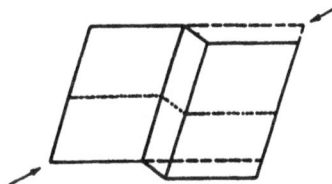

Abb. 83. Schema für die Zwillingsbildung.

Höhe der Beanspruchung und der Größe der bleibenden Deformation zunimmt. Die Gleitflächen wirken als Spaltflächen und verursachen den Bruch im kalten Zustande durch die Kristalliten hindurch (intragranularer Bruch). Derartige Gleitlinien treten auch vielfach bei elektrolytisch niedergeschlagenem Eisen auf, wahrscheinlich infolge der niedrigen Elastizitätsgrenze des jungfräulichen Metalles, verbunden mit den beträchtlichen Spannungen, die bei der Abscheidung entstehen. Außer Gleitlinien finden sich beim Elektrolyteisen auch Zwillingsbildungen. Während die Translationsstreifen zu Beginn in Gestalt einer feinen Strichelung geradlinig und parallel, aber in jedem Korn unter verschiedener Richtung auftreten, krümmen sie sich bei höherer Beanspruchung wellenförmig, sie werden „banalisiert". Mit dieser Strukturänderung ändern sich auch die Eigenschaften des Metalles außerordentlich; so nimmt z. B. die Festigkeit beträchtlich zu, während die Dehnung sinkt. Wir sprechen dann von einer „Verfestigung". Zugleich verlängert sich das Korn, und wir erhalten die „Fluidalstruktur". Bei den stärksten Deformationen verschwinden dann die Korngrenzen mehr und mehr, und es kann nach Überschreiten eines bestimmten Reckgrades eine Zerteilung der Körner eintreten, wie Heyn[2]) nachgewiesen hat. Der Endzustand bei dem höchsten Formänderungsgrad besteht nach Moellendorff

---

[1]) Tammann, Lehrbuch der Metallographie, 2. Aufl., S. 62.
[2]) Heyn, Martens-Heyn, Handbuch der Materialienkunde für den Maschinenbau, Bd. II A, S. 233.

und Czochralski[1]) wahrscheinlich in einer Gleichrichtung der Moleküle in die Richtung des kleinsten mechanischen Widerstandes („Erzwungene Homöotropie").

4. Die Rückkristallisation durch Kaltbearbeitung und Wärmebewegung.

Eine Rückkristallisation ist nur nach einer plastischen Deformation möglich. Wird ein kaltbearbeitetes Metall geglüht, so sind die Strukturänderungen von dem Deformationsgrad, von der Höhe der Glühtemperatur und von der Glühdauer abhängig. Durch eingehende Versuche an kaltgereckten

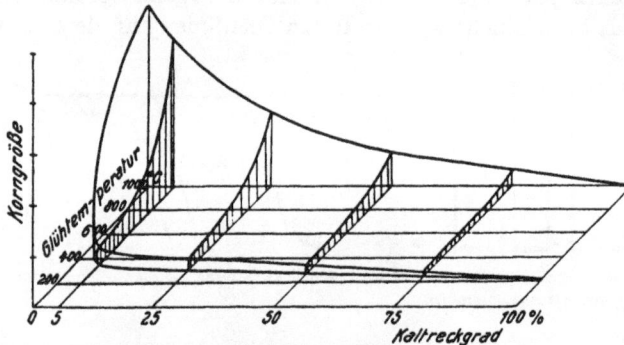

Abb. 84. Rekristallisationsschaubild des Kupfers.

Kupfer- und Bronzestangen habe ich[2]) neben anderen gezeigt, daß die Rückkristallisationstemperatur um so tiefer liegt, je höher der Verfestigungsgrad war. Bei der Glühung verschwindet zunächst die Fluidalstruktur, und es findet eine Kornzerteilung statt, auf die wahrscheinlich in Analogie mit der Kristallisation aus der Schmelze eine neue Bildung von Kristalliten einsetzt („Rekristallisation"), die mit fortschreitender Temperatur wachsen (Kornwachstum). Es ist aber auch möglich, daß ein Kornwachstum durch Verschmelzen mehrerer Körner stattfindet. Man nennt das Kornwachstum auch „Einformung". Für das Wachstum der Kristalle haben sich nun folgende Gesetze ergeben, die in Abb. 84, 85 und 86 für Kupfer, Aluminium und Eisen nach Versuchen von Rassow und Velde[3]) und Oberhoffer und Oertel[4]) dargestellt sind:

I. Die Wachstumsgeschwindigkeit hängt vom Deformationsgrad ab; der Beginn der Rekristallisation erfolgt bei einer um so niederen Temperatur, je höher der Deformationsgrad war.

---

[1]) v. Moellendorff und Czochralski, Zeitschrift des Vereins deutscher Ingenieure, 1913, S. 931.

[2]) Müller, Verein deutscher Ingenieure, Forschungshefte, Nr. 211; Metall und Erz, 1915, S. 213.

[3]) Rassow und Velde, Zeitschrift für Metallkunde, 1920, S. 369; 1921, S. 557.

[4]) Oberhoffer und Oertel, Stahl und Eisen, 1919, S. 1061.

II. Bei gleichbleibender Glühtemperatur und für gleichen Deformationsgrad wachsen die Kristalle mit der Glühdauer zuerst schnell, dann nur noch langsam, um schließlich praktisch einen der Glühtemperatur entsprechenden Endwert zu erreichen.

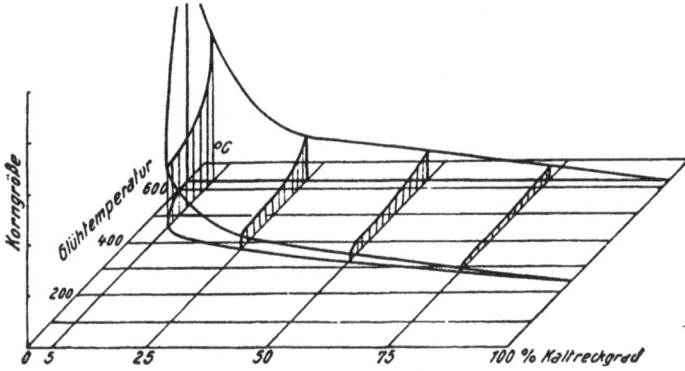

Abb. 85. Rekristallisationsschaubild des Aluminiums.

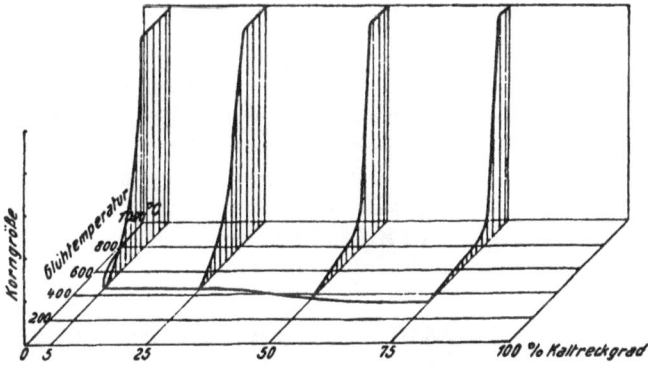

Abb. 86. Rekristallisationsschaubild des Eisens.

III. Bei gleicher Glühtemperatur und gleicher Glühdauer wachsen die Kristalle in umgekehrtem Verhältnis zum Deformationsgrad; ein stärkerer Deformationsgrad bedingt also kleinere Kristalle als ein schwächerer.

IV. Bei gleichem Deformationsgrad und gleicher Glühdauer wachsen die Kristalle für Zinn, Kupfer und Aluminium mit der Glühtemperatur zuerst schnell, dann langsam, wie Versuche von Czochralski[1] und diejenigen von Rassow und Velde zeigen. Bei Elektrolyt-

[1] Czochralski, Internationale Zeitschrift für Metallographie, 1916, S. 36.

eisen geschieht das Wachstum bei starker Verlagerung zuerst allmählich bis ungefähr 700⁰ und dann schnell, wie die angeführten
Versuche von Oberhoffer und Oertel darlegen. Dagegen entsteht
bei schwachem Verlagerungsgrad ein Wachstum bald nach dem
Einsetzen der Rekristallisation außerordentlich rasch. Das Gebiet
des allmählichen Wachstums verschwindet mehr und mehr mit abnehmendem Verlagerungsgrad. In dem Punkte IV unterscheiden
sich also Zinn, Kupfer und Aluminium von Eisen. Die untere
Rekristallisationstemperatur beträgt für Kupfer und Aluminium 250⁰.

Das Ergebnis der Versuche von Oberhoffer und Oertel weicht etwas von
demjenigen von Chappell[1]) an nahezu kohlenstoffreiem Eisen ab; Chappell
fand wie bei den Metallen, daß mit steigender Glühtemperatur die Korngröße
eine Funktion des Reckgrades ist und bei starker Verlagerung nicht die Größe
erreicht wie nach einer schwachen Reckung. Eine Aufklärung über die verschiedenen Ergebnisse fehlt noch.

Im Gegensatz zu plastisch deformierten Metallen treten Rekristallisation
und Kornwachstum bei einem Gußgefüge nicht ein.

5. Die Gefügeänderung durch Warmbearbeitung.

Bei einer Warmbearbeitung in genügend hohen Temperaturen erfahren
die Körner keine Streckung, weil durch die erhöhten Wärmegrade eine so-
fortige Rückkristallisation eingeleitet wird. Wir finden also in derartig warm-
verarbeiteten Metallen gleichachsige Kristalle, deren Größe von der Be-
arbeitungswärme und der Abkühlungsgeschwindigkeit abhängt. Unter normalen Verhältnissen, wie sie z. B. beim Warmwalzen oder gewöhnlichen
Schmieden auftreten, sind die Kristalliten klein.

II. Kapitel. Der Einfluß der chemischen Zusammen-
setzung.

A. Das reine Eisen.

Das reine Eisen ist ein sehr weiches und dehnbares Metall, das wegen
seiner schwierigen Herstellung für technische Zwecke kaum verwendet wird.
Das reinste bisher dargestellte Eisen ist ein Elektrolyteisen und besitzt an
Beimengungen und sonstigen Verunreinigungen nur 0,0012% Schwefel. Die
physikalischen Eigenschaften sind nach Jensen[2]) und Gumlich[3]) folgende:

---

[1]) Chappell, Ferrum, 1916, S. 6.
[2]) Jensen, Stahl und Eisen, 1916, S. 1256.
[3]) Gumlich, Wissenschaftliche Abhandlungen der physikalisch-technischen Reichsanstalt, 1918, S. 289.

Streckgrenze . . . . $\sigma_s = 11$ kg/qmm
Zugfestigkeit . . . . . . $\sigma_n = 25$ kg/qmm
Bruchdehnung . . . . . $\delta = 60\%$ für eine Meßlänge von 50 mm
Querschnittsverminderung $q = 85\%$
Brinell-Härte . . . . . . $H_n = 60$—70 kg/qmm
Koerzitivkraft . . . . . . $K = 0{,}27$ für $\mathfrak{B} = 10\,000$
Remanenz . . . . $R = 9250$ für $\mathfrak{B} = 10\,000$
Hysteresis . . . . $H = 820$
Elektrischer Spez. Wider-
stand . . . . $\sigma = 0{,}09994$
Spez. Gewicht . . . . . . $s = 7{,}875.$

Das reine Eisen besitzt wie alle reinen Metalle einen Schmelz- und Erstarrungspunkt und kein -Intervall; der Schmelzpunkt liegt bei 1523⁰. Bei
der Erstarrung bilden sich unmagnetische γ-Kristalle, die bei dem Punkt
$A_3 = 900^0$ sich in die unmagnetische β-Modifikation umwandeln; aus der
β-Modifikation entsteht bei weiterer Abkühlung auf 768⁰ die magnetische
α-Modifikation. Die Umwandlungen sind nicht so kraß, wie sie scheinen
könnten, vielmehr haben die Untersuchungen von Curie und anderen[1] gezeigt, daß die Stärke der Magnetisierbarkeit zwischen o⁰ und A_2 allmählich
abnimmt, und zwar um so mehr, je höher die Feldstärke gewählt wird, und
daß der größte Verlust der Magnetisierbarkeit bei der Temperatur A_2 vor sich
geht; oberhalb A_2 nimmt der Magnetismus mit steigender Temperatur allmählich wieder ab, bis er beim Punkte A_3 vollständig verschwunden ist.
Die Umwandlungspunkte treten aber nicht nur durch eine Änderung der
Magnetisierung in die Erscheinung, sondern der elektrische Leitwiderstand
sowie auch die Wärmeausdehnungszahl erfahren bei Überschreitung der
Punkte zum Teil bedeutende Unregelmäßigkeiten. So fanden Burgeß und
Kellberg[2] ausgeprägte Punkte für A_2 und A_3 bei der Untersuchung des
Temperaturkoeffizienten des elektrischen Leitwiderstandes, während Drie-
sen[3] das gleiche für die spezifische Längenänderung bemerkte. Diese wenigen
Hinweise genügen, um zu zeigen, daß bei den Haltepunkten sehr tiefgreifende
Veränderungen in dem reinen Eisen vor sich gehen, über deren wahres Wesen
wir bis heute noch nicht genau unterrichtet sind. Alle drei Modifikationen
kristallisieren im regulären System und zeigen im Schliff unregelmäßig poly-
gonalen Aufbau. Wie Heißätzversuche in Chlorkalzium erkennen lassen,
besitzt γ-Eisen Zwillingsbildung, die dem α -und β-Eisen abgeht. Bemerkenswert ist, daß bisher β- und γ-Eisen durch eine Abschreckung aus ihren Tem-
peraturgebieten nicht in unterkühltem Zustande bei Zimmertemperatur
festzuhalten waren.

[1] P. Curie, Thèse, Paris 1895. — Weiß und Foëx, Physikalische Zeitschrift, 1911,
S. 935.
[2] Burgeß und Kellberg, Academie of Sciences, Washington 1914, S. 436.
[3] Driesen, Ferrum, 1914, S. 130; 1916, S. 27.

8*

B. Die Einwirkung der Zusatzelemente auf das Eisen und die binären Eisen-Kohlenstoff-Legierungen. (Gußeisen, Stahlformguß, Kohlenstoffstahl.)

1. Kohlenstoff.

a) Das Erstarrungs- und Umwandlungsschaubild.

In Abschnitt BB, V. Kapitel, A und Abschnitt CC, I. Kapitel, A 2 hatten wir die Ermittlung der Abkühlungskurve und der Haltepunkte besprochen. Stellt man nun die Umwandlungspunkte für Eisenkohlenstofflegierungen verschiedener Kohlenstoffgehalte fest, und trägt sie in ein Koordinatensystem ein, indem man als Abszissen die Kohlenstoffbzw. Eisengehalte und als Ordinaten die gefundenen Haltepunktstemperaturen aufträgt, so ergibt sich das sog. Zustandsschaubild. Dieses Diagramm gewährt einen genauen Einblick in die Erstarrungs- und Umkristallisationsvorgänge der gesamten Legierungsreihe; seine Aufstellung nennt man „thermische Analyse". In den folgenden Zustandsschaubildern sind die Gebiete gleichzeitiger Anwesenheit zweier verschiedener Bestandteile durch Schraffur als „Mischungslücken" kenntlich gemacht. Es hat sich nun gezeigt, daß die Umwandlungspunkte bei verschiedenen Temperaturen liegen, je nachdem man sie beim Erhitzen oder beim Abkühlen einer Legierung ermittelt. Die Unterschiede sind bei den verschiedenen Legierungen mehr oder weniger groß, beim gewöhnlichen Eisen bewegen sie sich in nur geringen Grenzen. Die Temperaturdifferenzen für die jeweils gleichen Haltepunkte nennt man „Hysteresis" und bezeichnet die beim Erhitzen gefundenen Haltepunkte mit Ac (calescere), Kaleszenzpunkte, und die beim Abkühlen gefundenen mit Ar (recalescere), Rekaleszenzpunkte. Die Hysteresis wird von der Abkühlungsgeschwindigkeit stark beeinflußt, auch ist die Lage des Perlitpunktes von der Höhe der vorangegangenen Erhitzung abhängig, indem er bei steigender Glühtemperatur sinkt. Bei der Untersuchung der Eisenkohlenstofflegierungen hat sich gezeigt, daß diese je nach dem Kohlenstoffgehalt einen, zwei oder drei Umkristallisationspunkte im festen Zustande besitzen, worunter einer der eutektoide Punkt ist. Diesen bezeichnet man mit dem Index 1, die anderen dagegen mit den Indices 2 und 3. Wie wir später noch sehen werden, gelten die Haltepunkte mit dem Index 2, also Ar_2 und Ac_2, für eine magnetische Umwandlung und den Übergang der magnetischen α-Modifikation in eine unmagnetische β-Modifikation und umgekehrt und diejenigen mit dem Index 3, also Ar_3 und Ac_3 für die Abgrenzung des unmagnetischen γ-Gebietes. Die Umwandlungen sind reversibler Natur, ihre Lage ist für das kohlenstoffreie Eisen folgende:

$$Ar_1 = 695^0, \qquad Ac_1 = 705^0$$
$$Ar_2 = 768^0, \qquad Ac_2 = 768^0$$
$$Ar_3 = 898^0, \qquad Ac_3 = 909^0$$

Im Zustandsdiagramm der Eisenkohlenstofflegierungen sind der Einfachheit halber nur die mittleren Temperaturen zwischen Ar und Ac eingetragen. Abb. 87 stellt das Zustandsschaubild dar. Es zerfällt in zwei Teile, von denen der eine oben bei Temperaturen über 1100° gelegen ist und die Erstarrung umfaßt, während der andere Teil unter 1100° liegt und die Umkristallisation im festen Zustande darstellt.

Verfolgen wir nun die Abkühlung einer Schmelze A mit 0,25% Kohlenstoff! Oberhalb 1510° haben wir eine homogene Flüssigkeit, aus der sich

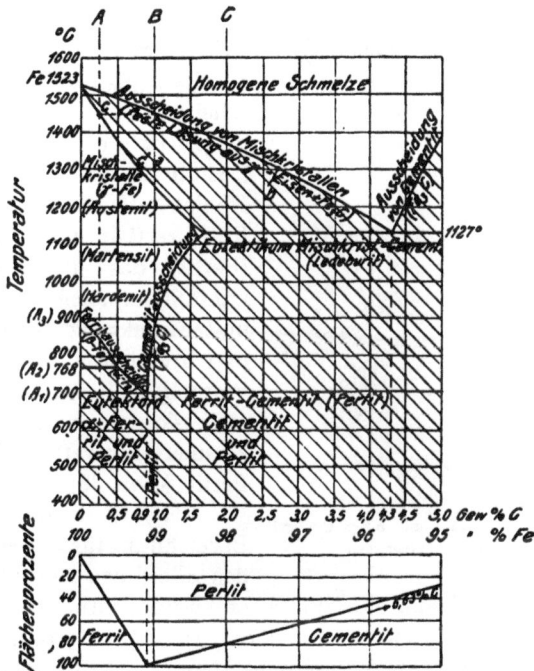

Abb. 87. Eisen-Kohlenstoff-Zustandsdiagramm.

nach Abkühlung auf 1510° Mischkristalle ausscheiden. Diese stellen eine feste Lösung aus γ-Eisen (Eisen Fe in der γ-Modifikation) und Eisenkarbid (Fe_3C) dar. Mit weiter abnehmender Temperatur entstehen immer mehr Mischkristalle, die in der Schmelze schwimmen, und schließlich bei 1450° ist die ganze Schmelze erstarrt. Die Linie, welche die Temperaturen der beginnenden Erstarrung verbindet, nennt man „Liquidus-Linie", weil sie das Gebiet der homogenen Schmelze abtrennt. Der gebrochene Linienzug, auf dem die Punkte des Erstarrungsendes liegen, und welcher von 1523 bis 1127° bei 1,7% Kohlenstoff und alsdann horizontal bei gleichbleibender Temperatur verläuft, heißt „Solidus-Linie", weil diese die Zone des völlig erstarrten Metalles gegen die erstarrende Schmelze abgrenzt. Zwischen Liquidus- und Solidus-Linie liegt

der Bereich, in dem feste Kristalle und Schmelze nebeneinander bestehen.
Für Legierung A bleiben die Mischkristalle bis 850⁰ (A_3) erhalten. Nach Erreichung dieser Temperatur scheiden sich aus der festen Lösung Eisenkristalle
in der β-Modifikation aus, die wir nach dem lateinischen Worte ferrum β-
Ferrit nennen; die Löslichkeit dieser Modifikation für Eisenkarbid ist sehr
gering. Das β-Eisen (β-Ferrit) ist unmagnetisch. Die Ausscheidung des β-
Eisens geht bis 768⁰ (A_2) vor sich, unterhalb welcher Temperatur es in die
magnetische α-Modifikation übergeht, deren Löslichkeit für Eisenkarbid
ebenfalls sehr gering ist. Durch die Ausscheidung von Ferrit aus der festen
Lösung von 850⁰ an wird der übrigbleibende Rest der Mischkristalle eisenärmer, d. h. kohlenstoffreicher. Bei 768⁰ besitzt der Rest der Mischkristalle
bereits 0,5% Kohlenstoff und nunmehr
scheidet sich aus diesen direkt der
magnetische α-Ferrit aus, bis der Misch-
kristallrest schließlich bei 700⁰ 0,9%
Kohlenstoff erreicht hat. Dieser letzte
Rest zerfällt nun in ein Eutektoid
(Perlit), das aus den beiden Misch-
kristallkomponenten α-Eisen (Ferrit)
und Eisenkarbid (Fe_3C oder Zementit)
in feinverteilter, meist lamellarer Anordnung auftritt. Wir sehen also im
Mikroskop nach der Abkühlung bis auf
Zimmertemperatur α-Ferritkristalle im
Perlit (Abb. 88).

Ferrit ist also die metallographische

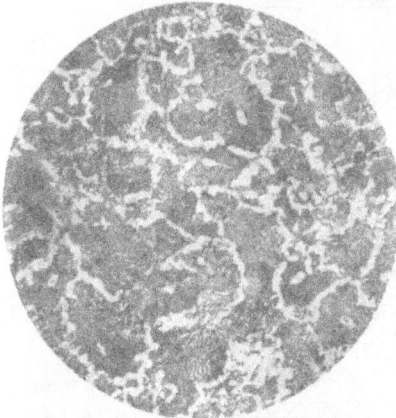

Abb. 88. Gewalzter Flußstahl mit 0,6 % C. Ferrit
und Perlit bzw. Sorbit. (Vergr. 250 ×).

Bezeichnung für kohlenstofffreies Eisen,
das allerdings Nebenbestandteile, wie
Nickel, Mangan, Silizium u. a., in fester Lösung enthalten kann; der Ferrit
wird wegen seiner Weichheit durch die Ätzung aufgerauht (Abb. 89).

Zementit ist die metallographische Bezeichnung für das glasharte Eisenkarbid (Fe_3C) mit 6,63% Kohlenstoff, das durch die Ätzung nicht angegriffen
wird, und daher im Schliffbild glatt und weiß erscheint. Der Name „Zementit"
rührt vom Eisenkarbid her, das als wirksamer Bestandteil des Zementstahles
bekannt ist (Abb. 90 und 91).

Perlit, wegen seines perlmutterähnlich gefärbten Aussehens so genannt,
ist die metallographische Kennzeichnung für die eutektoide Anordnung der
beiden Komponenten Ferrit und Zementit, als welche er im Durchschnitt
0,9% Kohlenstoff enthält.

Die Mischkristalle können ihren Kohlenstoffgehalt bis zum gesättigten
Zustand von 1,7% variieren, wobei sie immer denjenigen der jeweiligen Schmelze
besitzen.

Hat man eine Schmelze mit 0,9% Kohlenstoff, so bleiben die Mischkristalle bis 700⁰ herunter bestehen, bei welcher Temperatur sie dann in das

Eutektoid Perlit zerfallen, ohne daß sich erst Ferritkristalle ausgeschieden haben. Eine derartige Legierung besteht nach der Abkühlung nur aus Perlit (Abb. 90).

Betrachten wir nunmehr eine Legierung B mit 1% Kohlenstoff! Oberhalb 1450⁰ besteht wieder die homogene Schmelze, und innerhalb des Intervalles 1450 bis 1250⁰ erfolgt die Ausscheidung von Mischkristallen. Die bei 1450⁰ ausgeschiedenen Mischkristalle haben einen Kohlenstoffgehalt, der durch den Punkt c (0,25%) auf der Soliduslinie gegeben ist. Bei der weiteren Abkühlung nimmt die Menge der Mischkristalle zu; die neuen Ausscheidungen aus der Schmelze werden nunmehr kohlenstoffreicher und enthalten schließlich bei 1300⁰ 0,75% (c'). Während die ersten Ausscheidungen mit c% Kohlenstoff

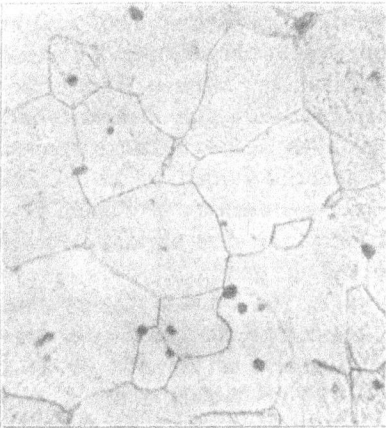

Abb. 89. Reiner Ferrit. (Weiches Eisen mit geringem C-Gehalt geglüht). (Vergr. 850 ✕).

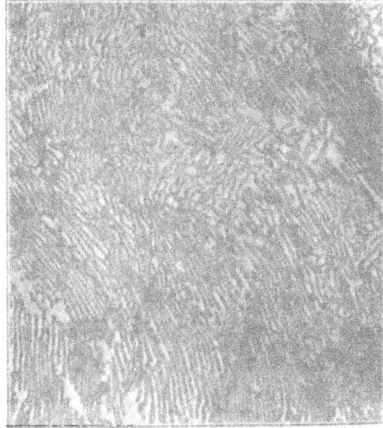

Abb. 90. Lamellarer Perlit. (Stahl mit 0,82 % C geglüht). (Vergr. 1450 ✕).

bei 1450⁰ mit der entsprechenden Schmelze im Gleichgewicht standen, trifft das für diese Ausscheidungen bei einer tiefer liegenden Temperatur nicht mehr zu, weswegen sich diese ersten kohlenstoffarmen Ausscheidungen durch Diffusion aus der Schmelze mit Kohlenstoff anreichern, bis sie schließlich einen Kohlenstoffgehalt haben, mit dem sie bei der augenblicklichen Temperatur mit der Schmelze im Gleichgewicht stehen. So lange das Gleichgewicht nicht erreicht ist, spricht man von einer Kristallseigerung, nach der Erreichung dagegen von einer Homogenisierung. Bei einer Temperatur von 1300⁰ besitzt die Schmelze 2,7% Kohlenstoff (b), während die Mischkristalle bei genügend langsamer Abkühlung 0,75% Kohlenstoff (c') haben. Durch eine einfache Rechnung läßt sich die Menge des ausgeschiedenen Metalles ermitteln; es verhält sich nämlich der feste zu dem flüssigen Mengenanteil wie der Abstand a bis b zum Abstand a bis c' oder

Flüssiger Anteil ✕ Abstand ($a \div b$) = Fester Anteil ✕ Abstand ($a \div c'$).

Diese Gleichung stellt das Hebelgesetz dar.

Während die Erstarrung der Schmelzen *A* und *B* durch Bildung von Mischkristallen vor sich geht, — ganz allgemein erfolgt sie so bis zu einem Kohlenstoffgehalt von 1,7% — ist der Verlauf für die höherkohlenstoffhaltigen Legierungen ein etwas anderer.

Fassen wir Legierung *C* mit 2% Kohlenstoff ins Auge! Bei 1370⁰ beginnt die Ausscheidung von Mischkristallen aus der homogenen Schmelze; hierdurch wird die Schmelze eisenärmer, d. h. kohlenstoffreicher, und während sie bei 1300⁰ bereits 2,7% Kohlenstoff (*b*) enthält, finden wir bei 1200⁰ schon 3,7%. Schließlich hat bei 1127⁰ der letzte Rest der Schmelze einen Kohlenstoffgehalt von 4,3%, während die Mischkristalle 1,7% besitzen. Bei dieser Temperatur erstarrt nunmehr der letzte Rest der Schmelze zu einem Eutektikum, das aus Mischkristallen in fein verteilter Anordnung im Zementit (Eisenkarbid Fe₃C) besteht. Dieses Eutektikum bezeichnet man zu Ehren von Ledebur als „Ledeburit". Mit weiter absinkender Temperatur zerfallen die Mischkristalle infolge ihrer Unbeständigkeit bei tieferen Wärmegraden, indem sich nach der Linie der Zementitausscheidungen Zementit bildet. Wir haben also einen primär und einen sekundär ausgeschiedenen Zementit. Durch die Ausscheidung des sekundären Zementits werden die Mischkristalle kohlenstoffärmer, bis ihr letzter Rest bei 700⁰ nur noch 0,9% enthält. Dieser Rest zerfällt alsdann zu dem Eutektoid Perlit. In dem abgekühlten Eisen haben wir demnach Zementit und Perlit. (Abb. 91.)

Während die Eisen-Kohlenstofflegierungen von o bis 0,9% Kohlenstoff als untereutektoide, diejenigen mit 0,9% als eutektoide und die mit 0,9 bis 1,7% Kohlenstoff als übereutektoide Stähle bezeichnet werden, gehört das Eisen mit mehr als 1,7%, das sich durch Walzen, Hämmern u. dgl. nicht bearbeiten läßt, zum Roh- und Gußeisen. In ihm finden wir nach der Abkühlung infolgedessen die Strukturform des Ledeburit erhalten, die jedoch durch die Bildung des sekundären Zementits und des Perlits eine teilweise Umwandlung erfahren hat. Abb. 91 gibt ein Bild des weißen Roheisens mit Ledeburit- und Tannenbaumstruktur wieder.

Wir sehen, daß mit zunehmendem Kohlenstoffgehalt der Beginn der Erstarrung bei immer niedrigeren Temperaturen liegt; dies gilt bis zu 4,3% Kohlenstoff, welche Schmelze erst bei 1127⁰ erstarrt. Gehen wir über 4,3% Kohlenstoffgehalt, so rückt der Beginn der Erstarrung wieder höher. Eine Eisen-Kohlenstofflegierung mit 4,3% erstarrt direkt zu dem Eutektikum Ledeburit. Die Legierungen mit mehr als 4,3% Kohlenstoff scheiden in ihrem Erstarrungsbereich Zementit aus, wobei der letzte Rest der Schmelze bei 1127⁰ zu Ledeburit zerfällt. Im übrigen erfolgt unterhalb 1127⁰ die Bildung des sekundären Zementites sowie bei 700⁰ der Zerfall des letzten Restes der Ledeburit-Mischkristalle zu Perlit.

Vorhin wurde gezeigt, daß ein völlig reines Eisen infolge des fehlenden Kohlenstoffes kein Eisenkarbid und daher keinen Perlit enthalten kann. Eine Legierung mit 0,9% Kohlenstoff besteht aus reinem Perlit, der also

100 Flächenprozente des Schliffbildes einnimmt. Besitzt eine Legierung 6,63% Kohlenstoff, so finden wir in dem Schliffbild keinen Perlit mehr, sondern 100 Flächenprozente Zementit. Im unteren Teil der Abb. 87 ist der prozentuale Anteil des Perlits bzw. Ferrits und Zementits graphisch aufgetragen. Die Zu- bzw. Abnahme des Perlits mit dem Kohlenstoffgehalt erfolgt linear. Diese Eigentümlichkeit kann man dazu benutzen, um aus dem Perlitgehalt eines Gefügebildes auf den Kohlenstoffgehalt eines Stahles zu schließen. Falls man für diese Ermittlung zur Erlangung eines guten Durchschnittswertes mehrere Schliffbilder planimetriert, erhält man recht genaue Werte für den Kohlenstoffgehalt und kann unter Umständen auf eine che-

Abb. 91. Weißes Roheisen mit 3,1% geb. C; 0,9% Si; 2,1% Mn. Cementit und Perlit (Ledeburit). (Vergr. 250 ×).

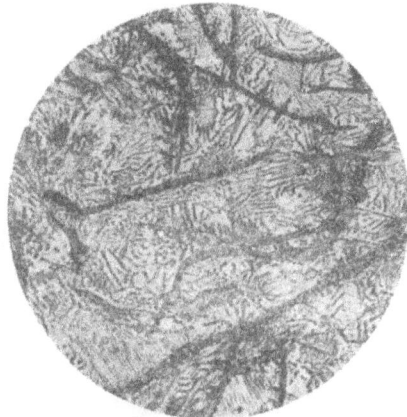

Abb. 92. Graues Gußeisen mit 1,1% geb. C; 2,1% Graphit; 1,7% Si. Lamellarer Perlit und Graphitblättchen. (Vergr. 250 ×).

mische Analyse ganz verzichten. Selbstverständlich ist diese Kohlenstoffermittlung für die untereutektoiden Stähle am genauesten durchführbar, dagegen für Gußeisen und Roheisen weniger gut und unter Umständen sogar gar nicht möglich, wenn z. B. wie bei Grauguß der Perlit nicht genügend scharf abgegrenzt ist.

Die geschilderte Erstarrung der Eisen-Kohlenstofflegierungen mit mehr als 1,7% Kohlenstoff geht nur unter der Bedingung verhältnismäßig schneller Abkühlung vor sich; erfolgt diese dagegen langsam, so bildet sich kein Zementit, sondern es scheidet sich aus der Schmelze infolge der mit der Temperatur abnehmenden Lösungsfähigkeit direkt Kohlenstoff in Form von Graphitblättchen aus, deren Querschnitte wir dann im Schliffbilde als schwarze Adern und Flächen (vgl. Abb. 92) sehen. In diesem Falle haben wir graues Gußeisen vor uns. Der Graphit stellt primär ausgeschiedenen, kristallisierten Kohlenstoff dar. Daß bei schneller Abkühlung der Kohlenstoff im Eisenkarbid gebunden ist, läßt erkennen, daß dieser Zustand der metastabile, der erstere dagegen der stabile ist. Der metastabile Zustand liegt bei dem

Weißeisen vor. Heyn hat daher ein entsprechendes Erstarrungsschaubild für das stabile Eisen-Graphitsystem aufgestellt, dessen eutektische Linie (Eutektikale) etwas höher, bei 1180°, der Entstehungstemperatur des Graphits, liegt. Die Linien der Graphitausscheidungen verlaufen etwas oberhalb und parallel zu den Linien der primären und sekundären Zementitausscheidungen im Eisen-Zementitsystem. Auf die Wiedergabe dieser Linien in Abb. 87 wurde verzichtet, weil ihnen bislang wenig mehr als ein hypothetischer Wert zukommt.

Der Schmelzvorgang des grauen und weißen Gußeisens scheint sich nach Untersuchungen von Gutowsky[1]) folgendermaßen zu gestalten: Graues Gußeisen ändert während der Erhitzung bis 1000° seinen Graphitgehalt nicht, darüber hinaus nimmt dieser infolge seiner zementierenden Wirkung ab, bis bei ca. 1160° nur noch die Struktur des weißen Gußeisens, bestehend aus Mischkristallen und Ledeburit, vorhanden ist. Weißes Gußeisen dagegen erleidet durch die Erhitzung bei der eutektischen Temperatur von ungefähr 1125° einen Zerfall des Zementits; es entstehen Temperkohle und Graphit, also ein graues Roheisen. Bei weiterer Erhitzung verschwindet der ausgeschiedene Kohlenstoff unter Rückbildung zu einem weißen Gußeisen, das nunmehr schmilzt.

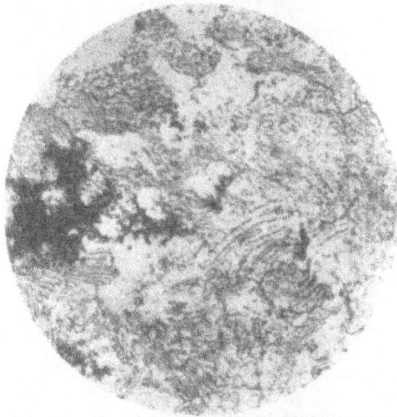

Abb. 93. Temperguß (weißes Roheisen 7 Tage bei 860° in Eisenoxyd geglüht); 0,76% geb. C; 1,2% Temperkohle; 0,7% Si. Ferrit, lamellarer Perlit, Temperkohle. (Vergr. 250 ×).

Durch Siliziumzusatz und langsame Abkühlung wird bei der Erstarrung Graphitbildung begünstigt, durch Mangan und schroffe Abschreckung dagegen verhindert. Während das graue Eisen infolge der eingeschlossenen weichen Graphitblättchen gegen Stoß und Schlag sehr empfindlich ist, ist das weiße durch den glasharten Zementit sehr hart und spröde (Hartguß).

Bei Eisen-Kohlenstofflegierungen mit weniger als 2% Kohlenstoff tritt auch bei langsamer Abkühlung gewöhnlich kein Graphit auf. Glüht man jedoch dieses Material längere Zeit zwischen 900 und 1100°, so scheidet sich der Kohlenstoff durch Zersetzung des Eisenkarbides in Form von runden Nestern und Punkten aus, die meist in dem übriggebliebenen Ferrit eingebettet liegen. Man nennt diese Ausscheidungen Temperkohle, ihr Zustand ist amorph (gestaltlos), (Abb. 93). Ein Siliziumzusatz befördert auch die Bildung von Temperkohle. Auf der Möglichkeit der Zersetzung des Zementits beruht das Tempern von Temperguß in sauerstoffabgebenden Mitteln, z. B. Eisen-

---

[1]) Gutowsky, Metallurgie, 1909, S. 731.

oxyd. Bis heute ermangelt es noch einer sicheren Erklärung des Temper-
vorganges; nicht ausgeschlossen ist nach Ledebur[1]), daß während des Glüh-
prozesses eine Wanderung des Kohlenstoffes von den Innenzonen nach außen
an die Oberfläche stattfindet, wo dann die Oxydation eintritt, während
Wüst[2]) annimmt, daß der Kohlenstoff zunächst als Temperkohle ausgeschieden werden muß, um vergast werden zu können; die Vergasung geschieht
dann durch Bildung von CO_2 an der Oberfläche, das in das Eisen eindringt,
wo es durch die Temperkohle unter Oxydierung zu CO reduziert wird. Aber
es kann auch die Ansicht Hatfields[3]) zutreffen, daß nämlich der Kohlenstoff
teilweise direkt aus seiner Verbindung mit dem Eisen oxydiert wird.

Ebenso wirkt der Sauerstoff auch auf den Graphit des grauen Gußeisens,
jedoch entstehen hier an Stelle der Graphitblättchen größere Hohlräume,
die Porosität verursachen. Da dieser Übelstand beim weißen Guß während der
Glühung nicht eintritt, nimmt man für den Temperprozeß stets nur solches
Eisen. An Stelle des Zementits bleibt in der Temperzone nur der weiche
Ferrit bestehen.

Das reine Eisen sowie die Legierungen mit 1,6 bis 2,3% Kohlenstoff
sind von der technischen Verwendung ausgeschlossen, weil das erstere zu
weich ist, die letzteren dagegen Eigenschaften besitzen, die weder als Schmied-
noch als Gußeisen von Vorteil sind. Über 6% Kohlenstoff geht man ebenfalls
nicht hinaus.

Betrachten wir nunmehr die Veränderungen, die in einem Stahle auf
künstliche Weise durch besondere Behandlung erzeugt werden können.
Wir sahen, daß ein Stahl nach langsamer Abkühlung bei Überschreitung
der Temperatur von 700⁰ teilweise perlitisches Gefüge annimmt, das sich
durch eine lamellare Struktur auszeichnet und aus den beiden Komponenten
Ferrit und Zementit besteht. Dieser Zustand bedeutet jedoch nicht die End-
entwicklung der Umwandlung, weil die Abkühlung unter gewöhnlichen
Verhältnissen noch zu schnell erfolgt ist. Kühlt man während der Überschreitung des Punktes Ar_1 ganz besonders langsam ab, oder glüht man
nachträglich den normal abgekühlten Stahl bei Temperaturen von ungefähr
680 bis 700⁰, ohne Ac_1 zu überschreiten, d. h. dicht unterhalb dieses Halte-
punktes, oder vollführt man eine öftere Bewegung um A_1 herum, so koagulieren die Zementitlamellen zu kleinen Kügelchen, und der lamellare Perlit
wird in den körnigen übergeführt; wir haben also lediglich einen Einformungs-
prozeß. Körniger Perlit ist am schwersten bei eutektoidem Stahl zu erreichen;
bei übereutektoidem entsteht er leichter als bei untereutektoidem. In gewalztem Stahl mit über 1,3% Kohlenstoff bildet sich wegen der bereits vorhandenen Kügelchenform des Zementits stets körniger Perlit, den man nur
durch genügend hohe Erhitzung bis zur Lösung des überschüssigen Zementits

---

[1]) Ledebur, Handbuch der Eisenhüttenkunde.
[2]) Wüst, Metallurgie, 1908, S. 7.
[3]) Hatfield, Metallurgie, 1909, S. 358.

in lamellaren Perlit umwandeln kann. Die Eigenschaften, die einem körnigen Perlitgefüge anhaften, sind von denen des lamellaren Perlits recht verschieden. Ein Stahl im Zustande des körnigen Perlits besitzt die größte Weichheit; seine Zugfestigkeit liegt bis zu 25% unter derjenigen von gleichem Stahl mit lamellarem Perlit; die Dehnbarkeit ist ·entsprechend größer, und ebenso wird die Biegbarkeit bis zu 300% erhöht. Diese Eigenschaftsänderungen treten besonders stark bei Stählen über 0,65% Kohlenstoff in die Erscheinung, wie aus Versuchen von mir[1]) und Leber hervorgeht.

Um das Gefüge der Mischkristalle zu untersuchen, müssen wir den bei der jeweiligen hohen Temperatur vorhandenen Zustand bis zur vollkommenen

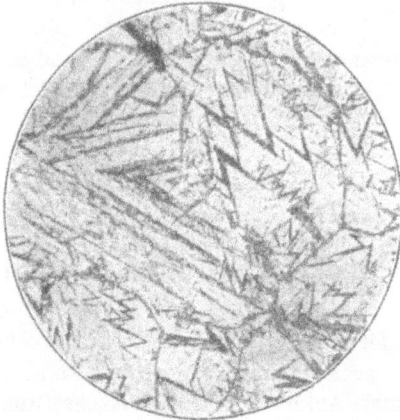

Abb. 94. Martensitnadeln in einer Grundmasse von Austenit. (Stahl mit 1,7% C bei 1060° in H_2O abge- schreckt). (Vergr. 100 $\times$).

Abb. 95. Gehärteter Flußstahl mit 1,3% C (bei 975° in H_2O abgeschreckt). Grober Martensit. (Vergr. 500 $\times$).

Abkühlung und der erst hierbei möglichen mikroskopischen Beobachtung zu erhalten suchen, d. h. wir müssen den Stahl in den unterkühlten Zustand versetzen und die Perlitumwandlung künstlich unterdrücken, weil die Mischkristalle nur bei den hohen Temperaturen stabil sind. Diese Unterkühlung geschieht durch eine plötzliche Wärmeentziehung oder Abschreckung, die z. B. in Wasser erfolgen kann. Man nennt diesen Vorgang auch Härten, wie aus dem Folgenden hervorgehen wird. Es hat sich nun gezeigt, daß das Gefüge der Mischkristalle ganz verschieden sein kann, je nach der Temperatur, aus welcher der Stahl abgeschreckt wurde. Gehen wir bis nahe an den Schmelzpunkt, so finden wir besonders bei den höher kohlenstoffhaltigen Stählen ein Gefüge, das nach Abb. 94 aus hellen Flächen mit großen dunklen Nadeln besteht. Normalerweise müßte dieses Gefüge nur aus hellen Flächen mit polyedrischen Kornbegrenzungen (Polyederstruktur) bestehen, wie wir es bei hochprozentigen Mangan- und Nickelstählen sehr leicht erhalten. Bei

---

[1]) Müller und Leber, Zeitschrift des Vereins deutscher Ingenieure, 1922, S. 543.

dem Kohlenstoffstahl tritt dagegen trotz plötzlichster Abschreckung neben den hellen Flächen ein Bestandteil auf, der durch die dunklen Nadeln charakterisiert wird und gewissermaßen ein Zersetzungsprodukt darstellt, das dem weiter unten besprochenen Martensit zugerechnet wird. Den hellen Bestandteil nennt man nach dem englischen Forscher Roberts-Austen „Austenit". Der Austenit besteht also aus homogenen Mischkristallen, wie sie bei Temperaturen dicht unterhalb des Schmelzpunktes auftreten. Die dunklen Nadeln sind als Widmannstättensche Struktur anzusprechen. Der Austenit ist unmagnetisch.

Schreckt man einen Stahl aus einer mittleren Temperatur des Mischkristallgebietes ab, so findet man ein Gefüge, das sich von dem austenitischen deutlich unterscheidet. Es besitzt mehr oder weniger feine Nadeln, die für jedes Korn eine besondere parallele kristallographische Orientierung haben. Dieses Gefüge heißt zu Ehren von Adolf Martens „Martensit" (Abb. 95); auch diese Struktur ist eine Widmannstättensche, das Gefüge selbst besteht aus Mischkristallen, die um so grobnadliger sind, je höher die Abschrecktemperatur war. Der Martensit besitzt das größte Volumen und ist im Gegensatz zum Austenit magnetisch. Neben den Martensitnadeln kann man je nach der Höhe der Abschrecktemperatur bei geringem Kohlenstoffgehalt (unter ca. 0,35%) noch Ferritnadeln, dagegen bei hochkohlenstoffhaltigem Stahl (über ca. 1,3%) noch Zementitnadeln finden. Eine nadelige Struktur ist immer ein Anzeichen von Überhitzung.

Treibt man die Erhitzung des Stahles nicht so hoch, daß der überhitzte Zustand eintritt, sondern nur wenig über Ac_3 und nur so lange, bis sich Mischkristalle gebildet haben, um darauf gleich abzuschrecken, so findet man ein Gefüge, das homogen weiß aussieht und ohne Kornbegrenzungen oder Nadeln ist. Man nennt dieses Gefüge „Hardenit". Dieser Gefügebestandteil stellt also die noch nicht eingeformte feste Lösung dar, die infolge fehlender Überhitzung noch keine Widmannstättensche Struktur besitzt. Eine Abschreckung aus dem Temperaturgebiet A_1—A_3 läßt links vom eutektoiden Punkte ausgeschiedenen Ferrit in Martensit, rechts vom eutektoiden Punkte dagegen Zementit in Martensit erkennen, weil bei der Abkühlung die Ausscheidungen aus der festen Lösung noch nicht ihr Ende erreicht haben, vielmehr durch das Abschrecken unterbrochen wurden.

Wenn man die bisher besprochenen Gefügearten auf ihre Härte prüft, so findet man, daß die Reihenfolge vom weichsten bis zum härtesten Bestandteil sich folgendermaßen gestaltet:

Ferrit—Austenit—Martensit—Zementit.

Aus dieser Unterteilung erkennt man, daß das Abschrecken des im ausgeglühten Zustande weichen Stahles eine Härtung hervorruft.

Während die schroffe Abschreckung der Stähle, z.B. in Wasser, eindeutige Gefügebestandteile zur Folge hat, finden wir solche bei einer milden Abschreckung, z.B. in Öl, nicht. Hier treffen wir Zersetzungsprodukte des Martensits an. Diese können in Form von kleinen wachsenden Flecken im Innern des Kornes entstehen, aber auch als Säume an den Kristalliten auftreten und sich von hier in das Innere weiter fortpflanzen. Abb. 96 zeigt diesen dunkel gefärbten Bestandteil, der nach dem französischen Forscher Troost „Troostit" genannt worden ist. Bei der schroffen Abschreckung großer Stahlstücke findet man den Troostit vielfach im Innern des Stückes, bis wohin die abschreckende Wirkung des Wassers nur mangelhaft gedrungen ist. Der Troostit ist gleichmäßig dunkel gefärbt und strukturlos.

Wenn wir einen schroff abgeschreckten Stahl wieder erwärmen, so nennen wir dies „Anlassen" oder „Vergüten". Hierdurch wird die große Sprödigkeit, d. h. die hohe Festigkeit bei geringer Dehnbarkeit des martensitischen Gefüges durch dessen Zersetzung gemildert. Je nach dem Zustande, in dem sich die feste Lösung befindet, richtet sich die Temperaturhöhe des Zersetzungsbeginnes. Für Austenit beträgt sie ca. 270^0, wobei seine Zersetzung von den großen Martensitnadeln bzw. von einzelnen Impfpunkten ausgeht. Der Martensit beginnt bereits bei 100^0 sich zu zersetzen. Die Nadelstruktur verschwindet allmählich, und er ätzt sich mit alkoholischer Salzsäure mit höherer Anlaßtemperatur immer dunkler. Die Anlaßwirkung erstreckt sich also gleichmäßig über das ganze Gefüge. Die höchste Dunkelfärbung tritt nach 400^0 Anlaßtemperatur ein, zugleich besitzt der Stahl die größte Löslichkeit in verdünnten Säuren und wahrscheinlich auch die höchste Ermüdungsfestigkeit. Während man das bis 400^0 zersetzte Gefüge ebenfalls Troostit nennt, haben Heyn und Bauer den Zustand der höchsten Dunkelätzung nach dem französischen Forscher Osmond als „Osmondit" bezeichnet. Bei weiterer Steigerung der Temperatur nimmt die Dunkelfärbung wieder ab, und von 500^0 an kann man das Hervortreten einzelner Zementitkörner bemerken. Das Gefüge, das bei einer Anlaßtemperatur über 400^0 entsteht, heißt nach dem englischen Forscher Sorby „Sorbit". Man ersieht, daß ein gelindes Abschrecken und ein schroffes Abkühlen mit nachfolgendem Anlassen zwei ganz verschiedene Endeffekte geben, die bei der Benutzung der Werkzeuge allerdings kaum in die Erscheinung treten.

Unter Sorbit versteht man aber auch einen Gefügebestandteil, der zugleich mit dem Perlit in beschleunigt gekühltem Eisen auftritt; man findet ihn vielfach in Walzprodukten und im Grauguß. Wahrscheinlich ist es ein

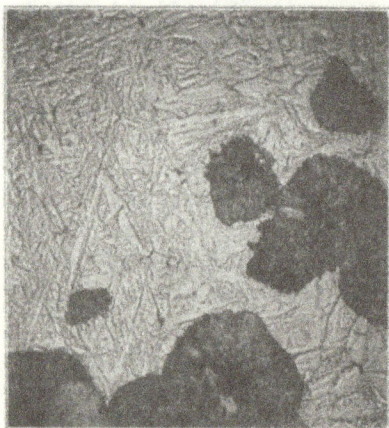

Abb. 96. Troostitflecken in einer Grundmasse aus Martensit. (Stahl mit 0,8% C bei 1350° in H_2O abgeschreckt). (Vergr. 300 ×).

Perlit von außerordentlich feiner Struktur, der im Bilde als dunkel geätzte, nicht weiter auflösbare Flecken erscheint; sorbitischer Stahl hat die Kennzeichen einer gewissen geringen Härte (Abb. 88).

In der folgenden Tabelle ist eine Übersicht über die Gefügebestandteile zusammengestellt.

b) Die Berechnung der Festigkeitseigenschaften der Stähle aus der chemischen Zusammensetzung.

Die Bestrebungen, aus der chemischen Zusammensetzung der Stähle, insbesondere aus dem Kohlenstoffgehalt die Festigkeit zu errechnen, lassen sich bis in die 70er Jahre des vorigen Jahrhunderts verfolgen. Dies war zu einer Zeit, als in der Hauptsache nur die chemische Prüfung vorgenommen wurde und man daher in der Analyse die Grundlage für die Ermittlung der Festigkeit sah, denn ohne Zweifel hängt die Festigkeit eines Metalles zum überragenden Teil von seiner chemischen Zusammensetzung ab. In den ersten Anfängen dieser Bestrebungen hielt man sich nur an den Kohlenstoff, weil man in ihm schon damals den eigentlichen Festigkeits- und Härtebildner im Stahl erkannt hatte. Bereits Howe[1]) fand, daß die Festigkeit bei einem Kohlenstoffgehalt von 0,8 bis 1,0% einen Höchstwert erreicht, also bei jenem Punkte, der später als der eutektoide festgestellt wurde. Bei der Zusammenstellung einer großen Anzahl von Festigkeitswerten für geglühtes und abgeschrecktes Material fand ich[2]), daß teilweise lineare Funktionen zwischen der Festigkeit und dem Kohlenstoffgehalt bestehen, und zwar insbesondere bis zum eutektoiden Punkt. Auf Grund meiner Ausgleichslinien stellte Jüptner[3]) folgende Beziehungen auf:

für geglühtes Material . . . . $\sigma_B = 32 + 62{,}5 \cdot C$ kg/qmm,
für abgeschrecktes Material . . $\sigma_B = 43 + 108{,}3 \cdot C$ kg/qmm.

Beide Formeln gelten für die untereutektoiden Stähle, wobei unter C der Kohlenstoffgehalt in Prozenten zu verstehen ist. Für das geglühte Material deckt sich die Formel mehr oder weniger mit den Gleichungen anderer Forscher. Geht man über den eutektoiden Punkt hinaus, so findet man, daß die Verhältnisse hier noch nicht recht klar liegen; auf jeden Fall sinkt aber die Festigkeit mit weiter zunehmendem Kohlenstoffgehalt, um scheinbar bei 1,2% einen gewissen Festwert zu erreichen. Die Streckgrenze verhält sich ähnlich. Von einem anderen Gesichtspunkt geht Sauveur[4]) bei der Berechnung der Festigkeit aus, indem er die strukturelle Zusammensetzung zugrunde legt .Führt man die Rechnung etwas abweichend von seinen Angaben in genauerer Form durch, indem man den eutektoiden Punkt mit

---

[1]) Howe, Eng. and Min. Journal, 1887, S. 247.
[2]) Müller, Dinglers polytechnisches Journal, 1914, S. 437.
[3]) Jüptner, Sammlung technischer Forschungsergebnisse, Leipzig 1919, 2. Bd.
[4]) Sauveur, Journal of the Franklin Institute, 1912, S. 499.

Übersicht über die Gefügebestandteile bei Fe-C-Legierungen.

Name	Vorkommen	Chemischer bzw. physikalischer Zustand	Aussehen nach Ätzung in alkoholischer Salzsäure	Härteeigenschaften
Ferrit	Langsam abgekühlter Stahl von 0—0,9 % C; abgeschreckter Stahl von 0—0,35 % C	C-freies Eisen mit beträchtlichem Lösungsvermögen für Mn, Si, As, Ni, Cr u. P, jedoch nicht S. Stabiler Zustand.	Helle aufgerauhte Flächen mit mehr oder weniger ausgeprägten Kornbegrenzungen. Im Zustande der Ausscheidung netz- und nadelförmig. Beste Ätzung mit Pikrinsäure unter Zusatz von alkohol. HCl.	Nächst dem Graphit der weichste Bestandteil.
Perlit	Roheisen, Gußeisen, langsam abgekühlter Stahl.	Eutektoid aus Eisen (Ferrit) und Eisenkarbid (Zementit), 0,9% C	Lamellare Anordnung von Zementit- und Ferritlamellen oder körnige Anordnung von Zementitkügelchen in einer Ferritgrundmasse.	Härter als Ferrit, weicher als Zementit.
Zementit	Roheisen, Gußeisen, Stahl über 0,9% C	Eisenkarbid (Fe_3C), zersetzt sich bei langem Glühen in Fe und C (Temperkohle), 6,63% C.	Helle, spiegelglatte, unangegriffene Flächen; netz-, nadelförmig und körnig. Wird durch Natriumpikrat-Lösung dunkel gefärbt.	Härtester Bestandteil.
Austenit	Hoch-C-haltiger Stahl, aus Weißglut schroff abgeschreckt. Besonders in Stählen mit hohem Ni- und Mn-Gehalt.	Feste Lösung von γ-Eisen (Fe) und Eisenkarbid (Fe_3C), zersetzt sich nach dem Abschrecken bei Erwärmung von 270° an.	Helle, wenig angegriffene Flächen; polyedrische Kornbegrenzung; Zwillingsbildung.	Weicher als Martensit.
Martensit	Abgeschreckter Stahl	Feste Lösung von Eisen (Fe) und Eisenkarbid (Fe_3C) mit beginnender Zersetzung bei 100°.	Hell mit mehr oder weniger feinnadeliger (Widmannstättenscher) Struktur.	Härter als Austenit. Weicher als Zementit.

Hardenit	Abgeschreckter Stahl mit wenig über Ac_2 liegender Abschrecktemperatur und nicht zu langer Erhitzung	Feste Lösung von Eisen (Fe) und Eisenkarbid (Fe_3C)	Helle, wenig angegriffene Flächen ohne Nadeln.	Ähnlich denen des Martensits.
Troostit	Milde abgeschreckter Stahl. Schroff abgeschreckter Stahl mit weniger als 400° Anlaßtemperatur.	Zersetzungsprodukt des Martensits.	Bei milder Abschreckung dunkle Flecken und Säume. Bei schroffem Abschrecken und Anlassen wenig nadelige bis strukturlose Dunkelfärbung.	Weicher als Martensit.
Osmondit	Schroff abgeschreckter Stahl bei 400° Anlaßtemperatur.	Weiter vorgeschrittene Zersetzung des Martensits, größte Löslichkeit in verdünnten Säuren.	Stärkste Dunkelätzung.	Weicher als Troostit.
Sorbit	Beschleunigt abgekühlter Stahl. Schroff abgeschreckter Stahl nach dem Anlassen über 400°.	Perlit in mikroskopisch unlöslicher Feinkörnigkeit.	Im beschleunigt abgekühlten Stahl dunkelwolkige Flecken. Im schroff abgeschreckten und angelassenen Stahl wolkig-körnige Fläche in hellerer Ätzung als Osmondit.	Weicher als Osmondit. Härter als Perlit.
Ledeburit	Roheisen, Gußeisen.	Eutektikum aus C-gesättigtem (1,7%) Mischkristallen und Eisenkarbid (Fe_3C). 4,3% C.	Weiße Nadeln und Kügelchen in Zementit-Grundmasse.	Etwas weicher als Zementit. Härter als Austenit.
Phosphid-Eutektikum	P-reiches Roheisen, Gußeisen.	Ternäres Eutektikum aus Fe_3C, Fe_3P und gesättigtem Fe-C-P- Mischkristallen. 1,96% C, 6,89% P, 91,15% Fe.	Von Ledeburit schwer zu unterscheiden. Eisenphosphid Fe_3P bleibt beim Anlassen gegenüber Fe_3C in der Färbung zurück.	Härte wie die des Ledeburits.
Graphit	Graues Roheisen, Gußeisen.	Kristallisierter C.	Dunkle Adern und Flächen.	Weicher als Ferrit.
Temperkohle	Temperguß und hoch-C-haltiger Stahl.	Amorpher C, durch Zersetzung von Fe_3C während langen Glühens entstanden.	Schwarze Punkte und Nester in Ferritgrundmasse.	Weicher als Graphit.

0,9% und den Zementit mit 6,63% Kohlenstoff annimmt, so errechnet sich für die untereutektoiden Stähle der Gehalt an

$$\text{Perlit } P_1 = \frac{100}{0,9} \cdot C = 111 \cdot C,$$
$$\text{Ferrit } F = 100 - P_1 = 100 - 111 \cdot C.$$

Für übereutektoide Stähle findet man den Perlitgehalt P_2 aus der Beziehung des Gesamtkohlenstoffgehaltes; dieser ist nämlich

$$C = \frac{0,9}{100} \cdot P_2 + \frac{6,63}{100} \cdot C'.$$

Da der Zementitgehalt $C' = 100 - P_2$ ist, so ergibt sich der Perlitgehalt

$$P_2 = \frac{663 - 100 \cdot C}{5,73}.$$

Um die Festigkeitsformel aufstellen zu können, nimmt Sauveur an, daß die Eigenschaften des Stahles sich additiv aus denjenigen der Komponenten zusammensetzen. Nehmen wir folgende Festigkeitswerte an:

$$\begin{array}{ll}
\text{Ferrit } \sigma_{BF} & = 30 \text{ kg/qmm} \\
\text{Perlit } \sigma_{BP} & = 88 \text{ kg/qmm} \\
\text{Zementit } \sigma_{BC'} & = 3,5 \text{ kg/qmm}
\end{array} \Bigg\} \text{ (nach Sauveur),}$$

und setzt man diese Werte in die folgenden Festigkeitsformeln ein, und zwar für untereutektoiden Stahl

$$\sigma_B = \frac{F \cdot \sigma_{BF} + P_1 \cdot \sigma_{BP}}{100},$$

für übereutektoiden Stahl

$$\sigma_B = \frac{P_2 \cdot \sigma_{BP} + C' \cdot \sigma_{BC'}}{100},$$

so ergibt sich für

untereutektoiden Stahl $\sigma_B = 30 + 65 \cdot C$,
übereutektoiden Stahl $\sigma_B = 100 - 15 \cdot C$.

Für die untereutektoiden Stähle deckt sich also die Gleichung von Sauveur mit derjenigen, die Jüptner auf Grund meiner Ausgleichslinie ermittelte.

Die bisher besprochenen Formeln berücksichtigen nur den Kohlenstoffgehalt; es ist jedoch klar, daß die Art der Erzeugung, Schlackeneinschlüsse, Oxyde, Korngröße, thermische und chemische Vorbehandlung von außerordentlichem Einfluß auf die Festigkeitswerte sind, aber auch die sonstigen Bestandteile, wie Silizium, Mangan, Phosphor, Schwefel, Kupfer, Sauerstoff usw., sind von nicht minder wichtigem Einfluß, woraus sich die teilweise recht beträchtlichen Unterschiede zwischen den Festigkeitswerten gleich behandelter Stähle desselben Kohlenstoffgehaltes erklären. Die Einbeziehung aller dieser Faktoren in die Rechnung ist natürlich äußerst schwierig und bedarf als Grundlage eines sehr umfangreichen Versuchsmaterials, das teilweise bislang noch nicht vorliegt. Hinsichtlich der Berücksichtigung der Fremdelemente sind wir jedoch schon weiter gekommen, so daß die Berechnung der

Festigkeit auf Grund der chemischen Analysenwerte heute schon möglich erscheint. Will man die Fremdelemente berücksichtigen, so muß man von der Erfahrungstatsache ausgehen, daß gleiche atomprozentige Mengen der Elemente die Festigkeit in gleicher Weise beeinflussen. Die Einwirkung von z. B. Kohlenstoff, Silizium, Mangan, Phosphor berechnet sich wie folgt:

Das Verhältnis der Atomgewichte ist

$$C : Si : Mn : P = 12 : 28 : 55 : 31 \backsim 3 : 7 : 14 : 8,$$

also das der Atomvolumen gleich

$$1/3 : 1/7 : 1/14 : 1/8 = 2/3 : 2/7 : 1/7 : 1/4.$$

In diesem Verhältnis geschieht auch die Einwirkung auf die Festigkeit, so daß

$$\sigma_B = A + \frac{200}{3} \cdot C + \frac{200}{7} \cdot Si + \frac{100}{7} \cdot Mn +$$
$$+ \frac{100}{16} \cdot Cu + \frac{100}{4} \cdot P - \frac{100}{4} \cdot S \text{ kg/qmm}$$

ist. Es sind hierbei die einzelnen Elemente in Prozenten einzusetzen, während A eine Materialkonstante bedeutet, die für geschmiedetes, naturhartes Material gleich 25 und für ausgeglühtes Material gleich 20 ist. Man kann diese Formel einfacher schreiben, wenn man die einzelnen Gehalte an Fremdstoffen in die Äquivalentkohlenstoffgehalte umrechnet. Hierzu sind folgende Faktoren zu nehmen:

$$\text{für Silizium } \frac{12}{28} \qquad = 0{,}428$$
$$\text{Mangan } \frac{12}{55} \qquad = 0{,}218$$
$$\text{Kupfer } \frac{12}{2 \cdot 63{,}5} = 0{,}095$$
$$\text{Phosphor } \frac{12}{31} \qquad = 0{,}387$$
$$\text{Schwefel } \frac{12}{32} \qquad = 0{,}375.$$

Da auf 1% Kohlenstoffgehalt bei geschmiedetem, naturhartem Stahl eine Festigkeitszunahme von 66,67 kg/qmm kommt, so ist also

$$\sigma_{\shortparallel} = A + 66{,}67 \cdot C'.$$

Hierin bedeutet C' den Äquivalentkohlenstoffgehalt

$$C + 0{,}428 \cdot Si + 0{,}218 \cdot Mn + 0{,}095 \cdot Cu + 0{,}387 \cdot P - 0{,}375 \cdot S.$$

In ähnlicher Weise hat Jüptner aus meinen Ausgleichslinien die Streckgrenze für ausgeglühten Stahl ermittelt zu

$$\sigma_s = 19 + 35{,}7 \cdot C.$$

Als Mittelwert des Verhältnisses $\sigma_s : \sigma_{\shortparallel}$ habe ich 0,60 errechnet. Neben den Gleichungen für die Festigkeitseigenschaften hat Jüptner noch solche für die Dehnung und die Querschnittsverminderung aufgestellt und hierbei gefunden, daß für ausgeglühten, untereutektoiden Stahl bei 100 mm Meß-länge

$$\delta = 28—25 \cdot C$$

ist. Für die Querschnittsverminderung lauten die Formeln

für ausgeglühten untereutektoiden Stahl $q = 86—46{,}67 \cdot C'$,
für naturharten untereutektoiden Stahl $q = 80—46{,}67 \cdot C'$.

c) Die Eigenschaften.

α) Gußeisen, Hartguß, Temperguß.

Zwischen Roh- und Gußeisen ist theoretisch kein Unterschied zu machen. Das Roh- und Gußeisen kann innerhalb folgender Zusammensetzung der einzelnen Elemente schwanken:

2 bis 5% C	0,5 bis 3,0% Si	bis 3,0% P
„ 0,2% S	„ 1,5% Mn	„ 0,4% Cu
„ 0,1% As	„ 0,1% Sb	„ 0,04% Ni

Cr, Ti, Va oft nur in geringen Mengen.

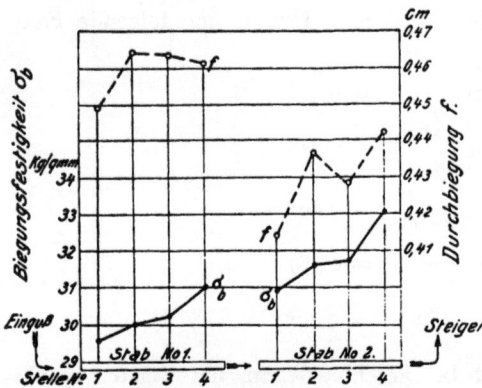

Abb. 97. Abhängigkeit der Biegungseigenschaften von der Lage im Gußstück bei Gußeisen.

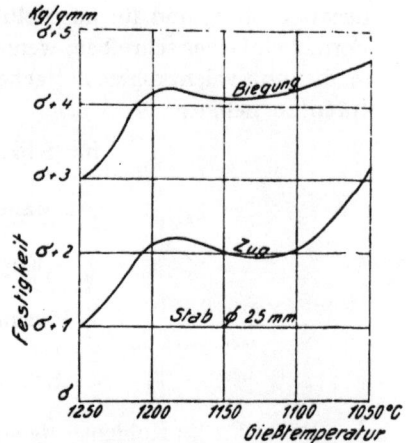

Abb. 98. Abhängigkeit der Festigkeit von der Gießtemperatur bei unbearbeitetem Gußeisen.

Auf Grund eingehender Versuche von Jüngst[1]) hat sich gezeigt, daß eine große Sicherheit in der Darstellung von Gußeisen gleicher Eigenschaften noch nicht vorhanden ist, weil einmal neben der chemischen Zusammensetzung, die allerdings unter dauernder Kontrolle stehen kann, die Abküh-lungsverhältnisse eine sehr wichtige Rolle spielen. Sie bringen zahlreiche unkontrollierbare Einflüsse mit sich, die leider noch nicht in dem gewünschten

---

[1]) Jüngst, Beitrag zur Untersuchung des Gußeisens, Düsseldorf 1913.

Maße erforscht sind. Je schneller die Abkühlung eines Gußeisens geschieht, desto dichter und feinkörniger wird der Guß. Hierüber hat Wyß[1]) eingehende Versuche angestellt, indem er zwei hintereinanderliegende Stäbe von 30 · 30 mm Querschnitt und 1100 mm Länge goß. Er machte hierbei die Bemerkung, daß die abkühlende Wirkung der Form die mechanischen Eigenschaften des Gusses stark beeinflußt, und zwar um so mehr, je weiter das Metall von der Eingußstelle entfernt ist. Dies ist auch ganz natürlich, weil das Eisen an den letztgenannten Stellen um so intensiver seiner Wärme beraubt wird, so daß es sehr schnell abkühlt. Die Ergebnisse der Versuche sind in Abb. 97 dargestellt, und zwar in bezug auf die Biegungsfestigkeit σ_b und die Durchbiegung f. Wyß fand, daß mit der Entfernung von der Eingußstelle die Biegungsfestigkeit, Durchbiegung und Brinellhärte zunehmen. Auf was allerdings die geringe Durchbiegung an Stelle 1 bei Stab Nr. 2 gegenüber derjenigen von Stelle 4 bei Stab Nr. 1 zurückzuführen ist, läßt sich leider aus der Arbeit nicht entnehmen. Die Versuche lehren, daß es bei der Beurteilung von Ergebnissen angegossener Probestäbe unbedingt notwendig ist, die besprochenen Einflüsse zu berücksichtigen. Die größere Dichtigkeit des Gusses mit fortschreitender Entfernung von der Eingußstelle zeigt sich an der Zunahme des spezifischen Gewichtes.

Ganz ähnlich liegen die Verhältnisse, wenn das Eisen bei einer niedrigeren Temperatur vergossen wird, worüber Damour[2]) (Abb. 98) eingehende Versuche gemacht hat. Diese ergeben eine zunehmende Festigkeit mit abnehmender Gießtemperatur.

Neben der größeren Dichte und Feinkörnigkeit spielt natürlich die Graphitausscheidung eine große Rolle, die, wie schon früher erwähnt wurde, von den Abkühlungsverhältnissen abhängt. Der Graphit bedingt, je nachdem er ausgestoßener Garschaumgraphit, eutektischer Garphit oder Temperkohle ist, verschiedene Eigenschaften. Neben der Form des Graphits spielt seine Menge eine ausschlaggebende Rolle. Wie Wüst und Kettenbach[3]) (Abb. 99) bewiesen, nimmt die Biegungs- und Zugfestigkeit sowie die Brinell-Härte mit zunehmendem Graphitgehalt ab; in ähnlicher Weise wird die Schlagfestigkeit herabgedrückt, während die Durchbiegung mit zunehmendem Graphitgehalt steigt, also günstig beeinflußt wird. Ein hoher Gesamtkohlenstoffgehalt trägt naturgemäß zur Vergröberung der Graphitform bei, so daß die Festigkeit mit steigendem Kohlenstoffgehalt abnimmt. Die Versuche lehren ferner, daß Temperkohle scheinbar besonders gute mechanische Eigenschaften im Gefolge hat, was ja auch erklärlich ist, da sie wegen ihrer Nesterbildung nicht so große Spaltflächen bietet wie die Graphitblättchen. Es kommt also darauf an, die Erstarrung möglichst schnell geschehen zu lassen,

---

[1]) Wyß, Ferrum, 1912, S. 207.

[2]) Damour, Mitteilungen d. internat. Verbandes f. d. Materialprüfungen der Technik, 1912, VI, 1.

[3]) Wüst und Kettenbach, Ferrum, 1913, S. 65.

um die Graphitlamellen nicht so groß zu erhalten. Diese üben alsdann einen starken Anreiz zur Temperkohleausscheidung aus, die durch eine langsame Weiterabkühlung nunmehr begünstigt wird. Neben der Bildung von Temperkohle hat sich der Perlit als für hohe Festigkeit günstig erwiesen, weil er zum Teil auf eine Zerkleinerung der Graphitblättchen hinwirkt.

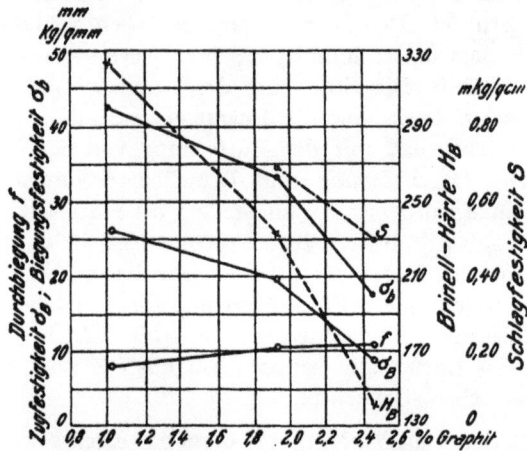

Abb. 99. Abhängigkeit der mechanischen Eigenschaften vom Graphit-Gehalt bei grauem Gußeisen mit 2÷3,8 °/₀ Gesamt-C-Gehalt; 2,2 ∶ -2,3°/₀ Si.

Die Abkühlungsverhältnisse spielen natürlich auch eine große Rolle bei verschiedenartigen Stäben; je größer der Querschnitt ist, um so langsamer geschieht die Abkühlung und um so größer werden die Graphitlamellen sein,

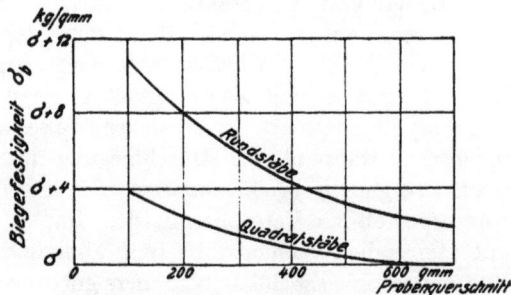

Abb. 100. Abhängigkeit der Biegefestigkeit vom Probenquerschnitt bei unbearbeitetem Gußeisen.

die besonders im Innern zu wachsen Gelegenheit haben. Nach Versuchen von Damour[1]) (Abb. 100) nimmt die Biegefestigkeit mit abnehmendem

---

[1]) Damour, Mitteilungen d. internat. Verbandes f. d. Materialprüfungen der Technik, 1912, VI, 1.

Probenquerschnitt beträchtlich zu, und wie Jüngst[1]) gezeigt hat, trifft das-selbe auch für die Zug- und Druckfestigkeit sowie die Brinell-Härte ein, während die Schlagfestigkeit abnimmt. Große Graphitlamellen setzen also die Festigkeit herab. Abb. 100 zeigt aber auch, daß Quadratstäbe eine geringere Festigkeit besitzen als Rundstäbe, weil die letzteren der Abkühlung eine kleine Oberfläche bieten; die Quadratstäbe kühlen insbesondere an den Kanten schnell ab, wo unter Umständen beträchtliche Zementiteinschlüsse unter der Gußhaut auftreten können, die eine große Sprödigkeit verursachen. Dies dürfte auch der Grund sein für die größere Festigkeit der abgedrehten Stäbe gegenüber den unbearbeiteten, wie aus Abb. 101 hervorgeht. Da einerseits, wie wir gesehen haben, die Gußhaut von großem Einfluß auf die Festigkeitsergebnisse ist, und andrerseits die Gußstücke stets mit der Gußhaut

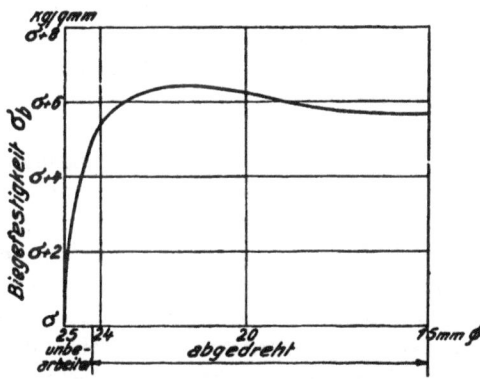

Abb. 101. Abhängigkeit der Biegefestigkeit
von der Probenbearbeitung bei Gußeisen.

behaftet und in diesem Zustande den äußeren beanspruchenden Kräften unterworfen sind, muß die mechanische Prüfung des Gußeisens stets im unbearbeiteten Zustande erfolgen. Aus dem Vorhergehenden ergibt sich deutlich, auf welche Punkte bei der Prüfung Bedacht genommen werden muß. Aber auch der Konstrukteur hat diese Verhältnisse wohl im Auge zu behalten, um sich über die zu erreichende Festigkeit im Gußstück klar zu werden.

Schreckt man beim Gießen die Außenzone des Gußstückes ab, so entsteht an den abgeschreckten Stellen Weißguß, den wir auch „Hartguß" nennen. Wir haben dann im Innern des Gußstückes einen weichen Graugußkern, der mehr oder weniger Graphit enthält, während die Außenzone in der Hauptsache aus Eisenkarbid (Zementit) besteht. Die Übergangszone, in der beide Gefügearten nebeneinander vorkommen, nennt man halbiertes oder meliertes Eisen. Der Hartguß besitzt eine Biegefestigkeit von 30 bis 45 kg/qmm, die sich natürlich nach der Tiefe der Abschreckwirkung richtet. Man kann Hartguß auch ohne Abschrecken lediglich durch eine geeignete

---

[1]) Jüngst, Beitrag zur Untersuchung des Gußeisens, Düsseldorf 1913.

chemische Zusammensetzung erzeugen, so daß das Werkstück vollkommen weiß erstarrt; dies geschieht jedoch nur selten. Für die normale Herstellung des Hartgusses, wie er z. B. für Walzen und Zerkleinerungsplatten verwendet wird, soll man den Mangangehalt höchstens auf 0,5% halten und nur, wenn geringere Anforderungen an das Material gestellt werden, höchstens bis 1,2% gehen. Der Siliziumgehalt wird vielfach zu ungefähr 0,4 bis 0,9% gewählt, und zwar im umgekehrten Verhältnis zur Wandstärke bzw. Dicke der Körper. Der Kohlenstoffgehalt beträgt ungefähr 2,8 bis 3,9%. Zu beachten ist ferner noch, daß die große Schwindung in Verbindung mit der spröden Außenhaut die Rißbildung begünstigt.

Man hat nun des öfteren die umgekehrte Erscheinung gefunden, nämlich im Kern weißes und außen graues Gußeisen, und diese Erscheinung demgemäß „umgekehrten Hartguß" genannt. Über seine Entstehung ist man noch im unklaren; scheinbar spielt ein hoher Schwefel- bei geringem Kohlenstoff- und Mangangehalt eine Rolle, weil ersterer die Graphitabscheidung verhindert und infolge des niedrigen Schmelzpunktes des Schwefeleisens als Seigerung im Innern des Gusses auftritt.

Glüht man Gußeisen in einem Sauerstoff abgebenden Mittel (Hammerschlag, Erz o. dgl.), so wird dem Eisen der Kohlenstoff teilweise entzogen. Man nennt diesen Vorgang „Tempern". Übrigens ist der Erfolg des Glühfrischens, d. h. die Zersetzung des Eisenkarbids nicht an ein Sauerstoff abgebendes Mittel gebunden. Wie ebenfalls früher bereits angedeutet wurde, eignet sich für den Temperprozeß besonders weißes Gußeisen. Die Zeitdauer der Glühung beträgt je nach der Wandstärke bis zu 100 Stunden, die Temperatur in der Regel 850 bis 870°. Hierbei ist darauf zu achten, daß die Sauerstoffentwicklung nicht zu reichlich geschieht, weil sonst Eisenoxyduleinschlüsse zwischen den Ferritkörnern entstehen können, welche die Festigkeit stark herabdrücken. Der im Kupolofen erschmolzene Temperguß hat zum Tempern eine um ungefähr 100° höhere Temperatur nötig als der im Flammofen erschmolzene; der Grund hierfür liegt im höheren Schwefelgehalt des Kupolofengusses, der durchschnittlich 0,18 bis 0,25% beträgt. In der Randzone des Tempergusses findet man also Ferrit und im Kern infolge der langen Glühung Temperkohle. Hinsichtlich seiner Güteeigenschaften steht der schmiedbare Guß zwischen Grauguß und Stahlformguß; er besitzt größere Festigkeit und Zähigkeit als Grauguß, dagegen geringere Eigenschaften als der Stahlguß; seine Billigkeit läßt ihn für viele Gegenstände besonders geeignet erscheinen. Die Zugfestigkeit von Temperguß liegt zwischen 20 und 40 kg/qmm bei einer Dehnung von ungefähr 5 bis 18% und der Elastizitätsmodul bei rd. 1500000 kg/qcm; die Biegefestigkeit beträgt ungefähr 20 bis 35 kg/qmm bei einer Durchbiegung von mindestens 38 mm auf 300 mm Stützweite. Der für den späteren Temperprozeß benutzte Guß soll nach Moldenke[1]) von bester Qualität sein; er verlangt für quadratische Stäbe

---

[1]) Moldenke, Stahl und Eisen, 1909, S. 1202.

von 25,4 mm Durchmesser bei 355 mm Länge, die ohne Abschreckung gegossen werden müssen, eine Zugfestigkeit von mindestens 28 kg/qmm bei einer Dehnung von mindestens 2,5% auf 50 mm Meßlänge, während die Biegungsfestigkeit bei 305 mm Stützweite und mindestens 12,7 mm Durchbiegung wenigstens 13,6 kg/qmm betragen soll. Die Temperung der Versuchsstäbe soll zugleich mit derjenigen der Werkstücke erfolgen.

Die Amerikaner stellen neben dem gewöhnlichen Temperguß (white-heart) mit seiner höheren Glühtemperatur und längeren Glühdauer noch eine andere Sorte her, die sie bei niedrigeren Temperaturen, ungefähr 60 Stunden bei etwa 750⁰ glühen. Während die normale Temperung einen weißen bis hellgrauen Bruch hinterläßt, ist bei dem letzteren, sog. black-heart-Temperguß, der Kern sammetschwarz bis dunkelgrau mit heller Außenzone. Der blackheart stellt einen unvollendeten Tempervorgang dar.

Das Entleeren der Tempertöpfe darf erst nach Abkühlung unter den rotwarmen Zustand geschehen, um eine Sprödigkeit zu vermeiden.

Drückt man den Kohlenstoffgehalt durchweg genügend herunter bis etwa 1%, so läßt sich der Guß schmieden, und man spricht in diesem Falle von „schmiedbarem Guß". Unter „Temperstahlguß" ist ein Guß zu verstehen, dessen Kohlenstoffgehalt genügt, um die Stücke durch und durch härten zu können.

Untersucht man das Gußeisen auf die geeignete chemische Zusammensetzung, so findet man, daß die verschiedenen Zwecke verschiedene Kohlenstoffgehalte erfordern. Dieser richtet sich nach der gewünschten Festigkeit. Man nimmt für

Maschinenguß höherer Festigkeit, Lokomotivzylinder	3,2 bis	3,6%	C
Dampf-, Gasmotoren, Preßzylinder	2,9 „	3,2%	C
Kokillenguß und Guß, der großen Temperaturschwankungen ausgesetzt ist		3,5%	C
Walzenguß	2,9 „	3,4%	C
Hartguß	3,5 „	3,8%	C
Feuerbeständiger Guß		3,0%	C
Dynamoguß		3,0%	C
Säurebeständiger Guß		3,2%	C
Temperguß		3,0%	C.

Die mechanischen Eigenschaften des Gußeisens können innerhalb weiter Grenzen schwanken:

Zugfestigkeit 10 bis 27 kg/qmm (ungefähr 0,5 × Biegefestigkeit),
Druckfestigkeit 50 bis 107 kg/qmm (ungefähr 3 × Biegefestigkeit),
Scherfestigkeit rd. 15 kg/qmm (ungefähr gleich der Zugfestigkeit),
Biegefestigkeit 20 bis 50 kg/qmm,

Durchbiegung $\frac{f}{l} \cdot 100 = 1,0$ bis 2,6,

Schlagfestigkeit ungefähr 0,4 bis 0,5 mkg/qcm,
Brinell-Härte 160 bis 220 kg/qmm,
E-Modul für Zug und Druck 650000 bis 1200000 kg/qcm,
Spezifisches Gewicht 7,0 bis 7,5 (es wächst mit zunehmendem C-Gehalt),
Längenausdehnung für 100° 0,001075,
Schwindmaß $^1/_{96}$ der Länge.

Der Schwindung, die mit wachsendem Graphitgehalt geringer, dagegen
mit Zunahme des gebundenen Kohlenstoffes größer wird, geht während
und sofort nach der Erstarrung eine Ausdehnung voraus, welche das Gußeisen für Gußzwecke wegen der guten Ausfüllung der Kanten und Ecken
sehr brauchbar macht. Weißes Gußeisen besitzt keine derartig starke Ausdehnung. Während Mangan den Schwindungskoeffizienten erhöht, wirkt
also Silizium durch die Begünstigung der Graphitausscheidung unter Umständen vorteilhaft; Phosphor ist nach Ledebur[1] ohne besonderen Einfluß,
und, soweit es nicht graphitbildend wirkt, vergrößert es das Schwindmaß.
Durch ungleichmäßige Schwindung und Ausdehnung entstehen in dem Gußstück besonders an den Stellen ungleicher Materialverteilung starke Spannungen, die zu Brüchen Anlaß geben können.

Es erübrigt sich nunmehr noch, auf die Vorschriften für die Lieferung
von Gußeisen einzugehen, die vom deutschen Verbande für die Materialprüfungen der Technik zur Ermittlung der Biegefestigkeit und Durchbiegung
aufgestellt wurden. Die Zerreißversuche an Gußstäben haben immer den
Übelstand, daß infolge der geringen Dehnbarkeit des Materials (die Bruchdehnung beträgt bis ungefähr 1% bei $l = 11,3\sqrt{f}$) beträchtliche Biegungs-
spannungen auftreten, die auch trotz sorgfältigster Einspannung in Kugel-
gelenken nicht vermieden werden können. Die Ergebnisse sind daher nicht
zuverlässig, wie ihre Ungleichheit beweist, aus welchem Grunde sich auch
die Zerreißprobe nicht für Lieferbedingungen eignet. Die Vorschriften sehen
deshalb richtiger die Ermittlung der Biegefestigkeit und Durchbiegung vor,
weil bei diesen Versuchen Nebenspannungen nicht auftreten. Hierbei ist
der Stabquerschnitt am besten in bestimmtem Verhältnis zur Wandstärke
und zur Masse des Gußstückes zu wählen, und falls man die Stäbe nicht an-
gießt, diese möglichst in getrockneten, ungeteilten Formen stehend herzustellen. Auf gleichmäßige Trocknung der Formen ist Bedacht zu nehmen,
um die Abkühlungsverhältnisse auch gleichmäßig zu gestalten. Die freie
Stützweite zwischen den Auflagern bei der Belastung des Stabes in der Mitte
soll den 20 fachen Stabdurchmesser betragen. Die Vorschriften des Deutschen
Verbandes für die Materialprüfungen der Technik schreiben 30 mm Durchmesser und 600 mm Stützweite vor. Außerdem ist die Festigkeit maßgebend,
die als Mittel der Ergebnisse von drei fehlerfreien Probestäben gefunden
wird. Die Vorschriften fordern folgende Festigkeiten und Durchbiegungen:

---

[1] Ledebur, Das Roheisen, Leipzig 1892.

Gußart	Biegefestigkeit	Durchbiegung
Gewöhnlicher Maschinenguß .	mind. 28 kg/qmm	mind. 7 mm
Maschinenguß hoher Festigkeit	» 34 » »	» 10 »
Bau- und Säulenguß	» 26 » »	» 6 »
Rohrguß aus gewöhnlichem Gußeisen	» 26 » »	» 6 »
» aus hochwertigem Gußeisen	» 34 » »	» 10 »

Die chemische Zusammensetzung von Gußeisen.

Bezeichnung	% C Graphit	% C gebunden	% Si	% Mn	% P	% S
Geschirr- und Ofenguß	3,20—3,60	0,10—0,15	∾ 3	0,4—0,8	1 u. mehr	< 0,1
Röhrenguß	3,0—3,2	0,35—0,45	1—3 je nach Wandstärke	meist nicht über 1	bis 1 u. mehr	< 0,12
Gußwaren mittlerer Festigkeit, leicht bearbeitbar (Maschinenguß).	2,8—3,0	0,45—0,60	do.	0,4—0,8 nicht über 1	0,5—0,8	< 0,12
Maschinenguß höherer Festigkeit	2,5—2,8	0,60—0,75				
a) Lokomotivzylinder	3,2—3,57		1—1,4	0,6—0,9	0,7—0,9	< 0,12
b) Dampf-, Gasmotoren-, Preßzylind.	2,9—3,2		0,81—1,5	0,3—0,7	0,2—0,6	< 0,12
Kokillenguß und gegen Wärmespannungen unempfindl. Guß .	etwa 3,5		1,6—2,5	0,8—1 nicht über 1,25	< 0,1	< 0,1
Walzenguß	2,9—3,37		0,5—0,8	∴ 1,2	∾ 0,5	< 0,1
Hartguß . . . . . . Feuerbeständiger Guß	3,5—3,8 bis 3 herunter		0,5—0,9	0,3—0,5	0,2—0,5	0,08—0,15
Dynamoguß	2,95		3,19	0,35	0,89	< 0,12
Säurebeständiger Guß	3,2		1,7 5—6	0,8	0,15	0,03—0,04
Schmiedbarer Guß . .	3,0		1—1,75 je nach Größe	0,3—0,6	—	< 0,05

140

Keep[1]) empfiehlt folgende Zusammensetzungen.

Bezeichnung	% Si	% Mn	% P	% S	Zugfestigkeit kg/qmm	Biegefestigkeit kg/qmm
Hartes Eisen für schweren Guß: Kompressor-Zylinder, Ventile, Hochdruckgefäße	1,2—1,5	0,5—0,8	0,35—0,60	< 0,09	16—18	32—33
Mittelharter Guß für allgemeine Zwecke: Niederdruckzylinder, Zahnräder, Getriebe	1,5—2,0	0,5—0,8	0,35—0,60	< 0,08	14—17	28—32
Weicher Guß: Riemscheiben, Kleinguß, Guß für landwirtschaftl. Maschinen u. Eisenbahnwagen . .	2,2—2,8	< 0,70	< 0,70	< 0,085	13—14	25—28
Eisen für Reibungsteile: Bremsschuhe, Reibungsklötze . .	2,0—2,5	< 0,70	< 0,70	< 0,15	--	—

Entnimmt man einem fertigen Gußstück Proben zur mechanischen Untersuchung, so muß man sich also vergegenwärtigen, daß die Festigkeitseigenschaften von der Querschnittsform, der chemischen Zusammensetzung, der Höhe der Gießtemperatur, der Abkühlungsgeschwindigkeit und der Richtung der Prüfkraft zur Orientierung der Struktur abhängig sind. Am zweckmäßigsten wird man daher nicht einzelne Stäbe, sondern genügend große Platten angießen, um obige Forderungen zu erfüllen und zugleich die Proben in Einklang mit dem Werkstück zu bringen. In den Tabellen (S. 139, 140) ist die Zusammensetzung der verschiedenen Gußarten zusammengestellt.

β) Stahlformguß.

Unter Stahlformguß versteht man den in Formen gegossenen Stahl; man bezeichnet ihn auch als Flußeisenguß. Probestäbe für Versuchszwecke gießt man den Gußstücken am besten an und trennt sie nach dem Auskühlen der Stücke auf kaltem Wege ab. Die Zugfestigkeit beträgt je nach dem Kohlenstoffgehalt und der Herstellungsart 35 bis 70 kg/qmm bei einer Dehnung von 30 bis 8% und der Elastizitätsmodul ungefähr 2150000 kg/qcm. Elektrostahl besitzt im allgemeinen bessere Eigenschaften als Martinstahl. Roher Stahlformguß besitzt meist Widmannstättensche Struktur, indem ausgeprägte Ferritnadeln in dem Gefüge vorhanden sind. Diese Überhitzungs-

---

[1]) Keep, Proceedings, 1907; Stahl und Eisen, 1908, S. 93.

erscheinungen, die mit verzögerter Abkühlung (Sandguß) und mit der Größe
der Metallmasse in verstärktem Maße auftritt, bedingt mangelhafte Festigkeit, weswegen man zu deren Verbesserung eine Umkristallisation durch
Glühen vornimmt. Nach Oberhoffer[1]) genügt eine Glühung, die um 30^0
über A_3 liegt, um die Ferritkörner einzuformen (Abb. 102). Bei dieser Temperatur, die mit wachsendem Kohlenstoffgehalt entsprechend dem Verlauf
der A_3—A_2-Kurve abnimmt, ist die Umkristallisation vollständig vor sich
gegangen; die Kristallkörner sind in diesem Falle sehr klein, weil zahlreiche
Kristallisationskeime für die feste Lösung vorhanden waren, die noch kein
großes Wachstum haben konnten. Diese Kristallisationskerne liefern bei der

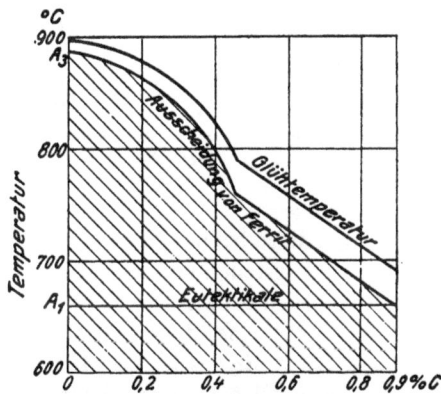

Abb. 102. Abhängigkeit der Glühtemperatur vom C-Gehalt
bei Stahlformguß mit 0,8% Mn.

Rückkristallisation während der Abkühlung die Keime für die Ferritbildung,
so daß also nach erfolgter Erkaltung ein feinkörniges Gefüge vorhanden ist.
Die Ferritnadeln, die in ihrer Wirkung Spaltflächen gleichen, sind also verschwunden; die mechanischen Eigenschaften sind dadurch verbessert. Es
sei schon hier bemerkt, daß die geeignetste Glühtemperaturkurve im Grunde
genommen mit der Kurve der zweckmäßigsten Härtetemperaturen der Kohlenstoffstähle zusammenfällt. In Abb. 103 sind die Festigkeitswerte in Abhängigkeit von dem Kohlenstoffgehalt bei derartig geglühtem Stahlformguß
aufgetragen. Die Festigkeit σ_n nimmt ungefähr bis zum Perlitpunkt stetig
zu; die Streckgrenze σ_s erreicht einen Höchstwert, der bei dem verwendeten
Material allerdings bereits bei 0,6% Kohlenstoff lag. Dehnung δ und Querschnittsverminderung q nehmen mit wachsendem Kohlenstoffgehalt ab
und erreichen bei 0,8% einen nahezu stationären Zustand. In Abb. 104
ist für dieselben Stahlformgußsorten die Schlagfestigkeit und Brinell-Härte
in Abhängigkeit vom Kohlenstoffgehalt eingetragen. Die Kerbschlagfestigkeit S nimmt bis zu 4% Kohlenstoff sehr schnell ab, um dann nur noch lang-

---

[1]) Oberhoffer, Stahl und Eisen, 1915, S. 93.

sam zu sinken, während die Brinell-Härte nahezu geradlinig ansteigt. Aus diesen Oberhofferschen Versuchsergebnissen folgt, daß Stahlformguß mit zunehmendem Kohlenstoffgehalt spröder und härter wird. Beachtenswert

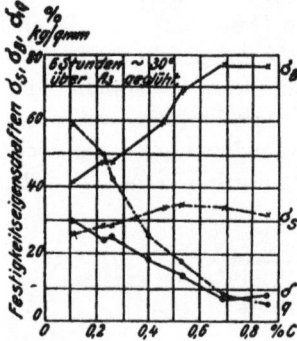

Abb. 103. Abhängigkeit der Festigkeitseigenschaften vom C-Gehalt bei geglühtem Stahlformguß mit 0,6 ÷ 1,1% Mn.

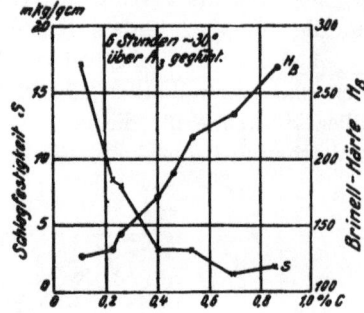

Abb. 104. Abhängigkeit der mechanischen Eigenschaften vom C-Gehalt bei geglühtem Stahlformguß mit 0,6 ÷ 1,1% Mn.

ist der Wendepunkt in der σ_u-Kurve bei ungefähr 0,5% Kohlenstoff, den auch Heyn bei gewalztem Material feststellen konnte. Heyn führt diesen Wendepunkt auf den Gefügeaufbau zurück, was möglicherweise der Fall ist, weil

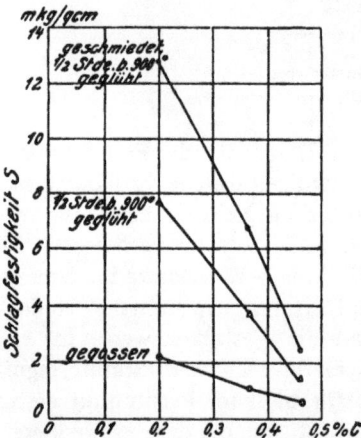

Abb. 105. Abhängigkeit der Schlagfestigkeit vom C-Gehalt bei Stahlformguß mit 0,9 ÷ 1,4% Mn; 0,2 ÷ 0,3% Si.

eine derartige Unregelmäßigkeit in der Eigenschaftsänderung bei der Brinell-Härte und Schlagfestigkeit wenn auch in etwas anderer Weise zu bemerken ist. Inwieweit die mechanischen Eigenschaften durch die Vorbehandlung beeinflußt werden, zeigen deutlich Versuche von Heyn und Bauer[1]), die sich auf die Ermittlung der Schlagfestigkeit beziehen und in Abb. 105 dargestellt sind. Während das roh gegossene Material spezifische Kerbschlagzähigkeiten je nach dem Kohlenstoffgehalt von 2 bis 0,5 mkg/qcm hatte, stieg nach dem Glühen der Wert auf 7,5 bis 1,5 mkg/qcm, was die größere Unempfindlichkeit des geglühten Gefüges gegenüber stoßweiser Beanspruchung deutlich dartut. Wird das Material vor der Glühung durchschmiedet, so erhalten wir noch bessere Werte, die auf ein noch feineres Gefüge schließen lassen. Dieses Material rechnet bereits zu den normalen Kohlenstoffstählen.

---

[1]) Heyn und Bauer, Stahl und Eisen, 1914, S. 276.

Eine nennenswerte Erhöhung der Festigkeitswerte erhält man durch Zusätze von Nickel, Chrom oder Vanadium. 0,2% Vanadium erhöht die Zugfestigkeit, Dehnbarkeit und Schlagfestigkeit, davon erstere um 10 bis 15%.

γ) Kohlenstoffstahl.

In ähnlicher Weise wie beim Stahlformguß werden auch beim Kohlenstoffstahl, worunter ich die nach dem Gießen zuerst warm bearbeiteten Eisen-Kohlenstofflegierungen bis 2% Kohlenstoffgehalt verstehe, die Eigenschaften durch den Kohlenstoffgehalt stark beeinflußt. Neben diesen Änderungen treten noch Einflüsse durch eine Wärmebehandlung auf, die sich z. B. auf

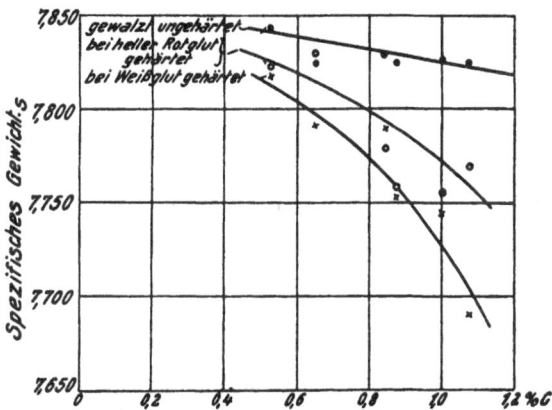

Abb. 106. Abhängigkeit des spez. Gewichtes vom C-Gehalt bei C-Stählen mit verschiedener Wärmebehandlung.

Glühen, Abschrecken, Anlassen und Einsetzen erstrecken können. Aber auch die mechanische Behandlung, wie Ziehen, Walzen, Hämmern, Schmieden u. dgl. verändert die physikalischen Eigenschaften beträchtlich. Auf alle diese Nebenerscheinungen wird in späteren Kapiteln einzugehen sein.

Es ist vielfach die Frage des Einflusses der Fabrikationsverfahren auf die Festigkeit und Härte der Stähle aufgeworfen worden. Über diese Frage bringen Versuche von Harbord[2]) einige Aufklärung. Dieser Forscher fand, daß Bessemerstahl härter ist als Thomasstahl; saures und basisches Martinmaterial besitzen eine noch geringere Festigkeit, und zwar ist diese für den basischen Stahl am niedrigsten. Die Brinell-Härte entspricht diesem vollkommen. Diese Verschiedenartigkeit in den mechanischen Eigenschaften dürfte in Gasgehalten, mangelhafter Desoxydation, Schlackeneinschlüssen und anderen Umständen ihren Grund haben, die als Folgeerscheinung der fabrikatorischen Unvollkommenheiten anzusehen sind.

Mit wachsendem Kohlenstoffgehalt erfährt schon das spezifische Gewicht Veränderungen, die um so stärker sind, je nachdem ob ein Walzmaterial oder

---

[2]) Harbord, Iron and Steel Institute, 1906; Stahl und Eisen, 1907, S. 817.

ein bei Rotglut bzw. Weißglut gehärteter Stahl vorliegt. Im allgemeinen kann man sagen, daß das spezifische Gewicht mit steigendem Kohlenstoffgehalt abnimmt; dabei geschieht die Abnahme in geglühtem und gewalztem Zustand linear, in gehärtetem Zustande dagegen um so stärker, je mehr Kohlenstoff enthalten ist. Wie die Versuche von Metcalf und Langley[1]) deutlich dartun (Abb. 106), ist das spezifische Gewicht um so geringer, je höher die Abschrecktemperatur war. Hierbei ist zu beachten, daß die aus Rotglut abgeschreckten Proben sich in martensitischem Zustande befinden, während die bei Weißglut, also bei einer sehr hohen Temperatur des Mischkristallgebietes abgeschreckten Stähle ein mit höherem Kohlenstoffgehalt besonders

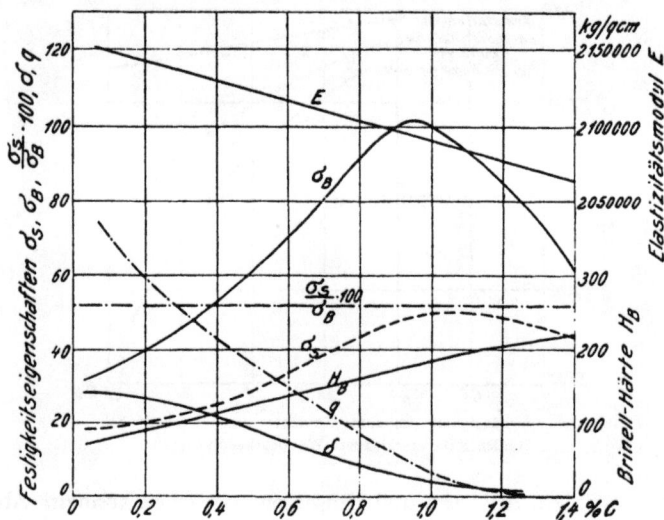

Abb. 107. Abhängigkeit der Festigkeitseigenschaften vom C-Gehalt gewalzter Martinstähle.

ausgeprägtes austenitisches Gefüge besitzen. Gumlich[2]) hat für das spezifische Gewicht eine Beziehung aufgestellt, die

$$s = 7{,}876 - 0{,}030 \cdot C$$

lautet, worin C den Kohlenstoffgehalt in Prozent bedeutet.

Die mittlere spezifische Wärme zwischen 17 und 100^0 nimmt mit dem Kohlenstoffgehalt linear zu; nach Levin und Schottky[3]) errechnet sie sich aus der Gleichung

$$s_{17^0}^{100^0} = 0{,}11134 + 0{,}00445 \cdot C.$$

Eine Abschreckung bei 800^0 hat keine Unterschiede ergeben.

---

[1]) Metcalf und Langley, Mars, Die Spezialstähle, Stuttgart, S. 111.
[2]) Gumlich, Stahl und Eisen, 1919, S. 841.
[3]) Levin und Schottky, Ferrum, 1912, S. 193.

Die Änderung der Festigkeitseigenschaften mit zunehmendem Kohlenstoffgehalt geschieht nicht in einheitlicher Weise, wie aus Abb. 107 hervorgeht. Die Kurven stellen die Ausgleichswerte aus den Ergebnissen zahlreicher Forscher dar. Wenn man die von den einzelnen Forschern untersuchten Baustoffe auf ihre Übereinstimmung in den absoluten Werten untersucht, so findet man beträchtliche Abweichungen voneinander, die nicht wundernehmen können, weil, wie aus den späteren Ausführungen hervorgeht, die Einflüsse der chemischen Fremdelemente im Stahl von außerordentlicher Bedeutung sind; aus diesem Grunde ist es zweckmäßig, bei der Angabe absoluter Werte die durch die Herstellung und Vorbearbeitung bedingten Umstände möglichst genau anzuführen. Bei allen diesen Betrachtungen sind also weniger die absoluten Werte als die gesetzmäßigen Darstellungen maßgebend.

Der Elastizitätsmodul nimmt geradlinig ab, während Streckgrenze und Festigkeit bis zum eutektoiden Kohlenstoffgehalt nahezu geradlinig zunehmen, um von da aus wieder zu fallen. Es ist bemerkenswert, daß die Festigkeit σ_n stärker als die Streckgrenze σ_s Änderungen unterworfen ist, so daß die Beziehung $\dfrac{\sigma_s}{\sigma_n}$, d. h. der prozentuale Anteil der Strecklast an der Höchstlast einen konstanten Wert behält. Die Lage dieses Wertes bei 0,50 bis 0,60, d. h. 50 bis 60%, zeigt an, daß die untersuchten Stähle bei einer genügend hohen Temperatur gewalzt waren, die einer Ausglühung gleichkam. Die Härte nimmt mit dem Kohlenstoffgehalt zu; unter Umständen findet man, daß sie bei ungefähr 1% einen Höchstwert erreicht. Entsprechend der steigenden Festigkeit nimmt die Dehnung δ und die Querschnittsverminderung q ab, um bei ungefähr 1,2% Kohlenstoffgehalt sich der Null merklich zu nähern. Dies läßt schon auf einen spröden Zustand schließen. Der eutektoide Punkt macht sich hier nicht bermerkbar.

Bei der Beurteilung der Festigkeitseigenschaften ist auf die Art der Struktur der geglühten Stähle Rücksicht zu nehmen. Wie bereits früher erwähnt, hat die Ausbildung des körnigen Perlits eine Festigkeitsverminderung zur Folge, die mit einer Dehnungserhöhung verbunden ist. Da der körnige Perlit hauptsächlich bei höher kohlenstoffhaltigen Stählen aufzutreten pflegt, kann man eine Abnahme der Härte nach Überschreitung des eutektoiden Punktes durch die Koagulierung des Zementits als veranlaßt ansehen, weil die kleinen Zementitkügelchen in der weichen Ferritgrundmasse eingebettet sind. Die Querzusammenziehung wird durch die Ausbildung des körnigen Perlits bedeutend gehoben. In unten stehender Tabelle sind die Änderungen der Eigenschaftswerte angegeben, wie sie sich beim lamellaren gegenüber dem körnigen Perlit ergeben; es sind Mittelwerte aus einer von mir durchgeführten Versuchsreihe, und sie beziehen sich auf Stähle von 1,0 bis 1,3% Kohlenstoffgehalt:

Erhöhung der Festigkeit 36%
Erhöhung der Streckgrenze . . . . 26 ,,
Erhöhung der Proportionalitätsgrenze . . . . 183 ,,

Erniedrigung der Bruchdehnung 65%
Erniedrigung der Querschnittsverminderung . 85 „
Erhöhung der Härte . . . . 23 „
Erniedrigung der Dauerschlagbiegezahlen . . 42 „

In Abb. 108 ist die Brinell-Härte für geglühte und gehärtete Stähle in Abhängigkeit vom Kohlenstoff-, Silizium- und Mangangehalt aufgezeichnet. Die Härtung bedingt bei ungefähr 0,6% Kohlenstoff einen Höchstwert; dabei

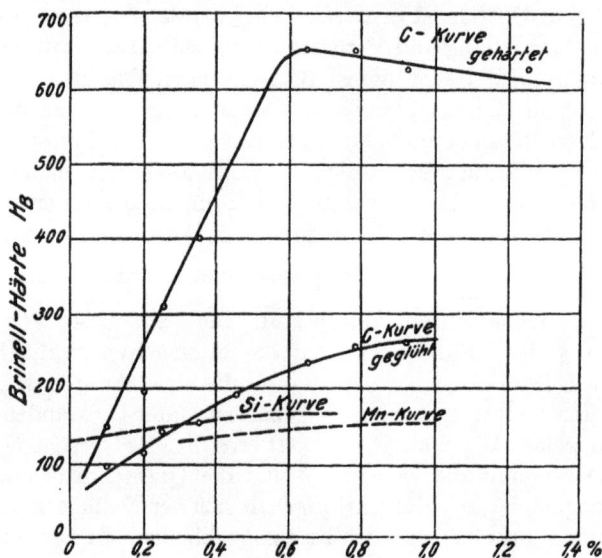

Abb. 108. Abhängigkeit der Brinell-Härte vom C-, Mn- und Si-Gehalt bei C-Stählen.

verläuft nach Versuchen von Brinell und Wahlberg[1]) im gehärteten Zustande die Kurve in beträchtlicher Abweichung von derjenigen des geglühten Zustandes. Die Härtesteigerung, bedingt durch den Silizium- und Mangangehalt, ist im Verhältnis zu derjenigen durch den Kohlenstoffgehalt nur geringfügig, auf welche Verhältnisse später noch einzugehen sein wird. Nach Versuchen von Stead[2]) wächst für 0,1% Kohlenstoff durchschnittlich die Fließgrenze um 2,8 kg/qmm und die Festigkeit um 6,5 kg/qmm, während die Dehnung um 4,3% und die Querschnittsverminderung um 2,7% abnehmen. Diese Werte gelten für manganarmen Stahl bis 0,9% Kohlenstoff. Es möge noch angeführt sein, daß die Ermüdungsfestigkeit, wie sie beim dynamischen Biegeversuch mit dem Kruppschen Schlagwerk festgestellt wird, mit zunehmendem Kohlenstoffgehalt nach Versuchen von mir[3]) und Leber allmäh-

---

[1]) Brinell und Wahlberg, Mars, Die Spezialstähle, Stuttgart, S. 111.
[2]) Stead, Iron and Steel Institute, 1916.
[3]) Müller und Leber, Zeitschrift des Vereins deutscher Ingenieure, 1922, S. 543.

lich linear abnimmt (Abb. 109). Es dürfte dies auf die zu geringe Dehnbarkeit zurückzuführen sein, obwohl die statische Zugfestigkeit des bei 900⁰ geglühten Stahles genügend hoch erscheint ($\delta_B = 38 \div 89$ kg/qmm; $\delta = 31 \div 6 \%$;
$H_B = 94 : 216$ kg/qmm).

Die Schweißbarkeit des Flußeisens nimmt mit steigendem Kohlenstoffgehalt ab. Diegel[1]) verlangt für gut schweißbaren Flußeisenguß höchstens
0,5% und für Blech 0,06 bis 0,12% Kohlenstoff.

Die elektrischen und magnetischen Eigenschaften sind u. a. von Gumlich[2]) eingehend untersucht worden. Es ergab sich, daß der elektrische

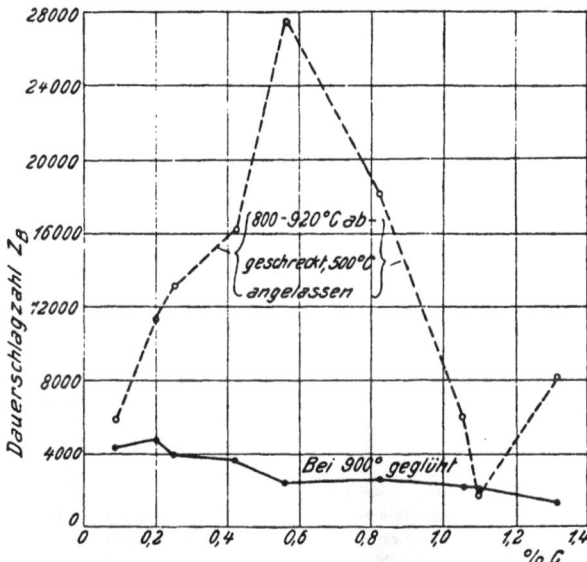

Abb. 109. Abhängigkeit der Dauerschlagzahl vom C-Gehalt bei geglühtem
und vergütetem C-Stahl.

Widerstand und der Temperaturkoeffizient des Widerstandes nach Abb. 110
bei ungefähr 1% Kohlenstoff einen Knick zeigen, der mit wachsender Abschrecktemperatur zu immer höheren Kohlenstoffgehalten aufrückt und allmählich verschwindet, weil der Kohlenstoff in seiner gelösten Form den Widerstand stärker beeinflußt als in Form von ausgeschiedenem Zementit; außerdem nimmt die Löslichkeit des Kohlenstoffes in dem Eisen mit wachsender
Temperatur zu. Die Lage des Knickpunktes im ausgeglühten Zustande hängt
mit seinem eutektoiden Aufbau zusammen. Für langsam abgekühlte Stähle
beträgt die Zunahme des elektrischen Widerstandes für je 1% Kohlenstoff
ungefähr 0,06 Ohm je m und qmm, für bei 850⁰ abgeschreckte Stähle dagegen

---

[1]) Diegel, Stahl und Eisen, 1919, S. 203.
[2]) Gumlich, Ferrum, 1912, S. 33; Stahl und Eisen, 1919, S. 843.

etwa 0,35 Ohm; letztere Gesetzmäßigkeit reicht bis ca. 1% Kohlenstoff, von wo ab sie geringer wird. Ähnlich der Löslichkeit verhält sich der Temperaturkoeffizient.

Die Untersuchung der Stähle auf ihre Koerzitivkraft und Remanenz (Abb. 111) zeigt für erstere ebenfalls bei 0,9% Kohlenstoff einen Knick, der bei höheren Abschrecktemperaturen verschwindet. Bis zu einer Härtetemperatur von 850⁰ und 1% Kohlenstoffgehalt ist die Koerzitivkraft proportional der Menge an gelöstem Kohlenstoff. Die Proportionalität wird bei höheren

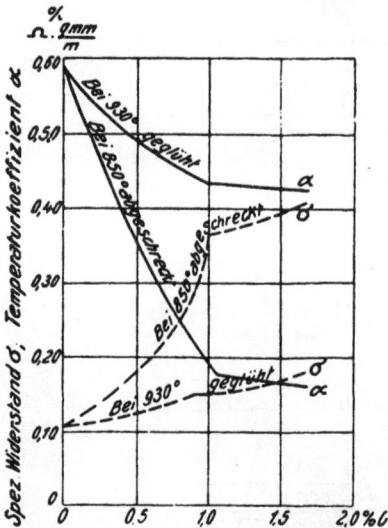

Abb. 110. Abhängigkeit des elektrischen Widerstandes und seines Temperaturkoeffizienten vom C-Gehalt geglühter und abgeschreckter C-Stähle (0,1 ∶ 0,5% Mn; 0,1 ∶ 0,2% Si.)

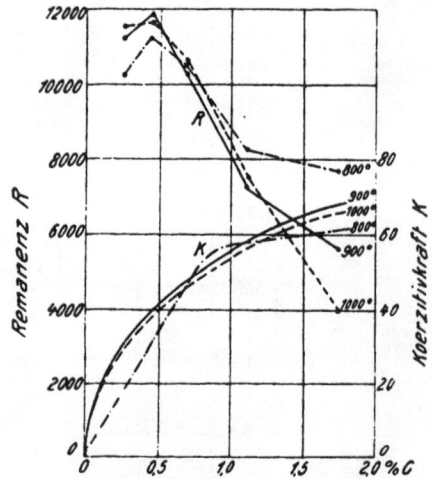

Abb. 111. Abhängigkeit der Remanenz und Koerzitivkraft vom C-Gehalt abgeschreckter C-Stähle (0,1 ∶ 0,2% Mn; ∶ 0,2% S).

Abschrecktemperaturen dann verlassen, welche Tatsache auf der Bildung von Austenit bei den höheren Kohlenstoffgehalten beruht. Eine Abhängigkeit der Remanenz vom Kohlenstoffgehalt war nach langsamem Abkühlen nicht feststellbar; sie betrug im Mittel 10000. Dagegen wird sie durch die Abschreckung stark beeinflußt. Remanenz und Koerzitivkraft verhalten sich alsdann entgegengesetzt, die erstere steigt bis zu 0,5% Kohlenstoff an, um darauf entsprechend der Zunahme des Gehaltes an gelöstem Kohlenstoff zu sinken. Man erkennt hieraus den großen Einfluß geringer Verunreinigungen. Die Anfangspermeabilität, d. h. die Magnetisierbarkeit bei sehr kleinen Feldstärken sinkt sowohl mit dem Kohlenstoffgehalt wie auch durch eine Härtung. Die von Gumlich gefundenen Werte der Remanenz decken sich nicht ganz mit den Ergebnissen von Mars[1]), der bei Stählen mit 0,08 bis

[1]) Mars, Stahl und Eisen, 1909, S. 1677.

0,20% Silizium und 0,12 bis 0,33% Mangan einen Höchstwert der Remanenz bei ungefähr 0,95% Kohlenstoff, also für den eutektoiden Stahl fand, der bekanntlich die feinste Struktur besitzt. Aus dem Vorstehenden erkennt man, daß bei den Kohlenstoffstählen hohe Remanenz bei hoher Koerzitivkraft nicht möglich ist. Die Härtungstemperatur der permanenten Magnete, die durch das Abschrecken eine große magnetische Härte erhalten, wählt man zweckmäßig zwischen 800 und 900°.

Die Abhängigkeit der Koerzitivkraft geglühter Stähle vom Kohlenstoffgehalt drückt sich in einem allmählichen, geradlinigen Anwachsen aus, das von 0,9% an langsamer geschieht.

Die Frage der Korrosionsmöglichkeit von Kohlenstoffstählen in künstlichem Seewasser ist von Chappel[1] an reinen Tiegelstählen mit rd. 0,1% Mangan untersucht worden. Chappel fand, daß die Gewichtsabnahme der geglühten Stähle geringer ist als diejenige der bei 800° abgeschreckten und darauf angelassenen. Die bei 900° geglühten Proben zeigen allmählich wachsende Korrosionsfähigkeit bis 0,9% Kohlenstoff, um von da ab wieder günstiger zu werden. Die bei 800° abgeschreckten und angelassenen Stähle waren bis 0,3% Kohlenstoffgehalt besonders empfindlich; bei einem höheren Gehalt nahm die Korrosionsfähigkeit allmählich zu. Eine Anlaßtemperatur von 400° wirkte stärker als eine solche von 500°, was mit dem osmonditischen Zustande zusammenhängt, der, wie aus dem späteren hervorgeht, die größte Lösungsfähigkeit besitzt.

δ) Eingesetzter (zementierter) Stahl.

Unter Einsetzen (Zementation) versteht man eine Kohlung von Eisen durch Glühen in einem kohlenstoffabgebenden Mittel. Das Zementationsmittel kann aus Lederkohle, Holzkohle, Knochenkohle, Bariumkarbonat, Ferrozyankalium u. a. bestehen; es gibt auch flüssige und gasförmige Zementationsmittel. Man achte darauf, daß kein phosphor- oder schwefelhaltiges Härtemittel verwendet wird, weil diese beiden Stoffe in gleichem Maße wie der Kohlenstoff in das Eisen diffundieren. Aus diesem Grunde ist Knochenkohle wenig empfehlenswert. Als einzusetzendes Material empfiehlt Guillet[2] ein kohlenstoffarmes Flußeisen von folgender Zusammensetzung:

$$0,10 - 0,15\% \text{ C}$$
$$< 0,4\% \text{ Mn}$$
$$\leq 0,3\% \text{ Si}$$
$$\leq 0,04\% \text{ S}$$
$$\leq 0,05\% \text{ P}.$$

Dieses Eisen erhält durch den Zementationsprozeß eine große Oberflächenhärte. Falls eine besonders große Härte verlangt wird, kann man einen kohlenstoffarmen Chromstahl mit 0,75 bis 1,0% Chrom benutzen, der

---

[1] Chappel, Ferrum, 1912, S. 30; Iron and Steel Institute, 1912.

[2] Guillet, Stahl und Eisen, 1912, S. 58.

auch eine höhere Festigkeit besitzt. Wird neben hoher Bruchfestigkeit auch eine besonders gute Zähigkeit gefordert, so kommen Nickelstähle in Betracht, bei denen allerdings in Gegenwart eines etwas höheren Nickelgehaltes der erreichbare Härtegrad gegenüber demjenigen andrer Stähle etwas zurück-bleibt. Für Nickelstahl kommen Kohlenstoffgehalte von 0,05 bis 0,45% sowie 1 bis 8% Nickel in Betracht. Ebenso werden auch Nickel-Chromstähle zum Einsetzen verwendet, und zwar solche mit 0,15 bis 0,40% Kohlenstoff, 2 bis 6% Nickel und 0,5 bis 2,0% Chrom. Die Elemente Chrom, Wolfram, Molybdän befördern nach Guillet den Zementationsprozeß; es sind dies solche, die Doppelkarbide bilden können. Die Elemente dagegen, die im Eisen gelöst bleiben, wie Nickel, Silizium, Aluminium, wirken nach derselben Quelle verzögernd. Silizium erhöht die Sprödigkeit und vermindert die Dicke der Zementation. Nach Versuchen von Tammann und Schönert[1]), deren Ergebnisse teilweise in Abb. 112 dargestellt sind, vergrößern außer Molybdän und Wolfram auch Mangan und Nickel die Eindringungstiefe, jedoch nur bis zu einem bestimmten Gehalt, nach dessen Überschreiten die Tiefe wieder abnimmt. Neben Silizium wirkt Aluminium bereits bei kleinen Zusatzmengen vermindernd ein.

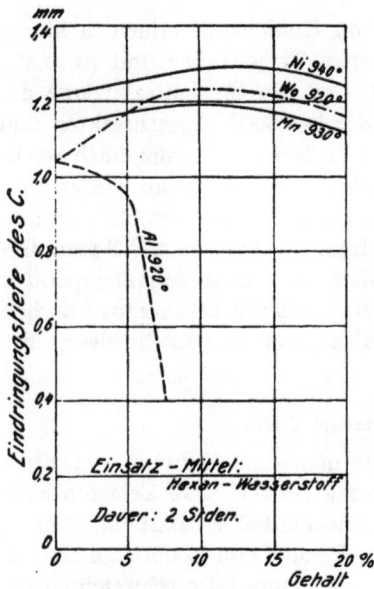

Abb. 112. Abhängigkeit der Eindringungstiefe des C beim Zementationsprozeß vom Gehalt der Zusatzelemente.

Der Zementationsvorgang ist noch nicht vollstänsig geklärt, man kann jedoch annehmen, daß durch die Entstehung von Kohlenoxyd dieses in das Eisen diffundiert und dort in Gegenwart des Eisens unter Bildung von Kohlenstoff zerlegt wird, der in statu nascendi von der bei der Einsatztemperatur bestehenden festen Lösung aufgenommen wird. Durch die 6 bis 8 Stunden betragende Glühdauer wird das Eisen, das eine reine metallische Oberfläche haben muß, überhitzt, d. h. grobkörnig und dadurch spröde und gegen Schlagbeanspruchung empfindlich. Es ist daher notwendig, das Eisen nach dem Einsetzen in den feinkörnigen Zustand zurückzuführen, und zwar kommt für den Kern mit seinem geringen Kohlenstoffgehalt mindestens eine Glühung bis zum Punkte A_3 des Ausgangsmaterials, d. h. also ungefähr 900 bis 950° in Betracht; an diese Glühung schließt sich eine Luftkühlung oder eine Abschreckung in Öl. Nach dieser ersten Vergütung wendet man zweckmäßig eine zweite

---

[1]) Tammann und Schönert, Stahl und Eisen, 1922, S. 656.

für die kohlenstoffreichere Außenzone an. Man erhitzt das Material ebenfalls bis über seinen Punkt A_3, d. h. ungefähr 800⁰, worauf man nach der Luftabkühlung zum dritten Male auf 760⁰ erhitzt und zum Zwecke der Härtung in Wasser oder Öl abschreckt. Nach einer Wasserabschreckung kann man ein Anlassen auf ungefähr 200⁰ vornehmen, um ein Absplittern der harten Außenschicht vom weichen Innenkern zu vermeiden. Die Nickel- und Nickel-Chromstähle werden durch den Nickelgehalt weniger leicht grobkörnig als die Kohlenstoffstähle. Guillet empfiehlt für 2-proz. Nickelstahl ein erstes Erwärmen mit nachfolgendem Abschrecken von 1000⁰ und ein zweites Erwärmen und Abschrecken bei 700⁰, dagegen für 6-proz. Nickelstahl 850 bzw. 675⁰. Beim Nickelstahl kommt man vielfach auch wegen seiner Feinkörnigkeit mit einer einzigen Härtung aus, die man dann von 850⁰ aus in Wasser oder Öl vornimmt. Aber oft wird auch eine andere Wärmebehandlung angewendet, nach welcher die Nickel- und Nickelchromstähle bei 820 bis 900⁰ 2 bis 10 Stunden, je nachdem die Schicht stark sein soll, eingesetzt, darauf auf 760 bis 850⁰ gebracht und in Wasser oder Öl abgeschreckt werden; bei 750 bis 780⁰ geschieht schließlich eine zweite Abschrekkung, worauf sie blau angelassen werden können. Für perlitische Nickelstähle, die infolge ihres Nickelgehaltes nahe bei dem marten

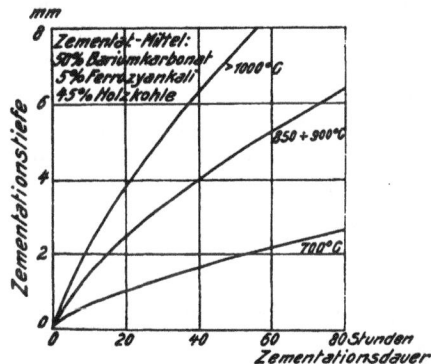

Abb. 113. Abhängigkeit der Zementationstiefe von der Zementationsdauer.

sitischen Gefüge liegen, wird die Randzone durch die Kohlenstoffzufuhr martensitisch, weswegen eine Härtung nicht erforderlich ist. Der Kern bleibt perlitisch. Beim Zementieren der Kohlenstoffstähle nimmt die Randzone den meisten Kohlenstoff auf, und es entsteht dort reiner Perlit. Geschieht die Zementation zu lange, oder ist die Temperatur zu hoch, oder wirkt das Zementationsmittel zu stark, so kann auch freier Zementit auftreten. In der Außenzone befindet sich dann über 0,9% Kohlenstoff, welcher Zustand unbedingt vermieden werden muß, weil die Außenhaut sonst leicht absplittern kann. Als Zementationstemperatur wählt man 850⁰ bis 1000⁰; sie hängt von der Art des Mittels und von der Einsatzdauer ab. Unter 850⁰ zu gehen, ist unzweckmäßig, weil der Prozeß zu langsam vor sich geht. Es ist auf eine gleichmäßige Temperatur in der Zementierkiste zu achten, da Schwankungen ebenfalls zur Bildung von freiem Zementit führen können, indem sich aus den Mischkristallen, die bei einer höheren Temperatur mit Kohlenstoff gesättigt waren, dieser bei einer niedrigeren Temperatur als freier Zementit ausscheiden kann, welcher bei einer folgenden Temperaturerhöhung langsamer wieder gelöst wird als der Kohlenstoff aus dem Zementierungsmittel in Lösung geht. Die Dauer der Zemen tation ist insofern von Einwirkung, als die Einsatzschicht mit ihr wächst. Es kommen Zementationstiefen bis zu rd. 30 mm vor. Abb. 113 gibt einen Überblick über die erreichbare Zementationstiefe bei verschiedenen Glühtemperaturen nach Versuchen von Giolitti[1]). Als weiteres beachtenswertes Moment beim Zementationsprozeß kommt die Art der Abkühlung in Betracht. Diese muß möglichst schnell geschehen, weil es sich gezeigt hat, daß bei langsamer Abkühlung leicht eine Schichtung sowie Ausscheidungen von überschüssigem Zementit entstehen. Übrigens wirkt ein Nickelzusatz dem Auftreten von schroffen Übergängen zwischen der kohlenstoffreichen Außenzone und dem kohlenstoffarmen Kern entgegen.

Abb. 114 läßt die Brinell-Härte nach Versuchen von Bach[2]) in Abhängigkeit vom Randabstand erkennen.

Die Prüfung von eingesetzten Stählen ist nicht einfach, weil die Probe gewissermaßen aus zwei verschiedenen Stoffen besteht. Man stellt den Versuchskörper vorher fertig her und setzt ihn dann in normaler Weise ein. Als Prüfungsart kommt sowohl der Zerreißversuch wie auch die Kerbschlagprobe mit und ohne Abschreckung in Betracht; anschließend sollte man auch die Schichtdicke und die Kohlenstoffverteilung mikroskopisch untersuchen. Falls man die Brinell-Härte bestimmen will, muß man auf die geringe Schichtstärke Rücksicht nehmen und eine entsprechend kleine Kugel, etwa 1 bis 2 mm Durchm., mit etwa 500 kg Belastung gebrauchen, weil sonst der Kugeleindruck in die weiche Kernzone hineinreicht und zu Fehlschlüssen Anlaß geben kann.

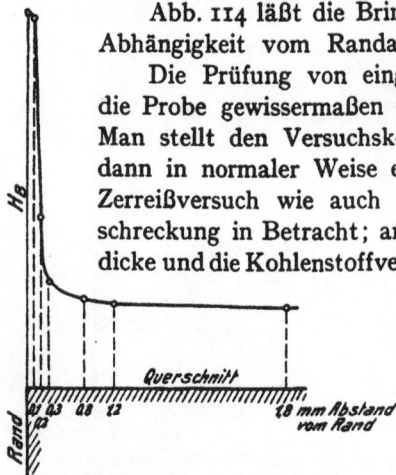

Abb. 114. Abhängigkeit der Brinellhärte vom Randabstand bei eingesetztem und gehärtetem Flußeisen.

2. Mangan.

Soweit der Mangangehalt bei den Eisen-Kohlenstofflegierungen in niedrigen Grenzen bleibt, tritt er als Verunreinigung auf, oder er wird wie beim weißen Gußeisen absichtlich in größeren Mengen hinzugesetzt, um die Aufnahmefähigkeit für Kohlenstoff zu erhöhen und dadurch die Graphitbildung zu verhindern oder wie bei den Kohlenstoffstählen die Festigkeitseigenschaften zu verändern; in letzterem Falle sprechen wir von Manganstählen, welche später behandelt werden. Das in geringen Mengen auftretende Mangan ist im Ferrit gelöst.

a) Gußeisen und Temperguß.

Über die Einwirkung des Mangans auf graues Gußeisen liegen wenige Forschungsergebnisse vor. Zu den ausführlichsten gehören die Versuche von

---

[1]) Giolitti, La Cémentation de l'acier, Paris, 1914.
[2]) Bach und Baumann, Festigkeitseigenschaften und Gefügebilder der Konstruktionsmaterialien, Berlin, 1915.

Wüst und Meißner[1]). Die Versuche erforschen die Einwirkung eines Mangangehaltes bis zu rd. 2% bei verschiedenen Kohlenstoffgehalten. Abb. 115 und 116 geben die Resultate wieder; nach ihnen nimmt sowohl die Zugfestigkeit als auch die Biegefestigkeit mit dem Mangangehalt im allgemeinen zu. Bei niedrigen Kohlenstoffgehalten bis zu ungefähr 3,4% besitzt Gußeisen in Gegenwart von rd. 1% Mangan die besten Festigkeitseigenschaften. Ebenso ist die Durchbiegung beim Biegeversuch und die Kerbschlagzähigkeit am günstigsten. Allerdings tritt der vorteilhafte Einfluß des Mangans bei höher kohlenstoffhaltigem Gußeisen nicht so scharf in die Erscheinung,

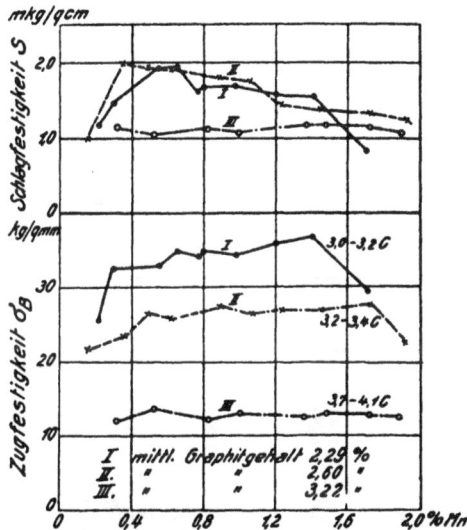

Abb. 115. Abhängigkeit der Festigkeitseigenschaften vom Mn-Gehalt bei grauem Gußeisen (1,3 ÷ 1,9% Si).

weswegen hierfür der Mangangehalt höhere Werte annehmen muß. Die Härte nimmt mit steigendem Mangangehalt stetig zu, sobald sich dieser nicht in zu geringen Grenzen bewegt, weil Manganmengen bis 0,3% beim Grauguß mit rd. 1,5% Silizium die Graphitbildung erhöhen, so daß die Härte nicht geändert wird. Eine Erhöhung des Mangangehaltes bis 2,5% beeinflußt die Graphitbildung nicht weiter. Die günstige Einwirkung des Mangan auf die Festigkeit beruht sowohl auf der Verfeinerung der Perlitstruktur als auch auf der Verkleinerung der Graphitlamellen, weil die dendritisch ausgeschiedenen Mischkristalle an Zahl stark zunehmen. Außerdem ist zu beachten, daß der Ferrit mit zunehmendem Mangangehalt mehr und mehr verschwindet. Die auffallende Verringerung der Festigkeit für das hochkohlenstoffhaltige Guß-

---

[1]) Wüst und Meißner, Ferrum, 1914, S. 97.

eisen (Abb. 115 und 116) dürfte durch den großen Graphitgehalt zu erklären sein, der mit der Höhe des Gesamtkohlenstoffgehaltes zuzunehmen pflegt.

Mangan verhindert im allgemeinen die Graphitbildung und verleiht dem Eisenkarbid eine größere Beständigkeit; außerdem bewirkt das Mangan Dünnflüssigkeit des Eisens und paralysiert den Einfluß des Schwefels auf die Kohlenstofform. Nach Versuchen von Stoughton[1]) wirkt Mangan verstärkend auf die Lunkerbildung und Seigerung, dagegen verringert es die Neigung zur Gasblasenbildung, es erhöht also die Aufnahmefähigkeit für Gase. Die Schwindung des Gusses wird verstärkt und damit die Gefahr des Reißens erhöht.

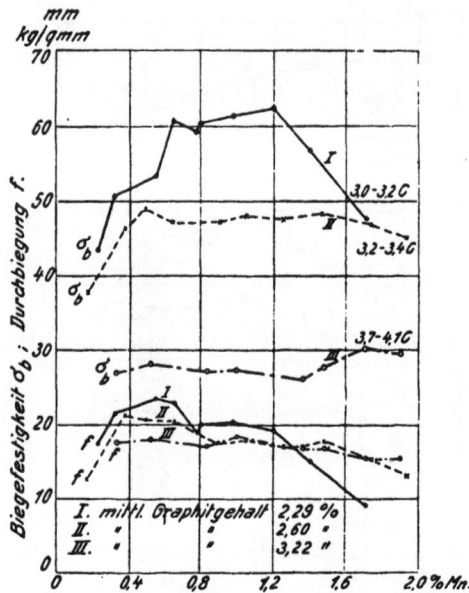

Abb. 116. Abhängigkeit der Biegefestigkeit vom Mn-Gehalt bei grauem Gußeisen (1,3 : 1,9°/₀ Si).

Für die verschiedenen Gußeisensorten kommen folgende Mangangehalte in Betracht:

Geschirr- und Ofenguß . . . . 0,4 bis 0,8%
Röhrenguß . . . . meist nicht über 1,0%
Gußwaren mittlerer Festigkeit und leicht bearbeitbar 0,4 „ 0,8%
höchstens 1,0%
Maschinenguß höherer Festigkeit:
Lokomotivzylinder . . . . 0,6 bis 0,9%
Dampf-, Gasmotoren- und Preßzylinder . . . . . 0,3 „ 0,7%

---

[1]) Stoughton, The Foundry, 1907, S. 309; Stahl und Eisen, 1907, S. 881.

Kokillenguß, gegen Temperaturschwankungen widerstandsfähiger Guß . . . . 0,8 ,, 1,0%

höchstens 1,25%

Walzenguß . . . . 0,6 ,, 1,2%

Hartguß . . . . 0,3 ,, 0,5%

bei dicken Gußstücken . . . . höchstens 1,0%

Dynamoguß 0,35%

Säurebeständiger Guß 0,8%

Für schmiedbaren Guß kann man nach Versuchen von Wüst und
Schlösser[1]) 0,4 bis 0,6% Mangan als Höchstgehalt ansehen, weil bei einem

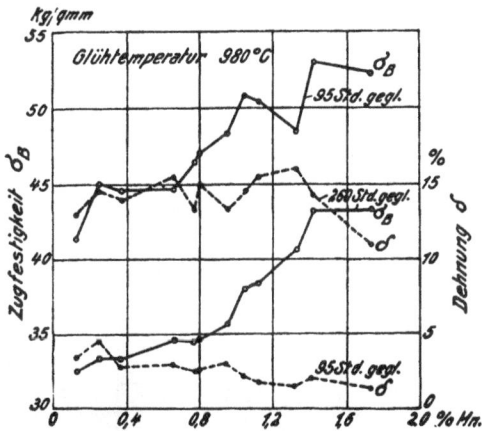

Abb. 117. Abhängigkeit der Festigkeitseigenschaften vom
Mn-Gehalt bei geglühtem Temperguß mit 2,89% C; 0,41% Si.

größeren Zusatz die Ausscheidung der Temperkohle zu sehr behindert wird.
Wie bei Gußeisen erhöht der Mangangehalt auch hier die Zugfestigkeit.
Die Dehnbarkeit bleibt allerdings nach Versuchen von Leuenberger[2])
(Abb. 117) bis ungefähr 1,2% Mangan ziemlich gleichmäßig, um von da
an etwas stärker abzunehmen. Im übrigen sinkt mit zunehmender Glühdauer
und fortschreitender Temperung naturgemäß die Festigkeit unter entsprechender Zunahme der Dehnbarkeit. Hinsichtlich der Festigkeitseigenschaften
ist also ein Manganzusatz bis zu rd. 1,2% von günstiger Wirkung.

b) Kohlenstoffstahl.

Die Festigkeitseigenschaften der Kohlenstoffstähle werden durch einen
Manganzusatz beträchtlich verändert; Festigkeit und Härte des geglühten
Eisens nehmen stark zu, während Dehnung und Querschnittsverminderung

---

[1]) Wüst und Schlösser, Stahl und Eisen, 1904, S. 1122.

[2]) Leuenberger, Stahl und Eisen, 1921, S. 286.

von 1,5% Mangan ab geringer werden. Auf je 0,1% Mangan kann man mit einer Festigkeitssteigerung von 1,5 kg/qmm und einer Härteerhöhung um 5 kg/qmm rechnen. Die Kerbschlagzähigkeit S nimmt bis zu einem Gehalt von ungefähr 1,5% Mangan zunächst erheblich zu, um darauf wieder zu sinken. Diese Versuche von Lang[1]), die in Abb. 118 dargestellt sind, zeigen also, daß ein höherer Mangangehalt das Eisen härter macht. Hierdurch wird die Kaltreckbarkeit vermindert, weswegen Stanzblechen für gewöhnlich höchstens 0,4 bis 0,5% Mangan bei einem Kohlenstoffgehalt bis zu 0,12% be-

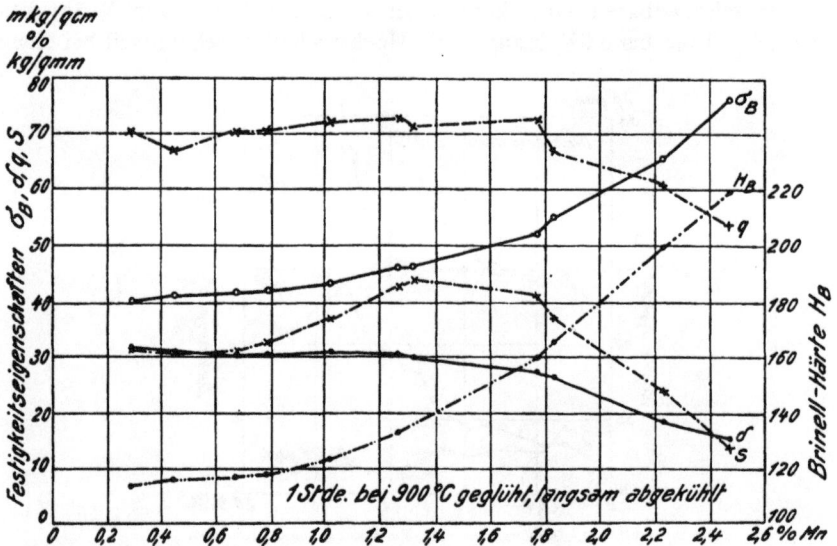

Abb. 118. Abhängigkeit der mechanischen Eigenschaften vom Mn-Gehalt bei geglühtem Flußeisen mit ⌒ 0,1% C; ⌒ 0,3% Si.

willigt werden. Die Schmiedbarkeit wird durch das Mangan nicht verändert, so lange es in niedrigen Grenzen bleibt. Im allgemeinen leidet sie bei gleichzeitig höherem Kohlenstoffgehalt. Für gewöhnliches Flußeisen, das gewalzt oder geschmiedet werden soll, ist 0,4 bis 0,7% Mangan der erwünschte Gehalt zur Unschädlichmachung des Schwefels und Sauerstoffes.

Die Schweißbarkeit leidet stark und hört bei 1% Mangan auf. Aus diesem Grunde ist Flußeisen mit gewöhnlich über 0,4% Mangan schlechter schweißbar als Schweißeisen mit normalerweise höchstens ca. 0,2%. Diegel[2]) verlangt für Flußeisenguß mindestens 0,7% Mangan und für Flußeisenblech mindestens 0,5%. Der Mangangehalt soll die Wirkung des Siliziums auf Hitzeempfindlichkeit des Materials paralysieren; höherer Siliziumgehalt bedingt hierbei also mehr Mangan.

---

[1]) Lang, Metallurgie, 1911, S. 19.
[2]) Diegel, Stahl und Eisen, 1919, S. 203.

Durch Abschrecken von Eisen mit 0,1% Kohlenstoff wird nach den angeführten Versuchen von Lang nach Abb. 119 Festigkeit und Härte beträcht-

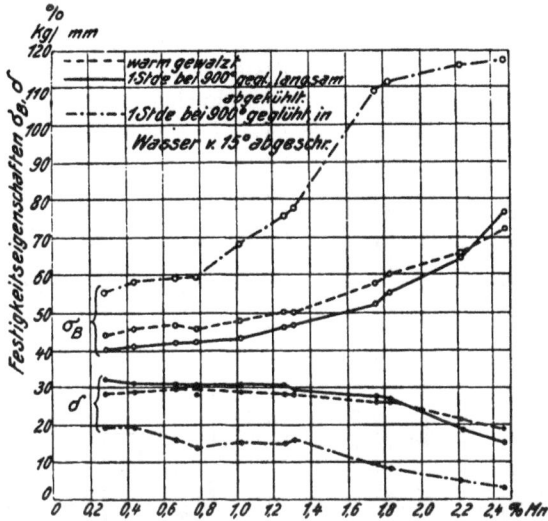

Abb. 119. Abhängigkeit der Festigkeitseigenschaften vom Mn-Gehalt bei Flußeisen mit ∿ 0,1% C; ∿ 0,3% Si.

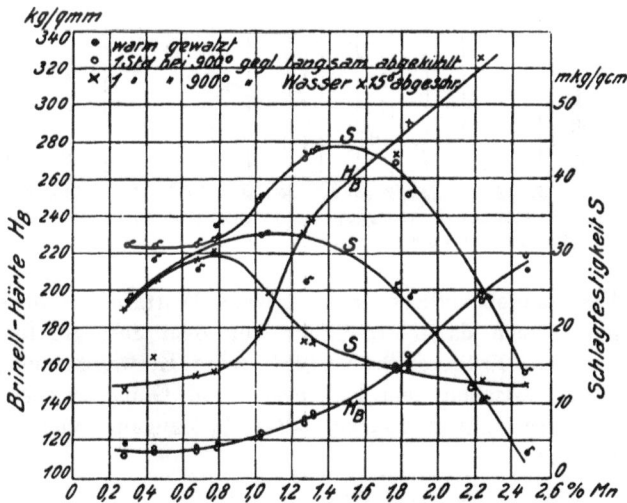

Abb. 120. Abhängigkeit der Brinellhärte und Schlagfestigkeit vom Mn-Gehalt bei Flußeisen mit ∿ 0,1% C; ∿ 0,3% Si.

lich erhöht, und zwar um so mehr, je höher der Mangangehalt ist. Bei 2,2% Mangan finden wir z. B. eine Erhöhung der Festigkeit von rd. 65 auf ungefähr 116 kg/qmm, während die Härte von 200 auf 320 kg/qmm steigt, wie aus Abb. 120 hervorgeht. Die Querschnittsverminderung ändert sich in der

Weise, daß der Abfall bei den abgeschreckten Proben bereits bei 0,7% Mangan beginnt, während q bei den geglühten Proben bis 1,8% Mangan ungefähr gleich bleibt. Auch das Maximum der Schlagfestigkeit ist bei den abgeschreckten Proben von 1,5 auf 0,8% Mangan zurückgegangen. In Abb. 119 und 120 sind die Festigkeitseigenschaften des Flußeisens in Abhängigkeit vom Mangangehalt nach verschiedener Wärmebehandlung dargestellt. Man erkennt, daß der warmgewalzte Zustand im allgemeinen immer

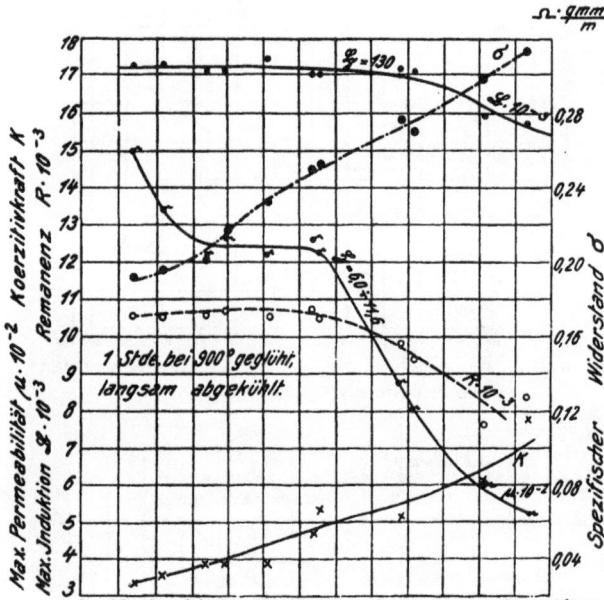

Abb. 121. Abhängigkeit der magnetischen und elektrischen Eigenschaften vom Mn-Gehalt bei geglühtem Flußeisen mit $\sim$ 0,1% C; $\sim$ 0,3% Si.

noch eine Festigkeitsbeeinflussung durch das Warmrecken in sich birgt. Er unterscheidet sich daher wesentlich von dem ausgeglühten Zustand, weil, wie aus dem Früheren hervorgeht, seine Kristallisation auf einem Zwischenzustand zwischen dem Kaltrecken und Glühen stehen geblieben ist. Im allgemeinen kann man sagen, daß 0,1% Manganzuwachs eine Festigkeitserhöhung von

rd. 1,4 kg/qmm für warmgewalztes Material,
„ 1,6 „ „ ausgeglühtes Material,
„ 2,4 „ „ abgeschrecktes Material

verursacht. Diese Angaben stellen angenäherte Werte dar, wie sie Mangangehalten bis 3,0% entsprechen.

In Abb. 121 und 122 sind die magnetischen und elektrischen Eigenschaften des manganhaltigen Flußeisens nach den Versuchen von Lang dargestellt.

Aus ihnen erkennt man, daß mit zunehmendem Mangangehalt die Koerzitivkraft und der elektrische Widerstand wachsen. Geglüht bleibt die maximale Induktion und die Remanenz bis ungefähr 1,5% Mangan konstant, um darauf abzufallen. Die Permeabilität bleibt zwischen 0,6 und 1,3% Mangan konstant, um mit höherem Gehalt dann weiter zu sinken. Im abgeschreckten Zustande finden wir für die maximale Induktion und die Remanenz den Beginn des Abfalles bereits bei 0,4% Mangan. Das Mangan erhöht für den abgeschreckten Zustand des Eisens die Koerzitivkraft sehr

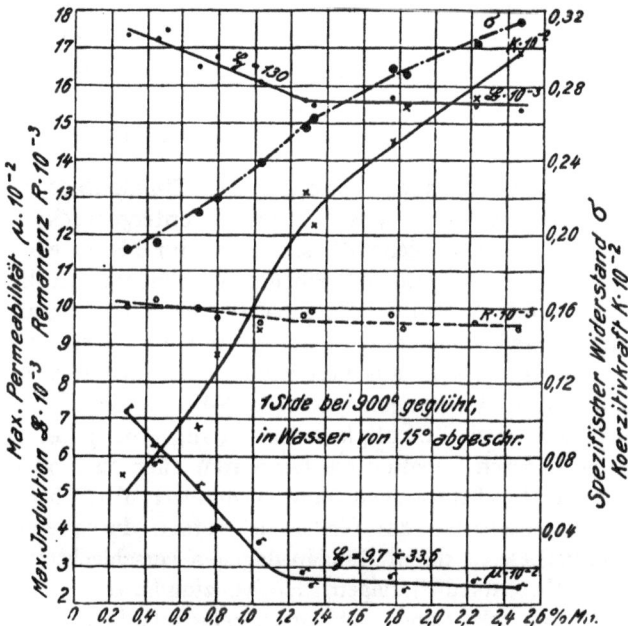

Abb. 122. Abhängigkeit der magnetischen und elektrischen Eigenschaften vom Mn-Gehalt bei abgeschrecktem Flußeisen mit $\sim$ 0,1% C; $\sim$ 0,3% Si.

stark, während die Permeabilität heruntergedrückt wird. Remanenz und elektrischer Widerstand bleiben durch das Abschrecken in ihrer Größenordnung nahezu unverändert. Während man für Dynamo- und Transformatorenbleche den Mangangehalt möglichst niedrig (0,1 bis 0,3%) hält, dürften andrerseits höher manganhaltige Stähle für permanente Magnete sehr wohl in Betracht kommen.

3. Silizium.

a) Gußeisen und Temperguß.

Die Siliziumgehalte der normalen Gußeisensorten bewegen sich in den folgenden Grenzen:

Geschirr- und Ofenguß . . . .   ca. 3%
Röhrenguß (mit zunehmender Wandstärke abneh-
  mender Siliziumgehalt)   1   bis 3%
Gußwaren mittlerer Festigkeit, leicht bearbeitbar .   1   ,, 3%
Maschinenguß höherer Festigkeit (mit zunehmender
  Wandstärke abnehmender Siliziumgehalt):
Lokomotivzylinder . . . .   1,0 ,, 1,4%
Dampf-, Gasmotoren- und Preßzylinder. . . . . .   0,8 ,, 1,5% ·
Kokillenguß, gegen Temperaturschwankungen wider-
  standsfähiger Guß . . . .   1,6 ,, 2,5%
Walzenguß . . . .   0,5 ,, 0,8%
Hartguß . . . .   0,5 ,, 0,9%
Dynamoguß 3,2%
Säurebeständiger Guß . . . . .1,7 oder 5 ,, 6%

Das Silizium begünstigt die Zerlegung des Eisenkarbids und dadurch die Graphitbildung; die durch das Silizium heruntergedrückte Aufnahmefähigkeit des Eisens für Kohlenstoff ist jedoch nur bis zu einem gewissen Siliziumgehalt beträchtlich. Bis 3% Silizium vermindert sich die Härte des Roheisens infolge des großen Graphitgehaltes; über 3% nimmt die Härte wieder zu, um bei 15% Silizium das Material nur noch schlecht bearbeitbar zu machen. Die feste Lösung aus Ferrit und Eisensilizit wird mit höherem Siliziumgehalt härter. Im übrigen verringert Silizium die Lunker- und Gasblasenbildung. Die größte Dichtigkeit hat Stoughton[1]) bei 1% Silizium erzielt, weil bei höheren Gehalten die Graphitlamellen zu groß werden. Silizium erhöht die Leichtflüssigkeit und vermindert die Schwindung. Die magnetischen Eigenschaften des Gußeisens werden durch einen größeren Siliziumgehalt verbessert, durch Mangan dagegen verschlechtert, wie Untersuchungen von Nathusius[2]) zeigen. Hochsiliziumhaltige Eisenlegierungen mit Gehalten bis zu 33% eignen sich für säurefeste Gefäße.

Die Analyse eines guten Tempergusses ist nach Moldenke[3]) folgende:

mindestens 2,75% Gesamtkohlenstoffgehalt im ungetemperten Roh-
                guß,
   ,,   0,45 bis 1,0% Silizium (der Siliziumgehalt steht im um-
                gekehrten Verhältnis zur Dicke des Guß-
                stückes),
höchstens 0,30% Mangan,
   ,,   0,23% Phosphor,
   ,,   0,07% Schwefel.

---

[1]) Stoughton, The Foundry, 1907, S. 309; Stahl und Eisen, 1907, S. 881.
[2]) Nathusius, Stahl und Eisen, 1905, S. 99.
[3]) Moldenke, Stahl und Eisen, 1909, S. 1402.

Die Bildungstemperatur der Temperkohle wird mit steigendem Siliziumgehalt von 1000⁰ schließlich auf 600⁰ herabgedrückt. Bei der Höhe des Siliziumgehaltes ist zu beachten, daß ein solcher über 1,2% bereits im ungeglühten Rohguß eine Graphitausscheidung verursachen kann. 5% Silizium sollen den gesamten Kohlenstoffgehalt eines Roheisens zur Ausscheidung als Graphit bringen. Wenn auch zunehmender Siliziumgehalt die Aufnahmefähigkeit des Eisens für Kohlenstoff verringert, so sind im allgemeinen die siliziumreichsten Sorten nicht zugleich auch die graphitreichsten; zu letzteren ge-

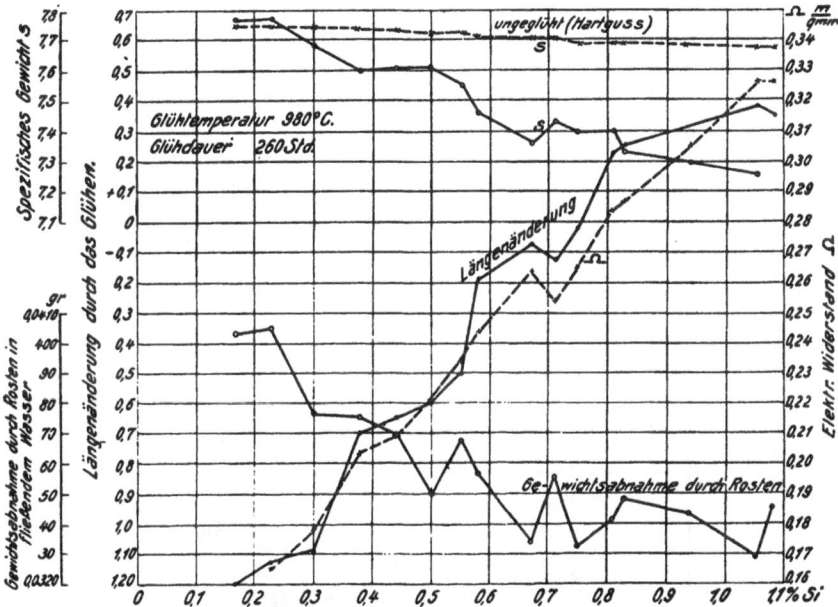

Abb. 123. Abhängigkeit des spez. Gewichtes, des Rostverlustes in fließendem Wasser, der Längenänderung durch Glühen und des elektrischen Widerstandes vom Si-Gehalt bei geglühtem Temperguß (3,19% C; 0,13% Mn).

hören die Roheisen mit 2 bis 3% Silizium und 4,5 bis 3,5% Kohlenstoff. Genau so wie eine Veränderung des Siliziumgehaltes durch das Glühfrischen ähnlich dem Mangan und Phosphor nicht eintritt, liegt die, wenn auch nur geringe Möglichkeit einer Zunahme des Schwefelgehaltes durch die Heizgase oder das Glühmittel (Hammerschlag, Erz usw.) vor.

Die mechanischen Eigenschaften ändern sich sowohl mit der Glühdauer wie mit dem Siliziumgehalt stark. Nach Versuchen von Leuenberger[1] geht die Entkohlung um so weiter, je tiefer der Siliziumgehalt unter 0,65% liegt. Lange Glühdauer bewirkt bei gleichem Siliziumgehalt infolge der fortschreitenden Entkohlung eine Abnahme der Zugfestigkeit und Brinell-

---

[1] Leuenberger, Stahl und Eisen, 1917, S. 513.

Härte, während die Dehnung, Querschnittsverminderung und Kerbschlagzähigkeit wachsen, d. h. Temperguß wird durch langes Glühen zäher. Entsprechend dem mit der Länge des Glühfrischens abnehmenden Kohlenstoffgehalt sinkt auch der elektrische Widerstand.

Die Einwirkung eines veränderlichen Siliziumgehaltes äußert sich nach den Versuchen von Leuenberger (Abb. 123) in der Weise, daß ein Gehalt unter 0,6 bis 0,7% beim Glühfrischen eine Volumenabnahme im Gefolge hat, die sich bei höheren Gehalten in eine Volumenvergrößerung umwandelt.

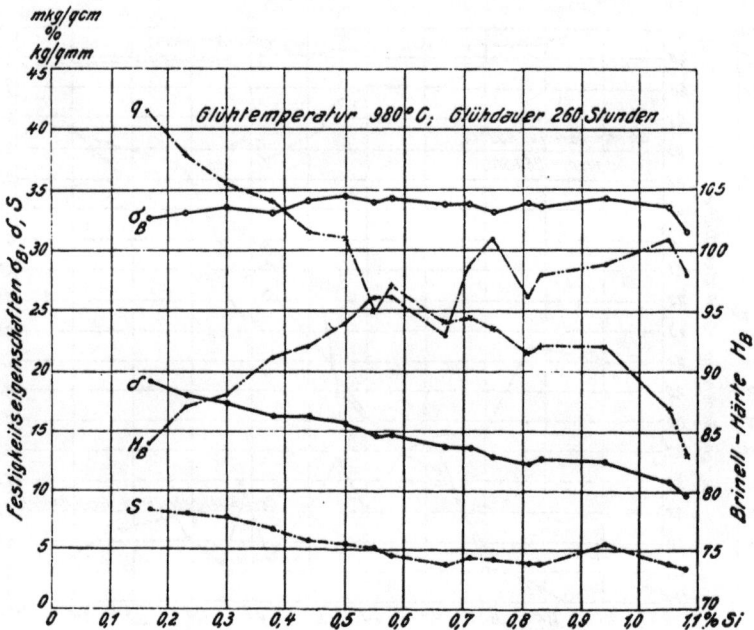

Abb. 124. Abhängigkeit der mechanischen Eigenschaften vom Si-Gehalt bei geglühtem Temperguß (3,19% C; 0,13% Mn).

Während beim Hartguß (Rohguß) das spezifische Gewicht mit dem Siliziumgehalt allmählich abnimmt, ist der Einfluß auf das glühgefrischte Material viel größer. Die Gewichtsverminderung durch die Vergasung des Kohlenstoffes infolge des Glühfrischens beträgt ungefähr 2 bis 3%.

Ein Einfluß des Siliziumgehaltes auf die Festigkeit ist kaum bemerkbar, dagegen nimmt die Brinell-Härte zu, wie Abb. 124 nach den Versuchen von Leuenberger erkennen läßt. Allerdings bewegt sich die Härte in verhältnismäßig niedrigen Grenzen, weil sie für die entkohlte und aus weichem Ferrit bestehende Außenzone ermittelt wird. Das Silizium drückt die Dehnbarkeit und Zähigkeit des Materials merklich herab, und zwar um so mehr, je länger die Glühdauer wirkt.

Die Einwirkung des Siliziumgehaltes auf den elektrischen Widerstand ist beträchtlich, wie aus Abb. 123 hervorgeht; der Widerstand wächst mit dem Siliziumgehalt. Dies trifft sowohl für das rohe wie glühgefrischte Material zu.

Der Widerstand gegen den Angriff von Leitungswasser durch Rostbildung wird durch einen Siliziumgehalt vergrößert, wie aus der Gewichtsabnahme durch Rosten hervorgeht. Die Werte der Kurve stellen den Verlust innerhalb 20 Tagen dar.

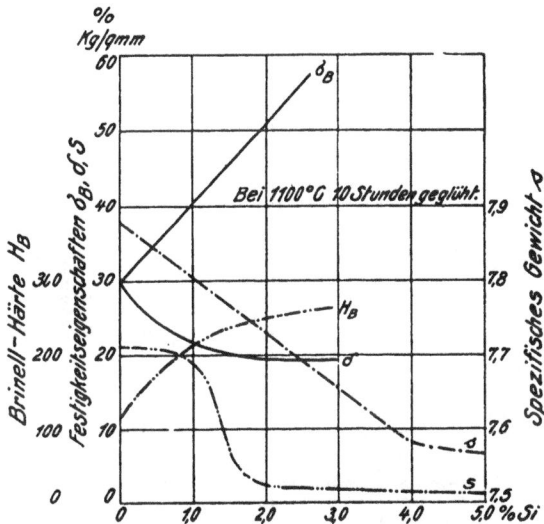

Abb. 125. Abhängigkeit der mechanischen Eigenschaften und des spez. Gewichtes vom Si-Gehalt bei weichem Flußeisen mit 0,1% C; 0,2 : 0,6% Mn.

b) Kohlenstoffstahl.

Das Silizium befindet sich in den Eisen-Kohlenstofflegierungen mit dem Eisen und dem Eisenkarbid in fester Lösung. Es hat die Eigentümlichkeit, daß es den Perlitpunkt erhöht, der bei einem höheren Siliziumgehalt verschwindet. Über den Grad der Erhöhung herrscht noch keine volle Klarheit, weil die Größe des Kohlenstoffgehaltes eine Rolle spielt. Die mechanischen Eigenschaften werden derart verändert, daß die Festigkeit mit der Höhe des Siliziumgehaltes stark zunimmt. Entsprechend der Festigkeit ändert sich die Härte, während die Dehnbarkeit bis zu 2% Silizium stark abnimmt und nachher nur noch wenig abfällt. Die Schlagfestigkeit nimmt bis 1% Silizium, wie Abb. 125 nach Versuchen von Paglianti[1] zeigt, geringfügig ab, um in dem Intervall von 1 bis 2% kräftig abzufallen. Aus diesen Festigkeitseigenschaften ergibt sich schon, daß ein Siliziumgehalt das Ma-

---

[1] Paglianti, Metallurgie, 1912, S. 217.

terial spröde macht, und daß somit für gute Kaltreckbarkeit ein möglichst geringer von Vorteil ist. Die starke Erhöhung der Festigkeit bedingt auch eine Steigerung der Elastizitätsgrenze, aus welchem Grunde siliziumhaltiger Stahl für Federn gern verwendet wird. Beachtenswert ist noch, daß Silizium wie beim Guß das spezifische Gewicht vermindert. Die magnetischen und elektrischen Eigenschaften gehen aus Abb. 126 ebenfalls nach den Versuchen von Paglianti hervor. Hiernach erhöht Silizium genau wie beim Guß den elektrischen Widerstand. Koerzitivkraft, Hysteresisverlust und Remanenz zeigen eigentümlicherweise ein analoges Verhalten wie die Kerbschlag-

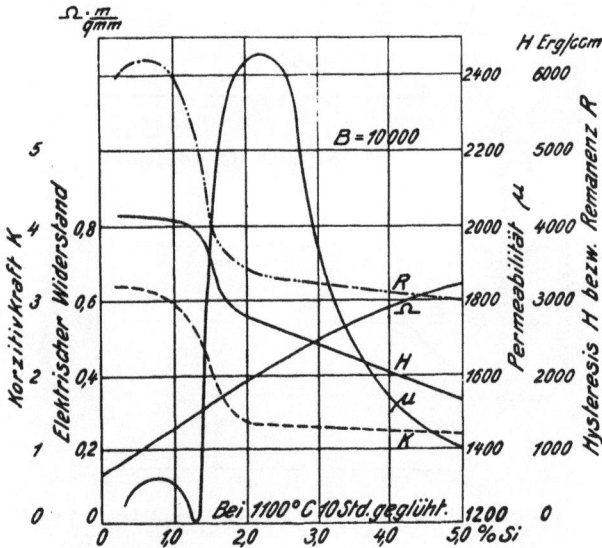

Abb. 126. Abhängigkeit der magnetischen und elektrischen Eigenschaften vom Si-Gehalt bei weichem Flußeisen mit 0,1% C; 0,2 ÷ 0,6% Mn.

zähigkeit, während die Permeabilität für 2% Silizium einen Höhepunkt erreicht. Es ergibt sich also daraus, daß der Hysteresisverlust durch Silizium stark erniedrigt wird. Die Kurve der Wattverluste verläuft ähnlich derjenigen der Hysteresis, mithin sind die Wattverluste von 2% Silizium ab ebenfalls stark vermindert. Die Verlustziffern erreichen bei Siliziumgehalten bis 4% nur ungefähr die Hälfte von gewöhnlichen Blechen und betragen für solche von 0,5 mm Stärke

bei	0	1	2	3	4%	Silizium
	3,6	2,9	2,3	1,9	1,7	Watt/kg.

Die mit wachsendem Siliziumgehalt abnehmende Magnetisierbarkeit ist dadurch bedingt, daß Silizium an sich vollkommen unmagnetisch ist. In der Hauptsache werden schwach legierte Bleche mit 0,6 bis 1,0% Silizium und hochlegierte mit 3 bis 4% Silizium verarbeitet. Während gewöhnliches

Material im Verlaufe der Zeit, insbesondere wenn es einer Temperatur von 100⁰ ausgesetzt wird, „altert", indem die Verlustziffer bis zu 8% steigen kann, wird bei den legierten Blechen eine derartige Veränderung nicht beobachtet.

Der Einfluß des Siliziumgehaltes auf die Schmiedbarkeit ist noch nicht geklärt; auf jeden Fall erscheint ein geringer Siliziumgehalt von Vorteil, weil die feste Lösung des Eisensilizides und Ferrits spröde ist; für eine gute Schweißbarkeit kommt ebenfalls nur ein möglichst geringer Gehalt in Frage. Diegel[1]) empfiehlt für guten Flußeisenguß höchstens 0,2%, dagegen für Flußeisenblech nicht mehr als 0,01%, indem das erstere einen höheren Kohlenstoffgehalt besitzt.

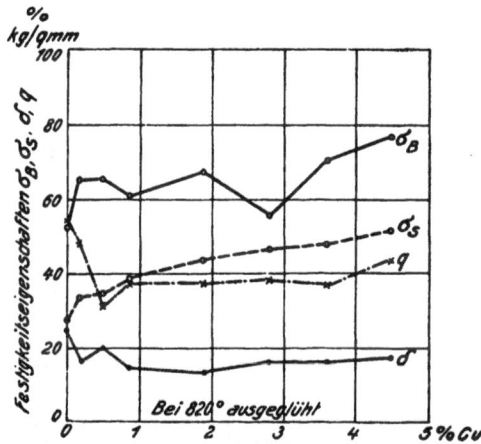

Abb. 127. Abhängigkeit der Festigkeitseigenschaften vom Cu-Gehalt bei Flußeisen mit 0,4 : 0,6% C; 0.3 : 0,5% Mn.

4. Kupfer.

Unsere Kenntnisse über die Wirkungsweise des Kupfers in den Eisen-Kohlenstofflegierungen sind noch recht unklar und widersprechend. Die Grenze der Löslichkeit für das Kupfer im festen Eisen ist noch nicht geklärt, auf jeden Fall liegt sie aber mindestens bei 1%, vielleicht sogar noch viel höher, so daß also die Gehalte, die in dem technischen Eisen vorkommen und höchstens 0,2% betragen, hierunter fallen. Kupfer erniedrigt im allgemeinen die Haltepunkte.

Nach Versuchen von Lipin[2]) nimmt die Zugfestigkeit mit dem Kupfergehalt zu und erreicht einen Höchstwert bei einem Kupfergehalt, der um so höher liegt, je niedriger der Kohlenstoffgehalt ist. Abb. 127 gibt die Versuche von Clevenger und Ray[3]) an ausgeglühten Proben mit rd. 0,5%

---

[1]) Diegel, Stahl und Eisen, 1919, S. 203.
[2]) Lipin, Stahl und Eisen, 1900, S. 536.
[3]) Clevenger und Ray, Stahl und Eisen, 1914, S. 686.

Kohlenstoff wieder. Beide Forscher haben ebenfalls ein Anwachsen der Festigkeit mit zunehmendem Kupfergehalt feststellen können, jedoch einen Höchstwert nicht gefunden. Auch hinsichtlich der Dehnbarkeit und Querschnittsverminderung weichen diese Ergebnisse von denjenigen Lipins ab; bei letzterem nehmen die beiden Eigenschaften stark ab, nach den Versuchen der ersteren jedoch nur wenig, wobei über 1% Kupfer ein Gleichbleiben der Dehnbarkeit und Querschnittsverminderung bewirkt.

Die Warmreckbarkeit wird durch die im Eisen normalen Kupfergehalte nicht beeinflußt. Bei höheren Gehalten tritt jedoch nach Lipin Rotbruch

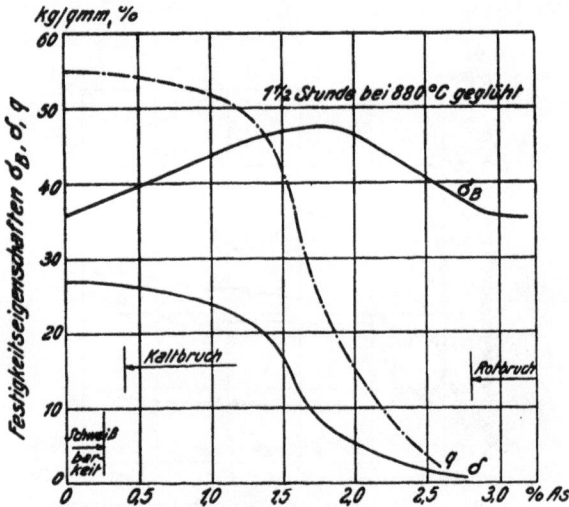

Abb. 128. Abhängigkeit der Festigkeitseigenschaften vom As-Gehalt bei Flußeisenmit 0,08% C; 0,4% Mn.

auf, und zwar ist hierfür bei wenig Kohlenstoff mehr Kupfer notwendig; so zeigte sich z. B. der Rotbruch bei einem Eisen mit 0,1% Kohlenstoff und 4 bis 5% Kupfer, während ein solches mit 0,4% Kohlenstoff nur 1,6% Kupfer bedurfte. Es ist nicht ausgeschlossen, daß ein höherer Schwefelgehalt von Einfluß ist. Lipin sowohl wie Clevenger und Ray haben übereinstimmend festgestellt, daß die Schweißbarkeit bei einem Kupfergehalt über 0,5 bis 0,6% leidet.

Die Kaltreckbarkeit erfährt erst bei einem Kupfergehalt über 1% eine merkliche Verschlechterung.

5. Arsen.

Im technischen Eisen kommen Arsengehalte bis zu ungefähr 0,2% vor; hierbei ist das Arsen im Ferrit gelöst. Nach Osmond wird durch einen Arsengehalt der Punkt A_3 erhöht, während A_2 unbeeinflußt bleibt. Liedgens[1]

---

[1] Liedgens, Stahl und Eisen, 1912, S. 2109.

stellte fest, daß A_1 und A_3 erniedrigt werden, also auch hierüber bestehen noch Unklarheiten. In Abb. 128 sind die Ergebnisse der Versuche von Liedgens dargestellt. Die Festigkeit nimmt mit dem Arsengehalt bis zu ungefähr 1,8% zu, um dann wieder zu sinken. Beachtenswert ist das Verhalten der Querschnittsverminderung und Dehnbarkeit, die bei rd. 1,3% Arsen sich beträchtlich vermindern. Das Eisen wird also in diesem Zustande spröde. Der Rotbruch, der vom Arsen verursacht wird, tritt erst bei höheren Gehalten ein, die weit über den im technischen Eisen vorkommenden gelegen sind. Diese gefährlichen Arsengehalte sind ihrerseits in ihrer Wirkung wieder abhängig vom Mangangehalt, so daß z. B. Liedgens bei einem Mangangehalt von 0,1% einen gefährlichen Arsengehalt von 1,25% und bei einem solchen von 0,4% einen Arsengehalt von 2,8% feststellen konnte.

Die Schmiedbarkeit wird bei einem gering manganhaltigen Eisen von ungefähr 2% Arsen ab vermindert. Eine gute mechanische Schweißbarkeit wird bereits durch Arsengehalte von 0,1 bis 0,2% beeinträchtigt, während die Kaltreckbarkeit durch normale Zusatzmengen nicht beeinflußt wird.

Arsen erhöht das spezifische Gewicht und den elektrischen Widerstand, erniedrigt die Wattverluste, beeinträchtigt aber die sonstigen magnetischen Eigenschaften bis zu einem Gehalt von 3% nicht.

6. Zinn.

Festes Eisen löst bis zu 19% Zinn auf, weiches Flußeisen soll aber schon bei 1,5% Zinn deutlichen Rotbruch zeigen. Zinn erhöht die Festigkeit und erniedrigt die Dehnbarkeit, macht also das Eisen spröde. Infolge der Härtesteigerung in der Wärme ist Zinn möglichst zu vermeiden; der Schrott ist zu entzinnen, weil sonst die Walzarbeit unnötig erschwert wird.

7. Phosphor.

a) Gußeisen und Temperguß.

Phosphor ist im festen Eisen nur bis zu 1,7% löslich; er erhöht die Korngröße des Ferrits und steigert dadurch die Sprödigkeit. In phosphorhaltigem Gußeisen ist ein ternäres Eutektikum aus Eisen (Fe), Eisenkarbid (Fe_3C) und Eisenphosphid (Fe_3P) zu beobachten, das sich allerdings schwer von Ledeburit unterscheidet und am besten durch Anlassen kenntlich gemacht wird. Während Eisenkarbid rot anläuft, ist Eisenphosphid noch weiß bis gelblich; Mischkristalle aus Eisen und Eisenphosphid werden durch Kupferammoniumchlorid (1:12) dunkelbraun gefärbt. Das ternäre Eutektikum enthält rd. 1,7% Kohlenstoff, 7% Phosphor und 91,3% Eisen; seine Erstarrungstemperatur liegt bei 950°. Der eutektische Kohlenstoffgehalt wird durch den Phosphor herabgedrückt, und zwar beträgt er

bei 0,02% Phosphor	4,27% Kohlenstoff,
,, 0,88 ,, ,,	3,98 ,, ,,
,, 2,34 ,, ,,	3,34 ,, ,,

Oberhalb 2,5% Phosphor begünstigt dieser die Bildung von Graphit und läßt ihn in Nestern sich ausscheiden. Da Phosphor bei einem Gehalt von etwa 1% das Eisen dünnflüssig macht, so wird er dem Geschirr- und Kunstguß zugesetzt. Mehr als 1% machen das Eisen spröde. Für Guß, der den Wärmespannungen widerstehen soll, ist ein möglichst geringer Phosphorgehalt, unter 0,1% zu wählen.

Der Phosphor begünstigt nach Stoughton[1]) die Bildung von Lunkern, Seigerungen und Gasblasen und verringert die Aufnahmefähigkeit für Kohlenstoff.

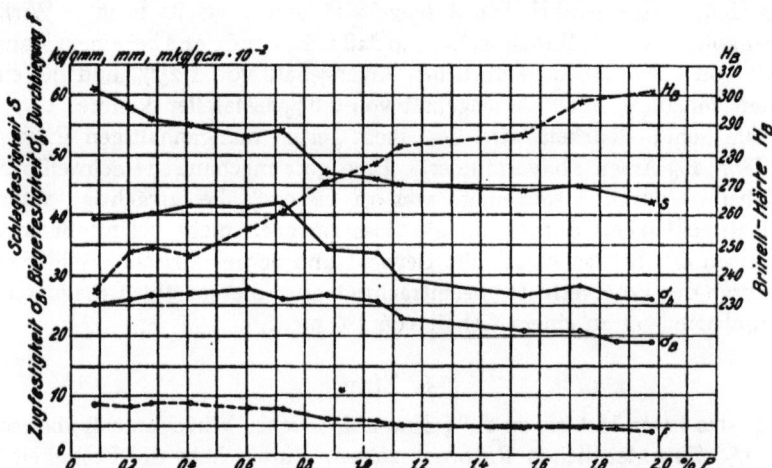

Abb. 129. Abhängigkeit der mechanischen Eigenschaften vom P-Gehalt bei grauem Gußeisen mit 3,25% C (davon 1,83% Graphit); 0,12% Mn; 1,15% Si.

Nach Versuchen von Wüst und Stotz[2]), deren Ergebnisse in Abb. 129 dargestellt sind, bleiben Zug- und Biegefestigkeit sowie die Durchbiegung bis zu einem Phosphorgehalt von ungefähr 0,7% konstant, um dann zu sinken. Die Härte nimmt fast linear zu. Im allgemeinen schreiben die beiden Forscher dem Phosphor bis zu 0,3% eine günstige Wirkung auf die statischen Festigkeitseigenschaften zu. Allerdings tritt schon bei geringen Phosphorgehalten eine gewisse Sprödigkeit ein, die mit höheren Gehalten zunimmt und sich besonders in der Kerbschlagfestigkeit auswirkt. Wüst und Stotz fanden, daß ein Mangangehalt auf den Phosphor keinen Einfluß ausübt, während allerdings Ledebur für die Gußwarenerzeugung ein Roheisen mit einem im umgekehrten Verhältnis zum Mangan stehenden Phosphorgehalt fordert. Daß Gußeisen um so mehr Phosphor enthalten darf, je geringer der Gehalt an gebundenem Kohlenstoff ist, wenn es seine Zähigkeit nicht verlieren soll, bemerkten schon Wüst und Goerens[3]).

---

[1]) Stoughton, The Foundry, 1907, S. 309; Stahl und Eisen, 1907, S. 881.
[2]) Wüst und Stotz, Ferrum, 1914/15, S. 111.
[3]) Wüst und Goerens, Stahl und Eisen, 1903, S. 1072.

Im Folgenden sind die Phosphorgehalte der verschiedenen Gußsorten zusammengestellt:

Geschirr- und Ofenguß	1,0% und mehr
Röhrenguß	bis 1,0 „ und mehr
Gußwaren mittlerer Festigkeit, leicht bearbeitbar	0,5 „ 0,8 „
Maschinenguß höherer Festigkeit:	
Lokomotivzylinder	0,7 „ 0,9 „
Dampf-, Gasmotoren-, Preßzylinder . .	0,2 „ 0,6 „
Kokillenguß, gegen Temperaturschwankungen widerstandsfähiger Guß . . .	„ 0,1 „
Walzenguß	0,4 „ 0,6 „
Hartguß	0,2 „ 0,5 „
Dynamoguß	0,9 „
Säurebeständiger Guß	0,15%
Schmiedbarer Guß	„ 0,22 „ .

b) Kohlenstoffstahl.

Die Angaben über die Wirkung des Phosphors auf Flußeisen sind ebenfalls noch recht dürftig. Nach Howe erhöht Phosphor den Elastizitätsmodul, die Streckgrenze, Zugfestigkeit und das Verhältnis der beiden letzteren, jedoch ist der Einfluß sehr veränderlich. Abb. 130 gibt Versuche von d'Amico[1]) wieder, nach denen im Einklang mit den Ergebnissen von Howe und Stead[2]) Streckgrenze und Festigkeit stark ansteigen. Das geglühte Material erreicht bei ungefähr 0,9% Phosphor einen Höchstwert der Festigkeit; seine Härte steigt nahezu geradlinig an. Charakteristisch ist das starke Abfallen der Dehnung bei ungefähr 0,5% Phosphor sowie der ebenfalls große Abfall der Kerbschlagzähigkeit S, die bereits bei ganz geringen Phosphorgehalten in ähnlicher Weise wie beim Gußeisen abnimmt. Bei 0,3% Phosphor ist die Sprödigkeit außerordentlich groß. In Abb. 131 sind die elektrischen und magnetischen Eigenschaften nach d'Amico dargestellt. Der elektrische Widerstand nimmt ungefähr proportional dem Phosphorgehalt zu, und rd. 0,3% Phosphor bewirken einen Höchstwert der Remanenz und Koerzitivkraft, während die Permeabilität von 0,6% ab konstant auf ihrem Höhepunkt verharrt. Diese Gesetze der Eigenschaften gelten für den geglühten und abgeschreckten Zustand des Stahles.

Ein Werkzeugstahl von 1% Kohlenstoff soll nur noch 0,025% Phosphor enthalten. Je niedriger der Kohlenstoffgehalt ist, desto höher kann der Phosphorgehalt sein, ohne daß eine besonders ungünstige Wirkung eintritt. Für Flußeisen von ungefähr 0,1% Kohlenstoff kann man daher bis zu 0,1% Phosphor gehen. Bei Schweißeisen ist sogar 0,3% Phosphor noch ohne

---

[1]) d'Amico, Ferrum, 1913, S. 298.
[2]) Stead, Iron and Steel Institute, 1916.

schädliche Wirkung. Diese Eigentümlichkeit ist vermutlich auf die gleichzeitige Anwesenheit des Mangans zurückzuführen, das im Flußeisen in größe-

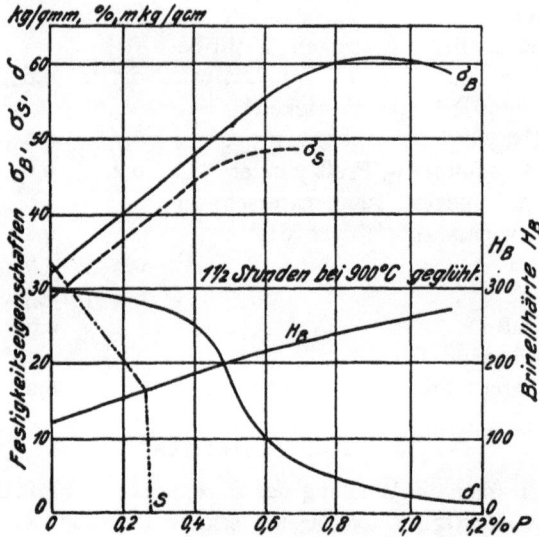

Abb. 130. Abhängigkeit der Festigkeitseigenschaften vom P-Gehalt
bei Flußeisen mit 0,1% C; 0,2% Mn.

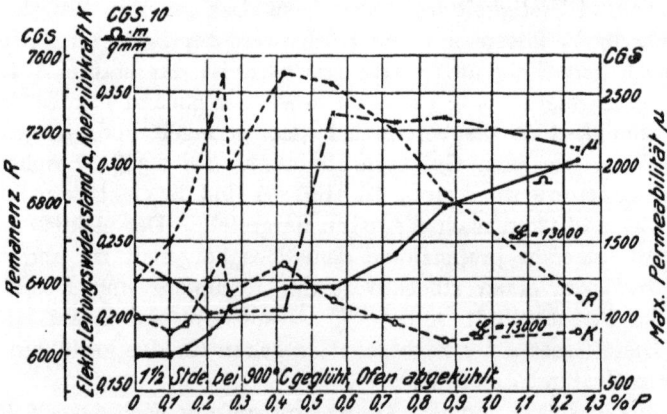

Abb. 131. Abhängigkeit der elektrischen und magnetischen Eigenschaften vom
P-Gehalt bei geglühtem Flußeisen mit ∽ 0,131% C; ∽ 0,205% Si.

ren Mengen vorhanden ist und auf dessen Eigenschaften durch seine Gegenwart einwirkt. Phosphor macht das Schmiedeeisen kaltbrüchig, und es genügt hierzu schon ein Gehalt von 0,25% bei einem kohlenstoffarmen Eisen. Der Bruch ist grobkörnig und zeigt ein mattes Aussehen.

Die Kaltbildsamkeit ist groß, sofern das Flußeisen kohlenstoffarm ist; diese Eigenschaft nutzt man für das Pressen von Schraubenmuttern aus.

Die Warmbearbeitung ist bis zu einem Gehalte bis zu 0,3% Phosphor gut, falls nicht zu viel Kohlenstoff vorhanden ist. Für gute Schweißbarkeit ist nach Diegel[1]) bei Flußeisenguß und -blech höchstens 0,05% Phosphor, dagegen nach Ledebur für Schweißeisen höchstens 0,4% Phosphor zu fordern.

Die Widerstandsfähigkeit gegen Korrosion wird durch Phophorzusatz erhöht.

Als eine der größten Unannehmlichkeiten, die ein Phosphorgehalt zur Folge haben kann, sind die Seigerungen zu betrachten, über die in einem späteren Kapitel noch Näheres zu sagen ist; sie beruhen auf örtlichen Anreicherungen, die durch den niedrigen Schmelzpunkt des Phosphideutektikums begünstigt werden.

8. Schwefel.

a) Gußeisen und Temperguß.

Die Aufnahmefähigkeit des Eisens für Kohlenstoff wird durch den Schwefel unter Umständen erhöht, und die Neigung zur Unterkühlung gefördert; hierdurch beeinflußt der Schwefel die Graphitbildung, und zwar um so mehr, je niedriger der Kohlenstoff- und Siliziumgehalt ist. Bei geringem Siliziumgehalt sollen bereits Spuren von Schwefel den Kohlenstoff in der gebundenen Form festhalten, während bei hohen Siliziumgehalten erhebliche Schwefelmengen ohne Einfluß sind. Wüst und Miny[2]) haben den Einfluß des Schwefels systematisch untersucht und gefunden, daß seine Wirkung in hohem Maße vom Mangangehalt abhängig ist. Bei siliziumhaltigem Grauguß mit weniger als 0,3% Mangan wird die Graphitbildung durch den Schwefel nicht beeinflußt, so lange dieser unter 0,2% bleibt; bei 0,3 bis 1% Mangan wird die Wirkung desselben hinsichtlich der Graphitausscheidung beeinträchtigt. Nach Ledebur macht der Schwefel das Eisen dickflüssig, wodurch eine höhere Gießtemperatur notwendig ist. Daher soll das Gußeisen normalerweise möglichst unter 0,2% Schwefel besitzen. Eine Löslichkeit des Schwefels im festen Eisen findet nur bis zu 0,025% statt, bei höheren Schwefelgehalten erscheinen rundliche, gelblich-braun gefärbte Körner von Schwefeleisen (FeS); andrerseits bildet der Schwefel mit dem Mangan Schwefelmangan (MnS), das nach Arnold und Waterhouse[3]) im ungeätzten Schliff taubengraue Färbung besitzt, so daß also beide ihre Eigenschaften gegenseitig beeinflussen. Eine Unterscheidung des Eisensulfides vom Mangansulfid läßt sich durch das Anlaßverfahren erreichen; wird der Schliff nämlich auf dunkelgelb angelassen, so färbt sich das Eisensulfid blau, während das Mangansulfid fahl weiß erscheint.

---

[1]) Diegel, Stahl und Eisen, 1919, S. 203.
[2]) Wüst und Miny, Ferrum, 1917, S. 113.
[3]) Arnold und Waterhouse, Iron and Steel Institute, 1903, S. 136.

Nach Versuchen von Coe[1]) hat der Schwefel eine Erhöhung der Zug-
und Biegefestigkeit zur 'Folge; dies wird von Jüngst[2]) bestätigt, nach
dessen Ergebnissen die Durchbiegung ebenfalls mit dem Schwefelgehalt
entsprechend der Festigkeit zunimmt. Dies mag durch die fein verteilte Form des ausgeschiedenen Graphits verursacht sein. Nach den Versuchen von Wüst und Miny wächst die Härte ebenfalls mit dem Schwefelgehalt. Wenn aus diesen Versuchen auch eine scheinbare Verbesserung
des Gußeisens durch einen Schwefelzusatz hervorgeht, so ist doch die Gefahr
zu beachten, die durch eine Begünstigung der Schwindung, Seigerung und
Lunkerbildung sowie eine Verhinderung der Graphitabscheidung besteht.
Im übrigen liegt nicht viel Versuchsmaterial vor, das einen klaren Einblick
in die ganzen Verhältnisse geben könnte.

Für die normalen Gußeisensorten kommen folgende Schwefelgehalte
in Betracht:

Geschirr- und Ofenguß . . . . unter 0,10%
Röhrenguß . . . . ,, 0,12 ,,
Gußwaren mittlerer und höherer Festigkeit . . . ,, 0,12 ,,
Kokillenguß, gegen Wärmespannungen wider-
    standsfähiger Guß und Walzenguß . . . . . . ,, 0,10 ,,
Hartguß . . . . 0,08 bis 0,15 ,,
Dynamoguß . . . . unter 0,12 ,,
Säurebeständiger Guß . . . . 0,03 bis 0,04 ,, .

Bei Temperguß soll der Schwefelgehalt nach Versuchen von Leuenberger[3]) 0,20% nicht wesentlich überschreiten, während Moldenke[4]) dagegen
höchstens 0,06% fordert, weil der Schwefel die Festigkeit ungünstig beeinflußt.

b) Kohlenstoffstahl.

Über den Einfluß des Schwefels auf Flußeisen geben hauptsächlich
Versuche von Unger[5]) an Siemens-Martinstahl Aufschluß. Bekanntlich
verursacht Schwefel Rotbruch, über dessen Entstehung die Ansichten noch
verschieden sind; vermutlich dürfte er auf den geringen Schmelzpunkt des
Eutektikums Eisen-Eisensulfid zurückzuführen sein, der bei 985° liegt.
Treitschke und Tammann[6]) neigen der Ansicht zu, daß der Rotbruch auf
der Bildung spröder Mischkristalle bei 770° beruht, die aus Eisen und Eisensulfid bestehen. Becker[7]) glaubt die Ursache des Rotbruches in der Aufnahme

---

[1]) Coe, Stahl und Eisen, 1915, S. 877.
[2]) Jüngst, Beitrag zur Untersuchung des Gußeisens, Düsseldorf, 1913; Stahl und
Eisen, 1915, S. 879.
[3]) Leuenberger, Stahl und Eisen, 1921, S. 286.
[4]) Moldenke, Stahl und Eisen, 1909, S. 1201.
[5]) Unger, American Machinist, 1916, S. 191; Stahl und Eisen, 1917, S. 592.
[6]) Treitschke und Tammann, Zeitschrift für anorganische Chemie, 1906, S. 320.
[7]) Becker, Stahl und Eisen, 1912, S. 1017.

des Sauerstoffes durch das Eutektikum Eisen-Schwefeleisen zu finden, so daß also nur der an das Eisen gebundene Schwefel den Rotbruch herbeiführen kann, während er in Form von Schwefelmangan unschädlich ist. Nach Ledebur und Unger bedingen 0,2% Schwefel bereits Rotbruch. Daß rotbrüchiges Eisen über 985⁰ schweiß- und schmiedbar wird, läßt sich ebenfalls aus dem niedrigen Schmelzpunkt des oben genannten Eutektikums erklären. Die Einwirkung des Schwefels auf die Festigkeit wächst nach den Versuchen von Unger mit dem Kohlenstoffgehalt. Bei geringen Kohlenstoffmengen war eine Einwirkung auf Festigkeit und Dehnbarkeit nicht zu beobachten;

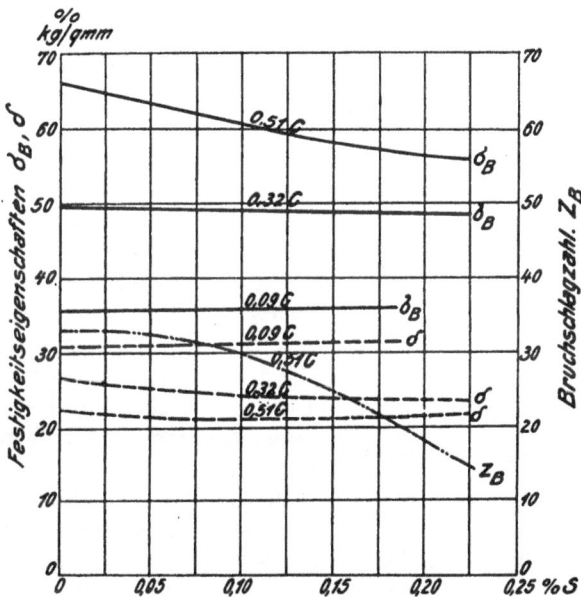

Abb. 132. Abhängigkeit der Festigkeitseigenschaften und der Bruch-schlagzahl vom S-Gehalt bei Flußeisen verschiedenen C-Gehaltes.

bei höheren Gehalten dagegen sinken sie, das Eisen wird also spröde. Zu dem gleichen Ergebnis führten Schlagversuche, die an Achsen bis zum Rotbruch ausgeführt wurden, vgl. Abb. 132.

Unger stellte bis 0,2% Schwefel keine wesentliche Beeinträchtigung der Kaltreckbarkeit fest. Dagegen ergaben Versuche von Holtz einen großen Einfluß des Schwefels auf die magnetischen Eigenschaften. Auf Grund eingehender Untersuchungen von Diegel[1] scheint für gut schweißendes Material ein Schwefelgehalt empfehlenswert, der möglichst unter 0,05% liegt. Im übrigen sei noch angeführt, daß der Schwefel die Angreifbarkeit von Lösungsmitteln erhöht.

----

[1] Diegel, Stahl und Eisen, 1919, S. 203.

9. Gase.

Systematische Untersuchungen über die Einwirkung der Gase auf die Metalle sind bisher noch wenig ausgeführt worden, obwohl ein großer Teil der Abweichungen in den Eigenschaften zweier, der Analyse und der Herstellungsart nach gleicher Metalle auf die Gegenwart und den Einfluß von Gasen zurückzuführen sein dürfte. Die Gase können in den Metallen entweder unlöslich oder gelöst sein oder aber mit ihnen chemische Verbindungen eingehen. So ist z. B. Stickstoff und Wasserstoff in Zink, Blei, Zinn, Antimon, Aluminium, Silber und Gold, außerdem Stickstoff in Kupfer und Nickel unlöslich, während sich Kohlenoxyd und Kohlendioxyd wiederum in Kupfer nicht lösen. Im Eisen sind die Gasblasen meist mit Gemischen aus Kohlenoxyd, Kohlendioxyd, Wasserstoff und Stickstoff gefüllt. Sauerstoff oxydiert die Blasenwandung.

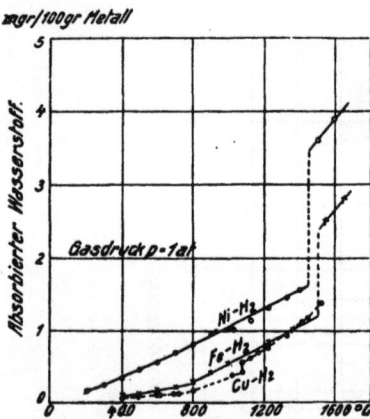

Abb. 133. Abhäugigkeit der Löslichkeit des Wasserstoffes von der Temperatur bei Fe, Ni und Cu in festem und flüssigem Zustand.

a) Gaslösungen.

Das flüssige Eisen vermag die Gase zu lösen, die beim Heiz- und Frischprozeß mit ihm in Berührung kommen und durch chemische Reaktionen entstehen. Über die Löslichkeit der Gase in Metallen hat Sieverts[1]) eingehende Versuche angestellt, deren Ergebnisse in Abb. 133 dargestellt sind. Danach lösen die Metalle Wasserstoff ganz besonders in flüssigem Zustande, und die Löslichkeit wächst mit der Temperatur. Beim Abkühlen geben die Metalle den Wasserstoff wieder ab, und ein ganz beträchtlicher Teil entweicht während der Erstarrung. Hierbei geschieht die Gasabgabe des flüssigen Metalles am stärksten an den Wandungen der Form, weil dort die Abkühlung am schnellsten vor sich geht. Die Folge der Blasenbildung sind Überlappungen und Doppelungen des Materials im ausgewalzten Zustand. Starke Randblasen treten häufig bei zu heißem Guß auf, während eine richtige Gießtemperatur meist nur Kopfblasen ergibt. Durch Zusatz andrer Elemente wie Mangan, Silizium und Aluminium wird die Blasenbildung vermindert, so daß man einen dichteren Guß erhält. Nach Brinell soll Silizium 5 mal und Aluminium 90 mal so stark als Mangan wirken. Bei der weiteren Abkühlung im festen Zustande nimmt der Wasserstoffgehalt nach Abb. 133 noch weiter ab, ein Zeichen, daß die Metalle auch im festen Zustande Gase gelöst haben. Eine Beeinflussung des Gefüges durch gelösten Wasserstoff und Kohlenoxyd

---

[1]) Sieverts, Martens-Heyn, Handbuch der Materialienkunde für den Maschinenbau, Bd. II A, S. 421.

ist bis jetzt nicht gefunden worden. Über die Menge des Gases, das aus 1 kg des im flüssigen Zustande gesättigten Metalles beim Erstarren entweicht, gibt folgende Tabelle Aufschluß:

Kupfer	14 ccm Wasserstoff,
Eisen	130 „ „
Nickel	206 „ „
Silber	2080 „ Sauerstoff.

Die Gase, die in einem Metall löslich sind, können durch dieses bei der Berührung mit ihm hindurchwandern (diffundieren). Hierbei dringen sie so lange vor, bis der Gehalt an allen Stellen des Metalles gleich ist. Die Diffusionsgeschwindigkeit nimmt mit wachsender Temperatur zu.

Der Wasserstoff wird vom Eisen im flüssigen und festen Zustande aufgenommen; in welcher Form er sich im Eisen wiederfindet, weiß man nicht. Die aufgenommene Menge ist von der Temperatur, vom Druck und von der chemischen Zusammensetzung bei den verschiedenen Herstellungsarten des Eisens abhängig. Diese Eigenschaft ist besonders wichtig für die Beurteilung der Stahlherstellungsverfahren, weil der Druck bei diesen sehr verschieden ist, je nachdem ein Konverter, Martin-, Tiegel- oder Kupolofen vorliegt. Im Elektrolyteisen sind stets beträchtliche Mengen Gase, meist Wasserstoff, enthalten, durch die das aus dem Bade kommende Material spröde und brüchig ist; magnetisch ist es auch außerordentlich hart. Hadfield[1]) fand, daß 34 g = 4,3 ccm Eisen, auf 1400° erhitzt, 28,8 ccm Gas abgaben, das zu 98,8% aus Wasserstoff bestand. Goerens und Paquet[2]) ermittelten bei zahlreichen Proben an

Thomasflußeisen . . .	0,0003	bis	0,0006 Gew.-% Wasserstoff,
Martinflußeisen	0,0005	„	0,0009	„ „
Elektrostahl	0,0002	„	0,0039	„ „
Tiegelstahl	0,0004	„	0,0041	„ „

Vergleiche lassen sich jedoch nicht ziehen. Der Wasserstoff kann durch das Eisen hindurch diffundieren; auf einer solchen Aufnahme beruht die Beizbrüchigkeit des Eisens, indem beim Eintauchen in verdünnte Säuren zum Zwecke der Reinigung von Drähten und Blechen Wasserstoff aufgenommen wird, der das Eisen spröde macht. Die Sprödigkeit kann durch Ausglühen wieder beseitigt werden. Versuche von Baker und Lang[3]) ergaben, daß die Zug- und Scherfestigkeit beizbrüchiger Drähte keinen Anhalt für ihre Minderwertigkeit gibt. Dagegen äußert sich das ungünstige Verhalten des Beizgutes bei Biege- und Schlagbeanspruchung; allerdings ist die Querschnittsverminderung beim Zerreißversuch infolge der Sprödigkeit verringert. Die beiden Forscher stellten durch einstündiges Beizen eine Verminderung der

---

[1]) Hadfield, Stahl und Eisen, 1914, S. 1828.
[2]) Goerens und Paquet, Stahl und Eisen, 1915, S. 1136.
[3]) Baker und Lang, Journal of the Society of Chemical Industry, 1906; Stahl und Eisen, 1907, S. 149.

Biegezahlen um 30 bis 40% fest. Die Einwirkung der Säuren ist um so stärker, je dünner der Draht ist, weil sich die Wasserstoffaufnahme bei geringen Querschnitten über einen größeren Teil erstreckt. Nach Ledebur[1]) sind die gehärteten und angelassenen Stähle gegen die Einwirkung des Beizens besonders empfindlich.

Wird ein gebeizter Draht längere Zeit an trockenem Orte gelagert, oder wird er auf mäßige Temperatur, ungefähr 120⁰, erhitzt, so entweicht der aufgenommene Wasserstoff wieder, und die guten Eigenschaften des Materials kehren zurück, ein Sprödigkeitsrest, d. h. also eine dauernde Veränderung bleibt nicht bestehen.

Bei höheren Temperaturen wird das Gefüge durch den Wasserstoff aufgelockert, es treten Risse ein, das Material wird brüchig. Hierbei ist an den Kristallgrenzen ein dunkler Gefügebestandteil sichtbar. Die Wasserstoffaufnahme wird vom Mangan scheinbar begünstigt, vom Kohlenstoff vermutlich herabgedrückt. Trotz der außerordentlichen Wichtigkeit für die chemische Industrie liegen systematische Versuche großen Stils nicht vor.

b) Chemische Verbindungen.

Außer den Gaslösungen treten auch chemische Verbindungen zwischen den Gasen und Metallen auf, z. B. zwischen Stickstoff und Magnesium und Aluminium. Der Sauerstoff der Luft verbindet sich mit Kupfer zu Kupferoxydul (Cu_2O), das sich bei der Erstarrung der Schmelze vom Kupfer trennt. Bei Bronzen tritt durch den Sauerstoff Zinnsäure (SnO_2) auf, die als dünne Häutchen in der Schmelze herumschwimmt. Beim Erhitzen von Eisen in Ammoniakgas erhält man ein mit ungefähr 1% Stickstoff angereichertes und dadurch bis zu einem gewissen Grade rostsicheres Metall, über dessen Eigenschaften, d. h. ob der Stickstoff in ihm gelöst oder in Form einer chemischen Verbindung vorhanden ist, noch keine Klarheit besteht. Der Stickstoff beeinflußt die Festigkeit des Eisens nach Versuchen von Tschischewski[2]) beträchtlich. Das Eisen wird spröde, wie Abb. 134 dartut; die magnetischen Eigenschaften verschlechtern sich auch, indem die Permeabilität kleiner und die Hysteresis und Koerzitivkraft größer werden. Eisen mit 4% Silizium hat nach Versuchen von Strauß[3]) nach dem Nitrieren gleichbleibende Koerzitivkraft bei wachsender Hysteresis. Beim Glühen nitrierter Stahlproben tritt bei 520⁰ eine Zersetzung des Eisennitrids ein, und bei Gegenwart von Wasserstoff entweicht der Stickstoff schon von 400⁰ an in Gestalt des Ammoniaks. In hochstickstoffhaltigem Eisen wird das Gefüge durch das Gas beeinflußt, indem man zwischen den Kristallgrenzen einen dunklen Bestandteil erkennen kann. Stromeyer[4]) untersuchte zahlreiche spröde Kesselbleche und fand Durchschnittsgehalte von 0,004 bis 0,016%

---

[1]) Ledebur, Eisenhüttenkunde.
[2]) Tschischewski, Stahl und Eisen, 1916, S. 147.
[3]) Strauß, Stahl und Eisen, 1914, S. 1817.
[4]) Stromeyer, Iron Age, 1910, S. 858; Stahl und Eisen, 1910, S. 1805.

Stickstoff je nach der Herstellungsart. Nach den Angaben von Strauß
enthält Bessemer- und Thomasstahl 0,012 bis 0,030% Stickstoff, dagegen
Siemens-Martinstahl 0,001 bis 0,008%; bei Einsatzstahl findet sich 0,01
bis 0,10%. Bei verschiedenen Elektrostählen betrug nach Untersuchungen
von Goerens und Paquet[1]) der Stickstoffgehalt bis 0,014%. Es sei hier
bemerkt, daß die Untersuchung auf den im Eisennitrid vorhandenen Stickstoffgehalt zurzeit wohl die einzige Methode ist, um annähernd zu entscheiden,
ob ein Thomas- oder Martinmaterial vorliegt; ersteres enthält für gewöhnlich

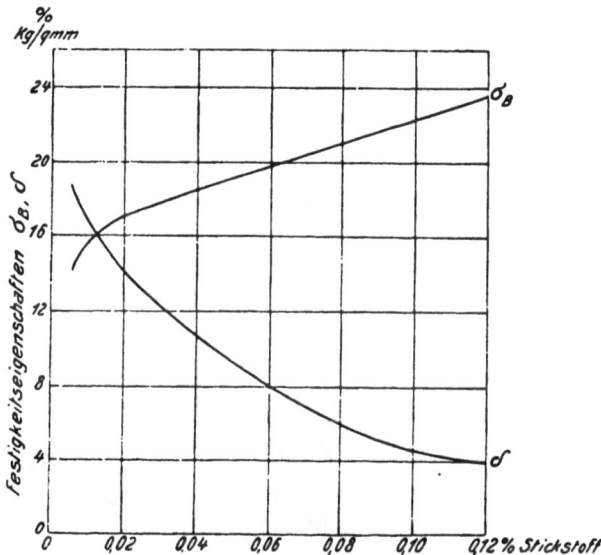

Abb. 134. Abhängigkeit der Festigkeitseigenschaften vom Stick-
stoff-Gehalt bei weichem Flußeisen.

mehr Stickstoff als letzteres. Ein durchaus sicherer Schluß läßt sich jedoch
nicht ziehen, ebensowenig wie ein Vergleich der einzelnen Herstellungsverfahren an Hand der angegebenen Zahlen möglich ist.

Ähnlich wie Bronze und Kupfer kann auch Eisen aus der Luft Sauerstoff
aufnehmen, der sich mit dem Metall verbindet. Diese Verbindungen erzeugen
den sog. Rotbruch; sie bestehen vermutlich aus Eisenoxydul oder dessen
Zwischenstufen. Nach Ledebur genügen für die Erzeugung des Rotbruches
0,1% Sauerstoff, allerdings haben Oberhoffer und Huart[2]) ein Eisen,
das ungefähr 0,14% Sauerstoff in Gestalt von Eisenoxyduleinschlüssen
enthielt, bei 900° gut und ohne Rotbruch schmieden können. Hierbei zeigten
sich die Einschlüsse plastisch und wurden lang gestreckt. Über die chemische
Natur der Einschlüsse ist, wie oben bereits gesagt wurde, noch wenig bekannt;

[1]) Goerens und Paquet, Stahl und Eisen, 1915, S. 1136.
[2]) Oberhoffer und Huart, Oberhoffer, Das schmiedbare Eisen, Berlin, 1920.

ebenso befinden wir uns über das sonstige Verhalten der oxydischen Einschlüsse noch im unklaren. Pickard und Potter[1]) haben eine Reihe saurer und basischer Siemens-Martinstähle mit 0,1 bis 1,6% Kohlenstoff auf ihren Sauerstoffgehalt nach dem Ledeburschen Verfahren untersucht und Gehalte gefunden, die zwischen 0,003 und 0,044% schwankten. Abgesehen von dem Sauerstoff, der in das flüssige Eisen eingedrungen ist, tritt beim Verbrennen des Metalles, d. h. bei einem Glühen in hohen Wärmegraden unter Luftzutritt eine Sauerstoffaufnahme auch ein. Die Eisenkristalle werden von nicht-metallischen Einschlüssen umgeben, die aus zwei Oxydationsstufen bestehen. Durch diese Einhüllung verlieren die Kristalliten ihren Zusammenhang,

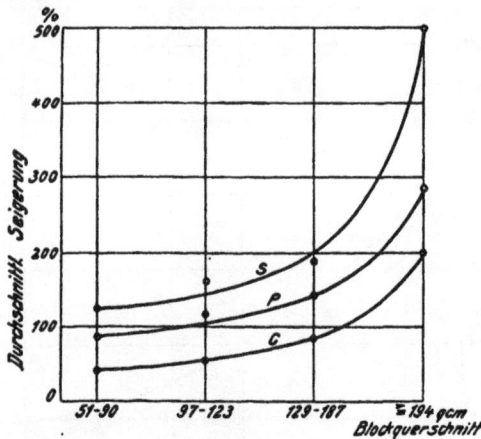

Abb. 135. Abhängigkeit der durchschnittlichen Seigerung vom Blockquerschnitt.

das Eisen ist spröde und verdorben. Eine Regenerierung ist im Gegensatz zu einem rein überhitzten Eisen nicht möglich, weil sich die Oxydationseinschlüsse nicht mehr entfernen lassen.

Als Mittel gegen den Rotbruch wird Mangan angegeben, das den Sauerstoff leichter ausscheiden läßt. Sauerstoffhaltiges Flußeisen erfährt durch Silizium eine Verringerung der Schmiedbarkeit.

10. Seigerungen.

Die Seigerungen des Stahles stellen sich als Quellen großer Unzuträglichkeiten heraus, so daß sie ernstester Beachtung bedürfen, weil sie sich in der Hauptsache auf Schwefel, Phosphor, Kohlenstoff und Mangan beziehen. Nach Untersuchungen von Talbot[2]) verhielten sich bei Blöcken die größten Seigerungen gegenüber den Gehalten der Schmelze folgendermaßen:

$$Mn:C:P:S = 135:250:379:437.$$

---

[1]) Pickard und Potter, Stahl und Eisen, 1915, S. 146; Iron and Steel Institute, 1915.
[2]) Talbot, Iron and Steel Institute, 1905; Martens-Heyn, Handbuch der Materialienkunde für den Maschinenbau, Bd. II A, S. 104.

Schwefel und Phosphor seigern also am stärksten, Silizium dagegen fast gar nicht. Reine Metalle und eutektische Legierungen seigern überhaupt nicht, solche dagegen am stärksten, die am längsten flüssig bleiben; mit der Masse des Gußstückes steigt demnach auch die Stärke der Seigerungen. Da das Seigern auf einer Entmischung beruht, wie dies bereits früher ausgeführt wurde, so läßt es sich durch möglichst schnelle Abkühlung einschränken. Howe[1]) fand, daß die Seigerungen aus diesem Grunde mit der Blockgröße zunehmen, wie aus Abb. 135 hervorgeht. Die Seigerung des schmiedbaren Eisens geht in folgender Weise vor sich: das flüssige Eisen wird in eine Eisenform (Kokille) gegossen, die auf dem Boden durch eine Eisenplatte abge-

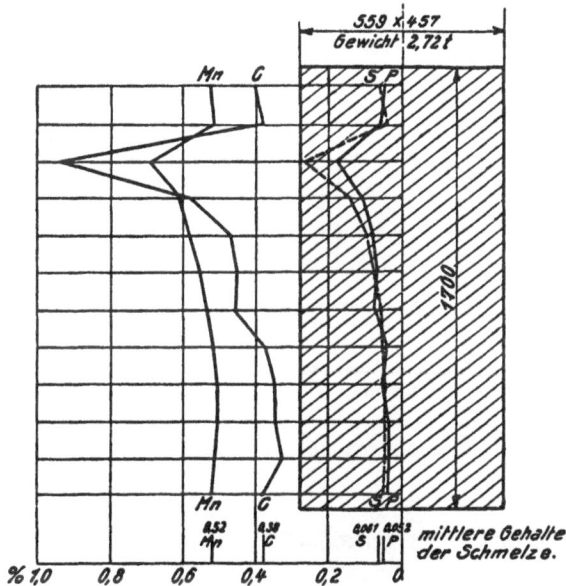

Abb. 136. Seigerung in Flußeisenblöcken.

schlossen ist. Infolge des höchsten Erstarrungspunktes des reinen Eisens erstarrt dieses zunächst an denjenigen Stellen, wo seine Erstarrungstemperatur zuerst erreicht wird, und zwar an den Kokillenwänden und am Boden. Durch das Ausscheiden von reinen Eisenkristallen wird der Rest der Schmelze an Fremdbestandteilen angereichert, wodurch deren Erstarrungspunkt sinkt. Bei den weiter abnehmenden Temperaturen erstarrt alsdann jeweils Eisen, vermehrt um die Menge der Fremdbestandteile, die der jeweiligen Erstarrungstemperatur entspricht. Es wird also mit abfallender Erstarrungstemperatur von den Wänden nach dem Kerne zu eine allmähliche Anreicherung an Fremdbestandteilen zu beobachten sein, wobei der jeweils überschüssige Teil der Fremdstoffe weiter nach dem Kerne zu gedrängt wird. Im Kern wird also

---

[1]) Howe, Transactions of the American Institute of mining Engineers, 1909, S. 909.

12*

die stärkste Seigerung auftreten, und zwar nicht in der mittleren Höhe des Blockes, sondern im oberen Teil, weil die Abkühlung der Oberfläche durch die Luft verhältnismäßig langsam von statten geht. Abb. 136 gibt einen Einblick in diese Verhältnisse nach den angeführten Versuchen von Talbot.

Neben dieser Blockseigerung hat Oberhoffer[1]) noch eine „Gasblasenseigerung" festgestellt, die in kleinen Zonen, angrenzend an Gasblasen, auftritt. Die Ursache dieser Gasblasenseigerungen ist noch unbekannt.

Bei dem Zerreißversuch findet man des öfteren im Flußeisen eine eigentümliche Brucherscheinung, scharf abgegrenzte Bänder ziehen sich durch den Bruchquerschnitt hindurch, der dadurch ein schieferartiges Aussehen

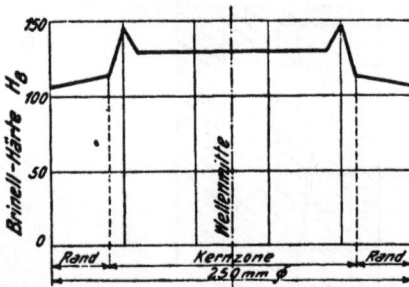

Abb. 137. Abhängigkeit der Brinell-Härte von der Seigerung einer Flußeisenwelle.

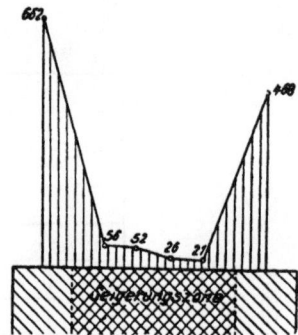

Abb. 138. Abhängigkeit der Dauerschlagzahl von der Seigerung.

erhält. Dieser sog. „Schieferbruch" ist vermutlich eine Folge der Phosphorseigerungen.

Der Einfluß der Seigerungen würde nicht so einschneidend sein, wenn, wie schon aus den vorhergehenden Abschnitten über die Einwirkung der Fremdstoffe hervorgeht, die mechanischen Eigenschaften der Seigerungszone denen des reinen Metalles gleich wären; dies ist jedoch nicht der Fall, vielmehr bedingt die Seigerung eine Sprödigkeit des davon betroffenen Eisenteiles, die sich hauptsächlich bei einer Schlagbeanspruchung in ungünstiger Weise äußert. Wüst und Felser[2]) fanden, daß die statischen Festigkeitseigenschaften keine sehr erheblichen Unterschiede für die Seigerungszone zeigen; allerdings ist die Dehnung und die Kontraktion etwas geringer. Die Entmischung tut sich jedoch in verstärktem Maße bei der Kerbzähigkeitsprüfung mit dem Charpyschen Pendelhammer oder auch mittelst der Heynschen Biegeprobe kund. Heyn[3]) konnte folgende Werte an einer Pleuelstangenschraube aus Flußeisen feststellen:

---

[1]) Oberhoffer, Stahl und Eisen, 1916, S. 798.
[2]) Wüst und Felser, Stahl und Eisen, 1910, S. 2154.
[3]) Heyn, Martens-Heyn, Handbuch der Materialienkunde für den Maschinenbau, Bd. II A, S. 255.

	σ_s	σ_B	δ	B_z (n. Heyn)
Randzone	25,8	39,6	25,3	3
Kernzone (Seigerung)	27,3	43,9	24,9	1

Abb. 137 gibt die Abhängigkeit der Brinell-Härte von der Seigerung bei einer Flußeisenwelle nach Versuchen von Dormus[1]). Die Wirkung einer stoßweisen Beanspruchung tritt nach Abb. 138 auch bei der Dauerschlag-

Abb. 139. Flußeisen mit P-Seigerungen. (Ätzverfahren nach Heyn.)

Abb. 140. Flußeisen mit P-Seigerungen. (Ätzverfahren nach Rosenhain-Oberhoffer.)

Abb. 141. Schweißeisen. (Ätzverfahren nach Heyn.)

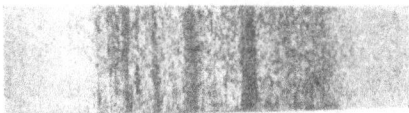

Abb. 142. Flußeisen mit S-Seigerungen. (Bromsilberverfahren nach Baumann.)

Abb. 143. Flußeisen mit S-Seigerungen. (Seidenläppchenverfahren nach Heyn und Bauer.)

probe nach Krupp zutage, und hieran lassen sich gut die Gefahren für Wellen und Achsen erkennen, bei denen im Durchmesser abgesetzte Teile vorhanden sind. Falls die Übergänge nicht gut abgerundet werden oder sogar das Absetzen bis in den geseigerten Kern hinein vorgenommen ist, können sehr leicht Dauerbrüche eintreten, die um so schneller zur vollständigen Zerstörung führen, je größer die Seigerungszone im Verhältnis zum Außendurchmesser ist. Für gewöhnlich erfolgt der erste Anriß an einer Stelle des Umfanges, sei es durch einen Schlackeneinschluß, eine Drehriefe oder sonstwie hervorgerufen, und setzt sich von hier aus langsam bis zur spröden Seigerungszone fort; der vollständige Bruch durch diese hindurch geschieht darauf sehr schnell.

---

[1]) Dormus, Stahl und Eisen. 1911, S. 398.

Aus den angeführten Gründen ist es notwendig, den geseigerten Teil des Gußblockes zu entfernen, weil sich sonst die Seigerungszone beim Auswalzen und Ziehen sogar bis in den dünnsten Draht fortsetzt. Bei Schweißeisen kommen derartige Seigerungszonen infolge der besonderen Herstellungsweise nicht in Betracht. Ätzt man Fluß- oder Schweißeisen mit Kupferammoniumchlorid, so tritt bei ersterem die Seigerungszone deutlich hervor. Die äußere Gestalt, ob viereckig oder rund, läßt in vielen Fällen noch nachträglich die Form der Gußkokille erkennen. Schweißeisen zeichnet sich gegenüber dem Flußeisen durch ein in der Herstellungsart begründetes, schlieriges Aussehen aus. In den Abbildungen 139 bis 143 sind die Ergebnisse der hauptsächlichsten makroskopischen Untersuchungsmethoden zusammengestellt. Abb. 139, 140 und 142 beziehen sich auf die gleiche Probe.

11. Schlackeneinschlüsse.

Neben den Gasblasen und Seigerungen bilden die Schlackeneinschlüsse eine dritte Art der Erkrankung des Materials. Die Schlackeneinschlüsse kommen bereits beim Abstich des Stahles in die Pfanne in ihn, indem einmal Teilchen der Ofenwände mitgerissen werden, andrerseits aber auch das flüssige Metall mit der Luft in Berührung kommt. Der Schlackengehalt richtet sich in seiner Höhe im allgemeinen nach dem Herstellungsverfahren, sofern irgendwelche Zufälligkeiten ausgeschlossen sind. Eine wissenschaftliche Methode zur Erkennung des Stahlherstellungsverfahrens besteht bisher noch nicht, wenn man auch weiß, daß guter Tiegelstahlguß und Elektrostahl nur sehr wenig, Martin- und Thomasmaterial dagegen mehr Schlacke besitzen, und in kohlenstoffarmem Flußeisen sich ebenfalls mehr Schlacke befindet als in kohlenstoffreichem Stahl.

Die Schlackeneinschlüsse sind unter Umständen von großem Einfluß auf die Festigkeitseigenschaften, weil sie durch den Warmwalzprozeß in der Walzrichtung ausgereckt werden. Aus diesem Grunde findet man, daß Flußeisen quer zur Walzrichtung eine geringere Festigkeit besitzt als längs zu ihr, während ich[1]) für Kupfer infolge der kaum nennenswerten Einschlüsse an Kupferoxydul eine Festigkeit fand, die quer zur Walzrichtung größer war als längs zu ihr. Das letztere hängt mit der allgemeinen Ursache des Kaltbruches zusammen. Bei Dauerbeanspruchung kann, wie bereits vorher ausgeführt wurde, der Anriß von einem Schlackeneinschluß seinen Anfang nehmen; ebenso sind die Einschlüsse auch von Einfluß auf die Kristallisationsvorgänge, worauf bereits bei Besprechung der Zeilen- und Netzstruktur hingewiesen wurde.

Man unterscheidet oxydische und sulfidische Schlacke, die erstere ist gelblich-braun bis hellgrau, die letztere dagegen dunkelgrau bis schwarz. Praktisch kommt der gesamte Schwefelgehalt in Form von sulfidischen Einschlüssen vor.

---

[1]) Müller, Verein deutscher Ingenieure, Forschungshefte, Nr. 211.

Hinsichtlich der Art der Schlackenteilchen möge noch allgemein bemerkt sein, daß wir Segregationseinschlüsse und Suspensionseinschlüsse unterscheiden können; die ersteren zeichnen sich durch ihre anfängliche Löslichkeit in der Schmelze aus, aus der sie nach den allgemeinen Gesetzen auskristallisieren; die Suspensionseinschlüsse sind nicht löslich.

C. Die ternären Sonderstähle.

1. Die Nickelstähle.

Der Zusatz von Nickel zum Kohlenstoffstahl hat sich als eine bemerkenswerte Errungenschaft der Legierungstechnik erwiesen. Die Folgen eines Nickelzusatzes sind sehr vielgestaltig; der Stahl wird außerordentlich stark

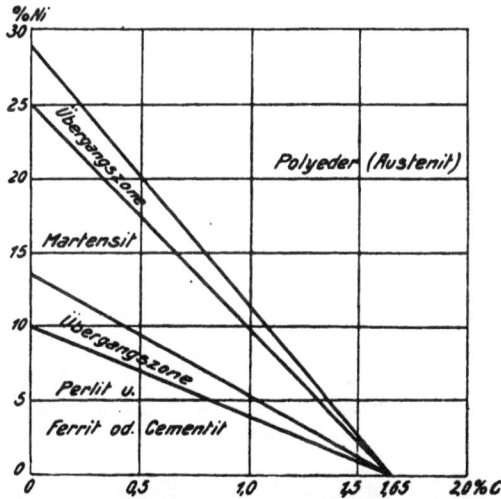

Abb. 144. Kleingefüge der Ni-Stähle.

verändert nicht nur in seinem Gefügeaufbau, sondern auch in seinen Eigenschaften, wodurch der Konstrukteur ein für zahlreiche Konstruktionen gut geeignetes Material erhält. Eisen und Nickel lösen sich im flüssigen und festen Zustand ineinander, dagegen wird bei der Erstarrung der Kohlenstoff in Form von Graphit vom Nickel wieder abgestoßen, so daß wir also von einer Unlöslichkeit zwischen beiden im festen Zustande sprechen müssen. Infolgedessen und auf Grund der Tatsache, daß chemische Verbindungen zwischen Nickel und Kohlenstoff scheinbar nicht stattfinden, tritt das Karbid der Nickelstähle nur als reines Eisenkarbid auf. Dieses besitzt ein größeres Lösungsvermögen für die feste Eisennickellösung, als für das reine Eisen, so daß hierdurch die feste Lösung Fe_3C—Ni—Fe (Martensit bzw. Austenit) beständiger ist als die gewöhnliche feste Lösung Fe_3C—Fe. Der Perlit der Nickelstähle enthält nach Waterhouse[1] nur 0,7% Kohlenstoff.

---

[1] Waterhouse, Engineering, 1905, S. 671.

Die Strukturformen, die in den Nickelstählen auftreten, sind auf Grund
zahlreicher Versuche von Guillet[1]) in einem Schaubild (Abb. 144) zusammengestellt. Je nach dem Nickel- und Kohlenstoffgehalt ist das Nickel entweder
im Ferrit gelöst oder befindet sich mit allen anderen Komponenten in fester
Lösung unter Bildung der ternären Mischkristalle Martensit und Austenit.
Zwischen den Hauptstrukturarten Perlit und Ferrit oder Zementit, Martensit
und Austenit, welch letzterer wegen seiner regelmäßigen Kornbegrenzungen
auch unter dem Namen Polyeder bekannt ist, befinden sich Übergangszonen,
die troostistischer Natur sind bzw. aus einem Gemisch von Martensit und
Austenit bestehen. Die perlitischen Stähle ähneln also ihrem Gefügeaufbau

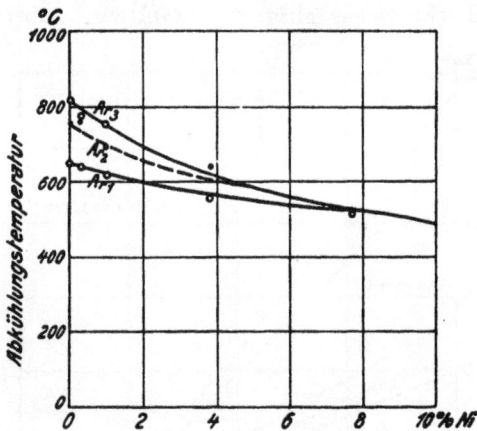

Abb. 145. Umwandlungspunkte bei der Abkühlung von Ni-
Stählen mit 0,16% C.

nach den gewöhnlichen untereutektoiden Kohlenstoffstählen, während die
martensitischen Stähle den abgeschreckten Kohlenstoffstählen entsprechen;
die austenitischen Polyeder sind mit zahlreichen Zwillingsbildungen durchsetzt.

Die thermischen Umwandlungen vollziehen sich nach Abb. 145, welche
Kurven von Osmond[2]) an Nickelstählen mit 0,16% Kohlenstoff aufgestellt
wurden. Beachtenswert ist hierbei das Sinken des Perlitpunktes Ar_1 mit
zunehmendem Nickelgehalt, während der kritische Punkt der magnetischen
Umwandlung Ar_2 ebenfalls mit dem Nickelgehalt abnimmt. Die γ—β- und
die β—α-Umwandlung treffen sich bei ungefähr 5% Nickel. Es hat sich nun
gezeigt, daß von ca. 10% Nickel ab die Linie Ar_1 besonders stark abfällt,
bis sie bei rd. 25% bei einer Temperatur von 27° anlangt. Der Verlauf der
Linien geht aus Abb. 146 links hervor, welche beiden Linienzüge zugleich
auch die magnetische Umwandlung darstellen. Das Schaubild entstammt

[1]) Guillet, Alliages Métalliques, Paris, S. 267.
[2]) Osmond, Comptes rendus, 1894, S. 553.

ebenfalls Versuchen von Osmond. Bei rd. 25% Nickel hört also die Möglichkeit des Zerfalles des Martensits und Austenits bis zur Zimmertemperatur
auf, so daß alle Stähle über 25% Nickel keinen Zerfall der festen Lösung
erleiden. Hierdurch ist infolge der geringen Kristallisationsgeschwindigkeit
die Möglichkeit der Unterkühlung gegeben. Man spricht in diesem Falle von
„selbsthärtenden" Stählen, die einer Abschreckung nicht bedürfen. Abb. 146
stellt aber auch in dem Gesamtverlauf ihrer Kurven die magnetischen Eigenschaften des Nickelstahles dar. Bis zu 25% Nickel finden wir, daß die Hysteresis der Punkte A_2 um so stärker zunimmt, je höher der Nickelgehalt ist;
von 25% Nickel ab ist sie jedoch außerordentlich gering. Nimmt man also
z. B. einen Stahl mit 20% Nickel und kühlt ihn ab, so wird er erst bei ca. 80°

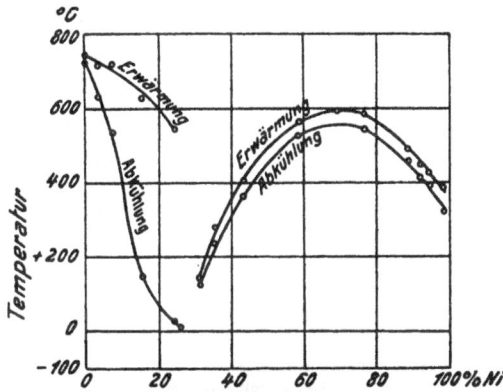

Abb. 146. Magnetische Umwandlung von Ni-Stählen mit
0,07 ÷ 0,68 % C.

magnetisch. Beim Wiedererwärmen verliert er den Magnetismus erst bei
ungefähr 600°. Bei den hochnickelhaltigen Stählen fallen dagegen diese
Punkte fast zusammen. Wir sind also in der Lage, die Nickelstähle bis zu
25% Nickel im magnetischen und unmagnetischen Zustande zu erhalten;
daher nennen wir diese Stähle „irreversible", diejenigen mit über 30% Nickel
aber „reversible", weil bei ihnen die magnetischen Umwandlungspunkte
der Abkühlung und Erhitzung nahezu zusammenfallen. Es möge noch darauf
hingewiesen sein, daß ähnlich der Hysteresis der Punkte A_2 auch diejenige
der Punkte A_1 mit wachsendem Nickelgehalt zunimmt; so finden wir z. B.

für $Ar_1 = 640^0$, $Ac_1 = 735^0$,
und für $Ar_1 = 27^0$, $Ac_1 = 540^0$.

Wir haben also eine Übereinstimmung mit der magnetischen Umwandlung.

Das spezifische Gewicht nimmt im allgemeinen mit wachsendem Nickelgehalt zu. Sowohl nach Versuchen von Hadfield[1]) (Abb. 147) wie nach

---

[1]) Hadfield, Prov. Inst. Civ. Eng., 1899, S. 1.

Guillaume[1]) wächst das spezifische Gewicht bei geringem wie hohem Nickelgehalt besonders stark an, um für das reine Nickel einen Wert von 8,750 zu erreichen. Der lineare Ausdehnungskoeffizient wird ebenfalls durch den Nickelzusatz zum Stahl sehr beeinflußt. Guillaume stellte bei den oben erwähnten Versuchen folgende Beziehungen zwischen o und 38° auf:

$$\text{bei} \quad 0,0\% \text{ Ni} \quad (10,354 + 0,00523 \cdot t) \cdot 10^{-6}$$
$$„ \quad 26,2 „ \quad „ \quad (13,103 + 0,02123 \cdot t) \cdot 10^{-6}$$
$$„ \quad 28,7 „ \quad „ \quad (10,387 + 0,03004 \cdot t) \cdot 10^{-6}$$
$$„ \quad 35,6 „ \quad „ \quad (0,877 + 0,00127 \cdot t) \cdot 10^{-6}$$
$$„ \quad 100,0 „ \quad „ \quad (12,661 + 0,00550 \cdot t) \cdot 10^{-6}.$$

Bei ungefähr 36% Nickel besteht also die geringste Ausdehnung, dieser Stahl heißt „Invarstahl". 46% Nickel geben einen Ausdehnungskoeffizienten, welcher dem des Platin ähnlich ist; letzterer beträgt 8,84 · 10⁻⁶.

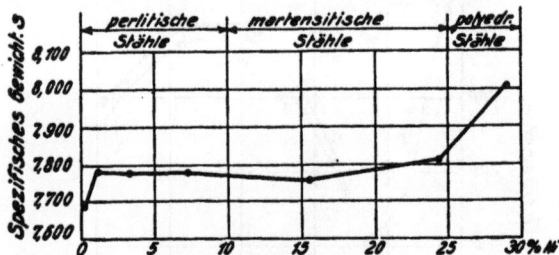

Abb. 147. Abhängigkeit des spezifischen Gewichtes vom Ni-Gehalt bei Ni-Stählen mit ∞ 0,17% C.

Nickel gibt dem Stahl eine größere Widerstandsfähigkeit gegen Korrosion. Ein Stahl von 25% Nickel und darüber ist praktisch rostfrei.

Die mechanischen Eigenschaften zeigen zunächst eine Beeinflussung des Elastizitätsmoduls, indem dieser nach Versuchen von mir[2]) abnimmt, wie aus Abb. 148 hervorgeht. Die Abnahme verläuft ungefähr geradlinig. Nach Guillaume erreicht der Elastizitätsmodul für 37% Nickel einen Mindestwert von 1460000 kg/qcm, um mit höherem Nickelgehalt wieder anzusteigen, weil reines Nickel einen solchen von 2160000 kg/qcm hat. Aus Abb. 149 und 150 nach Versuchen von Guillet[3]) geht die Veränderlichkeit der Festigkeitseigenschaften mit wachsendem Nickelgehalt hervor. Wir erkennen deutlich, daß die Eigenschaften sich nach der Strukturform richten. Perlitische Stähle haben geringe Festigkeit und Härte neben mittlerer Dehnbarkeit; sie ähneln den gewöhnlichen Kohlenstoffstählen, man kann jedoch nach Waterhouse[4]) bei 0,2 bis 0,5% Kohlenstoff für je 0,1% Nickel eine Festigkeitszunahme von 0,4 bis 0,6 kg/qmm bei einer Dehnungsabnahme

[1]) Guillaume, Bull. d'Enc., 1898, S. 261.
[2]) Müller, Verein deutscher Ingenieure, Forschungshefte, Nr. 247.
[3]) Guillet, Alliages Métalliques, S. 267.
[4]) Waterhouse, Iron and Steel Institute, 1905, S. 376.

von 0,2% annehmen. Die martensitischen Stähle besitzen eine außerordentliche Festigkeit und Härte neben geringer Dehnbarkeit. Sie sind also sehr
spröde, ähneln den abgeschreckten Kohlenstoffstählen und sind daher für
gewöhnlich nicht verwendbar. Die austenitischen polyedrischen Stähle be-

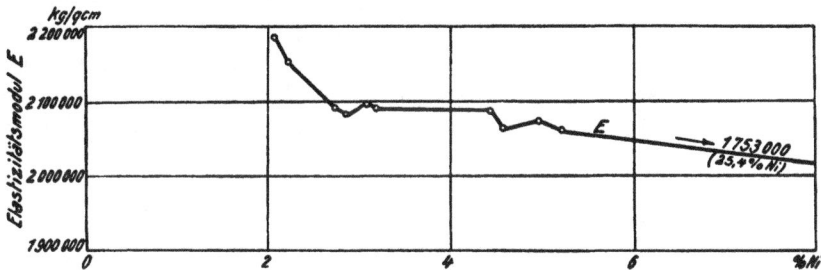

Abb. 148. Abhängigkeit des Elastizitätsmoduls vom Ni-Gehalt bei Ni-Stählen.

sitzen hohen Widerstand gegen Abnutzung, hohe Festigkeit und ausgezeichnete
Dehnbarkeit und sind demgemäß als zäh anzusprechen.

Die Abhängigkeit der Schlagfestigkeit vom Nickelgehalt zeigt einen bemerkenswerten Unterschied je nach der Höhe des Kohlenstoffgehaltes, weil
ein Stahl mit 0,8% Kohlenstoff bereits bei 5% Nickel martensitisch wird.
Auch bei ihr grenzen sich die Eigenschaften scharf nach dem Gefüge ab, wie

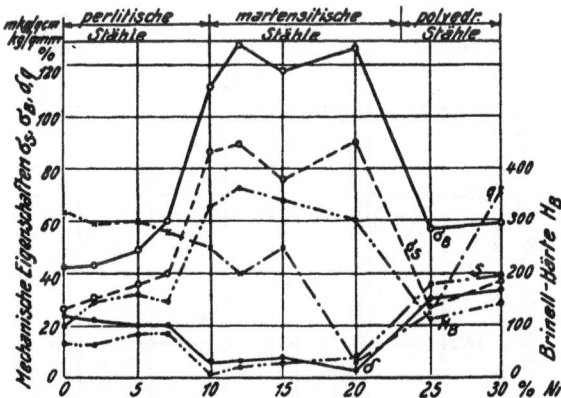

Abb. 149. Abhängigkeit der mechanischen Eigenschaften vom
Ni-Gehalt geschmiedeter Ni-Stähle mit 0,25% C.

aus Abb. 150 hervorgeht, und die martensitischen Stähle zeichnen sich durch
große Sprödigkeit aus.

Die Beeinflussung der magnetischen und elektrischen Eigenschaften
durch den Nickelgehalt ergibt sich nach Abb. 151 aus Versuchen von Burgeß und Aston[1] an kohlenstoffreiem Material ($< 0,1\%$ C): der elektrische

---

[1] Burgeß und Aston, Chem. and Metal. Eng., 1910, S. 191; Stahl und Eisen, 1910,
S. 1380.

Widerstand nimmt bis zu ungefähr 34% Nickel (Fe₂Ni) zu, um dann wieder abzunehmen. Sowie Kohlenstoff in beachtlichen Mengen vorhanden ist, ändert sich das Verhalten des elektrischen Widerstandes. Bei einer Gegenwart von 0,25% Kohlenstoff fand Portevin[1]) (Abb. 152) eine langsame Erhöhung bis 20% Nickel, von welchem Gehalte (Austenit) ab die weitere Zunahme bis 28% schroff einsetzte. Scheinbar strebt die Kurve einem Höchstwert zu. Ein Kohlenstoffgehalt von 0,8% endlich ergab eine schnellere Steigung des Widerstandes bis 15% Nickel, darauf (Austenit) eine etwas langsamere. Bei dem Endgehalt von 28% Nickel ist der Widerstand für 0,2 und 0,8% Kohlenstoff gleich. Bei den niedrigen Nickelgehalten bewirkt ein höherer Kohlenstoffgehalt auch einen größeren Widerstand. Während bei dem höheren Kohlenstoffgehalt bis 15% Nickel ein Abschrecken eine deutliche, allmählich geringer werdende Widerstandserhöhung mit sich bringt, ist eine solche bei den niedrig gekohlten Stählen nur soweit wahrzunehmen, als bei der Abschreckung aus dem perlitischen Gefüge ein martensitisches ent-

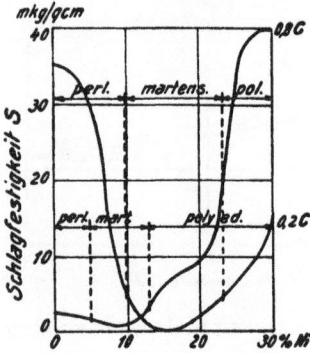

Abb. 150. Abhängigkeit der Schlagfestigkeit vom Ni-Gehalt geschmiedeter Ni-Stähle.

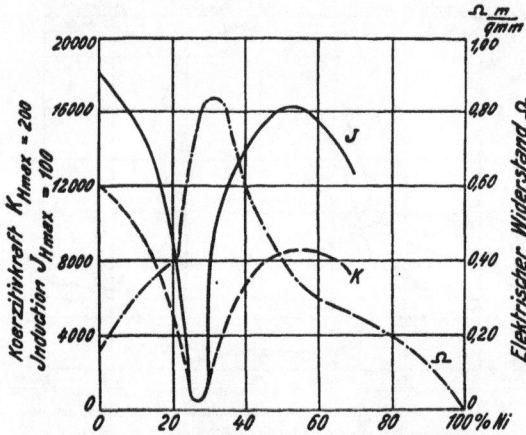

Abb. 151. Abhängigkeit der magnetischen und elektrischen Eigenschaften vom Ni-Gehalt geschmiedeter Ni-Stähle.

steht. Die magnetische Untersuchung ergab, daß die Legierungen mit 23 bis 34% Nickel unmagnetisch sind. Die Remanenz nimmt mit steigendem Nickelgehalt bis zu den unmagnetischen Legierungen ab und die Koerzitivkraft ebenfalls. Nach Überschreitung von rd. 34% Nickel nehmen beide

---

[1]) Portevin, Revue de Métallurgie, 1909, S. 1264; Metallurgie, 1910, S. 168.

Eigenschaften wieder zu. Abschrecken bei 900° soll die Koerzitivkraft verschlechtern, so daß Nickel-Eisenlegierungen für Dauermagnete nicht in Betracht kommen. Zur Beurteilung obiger Ergebnisse ist zu beachten, daß Eisen und Nickel beide stark magnetische Metalle sind, die also im legierten Zustande unmagnetische Lösungen hervorrufen können.

Die Warm- und Kaltbildsamkeit sowie die Schweißbarkeit werden durch einen Nickelzusatz nicht beeinflußt; da perlitische Stähle durch Abschrecken aus Temperaturen über Ac_3 martensitisch bzw. austenitisch werden, während die martensitischen Stähle sich in den austenitischen Zustand überführen lassen und die austenitischen Stähle mit hohem Nickelgehalt auch nach der Abschreckung austenitisch bleiben, wohingegen die austenitischen Stähle mit niedrigem Nickelgehalt ein martensitisches Aussehen erlangen (letzteres

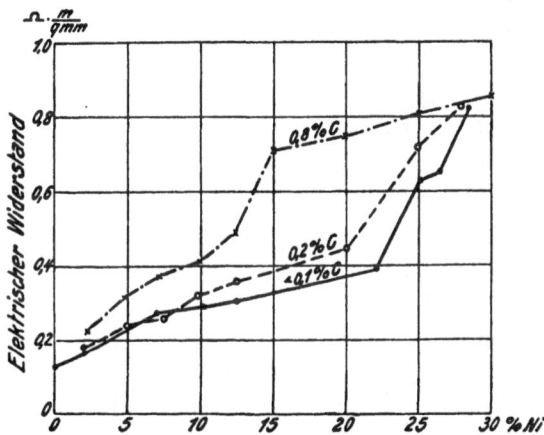

Abb. 152. Abhängigkeit des elektrischen Widerstandes vom Ni-Gehalt geschmiedeter Ni-Stähle.

auch bei einer Abkühlung auf die tiefe Temperatur der flüssigen Luft, wie Versuche von Guillet[1]) zeigten), werden die perlitischen Stähle bis 0,5% Kohlenstoff und 3% Nickel bei 750° bis 800° gehärtet, bzw. bei 700 bis 900° geglüht; um die martensitischen Stähle von 6 bis 10% Nickel weich zu erhalten, kann man kein normales Ausglühen verwenden, da sie ja bei der Abkühlung martensitisch bleiben würden, sondern man muß sich in diesen Fällen mit einer Anlaßbehandlung unterhalb des A_1-Punktes bei ungefähr 400 bis 600° begnügen. Für die polyedrischen Stähle kommt eine Wärmebehandlung überhaupt nicht in Betracht, weil die Struktur nicht verändert werden kann; zur Erzielung höherer Festigkeitswerte ist nur die Kaltbearbeitung geeignet. Ein Vergüten ändert die Nickelstähle mehr als die Kohlenstoffstähle. Auf Grund der angeführten Eigenschaften werden perlitische Stähle wegen ihres guten Fließvermögens neben beachtenswerter Festigkeit

---

[1]) Guillet, Alliages Métalliques, 1906, S. 269.

190

viel gebraucht. Die polyedrischen Stähle werden infolge ihrer hohen Zähigkeit bis 30% und mehr Nickelgehalt verwendet; man benützt sie vielfach infolge ihrer unmagnetischen Eigenschaft sowie ihres hohen elektrischen Widerstandes, ihrer niedrigen Wärmeausdehnungszahl und der großen Beständigkeit gegen Rostangriffe für zahlreiche Spezialzwecke. Hierher gehören die Legierungen mit rd. 35 bis 38% Nickel und 0,3 bis 0,5% Kohlenstoff, die als „Invar" bekannt sind. Derartig hochnickelhaltige Stähle (bis 35%) verwendet man für Ventile von Verbrennungsmotoren, weil sie gegenüber den hohen Temperaturen sehr widerstandsfähig sind. 42 proz. Nickelstahl besitzt eine

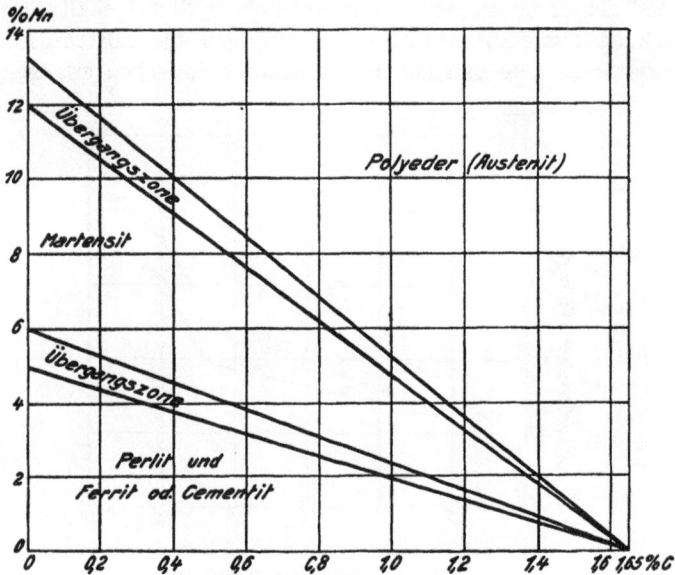

Abb. 153.   Kleingefüge der Mn-Stähle.

größere Stabilität hinsichtlich der Längenänderung und wird daher für Längennormalmaße und 56 proz. Nickelstahl für Meßzwecke benutzt, weil beide besonders korrosionsbeständig sind und Temperaturkorrektionen wegen der Übereinstimmung ihrer Wärmeausdehnung mit der des gewöhnlichen Stahles unnötig machen. Nickelstahl mit 46% Nickel heißt „Platinit" und besitzt den gleichen Wärmeausdehnungskoeffizienten wie Platin. Die troostitischen Übergangsstähle dienen vielfach zu Zementationszwecken, weil die durch den Einsatzprozeß gebildete martensitische Oberfläche eine Abschreckung nicht nötig macht, was ein Verziehen vermeiden läßt.

2. Die Manganstähle.

In den Manganstählen treten ähnliche Strukturformen auf wie in den Nickelstählen. Auch sie wurden von Guillet[1]) in Abhängigkeit vom Mangan-

---

[1]) Guillet, Metallurgie, 1906, S. 271.

und Kohlenstoffgehalt schaubildlich aufgetragen, wie aus Abb. 153 hervorgeht. Man unterscheidet hier ebenfalls 3 Zonen, welche die perlitischen, martensitischen und austenitischen Stähle umfassen und durch Übergangsgebiete voneinander getrennt sind, in denen troostitisches Gefüge bzw. ein

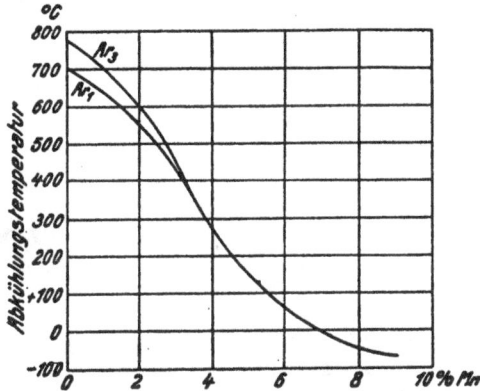

Abb. 154. Umwandlungspunkte bei der Abkühlung von
Mn-Stählen mit ∾ 0,2 % C.

Gemisch von Martensit und Austenit besteht. Die Polyeder stellen eine feste Lösung aller Bestandteile dar, und zwar setzen sich diese ternären Mischkristalle aus Fe, Fe_3C und Mn_3C zusammen. Der Perlit wird durch den Mangangehalt verfeinert; außerdem drückt Mangan den eutektischen Kohlenstoffgehalt herunter, so daß er bei ungefähr 2% Mangan nur noch 0,75% beträgt. Ferrit und Perlit enthalten Mangan in gelöster Form.

Ähnlich wie ein Nickelgehalt wirkt auch Mangan auf die Umwandlungspunkte. Abb. 154 gibt den Verlauf der Punkte Ar_1 und Ar_3 mit wachsendem Mangangehalt für Stähle mit 0,2% Kohlenstoff nach Versuchen von Osmond[1]). Ar_3 sinkt danach schneller als Ar_1; beide fallen von ungefähr 3% Mangan ab zusammen. Bei 7% Mangan fällt Ar_1 bereits unter Zimmertemperatur, so daß bei diesem Wärmegrad die feste Lösung beständig ist. Diese Stähle sind also selbsthärtende. Nach Versuchen von Dejean[2])

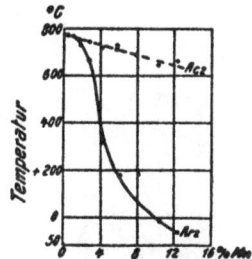

Abb. 155. Abhängigkeit der Temperatur der magnetischen Umwandlung vom Mn-Gehalt bei Mn-Stählen mit 0,1÷0,2% C.

scheint die Abnahme von Ar_1 mit wachsendem Mangangehalt um so stärker zu sein, je geringer der Kohlenstoffgehalt ist, während Ar_3 lediglich eine Parallelverschiebung erfährt derart, daß ein höherer Kohlenstoffgehalt tiefere Werte ergibt. Die Hysteresis Ac_1—Ar_1 nimmt mit steigendem Mangangehalt stark zu und beträgt z. B. für einen 12proz. Stahl nach Le Chatelier und

---

[1]) Osmond, Comptes rendus, 1897; Guillet, Alliages Métalliques, 1906, S. 311.
[2]) Dejean, Comptes rendus, 1920, S. 791.

Hadfield ungefähr 600°. Dieses Verhalten geht auch aus Abb. 155 nach Gumlich[1]) hervor, welcher Versuche hinsichtlich der magnetischen Umwandlungen ausführte. Nehmen wir hiernach z. B. einen Stahl mit 10% Mangan

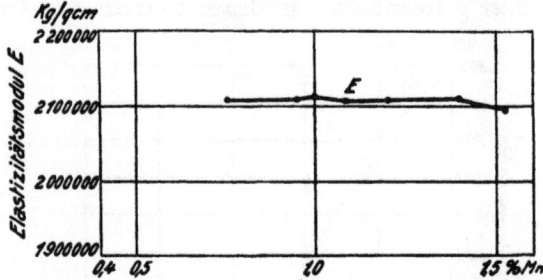

Abb. 156. Abhängigkeit des Elastizitätsmoduls vom Mn-Gehalt bei Mn-Stählen.

an, so kann dieser einmal in der Form der festen Lösung magnetisch oder unmagnetisch sein, jedoch in Gestalt von Ferrit und Perlit magnetisch; wir haben also hier eine irreversible Legierung.

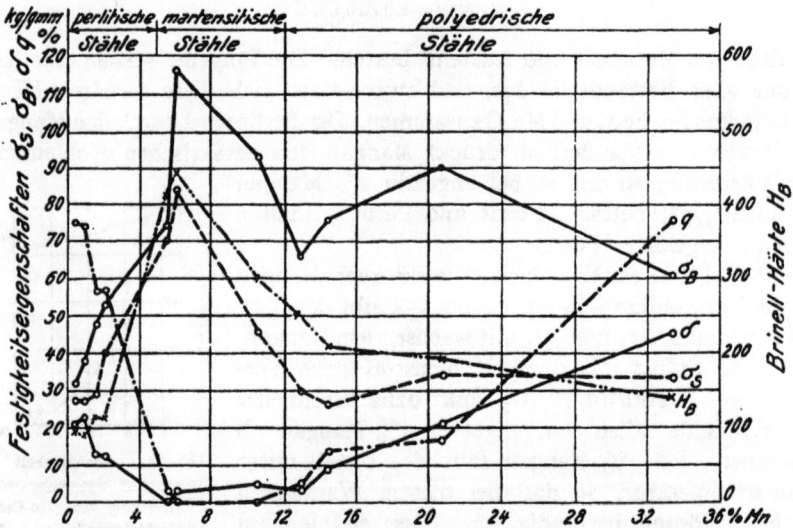

Abb. 157. Abhängigkeit der mechanischen Eigenschaften vom Mn-Gehalt geschmiedeter Mn-Stähle mit 0,2% C.

Die Festigkeitseigenschaften der Manganstähle sind in hohem Maße vom Gefüge abhängig. Der Elastizitätsmodul, den ich[2]) für Mangangehalte bis zu 1,5% ermittelt habe, zeigt nach Abb. 156 keine Änderungen. Dagegen gehen die Veränderungen der sonstigen Festigkeitswerte aus Abb. 157, 158

---

[1]) Gumlich, Wissensch. Abhandl. d. phys.-techn. Reichsanstalt, 1918, S. 271.
[2]) Müller, Verein deutscher Ingenieure, Forschungshefte, Nr. 247.

und 159 hervor. Abb. 157 gibt Versuchswerte von Guillet[1]) für geschmiedete Stähle mit 0,2% Kohlenstoff. Man erkennt ein allmähliches Ansteigen der Streckgrenze, Festigkeit und Härte für die perlitischen Stähle; die martensitischen erreichen hierin Höchstwerte, dagegen in der Dehnung und Quer-

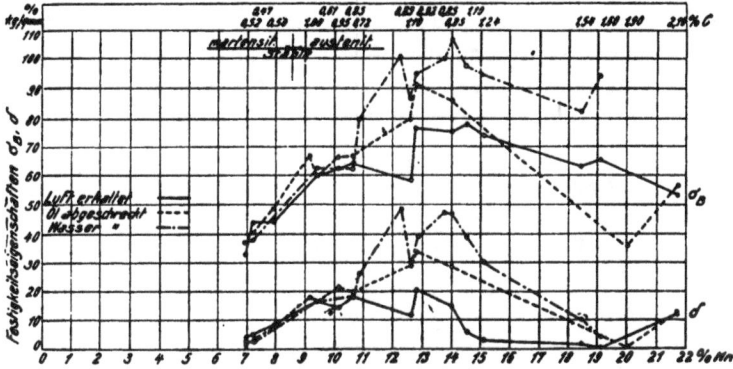

Abb. 158. Abhängigkeit der Festigkeitseigenschaften vom Mn-Gehalt bei auf Weißglut erhitzten und geschmiedeten Mn-Stählen.

schnittsverminderung Mindestwerte, so daß sie als außerordentlich spröde anzusprechen sind. Bei den polyedrischen Stählen sinken die Festigkeitswerte wieder ab, während Dehnung und Querschnittsverminderung beträchtlich wachsen. Aus diesen Gründen werden perlitische Stähle bis zu 2% Mangan verwendet. Über 2% Mangan mit einem Kohlenstoffgehalt von 0,2 bis 0,5% ist die Wärmebehandlung schwierig, weil diese Stähle leicht ein martensitisches und troostitisches Gefüge annehmen, aus welchem Grunde sie kaum benutzt werden. Die perlitischen Stähle zeichnen sich durch geringe Festigkeit und hohe Dehnbarkeit aus. Infolge der außerordentlichen Sprödigkeit der martensitischen Stähle, die eine Bearbeitung fast nur durch Schleifen zuläßt, finden diese praktisch kaum Verwendung. Die austenitischen Stähle haben neben hoher Festigkeit sehr große Zähigkeit und geringe Härte; sie besitzen hohen Abnutzungswiderstand, jedoch eine wenig gute Bearbeitungsfähigkeit und werden vielfach für Seilrollen, Bagger-

Abb. 159. Abhängigkeit der Schlagfestigkeit vom Mn-Gehalt geschmiedeter Mn-Stähle.

maschinenteile, Brechbacken u. dgl. verwendet. Die Bearbeitungsfähigkeit ist durch Glühen oder Abschrecken bei ungefähr 1100° zwecks Verhinderung der Martensitbildung zu verbessern.

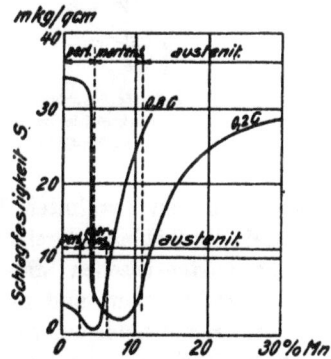

[1]) Guillet, Alliages Métalliques, 1906, S. 310.

194

Die scharfe Abgrenzung der Eigenschaftswerte nach dem Gefüge tut sich auch bei abgeschreckten Stählen kund. Wie aus Abb. 158 hervorgeht, hat nach den Versuchen von Hadfield[1]) bei Stählen bis zu ungefähr 10% Mangan eine Wasser- bzw. Ölabschreckung keinen großen Einfluß auf die Festigkeit und Dehnbarkeit. Bei den höher manganhaltigen, austenitischen Stählen dagegen bewirkt eine Wasserabschreckung eine beträchtliche Festigkeits- und Dehnungssteigerung, die intensiver ist als bei einer Ölabschreckung. Erst bei Mangangehalten ,die über 20% liegen, scheinen sich die Werte wieder zu nähern. Ab. 159 läßt die Abhängigkeit der Schlagfestigkeit vom Mangan-

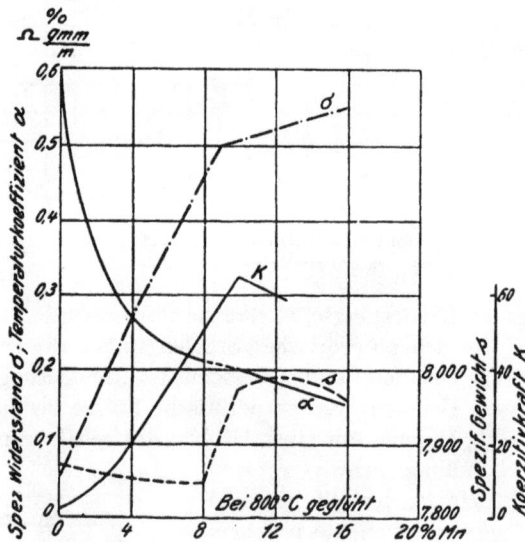

Abb. 160. Abhängigkeit des elektrischen Widerstandes, des Temperaturkoeffizienten, des spezifischen Gewichtes und der Koerzitivkraft vom Mn-Gehalt geglühter Mn-Stähle mit ÷ 0,22 % C; ÷ 0,15% Si.

gehalt nach den erwähnten Versuchen von Guillet erkennen und zeigt, inwieweit der Kohlenstoffgehalt noch von Einfluß ist. Auch hier wieder geben sich die martensitischen Stähle durch große Sprödigkeit zu erkennen.

Die elektrischen und magnetischen Eigenschaften wurden von Gumlich[2]) untersucht, wie aus Abb. 160 hervorgeht. Er fand, daß der elektrische Widerstand mit wachsendem Mangangehalt zunimmt und bedeutend größer ist als der des Kohlenstoffstahles, und daß die Koerzitivkraft ebenfalls bis mindestens 10% Mangan ansteigt. Aus Versuchen von Burgeß und Aston[3]) ist zu entnehmen, daß die Remanenz bis zu 10% Mangan bei kohlenstofffreien Eisenmanganlegierungen abnimmt; die 10proz. Legierung ist un-

[1]) Hadfield, Iron and Steel Institute, 1888, S. 41.
[2]) Gumlich, Stahl und Eisen, 1919, S. 966.
[3]) Burgeß und Aston, Stahl und Eisen, 1911, S. 324.

magnetisch. Da die Permeabilität mit dem Mangangehalt sinkt, während Hysteresis und Koerzitivkraft wachsen, eignen sich Manganstähle sehr wohl für permanente Magnete, während Dynamo- und Transformatorenbleche sowie Stahlgußteile möglichst manganfrei (höchstens 0,3%) sein müssen. Es mag noch betont werden, daß der elektrische Widerstand des hochmanganhaltigen magnetischen Stahles nach einer Glühung bei 550⁰ viel geringer ist als der des unmagnetischen.

Das spezifische Gewicht bleibt bis zu 8% Mangan nahezu konstant und nimmt dann plötzlich zu, um bei 12% einen Höhepunkt zu erreichen. Das Wärmeleitvermögen soll etwa ein Drittel des gewöhnlichen Kohlenstoffstahles betragen, wie Versuche von Potter[1]) ergaben.

Durch Glühen werden martensitische Stähle leicht polyedrisch und polyedrische Stähle mit mittlerem Mangangehalt leicht martensitisch; ein Grund hierfür läßt sich zur Zeit noch nicht erkennen. Infolge der geringen Wärmeleitfähigkeit der Manganstähle, die unter derjenigen der gewöhnlichen Kohlenstoffstähle liegt, ist eine vorsichtige Erhitzung notwendig, wenn man Rißbildungen vermeiden will.

Bei einer Härtung, d. h. Abschrecken aus Temperaturen oberhalb A_3 werden die perlitischen und troostitischen Stähle martensitisch, die martensitischen Stähle behalten ihre Strukturform bei, wenn ein niedriger Mangangehalt vorliegt; sie werden dagegen polyedrisch bei höherem Mangangehalt. Die polyedrischen Stähle bleiben bei hohen Mangangehalten polyedrisch, bei niedrigen werden sie dagegen martensitisch. Wir finden hier eine Analogie zu den Nickelstählen.

Beim Einsetzen werden perlitische Stähle troostitisch, sie erreichen nicht die martensitische Strukturform; dagegen werden martensitische Stähle polyedrisch, und austenitische Stähle bleiben, sofern sie nicht durch die Glühung ein martensitisches Gefüge annehmen.

Die Schmiedbarkeit ist solange gut, wie die Temperatur genügend hoch ist. Auf die perlitischen Stähle übt Mangan im allgemeinen wenig Einfluß aus. Die austenitischen Stähle sind dagegen empfindlicher, sofern sie sehr heiß vergossen werden, ihre dendritische Struktur behindert ihre Schmiedbarkeit; eine normale Gießhitze bringt dagegen ein feinkörniges Gefüge zustande, das gut schmiedbar ist. Die Schweißbarkeit wird durch geringe Mangangehalte verhältnismäßig wenig beeinflußt.

Die Kaltreckbarkeit ist bei den perlitischen und polyedrischen Stählen in Anbetracht ihrer großen Dehnbarkeit als gut zu bezeichnen, während die martensitischen Stähle zu spröde sind. Allerdings erniedrigt ein Mangangehalt die Kaltbearbeitbarkeit der perlitischen Stähle, wie dies ja auch in der Festigkeitserhöhung zu erkennen ist. Aus diesem Grunde wird nach Oberhoffer[2]) für Tiefstanzbleche höchstens 0,4 bis 0,5% Mangan gefordert.

---

[1]) Potter, Stahl und Eisen, 1909, S. 721; The Iron Trade Review, 1909, S. 248
[2]) Oberhoffer, Das schmiedbare Eisen, Berlin, 1920.

Es möge noch betont werden, daß die Widerstandsfähigkeit von Manganstahl gegenüber dem Verschleißen bei stoßweiser Beanspruchung sehr gut ist, weswegen Eisenbahnräder und Schienen vielfach aus Manganstahl mit 11 bis 13% Mangan und 1,0 bis 1,2% Kohlenstoff hergestellt werden. Potter empfiehlt auf Grund seiner Versuche für Schienen folgende Eigenschaftswerte:

Festigkeit . . . . . . rd. 70 kg/qmm
Streckgrenze . . . . . ,, 38 ,,
Dehnung . . . mindestens 20%.

Hochlegierter Manganstahl rostet leichter als entsprechender Nickelstahl.

3. Die Chromstähle.

Die Eigenschaften der Chromstähle sind bisher noch nicht restlos erforscht. Wir wissen, daß Chrom die Aufnahmefähigkeit für Kohlenstoff erhöht und infolge der großen Stabilität des Chromkarbids die Graphitbildung im Guß-

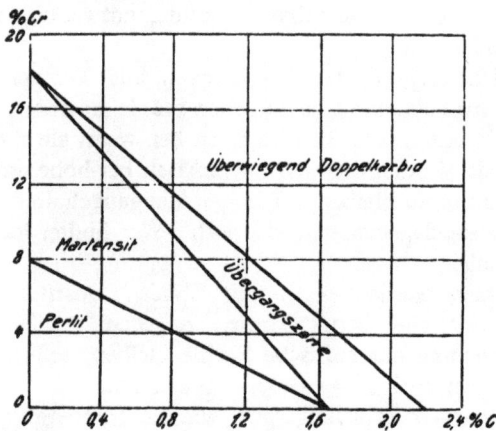

Abb. 161. Kleingefüge der geschmiedeten Cr-Stähle.

eisen verhindert. Wahrscheinlich wird der Stahl durch Chrom hauptsächlich in Form eines Karbides beeinflußt. Guillet[1]) hat ähnlich wie für die Nickel- und Manganstähle so auch für die Chromstähle ein Schaubild der Strukturformen (Abb. 161) aufgestellt, das die Verhältnisse in klarer Weise erkennen läßt. Er unterscheidet drei Gebiete, das perlitische, martensitische und überwiegend doppelkarbidhaltige Gebiet. Die Form des Chromvorkommens in den perlitischen Stählen ist noch unbekannt; man weiß also nicht, ob das Chrom als Verbindungselement oder in Lösung oder als ein in Lösung übergeführtes Karbid auftritt. Die martensitischen Stähle, die bekanntlich eine feste Lösung darstellen, scheinen sich durch geeignete Glühbehandlung in Verbindung mit einer sehr langsamen Abkühlung in perlitische verwandeln zu lassen,

---

[1]) Guillet, Alliages Métalliques, 1906.

wie Portevin[1]) beobachtet haben will; ob sie also den jeweils stabilen Zustand darstellen, kann noch nicht eindeutig entschieden werden. Die doppelkarbidhaltigen Stähle weisen als besonderes Merkmal Einschlüsse an Doppelkarbid in der festen Lösung vielfach in Gestalt kleiner Kügelchen auf. Das Doppelkarbid besteht aus einer Verbindung von Eisen, Kohlenstoff und Chrom; es ist in Eisen und Zementit löslich. Bemerkt sei noch, daß es bei der Ätzung mit Natriumpikrat entsprechend dem Zementit dunkel gefärbt wird. Infolge der Möglichkeit, bei gewissen Kohlenstoff- und Chromgehalten den martensitischen Zustand bei Zimmertemperatur beizubehalten, sind die Chromstähle in hohem Maße selbsthärtend, welche Eigenschaft jedoch nach genügend langer Glühdauer aufhört. Hieraus ergibt sich die Notwendigkeit, Glühtemperatur und Glühdauer bei der Beurteilung der Chromstähle stets zu berücksichtigen. Die Sättigungsgrenze des Eisens für Kohlenstoff wird durch Chrom derart erniedrigt, daß z. B. ein Stahl mit 0,8% Kohlenstoff und 14% Chrom ein dem Ledeburit entsprechendes Eutektikum aufweist, wie Oberhoffer[2]) gezeigt hat.

Die Lage der Haltepunkte ist noch recht unklar, weil nicht nur der Chrom- und Kohlenstoffgehalt, sondern auch die Erhitzungstemperatur und Abkühlungsgeschwindigkeit von Einfluß sind. Nach Moore[3]) nimmt Ac_1 mit steigendem Chromgehalt zu, und es ist bemerkenswert, daß es bei hohen Gehalten über Ac_2 liegt. Die Versuche von Mac William und Barnes[4]) sowie von Osmond[5]) haben dies bestätigt. Außer der Hebung der Punkte A_1 konnten sie eine Erniedrigung von A_3 sowie eine den Kohlenstoffstählen gegenüber unveränderte Lage von A_2 feststellen. Die Hysteresis wird durch den Chromgehalt vergrößert, und zwar um so mehr, je höher der Kohlenstoffgehalt ist. Der Einfluß des letzteren macht sich aber auch auf die Punkte Ar_1 geltend, indem diese mit höherem Kohlenstoffgehalt sinken; über das Verhalten von Ac_1 ist man noch im unklaren. Die Höhe der Erhitzungstemperatur spielt aber ebenfalls eine große Rolle hinsichtlich der Lage der Umwandlungspunkte. So fand Carpenter[6]) z. B. für einen Stahl von 1,09% Kohlenstoff und 9,55% Chrom bei einer Erhitzung auf 900° Ar_1 zu 776°, dagegen bei einer Erhitzung auf 1230° Ar_1 zu 750°. Man erkennt hieraus eine Abnahme von Ar_1 mit steigender Erhitzungstemperatur. Nach den Versuchen von Moore sinkt auch A_2 mit wachsender Anfangstemperatur. Ar_1 ist aber auch von der Schnelligkeit der Abkühlung abhängig, und man hat einen beträchtlichen Abfall bei steigender Geschwindigkeit beobachten können. Im allgemeinen haben die Chromstähle hochgelegene Umwandlungspunkte, weswegen für eine Glühung und Schmiedung höhere Temperaturen notwendig

[1]) Portevin, Stahl und Eisen, 1911, S. 2115.
[2]) Oberhoffer, Das schmiedbare Eisen, Berlin, 1920, S. 64.
[3]) Moore, Iron and Steel Institute, 1910, S. 268.
[4]) Mac William und Barnes, Iron and Steel Institute, 1910, S. 246.
[5]) Osmond, Iron and Steel Institute, 1892, S. 122.
[6]) Carpenter, Iron and Steel Institute, 1905, S. 443.

sind, als wir sie für die gewöhnlichen Kohlenstoffstähle anwenden; hierdurch besteht die große Gefahr der Überhitzung und Verbrennung. Für Ausglühen genügt im allgemeinen eine Temperatur von 900°. Infolge des geringen Wärmeleitvermögens der Chromstähle und der damit verbundenen Gefahr der Rißbildung sind diese aber vorsichtig zu erhitzen.

Durch Abschrecken werden die perlitischen Stähle martensitisch; die martensitischen und doppelkarbidhaltigen Stähle neigen zur Polyederbildung. Entsprechend den notwendigen höheren Glühtemperaturen ist man gezwungen, auch die Härtetemperaturen gegenüber denjenigen der Kohlenstoffstähle beträchtlich zu erhöhen. Während z. B. ein Kohlenstoffstahl mit 1% Kohlenstoff bei ungefähr 770° gehärtet wird, bedarf ein Chromstahl

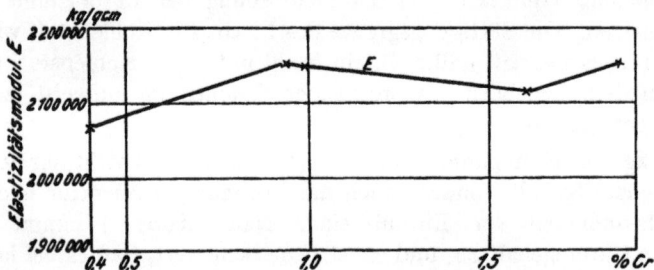

Abb. 162. Abhängigkeit des Elastizitätsmoduls vom Cr-Gehalt bei Cr-Stählen.

mit 1% Kohlenstoff und 1,5% Chrom einer Temperatur von 840°. Dabei wird man zur Verhütung von Rissen am zweckmäßigsten in Öl abschrecken.

Die Zementation geht vermutlich nur durch Vermittlung des Eisens unter Nichtbeachtung des Chroms vor sich.

Die Schmiedbarkeit wird durch Chrom nicht beeinflußt, während die Schweißbarkeit von einem gewissen Chromgehalt ab verschwindet; so konnte Hadfield[1]) bei einem Stahl mit 0,16% Kohlenstoff einen Grenzgehalt an Chrom von 0,29% feststellen. Je niedriger der Chromgehalt ist, desto größer kann der Kohlenstoffgehalt sein. Wegen der großen Härte ist die Kaltreckbarkeit sehr schwierig.

Der Widerstand der Chromstähle gegen den Angriff von Säuren ist bedeutend größer als bei gewöhnlichem Kohlenstoffstahl; so fand Hadfield in 50proz. Schwefelsäurelösung eine Gewichtsabnahme von 3 bis 5% gegenüber 7 bis 45% bei Kohlenstoffstahl und Flußeisen. Auf der Säurebeständigkeit der Chromlegierungen beruhen auch die vorzüglichen Eigenschaften des sog. nichtrostenden Stahles, der ungefähr 20% Chrom enthält.

Das spezifische Gewicht sinkt scheinbar mit dem Chromgehalt.

Die Festigkeitseigenschaften richten sich nach dem Gefüge. Ihnen kommt die große Verfeinerung der Struktur durch das Chrom zu statten, wobei der oft auftretende große Schlackengehalt der Chromstähle im allgemeinen keine

---

[1]) Hadfield, Iron and Steel Institute, 1892.

Verschlechterung hervorruft, so lange der Gehalt in angängigen Grenzen bleibt. In Abb. 162 ist die Abhängigkeit des Elastizitätsmoduls vom Chromgehalt nach Versuchen von mir[1]) eingetragen. Man erkennt ein Ansteigen des Elastizitätsmoduls bis 2% Chrom. Die Festigkeitseigenschaften gehen nach den Versuchen von Hadfield aus Abb. 163 hervor. Die perlitischen Stähle haben danach eine verhältnismäßig geringe Festigkeit mit hoher Dehnung und guter Querschnittsverminderung, d. h. also gutes Fließvermögen. Im allgemeinen wird durch den Chromgehalt die Härte gesteigert, bis die Stähle des martensitischen Zustandes eine außerordentlich hohe Festigkeit erreichen. Die karbidhaltigen Stähle besitzen wieder geringere

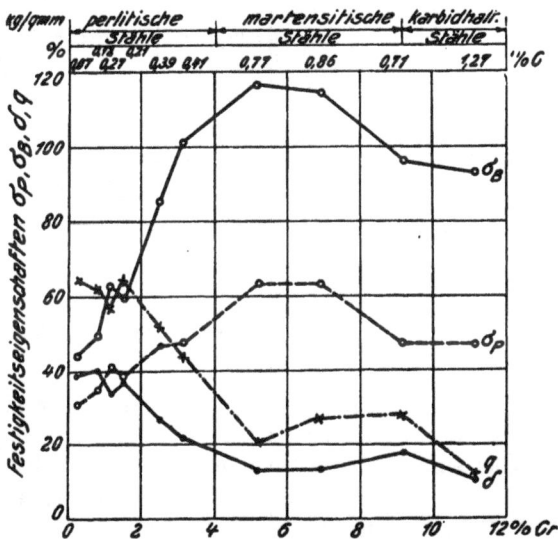

Abb. 163. Abhängigkeit der Festigkeitseigenschaften vom Cr-Gehalt geschmiedeter Cr-Stähle.

Festigkeit und Härte. In Abb. 164 sind die mechanischen Eigenschaften für Chromstähle mit 0,2% Kohlenstoff eingetragen. Diese Ergebnisse von Guillet[2]) bestätigen die Resultate der klassischen Untersuchungen Hadfields. Abweichend von den Zugfestigkeitseigenschaften verhalten sich die Chromstähle hinsichtlich der Schlagbeanspruchung, wie die Versuche von Guillet zeigen (Abb. 165). Es ist bemerkenswert, daß die perlitischen und martensitischen Stähle durchaus nicht die geringsten Schlagfestigkeiten aufweisen, daß vielmehr die doppelkarbidhaltigen die größte Sprödigkeit bei stoßweiser Beanspruchung zeigen. Dies trifft sowohl für einen Kohlenstoffgehalt von 0,2 wie 0,8% zu. Der Grund hierfür dürfte vielleicht in den

---

[1]) Müller, Verein deutscher Ingenieure, Forschungshefte, Nr. 247.
[2]) Guillet, Alliages Métalliques, 1906.

Einflüssen durch die harten Karbideinschlüsse zu suchen sein, die gewissermaßen als Fremdkörper wirken. In der großen Sprödigkeit der Chromstähle liegt der Grund, weswegen sie als Konstruktionsmaterial kaum zur

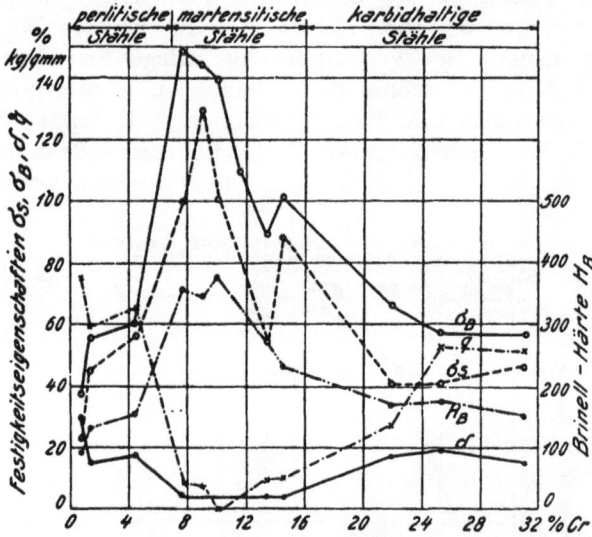

Abb. 164. Abhängigkeit der mechanischen Eigenschaften vom Cr-Gehalt bei Cr-Stählen mit 0,2 % Cr.

Verwendung gelangen, dagegen für Werkzeuge und Geschosse sich gut eignen. Außerdem wird der Chromstahl für Kugeln und Kugellaufringe verwendet. Man benutzt hierfür eine Legierung von etwa 0,9% Kohlenstoff und 1%

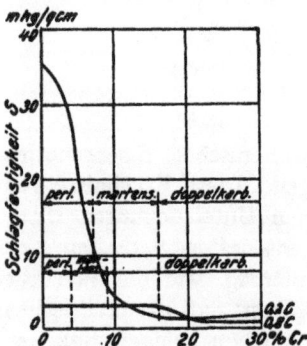

Abb. 165. Abhängigkeit der Schlagfestigkeit vom Cr-Gehalt geschmiedeter Cr-Stähle.

Chrom an, die bei Ölhärtung eine Temperatur von 830 bis 860° benötigt und eine Brinell-Härte von 640 bis 680 kg/qmm annimmt. Neben dieser Legierung wird auch Nickelchromstahl mit und ohne Einsatzhärtung verwendet.

Die Beeinflussung der magnetischen Eigenschaften durch den Chromgehalt äußert sich ähnlich wie bei einem Wolframzusatz in einer Steigerung der Remanenz und Koerzitivkraft, weswegen die Chromstähle für permanente Magnete geeignet sind. In dieser Beziehung soll nach Mars[1]) ein Stahl mit 1,05% Kohlenstoff und 1,62% Chrom die besten Eigenschaften besitzen. Dem Kohlenstoff kommt nach Versuchen von Burgeß und Aston[2]) hierbei

[1]) Mars, Die Spezialstähle, Stuttgart, 1912, S. 268.
[2]) Burgeß und Aston, Stahl und Eisen, 1911, S. 324.

eine wesentliche Rolle zu, da diese beiden Forscher an kohlenstoffreiem Material bis zu rd. 17% Chromgehalt keine höhere Koerzitivkraft fanden. Bei 5 bis 6% Chrom kommt ungefähr 0,4% Kohlenstoff in Betracht. Im allgemeinen steigt nach Gumlich[1]) für Stähle, die bei 900⁰ gehärtet sind, die Koerzitivkraft mit wachsendem Chromgehalt wenigstens bis rd. 6% Chrom, und zwar bei niedrigen Kohlenstoffgehalten stärker als bei höheren. Die Remanenz dagegen besitzt einen Höchstwert, der mit wachsendem Kohlenstoffgehalt scheinbar bei höherem Chromgehalt liegt; für 1,25% Kohlenstoff liegt das Maximum bei ungefähr 6% Chrom. Im großen und ganzen ist der absolute Betrag der Remanenz um so kleiner, je höher der Kohlenstoffgehalt ist.

Der elektrische Widerstand wurde von Robin[2]) untersucht. Für Stähle mit 0,2% Kohlenstoff nimmt er bis 15% Chrom rasch zu, um von da an nahezu konstant zu bleiben. Für 0,8% Kohlenstoff wächst der Widerstand bis 15% Chrom und bleibt von hier aus ebenfalls praktisch gleich. Ein Abschrecken ruft besonders bei den hochgekohlten Stählen starke Widerstandzunahmen hervor, die für geringe Chromgehalte bedeutend höher sind als für große, weil für erstere die martensitische Umwandlung vorliegt.

Gumlich[3]) fand, daß bis 5,5% Chrom der Widerstand um so größer war, je höher der Kohlenstoffgehalt lag; über 5,5% Chrom trat das umgekehrte Verhalten ein, die Widerstände lagen unter denjenigen des reinen Eisens.

4. Die Wolframstähle.

Wolfram löst sich im festen und flüssigen Eisen. Mit dem Kohlenstoff bildet es Karbide, die außerordentlich hart und stabil sind. Es verfeinert das Gefüge und beeinflußt die Eigenschaften ungefähr doppelt so stark wie Chrom. In welcher Form sich das Wolfram auf den Ferrit und Zementit verteilt, ist bislang noch unbekannt. Wir wissen nur aus Versuchen von Guillet[4]), daß sich die Wolframstähle in perlitische und doppelkarbidhaltige unterteilen lassen. Nach dem Schaubild (Abb. 166) sind die beiden Zonen auch noch vom Kohlenstoffgehalt abhängig.

Die Umwandlungspunkte werden vom Wolfram teilweise stark beeinflußt; Ar_1 nimmt mit steigendem Wolframgehalt ab, während Ar_2 konstant bleibt. Wie Versuche von Swinden[5]) zeigen, ist die Lage der Umwandlungspunkte von der Höhe des Kohlenstoffgehaltes scheinbar nahezu unabhängig. Außer dem Wolframgehalt ist aber auch in ähnlicher Weise wie bei den Chromstählen die Höhe der Erhitzung von Einfluß auf die Lage der Umwandlungspunkte. Swinden untersuchte diese Verhältnisse an einem

[1]) Gumlich, Stahl und Eisen, 1922, S. 41.
[2]) Robin, Metallurgie, 1909, S. 177.
[3]) Gumlich, Stahl und Eisen, 1922, S. 41.
[4]) Guillet, Alliages Métalliques, 1906.
[5]) Swinden, Iron and Steel Institute, 1907, S. 291.

3proz. Wolframstahl und ermittelte eine Grenztemperatur, die mit dem Kohlenstoffgehalt steigend von rd. 950 bis 1130⁰ reichte, unterhalb welcher eine Erhitzung die drei Umwandlungspunkte mit denen des Kohlenstoffstahles zusammenfallend zeigte. Wurde die Erhitzungstemperatur über die

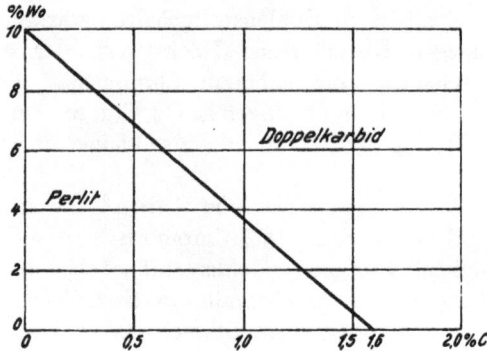

Abb. 166. Kleingefüge der Wo-Stähle.

Grenztemperatur gesteigert, so wurden die Umwandlungspunkte um so mehr erniedrigt, je höher die Erhitzung erfolgte. Swinden fand ein Minimum für Ar_1 bei rd. 570⁰. Unter gewissen Umständen trat sogar eine Teilung dieses Punktes auf, so daß für die Martensit-Perlitumwandlung sich 2 Haltepunkte

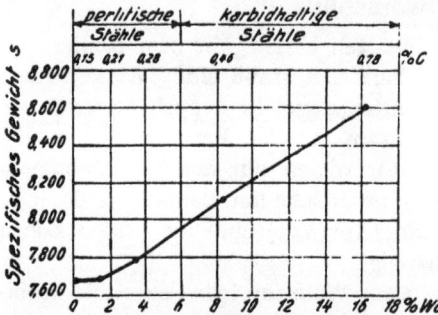

Abb. 167. Abhängigkeit des spezifischen Gewichtes vom Wo-Gehalt bei Wo-Stählen.

zeigten. Der Grund für dieses letztere Verhalten ist noch unbekannt. Für eine normale Erhitzungstemperatur liegt Ac_1 bei 750⁰.

Betrachten wir nunmehr das physikalische Verhalten der Wolframstähle, so finden wir, daß das spezifische Gewicht nach Versuchen von Hadfield[1]) nahezu geradlinig mit dem Wolframgehalt zunimmt, wobei nach Abb. 167 keine Unstetigkeit in der Kurve beim Übergang der perlitischen in die karbidhaltigen Stähle zu erkennen ist.

Die Löslichkeit in 1-proz. Schwefelsäure nimmt bis zu einer Härtetemperatur von 900⁰ schnell zu, um alsdann gleich zu bleiben. Hierüber stellte Mars[2]) eingehende Versuche an; er fand, daß gehärteter Magnetstahl mit 0,6% Kohlenstoff und 5,5% Wolfram ungefähr 8mal stärker angegriffen wird als geglühter, während der angelassene Stahl bei 400⁰ Anlaßtemperatur die

---

[1]) Hadfield, Iron and Stell Institute, 1903, S. 14.
[2]) Mars, Stahl und Eisen, 1909, S. 1770.

größte Löslichkeit besitzt. Das letztere entspricht dem von Heyn und Bauer Gefundenen für einen eutektoiden Kohlenstoffstahl.

Die Schmiedbarkeit wird durch den Wolframgehalt nicht beeinflußt; zumindest soll sie bis 30% Wolfram noch gut sein. Allerdings wird man die Schmiedetemperatur, obwohl sie die gleiche wie bei den Kohlenstoffstählen nur zu sein braucht, mit Rücksicht auf die Härte und den dadurch bedingten größeren Arbeitsaufwand etwas höher legen. Da das Wärmeleitvermögen mit zunehmendem Wolframgehalt sinkt und noch geringer ist als das der

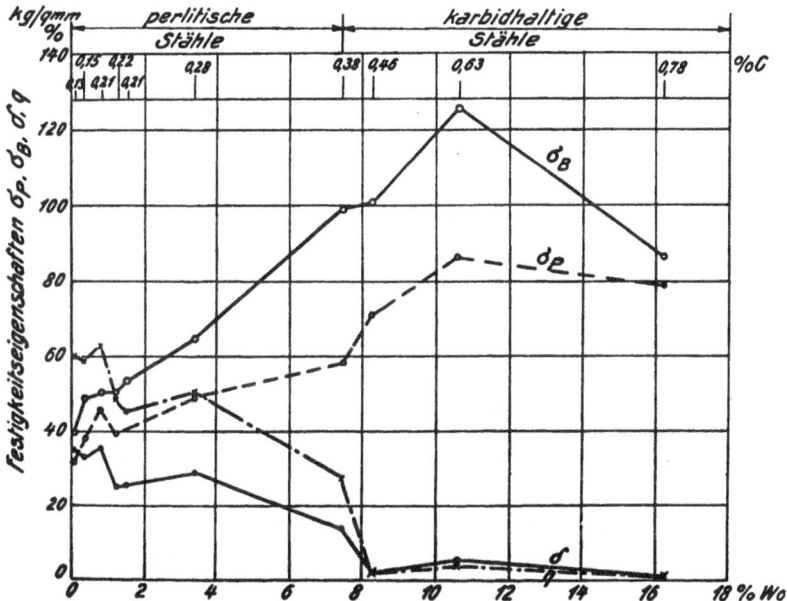

Abb. 186. Abbhängigkeit der Festig keitseigenschaften vom Wo-Gehalt geschmiedeter Wo-Stähle.

Chromstähle, ist eine recht, vorsichtige Anwärmung zur Vermeidung von Spannungsrissen zu empfehlen. Nach den Versuchen von Hadfield verschwindet die Schweißbarkeit bei einem Wolframgehalt von über 0,2%.

Über die Kaltreckbarkeit liegen keine Versuche vor.

Wenn man die Doppelkarbidstähle bei 850⁰ abschreckt, so werden sie martensitisch, jedoch bleibt ein Teil des Karbides ungelöst im Martensit zurück. Die Wirkung der Härtung ist auf die Wolframstähle größer als auf die Kohlenstoffstähle, aus welchem Grunde man die ersteren gerne für Werkzeuge benutzt. An sich sind die Doppelkarbidstähle selbsthärtend, da der Perlitpunkt unterhalb Zimmertemperatur liegt. Über die Festigkeitseigenschaften der Stähle bei verschiedenem Wolframgehalt liegen Versuche von Hadfield[1]

---

[1] Hadfield, Iron and Steel Institute, 1903.

und Guillet[1]) vor (Abb. 168, 169, 170). Man erkennt hieran, daß die karbidhaltigen Stähle gegenüber den perlitischen eine bedeutend größere Festigkeit und Härte, dagegen eine beträchtlich geringere Zähigkeit, die durch Dehnung und Querschnittsverminderung ausgedrückt wird, besitzen. Die Schlag-

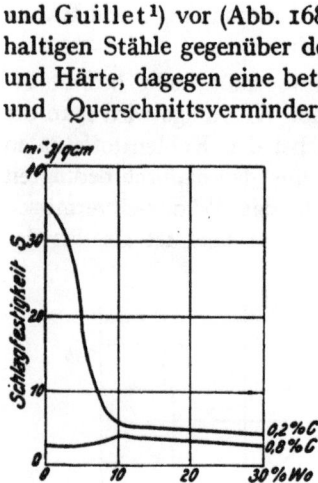

Abb. 169. Abhängigkeit der Schlagfestigkeit vom Wo-Gehalt geschmiedeter Wo-Stähle.

festigkeitsschaubilder weisen schon für einen niedrigen Kohlenstoffgehalt bei hohem Wolframzusatz eine große Sprödigkeit auf, während ein höherer Kohlenstoffgehalt auch die gering wolframhaltigen Stähle spröde macht. Aus diesem Grunde eignen sich die Stähle nicht für Konstruktionszwecke. Abb. 171 gibt nach Versuchen von Swinden[2]) die Festigkeitswerte für Stähle mit 3% Wolfram, jedoch veränderlichem Kohlenstoffgehalt wieder. Hiernach erfahren die Stähle bis ungefähr 0,9% Kohlenstoff eine Festigkeitserhöhung, darauf scheinbar jedoch wieder eine Einbuße, die im Verein mit der abnehmenden Dehnbarkeit und Querschnittsverminderung die Stähle

in Übereinstimmung mit den Schlagfestigkeitsversuchen Guillets als außerordentlich spröde erkennen läßt.

Der elektrische Widerstand wird durch Wolfram wenig beeinflußt; für je 1% Wolfram kann man eine Zunahme des spezifischen Widerstandes von $0,0072 \dfrac{\text{Ohm} \cdot \text{m}}{\text{qmm}}$ bei 3,5—15,5% Wolfram und $0,0030 \dfrac{\text{Ohm} \cdot \text{m}}{\text{qmm}}$ bei weniger

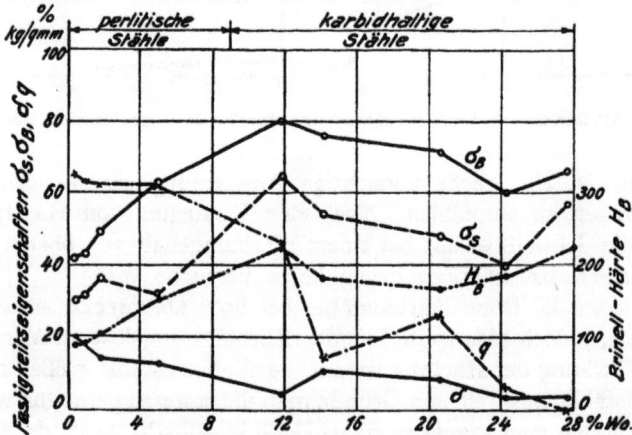

Abb. 170. Abhängigkeit der mechanischen Eigenschaften vom Wo-Gehalt geschmiedeter Wo-Stähle mit 0,2 % C.

---

[1]) Guillet, Revue de Métallurgie, 1904, S. 263.
[2]) Swinden, Iron and Steel Institute, 1907, S. 291.

als 3,5% Wolfram beobachten. Portevin[1]) fand, daß die Erhöhung des Widerstandes durch Härtung mit wachsendem Wolframgehalt geringer wird. Bei 0,2% Kohlenstoffgehalt nimmt der Widerstand bis rd. 8% Wolfram stärker zu, nachher nicht mehr nennenswert; bei 0,8% Kohlenstoff dagegen wächst er bis ungefähr 5% Wolfram, um nachher eigentümlicherweise wieder zu sinken. Die höher gekohlten Stähle erreichen durch ein Abschrecken eine beträchtliche Widerstandszunahme, die geringer kohlenstoffhaltigen dagegen nur eine belanglose Änderung.

Auf Grund ihrer besonderen magnetischen Eigenschaften werden die Wolframstähle hauptsächlich für permanente Magnete benutzt. Die Wirkung beruht bei ihnen zum Teil auf dem Kohlenstoffgehalt, wie wir das bereits bei den Chromstählen sahen, weil nach Versuchen von Burgeß und Aston[2]) kohlenstoffreie Wolfram-eisenlegierungen keine für Dauermagnete genügende Koerzitivkraft besitzen. Während Curie[3]) für Magnete besonders

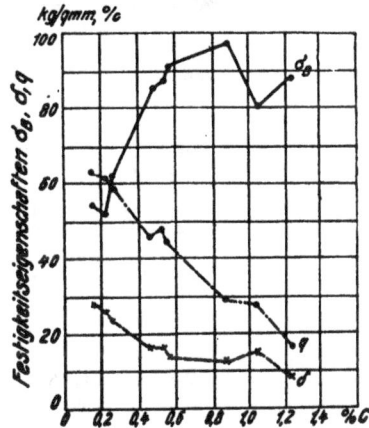

Abb. 171. Abhängigkeit der Festigkeitseigen-schaften vom Kohlenstoff-Gehalt bei 3%igen Wo-Stählen.

zwei Klassen Wolframstähle empfiehlt, nämlich einen 3proz. mit ungefähr 1,1% Kohlenstoff und einen 5proz. mit ungefähr 0,6% Kohlenstoff, welch letzterer als „Allevard"-Stahl bezeichnet wird, und für die beiden Stähle als beste Abschrecktemperatur 740 bis 825⁰ im Wasser angibt, ist nach den Versuchen von Mars[4]) ein Stahl mit ungefähr 5,5%Wolfram und 0,6% Kohlenstoff nach einer Härtung bei 930 bis 950⁰ am empfehlenswertesten (vgl. Abb. 172). Nach seinen Versuchen nimmt der remanente Magnetismus mit dem Wolframgehalt bis zu einem Maximum zu, um alsdann wieder abzufallen. Die Härtetemperatur ist insofern von Einfluß, als die Remanenz bis 800⁰ zunächst schnell, dann nur noch langsam bis zu ihrem Höchstwerte ansteigt. Im allgemeinen kann gesagt werden, daß die Koerzitivkraft mit wachsendem Kohlenstoffgehalte zunimmt. Die Versuche von Swinden[5]) (Abb. 173) haben dies bestätigt und gezeigt, daß die maximale Induktion für einen 3proz. Wolframstahl mit wachsendem Kohlenstoffgehalt abnimmt. Mars[6]) führt das letztere Verhalten auf die Abnahme des magnetisch allein wirksamen Eisengehaltes zurück.

---

[1]) Portevin, Revue de Métallurgie, 1909, S. 1331.
[2]) Burgeß und Aston, Stahl und Eisen, 1911, S. 324.
[3]) Curie, Bull. d'Enc., 1898, S. 36.
[4]) Mars, Stahl und Eisen, 1909, S. 1770.
[5]) Swinden, Iron and Steel Institute, 1907.
[6]) Mars, Die Spezialstähle, Stuttgart, 1912, S. 301.

Ein Vergleich der Wolframmagnetstähle mit bei 850⁰ in Wasser und Öl gehärteten Chromstählen ergibt nach Versuchen von Gumlich[1]) die Überlegenheit der in Öl gehärteten Chromstähle sogar über die Wolframstähle,

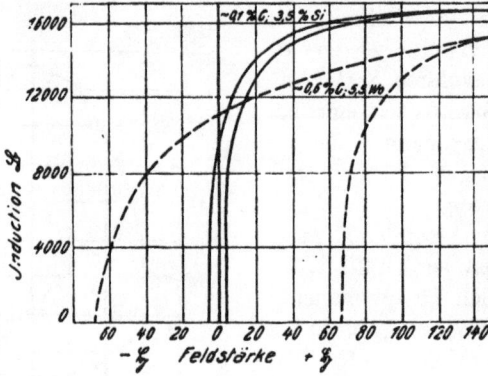

Abb. 172. Induktionskurven von geglühtem Dynamoblech
und gehärtetem Magnetstahl.

während die in Wasser gehärteten etwas geringere Remanenz und Koerzitivkraft besitzen; dabei war die Zusammensetzung der Chromstähle 0,9 bis. 1,1% Kohlenstoff und 1,9 bis 6,2% Chrom.

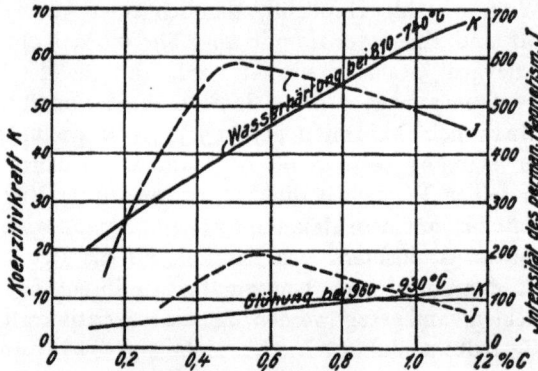

Abb. 173. Abhängigkeit der Koerzitivkraft und der Intensität des
permanenten Magnetismus vom C-Gehalt bei Wo-Stählen mit 3% Wo.

5. Die Siliziumstähle.

Reines Eisen löst Silizium im festen Zustande bis zu 18%. Eisen, Eisenkarbid und Eisensilizid (FeSi) mit 33,6% Silizium können in ternären Mischkristallen vereinigt sein. Nach Guillet[2]) besteht ein Stahl bis 0,8% Kohlen-

---

[1]) Gumlich, Stahl und Eisen, 1922, S. 41.
[2]) Guillet, Alliages Métalliques, 1906.

stoff aus Ferrit und Perlit, wobei das Silizium scheinbar als FeSi in dem Eisen bzw. im Eisenkarbid gelöst ist. Nach der gleichen Quelle soll ein Stahl

bis 5% Si aus Perlit und fester Lösung von Fe und FeSi,
von 5 ,, 7% Si aus Perlit, Graphit und fester Lösung von Fe und FeSi,
von 7 ,, 30% Si aus Graphit und einer festen Lösung von Fe und FeSi

bestehen. Bei einem Gehalt über 2% Si werden die Ferritkörner sehr groß; sie können im gegossenen Zustande nach Beobachtungen von Mars[1]) über 2 cm lange Kristalle bilden.

Der Perlitpunkt A_1 wird durch den Siliziumgehalt erhöht und ist nach den Versuchen von Wüst und Petersen[2]), sowie Gontermann[3]) und Gumlich[4]) deutlich erkennbar. Dadurch daß Ar_1 mit wachsendem Siliziumgehalt langsamer steigt als Ac_1, wird die Hysteresis größer. Unter gewissen Umständen kann Ac_1 oberhalb Ac_2 und Ar_1 oberhalb Ar_2 fallen, so daß also die magnetische Umwandlung unterhalb des Perlitpunktes liegt. Im übrigen ist A_2 frei von Hysteresis und nimmt mit wachsendem Siliziumgehalt ab.

Bei der Härtung wird der Perlit in Martensit umgewandelt, während die festen Lösungen keine Änderungen erfahren sollen.

Infolge der graphitbildenden Wirkung des Siliziums muß beim Glühen sowie beim Zementationsprozeß Rücksicht darauf genommen werden; die Glühdauer darf nicht zu lange ausgedehnt werden. Im übrigen bewirkt Silizium einen dichten Guß, indem es die Gaslöslichkeit erhöht, wobei er aber sehr stark der Schwindung unterworfen ist und infolgedessen leicht Schrumpfrisse zeigt. Das spezifische Gewicht nimmt mit wachsendem Siliziumgehalt ab; während es nach Hadfield[5]) für 2,67% Silizium 7,38 beträgt, ist es für 8,0% Silizium nur noch 6,94. Die Abnahme erfolgt allmählich und erreicht für 100% Silizium den Wert 2,31.

Die Widerstandsfähigkeit gegen Säureangriff wächst mit dem Siliziumgehalt, so daß derartiges Material für Apparate und Gefäße der chemischen Industrie gebraucht wird. Die größte Säurebeständigkeit findet sich nach Iouve[6]) bei Legierungsverhältnissen, die der Verbindung Fe_2Si (20% Si) entsprechen, wie man ganz allgemein für derartig homogene Gefüge stets die besten Resultate erzielt. Während normales Gußeisen in 2 Stunden bei einer Lagerung in heißer Schwefelsäure (22° Bé) einen Gewichtsverlust von 46% erreichte, war dieser für 3% siliziumhaltiges Gußeisen 44,6% und für eine Eisen-Siliziumlegierung mit 20,6% Silizium nach 2 Monaten nur noch 0,06%. Auch gegenüber Salpetersäure und Essigsäure fand Iouve eine bemerkenswerte Beständigkeit. Tungay[7]) hat allerdings für kohlenstoffreies Eisen

[1]) Mars, Stahl und Eisen, 1909, S. 1673.
[2]) Wüst und Petersen, Metallurgie, 1906, S. 811.
[3]) Gontermann, Iron and Steel Institute, 1911, S. 421.
[4]) Gumlich, Wiss. Abhandlungen der Phys.-techn. Reichsanstalt, 1918, S. 271.
[5]) Hadfield, Iron and Steel Institute, 1889, S. 242.
[6]) Iouve, Iron and Steel Institute, 1908; Stahl und Eisen, 1908, S. 1478.
[7]) Tungay, Stahl und Eisen, 1918, S. 1215.

die größte Säurebeständigkeit bei 16 bis 18% Silizium festgestellt; er empfiehlt einen möglichst geringen Kohlenstoffgehalt.

Auf die Schmiedbarkeit, Schweißbarkeit und Kaltreckbarkeit ist der Einfluß des Siliziums noch nicht geklärt; im allgemeinen wird ein hoher Siliziumgehalt für ungünstig angesehen, jedoch kommt dabei wohl der Zustand in Betracht, in welchem das Silizium vorhanden ist, d. h. je nachdem, ob es im Eisen gelöst ist, oder ob es als Kieselsäure auftritt.

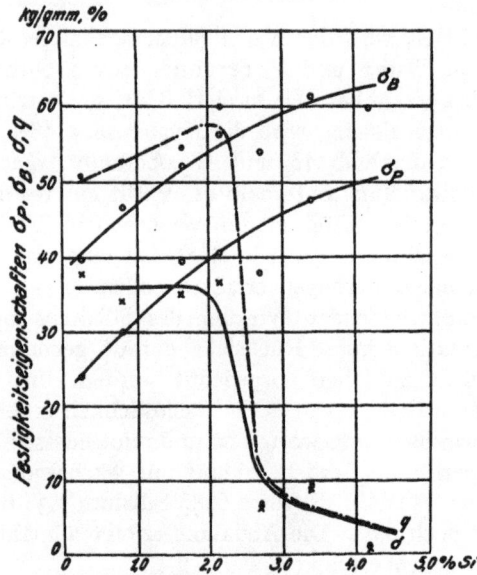

Abb. 174. Abhängigkeit der Festigkeitseigenschaften vom
Si-Gehalt geglühter Si-Stähle mit 0,14—0,26% C.

Die Abhängigkeit der Festigkeitseigenschaften geht nach den Versuchen von Hadfield aus Abb. 174 hervor. Danach nimmt bei 2 bis 2,5% Silizium die Sprödigkeit außerordentlich zu, wie aus der Dehnbarkeitsabnahme deutlich zu erkennen ist. Aber auch die Schlagfestigkeit nach Versuchen von Guillet[1]) zeigt das gleiche Bild, und die Sprödigkeit ist um so höher, je größer der Kohlenstoffgehalt ist (vgl. Abb. 175). Die Brinell-Härte nimmt nach Versuchen von Paglianti[2]) bis zu 2,4% Silizium von ungefähr 110 auf 180 kg/qmm linear zu.

Der elektrische Widerstand wird durch Silizium derart erhöht, daß er bei 4,7% Siliziumgehalt den des reinen Eisens um das Fünffache übertrifft; dagegen werden die Wirbelstrom- und Hysteresisverluste von 2% Silizium ab sehr stark erniedrigt. Koerzitivkraft und Remanenz nehmen nach den bereits früher besprochenen Versuchen von Paglianti[2]) (Abb. 176) bei un-

---

[1]) Guillet, Revue de Métallurgie, 1904, S. 46.
[2]) Paglianti, Metallurgie, 1912, S. 217; Stahl und Eisen, 1912, S. 1501.

gefähr 2% Silizium plötzlich ab, während die Permeabilität, die an sich größer als bei weichem Eisen ist, zunächst eine Erhöhung und von 2% Silizium ab ebenfalls eine Verringerung erfährt. Letzteres tritt besonders bei hohen Feldstärken auf, was einen Nachteil bei der Verwendung für elektrotechnische Zwecke bedeutet. Auf Grund der magnetischen Eigenschaften werden Siliziumstähle mit 2,0 bis 3,5% Silizium für Dynamo- und Transformatorenbau gern verwendet; den Kohlenstoffgehalt hält man dabei möglichst unterhalb 0,1%. Der Hysteresisverlust eines derartigen Materials ist gegenüber einem siliziumarmen weichen Eisen um 40% herabgedrückt. Die legierten Bleche haben die gute Eigenschaft, daß ein Altern, d. h. eine Verschlechterung der magnetischen Eigenschaften mit der Zeitdauer kaum zu bemerken ist. Das Altern wird für gewöhnlich durch lang dauernde mäßige Erwärmung,

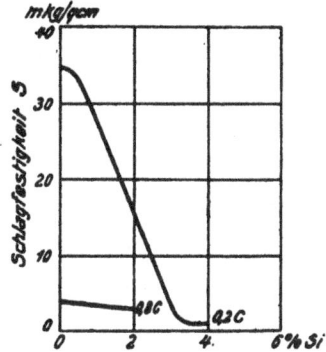

Abb. 175. Abhängigkeit der Schlagfestigkeit vom Si-Gehalt geschmiedeter Si-Stähle.

wie sie gerade im praktischen Betrieb vorkommt, begünstigt. Die Ursache ist bis jetzt noch nicht geklärt; nach Gumlich[1]) soll der Sauerstoffgehalt eine Rolle spielen. Abb. 177 zeigt das Altern eines nicht silizierten Bleches.

Aber auch für die mechanische Verarbeitung, wie Pressen und Drehen, hat sich ein Siliziumgehalt, wie Mars[2]) mitteilt, als günstig erwiesen, indem

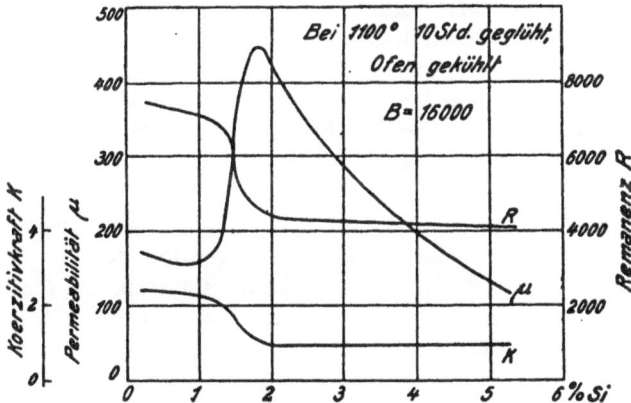

Abb. 176. Abhängigkeit der magnetischen Eigenschaften vom Si-Gehalt bei Si-Stählen mit 0,10 ∸ 0,13% C; 0,23 ∸ 0,59% Mn.

infolge Verringerung der zu großen Dehnbarkeit durch Erteilung einer gewissen Sprödigkeit, das sog. „Schmieren" vermieden wird. Für diese Zwecke genügt ein Zusatz von 0,4% Silizium.

---

[1]) Gumlich, Stahl und Eisen, 1919, S. 803.
[2]) Mars, Die Spezialstähle, Stuttgart, 1912, S. 212.

6. Die Vanadiumstähle.

Reines Eisen und Vanadium sind in festem und flüssigem Zustande vollkommen ineinander löslich. Die Stabilität der Vanadiumkarbide ist scheinbar nicht groß, weil die Graphitbildung im Roheisen durch Vanadium gefördert wird. Im allgemeinen kann man sagen, daß dieses Element hauptsächlich desoxydierend und entgasend im Guß wirkt. Nach Portevin[1] liegen die Umwandlungspunkte Ar_3 mit wachsendem Vanadiumgehalt höher;

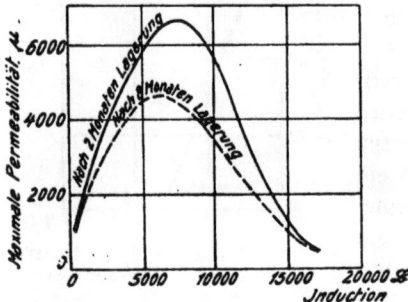

die kritische Temperatur A_1 bleibt für Stähle mit 0,8% Kohlenstoff bis zu rd. 1% Vanadiumgehalt nahezu konstant, um bei höheren Gehalten alsdann zu fallen.

Bis 1% Vanadium und 3,5% Kohlenstoff bestehen perlitische Stähle; je höher dabei der Kohlenstoffgehalt ist, desto niedriger darf der Vanadiumgehalt sein; Guillet[2] hat über die Vanadiumstähle ein ähnliches Schaubild aufgestellt, wie wir es bei den anderen Stählen bisher

Abb. 177. Permeabilitätskurven von geglühtem Dynamoblech.

schon sahen. In den perlitischen Stählen verteilt sich das Vanadium auf den Ferrit und Zementit. Werden die oben angegebenen Gehalte an Vanadium bzw. Kohlenstoff überschritten, so treten Doppelkarbide auf, die unter Umständen im Perlit eingelagert sind.

Die mechanischen Eigenschaften werden durch Vanadium sehr stark beeinflußt; so sollen hinsichtlich der Einwirkung 0,2% Vanadium 3% Nickel entsprechen. Man wird zum Legieren also nur geringe Mengen gebrauchen; praktisch geht man bis ungefähr 1%. Festigkeit und Härte nehmen mit dem Vanadiumgehalt zu und erreichen bei ungefähr 1,5% Vanadium einen Höchstwert, der einem Mindestwert an Dehnbarkeit entspricht. Die Kerbzähigkeit nimmt nur wenig ab. Wie Guillet[3] weiter fand, nimmt die Sprödigkeit der Legierungen mit der Höhe des Kohlenstoffgehaltes zu.

Durch eine Härtung bleibt Vanadiumkarbid unverändert; man kann es daher als einen Fremdkörper im Stahl ansehen, der naturgemäß die Eigenschaften stark beeinflußt.

7. Die Molybdänstähle.

Über die Strukturformen der Molybdänstähle besteht nach Guillet[4] ebenfalls ein Schaubild, aus dem zu entnehmen ist, daß Stähle bis 2,5%

[1] Portevin, Revue de Métallurgie, 1909, S. 1352; Iron and Steel Institute, 1909, S. 230; Stahl und Eisen, 1910, S. 2166.

[2] Guillet, Alliages Métalliques, 1906, S. 344.

[3] Guillet, Revue de Métallurgie, 1904, S. 525.

[4] Guillet, Alliages Métalliques, 1906.

Molybdän und 1,6% Kohlenstoff perlitischer Natur sind. Auch hierbei entspricht einem geringeren Kohlenstoffgehalt als 1,6% ein Molybdängehalt, der mehr oder weniger an 2,5% heranreicht, wenn diese Stähle perlitisch sein sollen. Über die angeführten Grenzgehalte hinaus treten in der Grundmasse des molybdänhaltigen Ferrits doppelkarbidhaltige Kristalliten auf. Nach Versuchen von Swinden[1]) liegen bei den Molybdänstählen hinsichtlich der Umwandlungspunkte ähnliche Verhältnisse vor wie beim Wolfram. Die Grenztemperatur liegt bei ungefähr 810° und das Maximum der Erniedrigung von Ar_1 bei ungefähr 450°. Nach diesen Versuchen von Swinden entsprechen sich 1% Molybdän und 3% Wolfram in ihrer Wirkung, so daß man also sagen kann, daß der Einfluß des Molybdäns ein recht beträchtlicher ist. Im übrigen verfeinert Molybdän das Gefüge.

Wie aus Versuchen von Guillet[2]) hervorgeht, nehmen Festigkeit und Härte mit dem Molybdängehalt zu, während Dehnbarkeit, Querschnittsverminderung und Schlagfestigkeit, mithin die Zähigkeit abnehmen. Höherer Kohlenstoffgehalt bewirkt größere Sprödigkeit.

Eine Härtung ändert das Gefüge der perlitischen Stähle in ein martensitisches um; die Karbide gehen bei der Erwärmung in feste Lösung über, sofern jene genügend lange gedauert hat und bei einer entsprechend hohen Temperatur vor sich gegangen ist.

Durch seine ähnliche Beeinflussung der magnetischen Eigenschaften soll Molybdän wie das Wolfram zur Herstellung permanenter Magnete verwendbar sein; die Versuche von Burgeß und Aston[3]) ergaben als magnetisch hartes Material eine Legierung von 0,6% Kohlenstoff, 8% Molybdän und 0,3% Vanadium.

D. Die quaternären Sonderstähle.

Die Entwicklung des Maschinenbaues, wie sie in der Hauptsache durch den Automobil- und Flugmotorenbau ausgedrückt wird, zielt auf beste Ausnutzung der Baustoffe, d. h. auf möglichst leichte Konstruktion hin. Hierbei ist den hohen Anforderungen, die an die Maschinenelemente hinsichtlich ihrer Beanspruchung gestellt werden, in genügender Weise Rechnung zu tragen. Der Automobil- und Flugmotorenbau ist in seiner jetzigen Gestalt nur möglich gewesen durch Einführung hochwertiger Stähle, die durch Legieren mit einem oder mehreren der im vorigen Kapitel besprochenen Zusatzelemente erzeugt werden. Diese Stähle nennt man Konstruktionsstähle. Von den besprochenen ternären Stählen rechnet man eigentlich nur die Nickelstähle zu den Konstruktionsstählen, weil sie die Eigenschaften umfassen, über welche im Folgenden näheres gesagt wird. Des weiteren gehören zu den Konstruktionsstählen die quaternären Legierungen, welche in diesem Kapitel

---

[1]) Swinden, Iron and Steel Institute, 1911, S. 66; 1913, S. 100.
[2]) Guillet, Revue de Métallurgie, 1904, S. 390.
[3]) Burgeß und Aston, Stahl und Eisen, 1911, S. 324.

behandelt sind; jedoch haben sich nicht alle eingeführt. Bei uns in Deutschland wird hauptsächlich der Nickelchromstahl verwendet, während andere Länder andere Sorten bevorzugen. Von einem Konstruktionsmaterial ist neben hoher Streckgrenze und Festigkeit ein bedeutendes Fließvermögen zu fordern; aber dies genügt noch nicht, um ihn als hochwertigen Stahl zu kennzeichnen, denn hohe Festigkeiten bei verhältnismäßig gutem Fließvermögen sind auch bei entsprechend behandelten Kohlenstoffstählen zu finden. Es folgt daraus, daß der große Nutzen der legierten Stähle in noch anderer Richtung zu suchen ist. Neben hoher Festigkeit und genügender Dehnbarkeit ist vor allem eine große Widerstandsfähigkeit gegen schlag- und stoßweise Beanspruchung zu fordern. Eng verwandt hiermit ist die Ermüdungsfestigkeit, d. h. der Widerstand gegen Zerstörung bei dauerndem Lastwechsel unter Beanspruchungen, die unterhalb der Bruchgrenze des Materials liegen; die Belastung kann hierbei allmählich oder ebenfalls stoßweise geschehen. Es hat sich nun gezeigt, daß eine hohe Beanspruchungsmöglichkeit dann besonders zulässig ist, wenn das Material vergütet wird, d. h. nach einer Abschreckung in Öl oder Wasser aus dem Gebiet der festen Lösung heraus auf eine höhere Temperatur von etwa 500 bis 700⁰ angelassen wird. Die Anlaßtemperatur richtet sich jeweils nach der chemischen Zusammensetzung der Legierung und nach den gewünschten Festigkeitswerten.

Bei den quaternären Stählen können wir perlitische, martensitische, austenitische und doppelkarbidhaltige unterscheiden. Die martensitischen Stähle sind zu spröde und daher im allgemeinen unbrauchbar, während die austenitischen sich durch hohe Herstellungskosten auszeichnen; man denke z. B. an die hochprozentigen Nickelstähle. Die doppelkarbidhaltigen sind von außerordentlicher Härte und werden daher als Werkzeuge in Gestalt von Schnelldrehstählen bevorzugt. Als Konstruktionsstähle kommen also hauptsächlich nur die perlitischen in Betracht.

Die Erforschung der Eigenschaften der quaternären Stähle ist noch weiter im Rückstand als die der ternären Stähle, weil sie infolge der größeren Anzahl Zusatzelemente entsprechend höheren Schwierigkeiten begegnet. Im allgemeinen kann man sagen, daß sich die Eigenschaften nach der Wirkungsweise der einzelnen Zusatzelemente zusammensetzen, aus welchem Grunde auf die vorhergehenden Kapitel verwiesen werden muß.

1. Die Nickelsiliziumstähle.

Die Schmiedbarkeit hört bereits bei einem Siliziumgehalt über 5% auf. Die Festigkeit der perlitischen Stähle ist erheblich größer als die der entsprechenden Nickelstähle. Für die martensitischen Stähle erreicht die Festigkeit bei 2% Silizium einen Höhepunkt, um alsdann wieder abzusinken, während gleichzeitig die Sprödigkeit weiter zunimmt. Den polyedrischen Stählen ist eine erhöhte Festigkeit bei annähernd gleichbleibender Dehnbarkeit eigen.

Eine Härtung bringt den perlitischen Stählen eine Festigkeitserhöhung, den martensitischen und polyedrischen dagegen eine Erweichung.

Guillet[1]) fand folgende Eigenschaftsbereiche an geglühten bzw. geschmiedeten Proben:

Zusammensetzung: 0,13 bis 0,94% C; 2 bis 31% Ni; 0,2 bis 9,0% Si;
Festigkeit: 50 bis 170 kg/qmm;
Dehnbarkeit: 40 bis 0%;
Brinell-Härte: 120 bis 460 kg/qmm;
Kerbzähigkeit: 30 bis 0 mkg/qcm.

2. Die Nickelmanganstähle.

Nach Versuchen von Carpenter und Longmuir[2]) erhöht ein Stahl mit rd. 0,8 bis 1,0% Mangan und 0,4 bis 0,5% Kohlenstoff mit wachsendem Nickelgehalt seine Festigkeit, um von 6,4% Nickel ab wieder etwas weicher zu werden. Rudeloff[3]) fand bei 3% Nickel mit wachsendem Mangangehalt eine Erhöhung der Festigkeit und Erniedrigung der Dehnbarkeit, während bei 8% Nickel und rd. 0,9% Kohlenstoff Festigkeit und Härte mit dem Mangangehalt zunehmen und bei 12% Nickel bei gleichbleibender Festigkeit nur die Dehnbarkeit wächst. Der 8% nickelhaltige Nickelmanganstahl war bereits bei 0,6 bis 2,2% Mangan nicht mehr bearbeitbar. Die Eigenschaften der perlitischen Stähle hängen von dem Gehalt an Kohlenstoff, Nickel und Mangan ab, mit deren Höhe die Festigkeit steigt und die Dehnbarkeit abnimmt. Die martensitischen Stähle sind sehr spröde und hart, während die austenitischen eine mittlere Festigkeit bei großer Dehnbarkeit besitzen. Nach den im vorigen Abschnitt erwähnten Versuchen von Guillet wurden folgende Eigenschaftswerte gefunden:

Zusammensetzung: 0,1 bis 0,8% C; 1,4 bis 31% Ni; 0,5 bis 16,5% Mn;
Festigkeit: 57 bis 148 kg/qmm;
Dehnbarkeit: 48 bis 2%;
Brinell-Härte: 114 bis 400 kg/qmm;
Kerbzähigkeit: 40 bis 3 mkg/qcm.

3. Die Nickelchromstähle.

In Abb. 178 ist das Gefügeschaubild der Nickelchromstähle mit geringem Kohlenstoffgehalt dargestellt, wie es aus den Untersuchungen von Strauß und Maurer[4]) hervorgeht. Wir können bei diesen quaternären Stählen 4 Gebiete unterscheiden, die hauptsächlich 3 Strukturarten, nämlich Perlit, Martensit und Austenit umfassen.

[1]) Guillet, Iron and Steel Institute, 1906, S. 1.
[2]) Carpenter und Longmuir, Stahl und Eisen, 1906, Nr. 17.
[3]) Rudeloff, Verhandl. d. Vereins zur Beförderung des Gewerbefleißes, 1906.
[4]) Strauß und Maurer, Stahl und Eisen, 1921, S. 831.

Nach Guillet[1]) sind die perlitischen Stähle etwas spröder als reine Nickelstähle, und die Härte wächst mit dem Chromgehalt. Wie aus Abb. 179

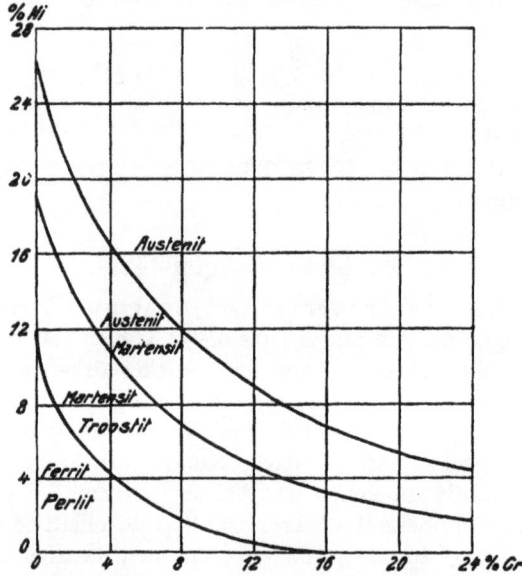

Abb. 178. Kleingefüge der Ni-Cr-Stähle mit geringem C-Gehalt (0,1 ÷ 0,5°/₀ C.)

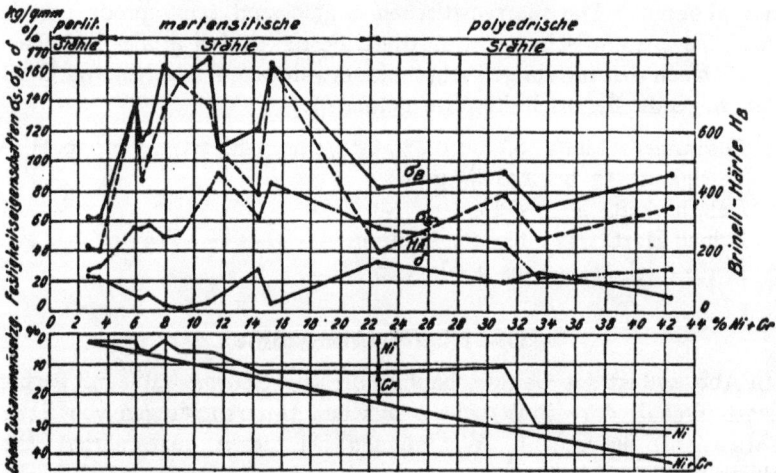

Abb. 179. Abhängigkeit der mechanischen Eigenschaften vom (Ni + Cr)-Gehalt bei Ni-Cr-Stählen mit 0,14 ÷ 0,97°/₀ C.

hervorgeht, zeichnen sich die martensitischen Stähle durch große Sprödigkeit und Härte aus, während die polyedrischen Stähle eine mittlere Festigkeit

---

[1]) Guillet, Iron and Steel Institute, 1906, S. 37.

bei hoher Dehnbarkeit besitzen. Die Festigkeit und Härte der austenitischen Nickelchromstähle ist ebenfalls größer als die der reinen Nickelstähle; sie nehmen allerdings an Sprödigkeit zu, sobald sie karbidhaltig werden. Aus diesen Gründen werden die martensitischen Stähle nicht verwendet. Nach Versuchen von mir[1]) (Abb. 180) nimmt der Elastizitätsmodul mit zunehmendem Nickel- und Chromgehalt linear ab; dies bezieht sich auf die perlitischen Stähle. Wie ein Vergleich mit der von mir aufgestellten Kurve des Elastizitätsmoduls für Nickelstähle ergibt, findet eine Abschwächung des Abfalles durch den Chromzusatz statt, so daß also die Erniedrigung des Elastizitätsmoduls mit zunehmendem Nickel- und Chromgehalt geringer wird.

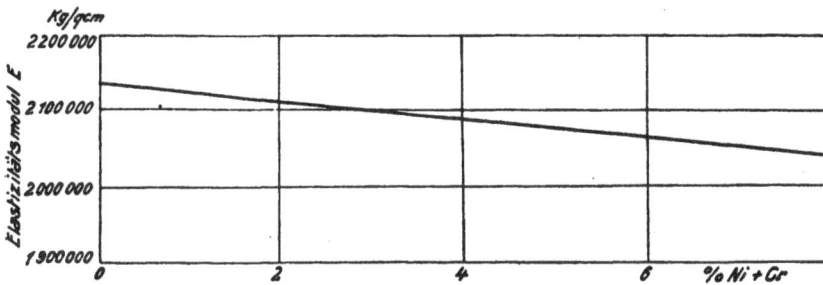

Abb. 180. Abhängigkeit des Elastizitätsmoduls vom (Ni + Cr)-Gehalt bei Ni-Cr-Stählen.

Eine Härtung wandelt die perlitischen Stähle in martensitische um, während die martensitischen Stähle Neigung zur Polyederbildung zeigen; die polyedrischen Stähle bleiben jedoch unverändert. Bei einer Erhitzung auf 1200° wird in den martensitischen und polyedrischen Stählen befindliches Karbid aufgelöst. Die polyedrischen Nickelchromstähle haben auch nach einer Abschreckung eine größere Härte als die entsprechenden reinen Nickelstähle.

Man verwendet Nickelchromstähle im geglühten, vergüteten und eingesetzten Zustande. Während die normalen Nickelchromstähle einen Kohlenstoffgehalt von 0,3 bis 0,5% besitzen, nimmt man für die Einsatzstähle einen bedeutend geringeren, indem man ihn auf ungefähr 0,05 bis 0,15% ermäßigt. Durch das Einsetzen der perlitischen Stähle wird eine martensitische Außenschicht erzeugt, die eine Wasserabschreckung unnötig macht. Nach den bereits angeführten Versuchen von Guillet wurden folgende Festigkeitswerte ermittelt:

Zusammensetzung: 0,14 bis 1,00% C; 2,2 bis 32,3% Ni; 0,5 bis 20,6% Cr;
Festigkeit: 61 bis 168 kg/qmm;
Dehnbarkeit: 32 bis 1%;
Brinell-Härte: 120 bis 555 kg/qmm;
Kerbzähigkeit: 27 bis 5 mkg/qcm.

---

[1]) Müller, Verein deutscher Ingenieure, Forschungshefte, Nr. 247.

Die Grenzen der im Automobil- und Motorenbau gebräuchlichen Nickel-chromstähle hinsichtlich ihrer chemischen Zusammensetzung sind ungefähr

0,005 bis 0,15% C für Einsatzmaterial,
0,3 bis 0,5% C für zu vergütendes Material,
2 bis 5% Ni,
0,5 bis 2,0% Cr,
0,1 bis 0,5% Va,
höchstens 2% Wo.

Durch Vergütung, d. h. bei einer Härtung auf 800 bis 900⁰ und einem Anlassen zwischen 500 und 750⁰ lassen sich folgende Festigkeitswerte erzielen:

Streckgrenze: 50 bis 150 kg/qmm,
Festigkeit: 75 bis 170 kg/qmm,
Dehnbarkeit: 20 bis 7%,
Kerbzähigkeit: 15 bis 7 mkg/qcm.

Es sei an dieser Stelle auf die reinen Nickelchromlegierungen (Nichrome) hingewiesen, die besonders in den Zusammensetzungen der chemischen Ver-bindungen für Abgüsse, welche hohen Wärmebeanspruchungen oder Säuren ausgesetzt sind, recht gute Dienste tun; hierher gehören folgende Legierungen[1]):

62,9% Ni und 37,1% Cr entsprechend der Verbindung Ni_3Cr_2, und
42,9 % Ni und 57,1% Cr entsprechend der Verbindung Ni_2Cr_3.

Die Festigkeit einer Nickelchromlegierung von 60% Ni und 40% Cr soll[2]) bei Zimmertemperatur 35 bis 38 kg/qmm und bei 815⁰ noch 18 kg/qmm be-tragen. Diese Nickelchromlegierungen sind glühbeständig und zeigen in der Hitze weder Werfen noch Springen.

Es gehören hierzu auch folgende Stähle, wie sie von der Firma Friedr. Krupp, A.-G., Essen hergestellt werden:

Marke V2A, austenitischer Stahl mit 0,28% C, 0,5% Mn, 5,8% Ni, 20,6% Cr,
Marke V1M, martensitischer Stahl mit 0,12% C, 0,5% Mn, 1,5% Ni, 15,8% Cr.

Die Festigkeitswerte für den vergüteten Zustand betragen:

Eigenschaften	Marke V2A	Marke V1M
Vergütung	1200⁰ Öl	900⁰ Öl/650⁰ Öl
Streckgrenze (0,2%) . kg/qmm	38	65
Festigkeit. . . . . . kg/qmm	88	79
Dehnung (11,3 $\sqrt{\,f}$) . . . . . %	56	15
Querschnittsverminderung . %	41	60
Brinell-Härte . . . . kg/qmm	210	240
Kerbzähigkeit . . . .mkg/qcm	12	10

---

[1]) Borchers, Wagenmann, Metall und Erz, 1920, S. 402.
[2]) Zeitschrift für Metallkunde, 1922, S. 131.

Der erstere der beiden Stähle läßt sich infolge seines austenitischen Charakters durch Spanabheben schwieriger bearbeiten als der letztere, dagegen ist er gut schmiedbar und kalt reckbar. Beide Stähle besitzen eine große Widerstandsfähigkeit gegen Oxydation; sie sind also rostsicher. Besonders der V2A-Stahl, der unmagnetisierbar und polierfähig ist, zeichnet sich durch große Beständigkeit gegenüber chemischen Einflüssen (Säuren) aus.

4. Die Nickel-Wolframstähle.

Die Festigkeit wächst mit dem Wolframgehalt, während die Dehnbarkeit und Querschnittsverminderung, d. h. also das Fließvermögen nahezu gleich bleiben. Die Nickel-Wolframstähle haben in dem gehärteten, martensitischen Zustande angeblich eine gute Dehnbarkeit trotz hoher Festigkeit. Guillet fand bei seinen Versuchen folgende Eigenschaften:

Zusammensetzung: 0,15 bis 0,45% C; 2,9 bis 6,2% Ni; 0,3 bis 5,9% Wo;
Festigkeit: 55 bis 88 kg/qmm;
Dehnbarkeit: 21 bis 13%;
Brinell-Härte: 146 bis 226 kg/qmm;
Kerbzähigkeit: 25 bis 6 mkg/qcm.

5. Die Mangan-Siliziumstähle.

Nach den Versuchen von Guillet ergaben sich folgende Eigenschaften:

Zusammensetzung: 0,1 bis 0,6% C; 0,5 bis 14,8% Mn; 0,5 bis 2,3% Si;
Festigkeit: 50 bis 95 kg/qmm;
Dehnbarkeit: 19 bis 5%;
Brinell-Härte: 107 bis 293 kg/qmm;
Kerbzähigkeit: 36 bis 6 mkg/qcm.

6. Die Mangan-Chromstähle.

Die angeführten Versuche von Guillet ergaben folgendes:

Zusammensetzung: 0,13 bis 0,90% C; 1,9 bis 12,2% Mn; 2,9 bis 5,3% Cr;
Festigkeit: 71 bis 122 kg/qmm;
Dehnbarkeit: 29 bis 0%;
Brinell-Härte: 114 bis 444 kg/qmm;
Kerbzähigkeit: 32 bis 0 mkg/qcm.

7. Die Chrom-Wolframstähle.

Guillet stellte durch seine Versuche folgende Eigenschaftswerte fest:

Zusammensetzung: 0,14 bis 0,84% C; 0,9 bis 20,4% Cr; 2,0 bis 20,3% Wo;
Festigkeit: 55 bis 171 kg/qmm;
Dehnbarkeit: 20 bis 1%;
Brinell-Härte: 126 bis 652 kg/qmm;
Kerbzähigkeit: 37 bis 0 mkg/qcm.

E. Die komplexen Werkzeugstähle.
(Schnelldrehstähle.)

Die Schnelldrehstähle enthalten hauptsächlich Chrom und Wolfram bei mittleren Kohlenstoffgehalten. Neben Chrom findet man öfter noch Molybdän, das im allgemeinen als Ersatz für Wolfram angesehen werden kann; 1% Molybdän ruft die gleichen Eigenschaften hervor wie rd. 3% Wolfram; allerdings gibt es eine größere Sprödigkeit und demgemäß eine schlechtere Schmiedbarkeit. Nach Taylor, dem Entdecker der Rotgluthärte der Schnelldrehstähle, deren chemische Zusammensetzung schon durch Mushet in den sechziger Jahren bekannt wurde, soll ein hoher Mangangehalt wegen Verringerung der Schmiedbarkeit nicht günstig sein; desgleichen soll Silizium die Schnittgeschwindigkeit herabsetzen, während Titan, Aluminium und Vanadium lediglich als Reinigungsmittel anzusehen sind. Ein höherer Mangangehalt liefert nach Angaben von Taylor[1]) ein brüchiges Material. Der Kohlenstoffgehalt ist so hoch zu nehmen, daß die Härte des Stahles genügt, jedoch wird man nicht zuviel wählen, um die Schmiedbarkeit nicht zu sehr zu vermindern; auch leidet in diesem Falle die Zähigkeit. An Silizium fordert Taylor einen Höchstgehalt von 0,15%, während Phosphor und Schwefel selbstverständlich nur in den allgemein als wünschenswert geltenden Grenzen vorkommen dürfen.

Genauere Einzelheiten über die Eigenschaften der Schnelldrehstähle sind nur in dürftigem Umfange in der Literatur zu finden. Die Umwandlungspunkte richten sich in ihrer Lage nach der Art der Zusatzelemente und ihren Gehalten, so bewirkt Chrom eine Erhöhung, Molybdän und Wolfram dagegen eine Erniedrigung der Haltepunkte. Die Punkte sind aber auch von der Erhitzungstemperatur abhängig, und die Abkühlungsgeschwindigkeit übt ebenfalls einen Einfluß auf sie aus. So fand Böhler[2]) für einen Stahl mit 3% Chrom und 9% Wolfram nach einer Erhitzung auf

$$900^0 \ Ar_1 \ \text{bei} \ 700^0,$$
$$1020^0 \ Ar_1 \ ,, \ 650^0,$$
$$1150^0 \ Ar_1 \ ,, \ 600^0,$$

und Carpenter für einen Stahl mit 3% Chrom und 12,5% Wolfram nach einer Erhitzung auf

$$1000^0 \ Ar_2 = 452^0, \quad Ar_1 = 385^0,$$
$$1100^0 \ Ar_2 = 427^0, \quad Ar_1 = 361^0,$$
$$1200^0 \ Ar_2 = 427^0, \quad Ar_1 = 367^0,$$
$$\text{dagegen} \ Ac_2 = 830^0, \quad Ac_1 = 812^0.$$

Infolge der Eigenschaft, daß bei der Erhitzung die Umwandlung bei ungefähr 800⁰, also bei einer höheren Temperatur als für normale Kohlenstoff-

---

[1]) Taylor, Iron Age, 1906, S. 1592; Stahl und Eisen, 1907, S. 1089.
[2]) Böhler, Wolfram- und Rapidstahl, Wien, 1904.

stähle vor sich geht, ist die Schmiedetemperatur dementsprechend hoch zu halten. Um die Schmiedearbeit möglichst gering zu bemessen, wählt man eine Schmiedetemperatur von 900 bis 1000⁰. Ein Nachhämmern unterhalb 900⁰ zur notwendigen Ausgleichung der Masse soll sich nach Mars nicht empfehlen, weil die dabei entstehenden Eigenspannungen beim späteren Ausglühen die Bildung von Rissen begünstigen. Das Wärmeleitvermögen der Schnell- drehstähle ist sehr gering, weswegen sich zur Vermeidung von Rißbildungen ein langsames Vorwärmen bis auf 500⁰ empfiehlt, worauf alsdann die Glühung zwischen 700 und 800⁰ mit nachfolgender normaler Abkühlung geschehen kann. Nach Carpenter[1]) bewirkt eine Abkühlung von

900⁰ im Ofen die Bildung von Perlit und Sorbit,
1000⁰ im Ofen die Bildung von Troostit,
1200⁰ im Ofen die Bildung von Troostit und Martensit,
1200⁰ an der Luft die Bildung von Martensit und Troostit,
1200⁰ im Gebläsewind die Bildung von Austenit.

Demnach sind die Härtetemperaturen nach den zu härtenden Gegen- ständen zu bemessen, und zwar nimmt man nach Mars[2]) für

Gewindebohrer, Reibahlen, Spiralbohrer
(mittlere Stärke) . . . .   900 bis 950⁰
desgl. (größere Stärke) . . . . . . 950 ,, 1000⁰
Fräser, Schnitte   . . . . 1000 ,, 1100⁰
Drehmesser . . . . 1250 ,, 1300⁰.

Das Abschrecken erfolgt in Gebläseluft, Öl, Petroleum oder Bleibad; eine Abschreckung in Wasser verursacht leicht Härterisse, ist aber an sich möglich.

Der große Vorzug der Schnelldrehstähle beruht auf der Beibehaltung der für Schneidarbeiten in Betracht kommenden Härte bis zu Temperaturen zwischen ungefähr 550 und 650⁰, während die normalen Kohlenstoffstähle eine unzulässige Härteverminderung bereits oberhalb 200⁰ erfahren. Die Härte- änderung mit zunehmender Anlaßtemperatur ist von Edwards und Kik- kawa[3]) für Schnelldrehstähle mit 0,65% Kohlenstoff, 6,1% Chrom und 3,1 bis 19,4% Wolfram bzw. mit 0,65% Kohlenstoff, 1,1 bis 6,2% Chrom und 17,7 bis 19,4% Wolfram untersucht worden. Im allgemeinen nimmt die Härte zuerst etwas ab, dann aber wieder zu, um bei 500 bis 650⁰ einen die Anfangs- härte übersteigenden Höhepunkt zu erreichen; alsdann sinkt sie bei weiterer Temperatursteigerung, um bei 800⁰ ein Minimum zu erreichen und schließ- lich wieder bis 1000⁰ beträchtlich anzusteigen. Das bei 500 bis 650⁰ gefundene Härtemaximum liegt um so höher, je mehr Wolfram im Stahl vorhanden ist. Chrom beeinflußt die Härte in der Weise, daß sie bis ungefähr 600⁰ nahe-

---

[1]) Carpenter, Iron and Steel Institute, 1905, S. 433.
[2]) Mars, Die Spezialstähle, Stuttgart, 1912, S. 419.
[3]) Edwards und Kikkawa, Iron and Steel Institute, 1916; Stahl und Eisen, 1916, S. 173.

Gebrauchszweck und chemische Zusammensetzung der meist verwendeten Stähle.

Verwendungszweck	C %	Ni %	Mn %	Cr %	Wo %	Si %	Mo %	Va %
Draht, Fein- und Stanzbleche, gezogene Rohre	0,06	—	—	—	—	—	—	—
Bleche, Draht, Niete, Stifte, gezogene und geschweißte Rohre	0,09	—	—	—	—	—	—	—
Bleche, Draht, Niete, Schrauben, Bandeisen, gezogene und geschweißte Rohre	0,12	—	—	—	—	—	—	—
Eisenbahnschwellen, Laschen, Bleche, Draht, Maschinenteile, Ketten, Haken, Schaufeln	0,16	—	—	—	—	—	—	—
Eisenbahnschwellen, Schaufeln, Hufnägel	0,20	—	—	—	—	—	—	—
Achsen, Radreifen, Draht, Schmiedestücke	0,25	—	—	—	—	—	—	—
Gasflaschen, Axen, Pflugscharen, Spaten, Springfedern, Raspen	0,35	—	—	—	—	—	—	—
Schienen, Bandagen, Hämmer, Sensen, Hacken, Scherenmesser, Federn	0,45	—	—	—	—	—	—	—
Straßenbahnschienen, Radreifen, Matrizen, Hämmer, Sensen, Federn, Hartdraht, Seildraht	0,55	—	—	—	—	—	—	—
Sägebleche, Meißel, Feilen, Steinbohrer, Förderseile, Maschinenteile, Schmiede- und Schellhämmer, Sensen	0,65	—	—	—	—	—	—	—
Stempel, Sägebleche, Kugeln für Kugelmühlen, Gesenke, Warmmatrizen	0,75	—	—	—	—	—	—	—
Hartwalzen, Gewindebohrer, Dreh- und Hobelstähle, Fräser, Nadeln, Schrotmeißel, Lochstempel, Steinbohrer, Holzbearbeitungswerkzeuge	0,85	—	—	—	—	—	—	—
Bohrer, Handmeißel, Körner, Stempel	1,00	—	—	—	—	—	—	—

			geglüht oder eingesetzt	
			geglüht oder vergütet	
Zahnräder, Kettenräder, Nockenwellen, Bolzen, Zapfen	0,05—0,15	1—8		
Brückenmaterial, Kurbelwellen, Pleuelstangen, Zapfen, Bolzen, Zahnräder, Achsen	0,20—0,45	1,5—6		
Ventile für Explosionsmotoren, elektrische Widerstände	0,30—0,50	25—28		
Präzisionsinstrumententeile	0,30—0,50	35—38		
Eisenbahnschienen	0,20—0,30	0,55—0,70		
Eisenbahnwagenräder	0,15—0,20	0,70—0,90		
Ambosse, Federn	0,40—0,45	0,90—1,00		
Walzdorne	0,45	1,30		
Radreifen (Bandagen)	0,30—0,40	1,30—1,40		
Spiralbohrer, Sägeblätter, Schnitte	0,90—1,00		0,5	
Fräser, Rasiermesser, Sägefeilen	1,4—1,5		0,3—0,5	
Hand- und Preßluftmeißel	0,3—0,5		1,0—1,5	
Lochdorne, Stempel, Kaltwalzen	0,8—1,0		2,0—4,0	
Zieheisen	1,8—2,0 / 1,5—1,8		2,0—2,5 / 13,0—14,0	
Federn	0,2—0,4		1,5	
Kugellager	0,85—0,95		1,0—1,3	
Kugeln	0,95—1,05		1,3—1,5	
Schneidwerkzeuge, Spiralbohrer	1,0—1,2			0,6—0,7
Drehmesser	1,0—1,2			3,0—3,5
Magnete	0,60—0,65			5,0—6,0
Warmzieh- und Preßmatrizen	0,60—0,65			8,0—9,0

Verwendungszweck	C %	Ni %	Mn %	Cr %	Wo %	Si %	Mo %	Va %	
Dynamobleche	÷ 0,10					0,7—4,0			
Federn	0,30—0,55					1,0—2,5			
Transformatorenbleche	÷ 0,10					1,0—2,0			
Meißel	0,3—0,4					2,0			
Magnete	0,6—0,7			1,5—2,0	1,0—2,0				
Stempel	1,2—1,3			1,0	2,0				
Drehmesser	1,2—1,4			1,0	3,0				
Meißel	0,3—0,4			0,5		1,0			
Federn	{ 0,4—0,5 / 1,1 }			1,0		{ 1,0 / 2,0 }			
Höchstbeanspruchte Automobil- und Maschinenteile, wie Kettenräder, Zahnräder, Hebel, Bolzen, Achsen, Pleuelstangen, Zapfen, Wellen, Steuerungsteile	0,20—0,45	2,0—2,8	0,3—0,5	0,2—1,4		0,2—0,3			geschmiedet oder vergütet
Wellen, Ventile, Zahnräder, Achsen, Pleuelstangen, Steuerungsteile, Bolzen, Zapfen	0,3—0,4	4,5	0,4—0,7	0,7—1,0		0,3			vergütet
Zahnräder, Steuerungsteile	0,10—0,13	4,2—4,7	0,4—0,5	0,7—1,3		0,3			eingesetzt
Schnelldrehstahl (Bestwerte nach Taylor)	0,4—0,8 (0,68)	—	÷ 0,2 (0,07)	3—7 (5,95)	15—25 (17,81)	÷ 0,2 (0,05)	÷ 7	0,3—1,2 (0,32)	

Verunreinigungsgrenzen für Tiegelstahl:

Qualität	P %	S %	Cu %	As %	Σ (P + S + Cu + As) %
Höchstwertig	< 0,015	< 0,015	< 0,015	—	< 0,050
Gut	< 0,022	< 0,022	< 0,030	—	< 0,080
Mittelwertig	< 0,035	< 0,032	< 0,050	< 0,008	< 0,135
Minderwertig	< 0,050	< 0,040	< 0,100	< 0,010	< 0,220

zu konstant bleibt, um bei 650⁰ einen Höchstwert anzunehmen; hierauf folgt ein Abfall und bis 1000⁰ wieder eine Steigerung.

Die Festigkeit der Schnelldrehstähle entspricht ihrem Chrom- und Wolframgehalt nach derjenigen der quaternären Chrom-Wolframstähle, auf welches Kapitel deshalb verwiesen sei.

An dieser Stelle möge noch auf die Kobalt-Chrom- bzw. Kobalt-Chrom-Molybdänlegierungen hingewiesen werden, die in geeigneter Zusammensetzung die Schneidhaltigkeit der Schnelldrehstähle noch übertreffen sollen. Vorzüglich handelt es sich hierbei um Zusammensetzungen von z. B. 75% Kobalt, 20% Chrom und 5% Wolfram, die unter dem Namen „Stellit" bekannt sind. Das Stellitwerkzeug wird im allgemeinen wegen der großen Härte gegossen und fertiggeschliffen. Eine Härtung ist nicht nötig. Bis zu einer Temperatur von 990⁰ soll es seine Härte behalten; die größte Wirksamkeit soll bei ungefähr 550 bis 650⁰ liegen.

Statt des Wolfram kann auch Molybdän verwendet werden, und ein derartiges Stellit hat etwa folgende Zusammensetzung[1]):

59,5% Co	0,8% Si	0,90% C
22,5% Mo	2,0% Mn	0,08% S
10,8% Cr	3,1% Fe	0,04% P

Eine Legierung aus 75% Kobalt und 25% Chrom soll hämmerbar, dagegen die zuerst genannte Legierung schmiedbar sein; eine Legierung aus 45% Kobalt, 15% Chrom und 40% Molybdän schneidet Glas.

In den vorstehenden und folgenden Tabellen sind Verzeichnisse des Gebrauchszweckes und der chemischen Zusammensetzung der meist verwendeten Stähle gegeben.

F. Das Kupfer und seine Zusatzelemente.
1. Reines Kupfer.

Das reine Kupfer ist außerordentlich weich und dehnbar; aber seine Geschmeidigkeit nimmt mit wachsender Verunreinigung ab. Das technisch verwendete Kupfer ist nie frei von Verunreinigungen, die sich allerdings nur innerhalb gewisser Grenzen bewegen dürfen, wenn die Eigenschaften nicht zu stark geschmälert werden sollen. Der höchste Reinheitsgrad des raffinierten Kupfers beträgt 99,0 bis 99,8%. Das Kupfer ist nicht schweißbar und eignet sich infolge von Blasenbildungen bei der Erstarrung nicht für Gußzwecke. Die Gasabgabe rührt daher, daß in dem Kupfer stets Kupferoxydul, Cu_2O, enthalten ist, dem sich geringe Mengen Schwefelkupfer zugesellen. Hierdurch entsteht gasförmige schweflige Säure, die allmählich entweicht und die Blasenbildung beim Erstarren hervorruft. Zur Vermeidung der Einwirkung des Schwefelkupfers auf das Kupferoxydul und damit zur

---

[1]) Ledoux und Haynes, Stahl und Eisen, 1914, S. 1305; Zentralblatt der Hütten- und Walzwerke, 1920, S. 615.

In Amerika gebräuchliche [1]) Baustoffe
A. Flug-

Verwendungszweck	Chemische Zusammensetzung %				
	C	Mn	Ni	Cr	Va
Schraubenstahl (Siemens-Martin-Material)	0,15—0,25	0,5—0,8	—	—	—
Schmiedestücke nebensächlicher Natur wie Vergaserhebel u. dgl.	0,25—0,35	0,5—0,8	—	—	—
Steuerwellen, Schwinghebelrollen, Stössel	0,15—0,25	0,3—0,6	—	—	—
Wichtige Schmiedestücke wie Zylinder, Naben u. dgl.	0,40—0,50	0,5—0,8	—	—	—
Preßteile wie Auspuffkrümmer, Zylinderwassermäntel u. dgl.	0,05—0,15	0,3—0,6	—	—	—
Hochbeanspruchte Teile wie Pleuelstangenschrauben, Hauptlagerbolzen, Keile für Luftschraubennaben u. dgl.	0,35—0,45 0,35—0,45 0,35—0,45	— — —	3,25—3,75 1,0—1,5 —	— 0,45—0,75 0,8—1,1	— — ≥ 0,15
Zahnräder	0,35—0,45 0,35—0,45	— —	2,75—3,25 —	0,70—0,95 0,8—1,1	— ≥ 0,15
Pleuelstangen	0,30—0,40 0,30—0,40	— —	2,75—3,25 —	0,70—0,95 0,8—1,1	— ≥ 0,15
Kurbelwellen	0,35—0,45	0,3—0,6	1,75—2,25	0,7—0,9	—
Kolbenbolzen	0,10—0,20	0,5—0,8	3,25—3,75	—	—

---

[1]) **Wood, American Machinist.** 1920, S. 557.

für Flugmotoren und Kraftwagen.
motoren.

P bzw. S	Wärmebehandlung	Festigkeitseigenschaften
$\leq 0,045$ bzw. 0,06—0,09	—	$\sigma_s \geq 35$ kg/qmm $\}$ kalt- $\delta_{50} \geq 10\,\%$ $\int$ gezogen
$\leq 0,045$ bzw. 0,050	860—885⁰ H_2O abschrecken; 535—590⁰ anlassen	$H_B = 177$—217 kg/qmm
$\leq 0,045$ bzw. 0,050	900—930⁰ einsetzen; 750—780⁰ H_2O abschrecken	—
$\leq 0,045$ bzw. 0,050	815—845⁰ H_2O abschrecken; 625—650⁰ anlassen	$\sigma_s \geq 49$ kg/qmm $\delta > 18\,\%$ $H_B = 217$—255 kg/qmm
$< 0,045$	—	—
— — —	830—860⁰ Öl abschrecken; 495—525⁰ anlassen	$\sigma_s \geq 70$ kg/qmm $\delta > 16\,\%$
— —	a) Schmiedestücke: 845—875⁰ Öl abschrecken 705—735⁰ anlassen b) Fertige Stücke: Ni-Cr-Stahl: 770—780⁰ abschrecken 345—370⁰ anlassen Cr-Va-Stahl: 815—840⁰ abschrecken 345—370⁰ anlassen	$H_B = 177$—217 kg/qmm
— —	845—875⁰ Luft abgekühlt; Ni-Cr-Stahl: 770—780⁰ Öl abschrecken Cr-Va-Stahl: 815—830⁰ Öl abschrecken 580—620⁰ anlassen	$\sigma_s \geq 74$ kg/qmm $\delta \geq 18\,\%$ $H_B = 241$—277 kg/qmm
$\leq 0,040$ bzw. 0,045	Schmiedestücke: 845—875⁰ glühen; 800—830⁰ H_2O abschrecken; 540—590⁰ anlassen	$\sigma_s \geq 81$ kg/qmm $\delta \geq 16\,\%$ $H_B = 266$—321 kg/qmm $S \geq 47$ mkg/qcm
$\leq 0,040$ bzw. 0,045	910—915⁰ einsetzen; 830—860⁰ Öl abschrecken 725—750⁰ Öl abschrecken; 190—205⁰ anlassen	—

Verwendungszweck	Chemische Zusammensetzung %				
	C	Mn	Ni	Cr	Va
Zahnräder	0,47—0,52	0,5—0,8	2,75—3,25	0,70—0,95	—
	0,47—0,52	0,5—0,8	—	0,8—1,1	—
Zahnräder ohne Naben, Ritzel	0,10—0,20	0,35—0,65	0,4—0,6	0,55—0,75	—
	0,10—0,20	0,35—0,65	4,75—5,85	0,55—0,75	
Hinterachsen, Ausgleichwellen, Lenk-hebel u. dgl.	0,35—0,45	—	1,1—1,5	0,45—0,75	—
	Al	Cu	Sn	Sb	Pb
Kurbelgehäuse, Steuerwellengehäuse	Rest	7,0—8,5	—	—	—
Gußstücke für Pumpen, Steuerwellen-lager und Kolben	Rest	9,2—10,8	—	—	—
Lager: Weißmetall	—	6,5—7,5	85—87	6,5—7,5	< 0,2
Bronze	—	79—81	9—11	—	9—11
Kolbenbolzenbüchsen	—	Rest	10—12	2—3 Zn	< 0,2

Verringerung der Gasblasenbildung fügt man häufig einen Stoff hinzu, der eine größere Verwandtschaft zum Sauerstoff besitzt; derartige Stoffe sind Zink, Aluminium, Phosphor und Silizium. Inwieweit sie auf die Eigenschaften des Kupfers einwirken, ist weiter unten behandelt.

Die Festigkeitseigenschaften des Kupfers richten sich auch nach seiner Reinheit; für solches guter handelsüblicher Qualität wurden von mir[1] folgende Werte an ausgeglühten und mit 90% Reckgrad kaltgewalzten Blechen ermittelt:

[1] Müller, Verein deutscher Ingenieure, Forschungshefte, Nr. 211.

P bzw. S	Wärmebehandlung		Festigkeitseigenschaften
$\leq 0{,}040$ bzw. 0,045	a) Schmiedestücke: 845—875⁰ glühen; bis 595⁰ Luft abkühlen, dann Ofen erkalten	b) Fertige Stücke: 815—840⁰ Öl abschrecken 190—220⁰ anlassen	$H_B = 512$—560 kg/qmm
$\leq 0{,}040$ bzw. 0,045	Cr-Stahl: 900—925⁰ einsetzen; Öl abschrecken 755—795⁰ Öl abschrecken 190—220⁰ anlassen		
$\leq 0{,}040$ bzw. 0,045	Ni-Cr-Stahl: 870—900⁰ einsetzen 815—830⁰ Öl abschrecken 725—740⁰ Öl abschrecken		—
....	825—840⁰ H_2O abschrecken 525—550⁰ anlassen		$\sigma_s \geq 81$ kg/qmm $\delta \geq 16\,\%$ $H_B = 277$—321 kg/qmm
Verun-reinigungen			
2	—		$\sigma_B \geq 12{,}6$ kg/qmm $\delta \geq 1{,}2\,\%$
2			....
— 0,1—0,3 P	Gießtemperatur 425—455⁰ —		— —
< 0,2	—		$\sigma_s \geq 13{,}3$ kg/qmm $\sigma_B \geq 24{,}5$ kg/qmm $\delta \geq 9\,\%$

Festigkeitseigenschaften für Kupfer.

Eigenschaften	Ausgeglüht	Kaltgewalzt
Wahre Elastizitätsgrenze . .	1,6	6,4 kg/qmm
Streckgrenze (0,2 %)	8,0	45,0 kg/qmm
Festigkeit	22,0	47,0 kg/qmm
Elastizitätsmodul	1 080 000	1 350 000 kg/qcm
Dehnung $(11{,}3\sqrt{f})$	50	3,50 %
Querschnittsverminderung .	74	47 %
Spezifisches Gewicht	8,919	8,902

Härtegrade des Kohlenstoff-Stahles.
(Vgl. »Hütte«, Bd. »Eisenhüttenkunde«.)

Härte Nr.	C-Gehalt %	Festig-keit kg/qmm	Dehnung (l=100) %	Benennung	Verwendungszweck
000	0,06	34—36	35—30	Weichstes Flußeisen, gut schweißbar, nicht härt-bar.	Draht, Fein- und Stanz-bleche, gezog. Rohre.
00	0,09	36—38	32—27	Weiches Flußeisen, gut schweißbar, nicht härt-bar.	Bleche, gezogene und geschweißte Rohre, Draht, Drahtstifte, Niete.
0	0,12	38—41	29—23	Weiches Flußeisen, gut schweißbar, nicht härt-bar.	Bleche, gezogene und geschweißte Rohre, Draht, Drahtstifte, Niete, Schrauben, Bandeisen.
1	0,16	41—44	26—21	Flußeisen, schweißbar, nicht härtbar.	Schwellen, Laschen, Ble-che, Träger, Winkel-, Stab- und Fassoneisen, Ketten, Haken.
2	0,20	44—47	23—19	Weicher Stahl, wenig härt-bar.	Schwellen, Hufnägel, Springfedern.
3	0,25	47—53	32—17	Mittelweicher Stahl, härt-bar.	Achsen, Radreifen, Gru-, benschienen, Draht usw.
4	0,35	53—60	19—14	Mittelharter Stahl, gut härtbar.	Draht, Achsen, Pflug-scharen, Raspen usw.
5	0,45	60—68	16—11	Zäher Werkzeugstahl.	Schienen, Bandagen, Hämmer, Scheren, Federn, Gabeln.
6	0,55	68—76	13— 9	Mittelharter Werkzeug-stahl.	Straßenbahnschienen, Radreifen, Hämmer, Meißel, Feilen, Klin-gen, Federn, Seildraht.
7	0,65	76—84	11— 6	Harter Werkzeugstahl.	Meißel, Feilen, Stein-bohrer, Kabeldraht, Förderseile usw.
8	0,75	84—92	8— 3	Sehr harter Werkzeug-stahl.	Sägebleche, Stempel, Ge-schosse.
9	0,80	92—100	5— 2	Hartstahl.	Hartwalzen, Gewinde-bohrer, Dreh- und Ho-belstähle, Fräser, Na-deln.

Die angeführten Zahlen stellen demnach die Grenzen dar, innerhalb welcher die Eigenschaften für das technisch reine Kupfer schwanken können.

Kupferoxydul ist ein spröder Körper, der eine größere Härte als das Kupfer besitzt; man findet es als bläulichen Bestandteil teilweise in Tannenbaumstruktur, teilweise in eutektischer, fein verteilter Form im Kupfer wieder, sofern letzteres nach dem Guß noch keine Kaltbearbeitung durchgemacht hat. Der Sauerstoff, der beim Gießen des Kupfers infolge der Berührung mit der Luft in dieses hineingelangt, ist dort nur in der Form jener chemischen Verbindung vorhanden. Hampe[1] fand bereits, daß bei 2,25% Oxydulgehalt die Dehnbarkeit sehr merklich abnahm, und daß bei 6,7% schon Rotbruch eintrat. Die von Heyn[2] durchgeführte thermische Analyse ergibt für 3,4% Kupferoxydul (= 0,38% Sauerstoffgehalt) einen eutektischen Punkt, der bei einer Temperatur von 1084° liegt. Unterhalb desselben scheidet sich Kupfer und oberhalb Kupferoxydul aus, wobei in allen Fällen der letzte Rest der Schmelze zu dem Eutektikum Kupfer-Kupferoxydul zerfällt. Die Anwesenheit von Kupferoxydul kann einmal die Festigkeit des Kupfers beträchtlich vermindern, in welchem Falle z. B. die Stauchprobe mißlingt und die zylindrischen Probekörper seitlich aufreißen. Aber es können noch andere Mißhelligkeiten auftreten, wenn z. B. Wasserstoff bei höherer Temperatur mit dem Kupfer in Berührung kommt. Dies kann durch Leuchtgas mit ungenügender Luftzufuhr geschehen. In diesem Falle diffundiert der Wasserstoff durch das Kupfer, reduziert das Kupferoxydul zu Kupfer unter Bildung von Wasser, das seinerseits das Kupfer auseinandertreibt und Risse verursacht. Heyn hat dieses Verhalten die „Wasserstoffkrankheit" des Kupfers genannt.

In ähnlicher Weise wie der Sauerstoff wirken auch andere Nebenbestandteile auf die Eigenschaften des Kupfers ein. In Abb. 181 finden wir die Abhängigkeit der elektrischen Leitfähigkeit von verschiedenen Zusätzen nach Guertler[3]. Durch sämtliche Beimengungen nimmt die Leitfähigkeit zuerst sehr stark, dann langsamer ab, und es tritt hier die auffallende Tatsache in die Erscheinung, daß sogar Silber, das an und für sich eine bessere Leitfähigkeit als Kupfer besitzt, diejenige des Kupfers auch vermindert. Man erkennt daraus, daß die Eigenschaftswerte unter Umständen ein Maßstab für den Grad der Verunreinigung sind. Mit der Konstitution muß natürlich ein gewisser Zusammenhang bestehen. Wie schon oben gesagt wurde, werden Zink, Aluminium und Phosphor als Desoxydationsmittel gerne benutzt. Aus dem obigen Schaubilde erkennt man aber, daß schon sehr geringe Mengen dieser Mittel die Leitfähigkeit stark herabdrücken. Man wird also in der Anwendung sehr vorsichtig sein müssen.

---

[1] Hampe, Zeitschrift für Berg-, Hütten- und Salinenwesen i. preuß. Staate, 1874, S. 94.

[2] Heyn, Mitteilungen Lichterfelde, 1900, S. 315.

[3] Gürtler, Zeitschrift für anorganische Chemie, 51, S. 397.

Wie aus Abb. 182 hervorgeht, nimmt die Festigkeit mit wachsendem Phosphorgehalt zu und die Dehnbarkeit ab, wie Versuche von Münker[1]) ergaben. Zusätze von Mangan und Zinn verhalten sich ganz ähnlich, jedoch ist

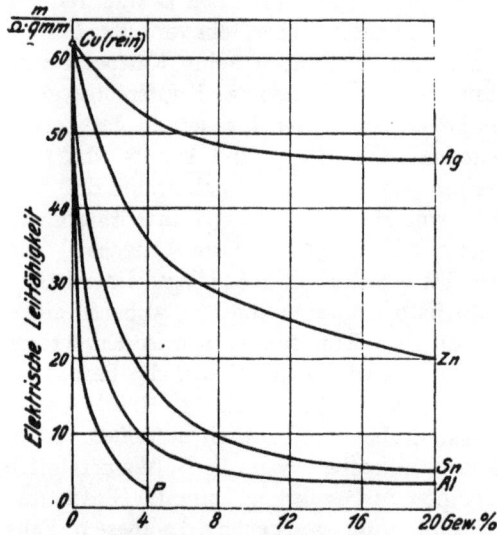

Abb. 181. Abhängigkeit der elektrischen Leitfähigkeit des Kupfers von verschiedenen Zusätzen.

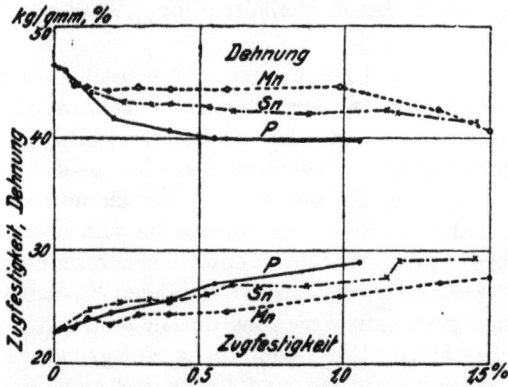

Abb. 182. Abhängigkeit der Festigkeitseigenschaften des Kupfers vom Mn-, Sn- und P-Gehalt.

die Härtesteigerung und Sprödigkeitszunahme durch den Phosphorzusatz am größten. Das spezifische Gewicht nimmt nach Versuchen von Heyn und Bauer[2]) mit wachsendem Phosphorgehalt ab; die Änderung geschieht bis

---

[1]) Münker, Metallurgie, 1912, S. 185.
[2]) Heyn und Bauer, Mitteilungen Lichterfelde, 1906, S. 93.

zu 14,1% Phosphor, d. h. bis zum Auftreten der Verbindung Cu_3P nahezu geradlinig, um dann einen stärkeren Abfall zu erleiden. Der eutektische Punkt bei 8,27% Phosphor tritt hierbei nicht in die Erscheinung. Jedoch konnten Heyn und Bauer feststellen, daß Kupfer bis 0,175% Phosphor in fester Lösung zurückhalten kann; es sind also Mischkristalle des Kupfers mit dem Phosphid möglich.

Für Kupferbleche, -stangen, -rohre und -drähte werden vielfach Zugfestigkeiten von 21 bis 23 kg/qmm bei Dehnungen von 38 bis 25% und Querschnittsverminderungen von 50 bis 45% vorgeschrieben. Diese Werte sind für reines Kupfer nicht leicht zu erreichen, es sei denn, daß man ihm eine besondere Kaltbearbeitung mit geeigneter Wärmebehandlung zuteil werden läßt. Durch die stärkere Beanspruchung beim Walzen und Ziehen der Stangen und Drähte können die höheren Eigenschaftswerte nach dem Glühen leichter erzielt werden als bei Blechen und Rohren. Im allgemeinen kann man sich hierbei jedoch helfen, indem man einen Nickel- oder Arsenzusatz macht, die beide nur innerhalb ganz geringer Grenzen, etwa 0,10 bis 0,15 bzw. 0,25 bis 0,50%, gehalten werden dürfen. So fordert die deutsche Reichsmarine einen Kupferreingehalt von mindestens 99,4% bei Anwesenheit von Antimon, Arsen und Wismut nur in Spuren. Nickel wirkt ähnlich wie Eisen auf das Kupfer; es erhöht seine Festigkeit, ohne die Dehnung stark zu beeinflussen. Durch einen geringen Nickelgehalt bis zu 0,15% wird die Festigkeit leicht auf 22 bis 23 kg/qmm bei einer Dehnbarkeit von 46 bis 39% und einer Querschnittsverminderung von 67 bis 50% gebracht. Arsen wirkt in ähnlicher Weise auf Kupfer; es erhöht die Festigkeit, Dichte, Schmied- und Walzbarkeit und hebt die Wirkung geringer Wismutmengen auf. Mit einem Arsengehalt bis zu 0,35% hat man Festigkeiten von 22 bis 23 kg/qmm, Dehnungswerte von 44 bis 33% und Querschnittsverminderungen von 62 bis 47% erreicht. Weintraub[1]) hat gefunden, daß ein Zusatz von Bor bis zu 1% die unangenehme Eigenschaft des Kupfers, Gasblasen zu bilden, verhindert und dem Guß Festigkeiten von 17 kg/qmm bei einer Dehnbarkeit von 48% verleiht.

2. Kupfer und Zink (Messing).

Messing im weitesten Sinne nennt man Legierungen aus Kupfer und Zink. Abb. 183 gibt das Kupfer-Zink-Zustandsdiagramm wieder. Wir finden in ihm 6 Mischkristallarten, die mit α bis η bezeichnet sind und außerdem eine chemische Verbindung Cu_2Zn_3 mit 60,7% Zink. Praktisch geht man bis zu einem Zinkgehalt von etwa 45%. Die Messingsorten bis ungefähr 36% Zink nennt man α-Messing, weil sie aus den einheitlichen, kupferreichen α-Mischkristallen bestehen, die im Mikroskop als polyedrisch abgegrenzte Flächen erscheinen. Die Legierungen von 36 bis rd. 47% Zink bestehen aus zweierlei Mischkristallen, den kupferreichen, gelblich gefärbten α-Kristallen und den zinkreichen, hell gefärbten β-Kristallen.

---

[1]) Weintraub, Stahl und Eisen, 1913, S. 523.

232

Während die Erstarrungsverhältnisse der Legierungen bis rd. 30% Zink sehr einfach und übersichtlich sind, indem sich aus der homogenen Schmelze α-Mischkristalle ausscheiden, sind sie für eine Legierung von z. B. A = 38% Zink bedeutend verwickelter. Sowie nämlich die Liquiduslinie bei abnehmender Temperatur erreicht ist, scheiden sich aus der Schmelze α-Mischkristalle aus, die einen Zinkgehalt von ungefähr 28% besitzen. Bei weiter abnehmender Temperatur enthält die Mutterlauge schließlich c % Zink, während die Mischkristalle a % annehmen. Nunmehr tritt die Misch- kristallbildung in das β-Gebiet ein, in dem zunächst nur Mischkristalle mit b % Zink auftreten können; infolgedessen ändern die Mischkristalle a ihren Zinkgehalt bei derselben Temperatur auf Kosten der Schmelze in b % um.

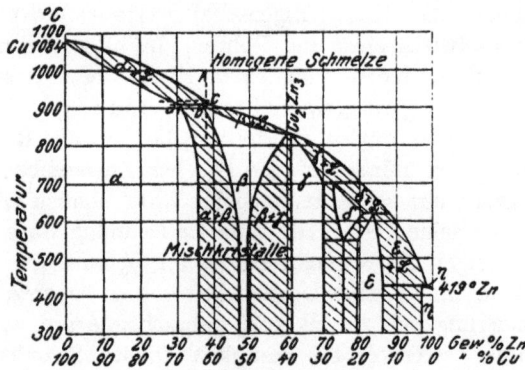

Abb. 183. Kupfer-Zink-Zustandsdiagramm.

Die Linie a-b-c nennt man „Peritektikale", und das noch nicht vollständig umgewandelte Gefüge besteht aus α-Mischkristallen, die von β-Mischkristallen umhüllt sind; man nennt es daher „Peritektikum". Sowie beim Überschreiten der β-Soliduslinie durch die Linie A das feste Gebiet erreicht ist, besteht die Legierung nur noch aus β-Mischkristallen, die bei Erreichung des α—β-Gebietes infolge weiterer Abkühlung in α- und β-Mischkristalle zerfallen. Die Be- sprechung des weiteren Verlaufes des Diagrammes bei höheren Zinkgehalten erscheint unnötig, weil diese Legierungen für die praktischen Zwecke zu spröde sind. Legierungen mit 0 bis 20% Zink bezeichnet man gewöhnlich als „Tombak", diejenigen mit 20 bis 45% Zink als „Messing". Die Bearbeit- barkeit richtet sich nach dem Zinkgehalt, und zwar lassen sich die Legierungen bis 35% Zink (α-Mischkristalle) kalt, diejenigen mit 35 bis 42% Zink (α- und α + β-Kristalle) kalt und warm und diejenigen mit 42 bis 45% Zink (α + β-Kristalle) nur warm bearbeiten.

Betrachten wir nunmehr die Festigkeitseigenschaften der gegossenen Kupfer-Zinklegierungen, so finden wir hierüber näheres in Abb. 184. Die Werte der Festigkeit und Dehnbarkeit rühren teilweise aus Untersuchungen von Kudriumow[1]) und Reason[2]), diejenigen für die Härte von Turner und Murray[3]) her; die Festigkeit des gewalzten Materials stammt von Charpy[4]). Bei 30% Zink besitzt die Dehnbarkeit einen Höchstwert; sie nimmt im α-Gebiet ständig zu, um bei Eintritt in das α-β-Gebiet mit zunehmenden β-Mischkristallen stark abzufallen. Umgekehrt nimmt die Festigkeit allmählich zu und erreicht wie die Härte bei ungefähr 45% Zink einen Höchstwert, um alsdann wieder abzufallen. Das gewalzte Material verhält sich ganz ähnlich. Gehen wir mit dem Zinkgehalt noch höher, so behalten Festigkeit und Dehnbarkeit niedrige Werte, während bei ungefähr 60% Zink (Cu$_2$Zn$_3$)

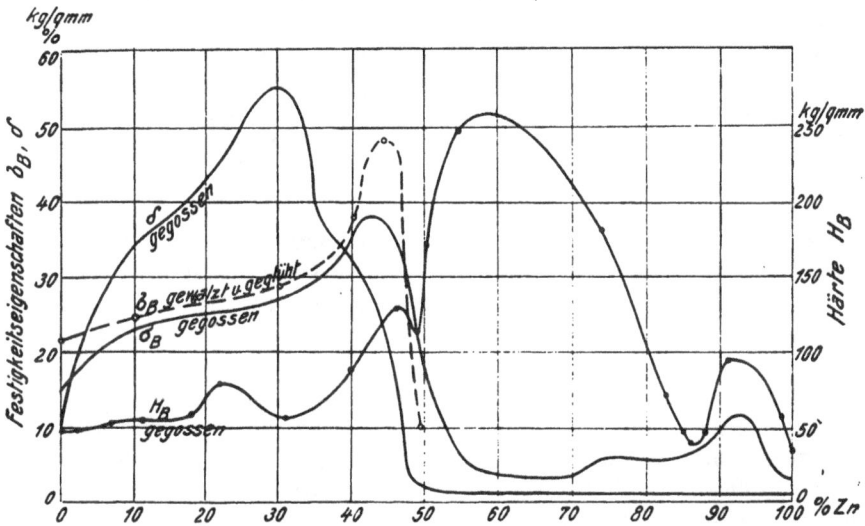

Abb. 184. Abhängigkeit der Festigkeitseigenschaften vom Zn-Gehalt bei Cu-Zn-Legierungen.

die Härte am größten ist; bei rd. 92% Zink erreicht sie mit der Festigkeit nochmals einen Höhepunkt. Wir erkennen also, daß ein Zinkgehalt über 45% eine außerordentliche Sprödigkeit hervorruft. Infolge der großen Dehnbarkeit des Messings mit ungefähr 20 bis 35% Zink, welchem Material auch eine gute Festigkeit innewohnt, werden diese Legierungen besonders für Druckzwecke gebraucht; für Musikinstrumentenmaterial verwendet man 81 bis 79% Kupfer und 19 bis 21% Zink.

Der Zusatz von Zink zum Kupfer macht dieses gießbar. Gewöhnlich verwendet man Zinkgehalte von 35 bis 45%; zu hoch darf man nicht gehen, weil sonst leicht Lunker eintreten. Zur Erzielung einer noch größeren Festigkeit und Härte setzt man Zinn hinzu.

---

[1]) Kudriumow, Monographie der Kupfer-Zink-Legierungen, Petersburg, 1904.
[2]) Reason, Stahl und Eisen, 1913, S. 523.
[3]) Turner und Murray, Metallurgie, 1910, S. 275.
[4]) Charpy, Bulletin de la Société d'Encouragement, 1896, S. 192.

Die Tombaklegierungen besitzen entsprechend dem hohen Kupfergehalt eine mehr oder weniger rötliche, goldähnliche Farbe. Derartige Legierungen mit 10 bis 18% Zink werden für unechte Goldwaren benutzt. Falls sie gegossen sind, nennt man sie „Rotguß", im Gegensatz zu den zinkreichen „Gelbguß"-Legierungen. Legierungen mit 35 bis 45% Zink, d. h. also α-β-Messingsorten sind in der Wärme gut schmiedbar; wollen wir ihnen die Eigenschaft einer guten Spanbildung bei der Bearbeitung mit schneidenden Werkzeugen geben, so bedürfen sie eines Zusatzes von ungefähr 1,8 bis 2,5% Blei; man nennt dieses Material „Schraubenmessing"; es wird zu allen feinmechanischen Arbeiten verwendet. Als Nachteil des Schraubenmessings sowie vieler anderer Messing- und auch Bronzesorten muß der Umstand angesehen werden, daß sie durch den Ziehprozeß mit starken Eigenspannungen behaftet sind, die durch irgendeinen Zufall, wie z. B. Erschütterungen, ungleichmäßiges Erwärmen und Abkühlen, Verletzung der Oberfläche oder Einwirkung von ätzenden Mitteln zur Auslösung gelangen können, wodurch die Stangen aufreißen. Die Tombak- bezw. Messingsorten bis rd. 37% Zink besitzen gute Hartlötbarkeit und Kaltreckbarkeit, dafür aber schlechte Warmschmiedbarkeit und Spanbildung; der Drehspan fällt in Locken ab, anstatt wie beim Schraubenmessing zu spritzen. Die als Schrauben-, Preßteil- und Profilmessing benannten Stangenmessingsorten enthalten überwiegend β-Mischkristalle, das Präge-, Stanz- und Nietmessing dagegen α-Kristalle.

Durch Zusatz von Fremdstoffen wie Blei, Zinn, Mangan u. dgl. lassen sich die Eigenschaften der einzelnen Messingsorten nach den verschiedensten Richtungen hin verändern. Die Summe der eigentlichen Verunreinigungen wird man möglichst unter 0,15% halten, wobei Arsen, Antimon und Wismut nur in Spuren vorkommen dürfen.

3. Kupfer und Zinn (Bronze).

Die Kupfer-Zinnlegierungen werden eigentlich mit dem Namen „Bronze" bezeichnet, jedoch findet man diesen Ausdruck auch für Legierungen, in denen kein Zinn vorkommt, in denen dieses durch ein anderes Metall, z. B. Aluminium ersetzt wird. In Abb. 185 ist das Kupfer-Zinn-Zustandsdiagramm verzeichnet. Es ist ebenfalls wie das Kupfer-Zink-Diagramm sehr kompliziert, und es treten in ihm die verschiedensten Mischkristallgebiete hervor. In der Hauptsache finden wir Mischungslücken (schraffiert), in denen 2 Komponenten bestehen. Praktisch werden meist nur Bronzen bis 30% Zinn verwendet. Bronzen bis 10% Zinn bestehen aus kupferreichen α-Mischkristallen, die rötlich gefärbt sind. Bei ungefähr 10 bis 30% Zinn finden wir zwei Mischkristallsorten, die kupferreiche α- und die kupferärmere δ-Art, und zwar besteht hier bei rd. 25% Zinn ein α-δ-Eutektoid, so daß wir also zwischen 10 und 25% Zinn α-Mischkristalle und Eutektoid, dagegen zwischen 25 und 30% Zinn δ-Mischkristalle und Eutektoid haben. Die δ-Mischkristalle sind weiß gefärbt. In dem Schaubild finden wir noch ein β- und γ-Mischkristallgebiet, die beide jedoch nur bei höherer Temperatur beständig sind. Es mag darauf verwiesen werden, daß ähnlich wie bei den α-Messingsorten auch hier bei den α-Kristalliten Kristallseigerungen sehr leicht auftreten, sofern die Abkühlung zu schnell von statten geht. Hierdurch ist der Kern der Kristalle entsprechend ihrer früheren Ausscheidung kupferreicher als die Außenzone. Durch ein nachträgliches Glühen kann ein homogenes Gefüge, d. h. eine gleichmäßige Verteilung des Kupfers über den ganzen Kristall erzielt werden; dies ist natürlich von Vorteil für die Festigkeitseigenschaften.

Die Änderung der Festigkeit mit zunehmendem Zinngehalt ist in Abb. 186 nach Versuchen von Shepherd und Upton[1]) dargestellt. Nach diesen

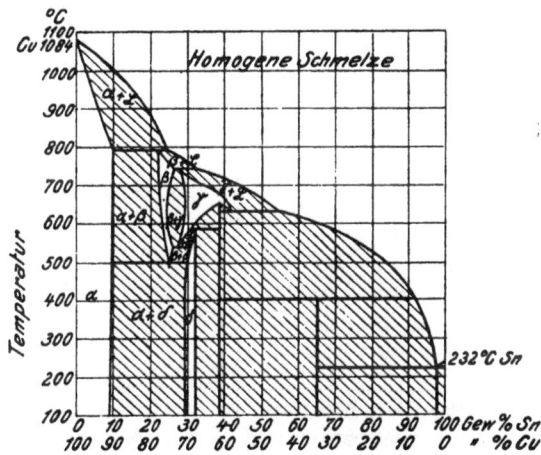

Abb. 185. Kupfer-Zinn-Zustandsdiagramm.

Ergebnissen zeigen Festigkeit und Dehnbarkeit im α-Mischkristallgebiet einen Anstieg; im α-δ-Gebiet wächst die Festigkeit weiter bis zu einem Gehalt von ungefähr 18% Zinn, um von dort aus scharf abzufallen. Die Dehnbarkeit fällt bereits von 8% Zinn ab. Man erkennt hieraus die große Sprödigkeit des δ-Mischkristalles, die naturgemäß um so mehr zunimmt, je mehr solche Kristalle zugegen sind. Die Härte der Kupfer-Zinnbronzen nimmt nach Versuchen von Haughton und Turner[2]) bis 30% Zinn zu und darauf wieder ab. Der Höhepunkt der Härte fällt also mit dem reinen δ-Mischkristallgebiet zusammen. Wir haben hier die bemerkenswerte Tatsache, daß die Härte eines weichen Metalles (Kupfer) durch den Zusatz eines noch weicheren (Zinn) beträchtlich gesteigert wird. Das Bruchgefüge gegossener Bronzen ist oft fleckig; dies rührt nicht von einer Seigerung her, vielmehr bestehen die roten Flecken aus den kupferreichen Kristallskeletten und die grauen aus der zinnreichen Füllmasse. Je schneller die Abkühlung erfolgte, um so gleichmäßiger erscheint infolge der geringen Kristallgröße die Färbung.

---

[1]) Shepherd und Upton, Journal of Physical Chemistry, 1905, S. 441.
[2]) Haughton und Turner, Journal of the Institute of Metals, 1909, S. 101.

Bronzen mit über 6% Zinn haben ihre Geschmeidigkeit bei Zimmertemperatur bereits verloren, weswegen man für Druck- und Prägezwecke unterhalb dieses Zinngehaltes bleibt. Bei höheren Wärmegraden verschwindet die Geschmeidigkeit erst von 15% Zinn ab. Die Gießfähigkeit leidet bei einem Kupfergehalt über 92% infolge der Gasaufnahme beträchtlich; Gußbronzen haben daher einen Zinngehalt von rd. 10 bis 25%. Durch Zusatz von Bor soll der Kupfergehalt bis auf 97% gesteigert werden können. Durch einen Phosphorzusatz wird die Gießfähigkeit der Bronze erhöht, außerdem wird sie härter, und, wie Diegel[1]) gezeigt hat, gegenüber Seewasser widerstandsfähiger; diese Bronze führt den Namen „Phosphor-Bronze". Der Phosphorgehalt darf sich nur in ganz geringen Grenzen, bis 0,1% bewegen, weil sonst die Bronze spröde und hart würde; er darf lediglich zum Zwecke der Desoxydation hinzugesetzt sein.

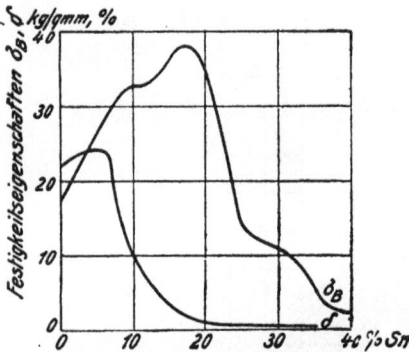

Abb. 186. Abhängigkeit der Festigkeitseigenschaften vom Sn-Gehalt bei Cu-Sn-Legierungen (Rohguß).

Bronzen mit 9 bis 11% Zinn heißen „Geschütz- oder Kanonenbronzen"; solche mit 10 bis 20% Zinn „Maschinenbronzen" und mit 20 bis 23% Zinn „Glockenbronzen". Erstere müssen fest und zäh sein, letztere dagegen hart und nicht zu spröde. Die Maschinenbronzen verlangen gute Gießbarkeit und Bearbeitbarkeit. Die Verunreinigungen sollen höchstens 0,30% betragen; Blei darf bis zu 0,1%, Eisen bis zu 0,05% und die anderen Beimengungen nur in Spuren vorkommen. Zur Erhöhung der Gießbarkeit der Geschützbronzen setzt man 1,5% Zink zu, während für gute Bearbeitbarkeit der Maschinenbronzen sowohl Zink- wie Bleizusätze in Betracht kommen.

4. Kupfer und Mangan.

An Stelle eines Phosphorzusatzes kann man auch einen Silizium- oder Magnesiumzusatz nehmen, ersterer zu ungefähr 0,03 bis 0,05%, letzterer zu 0,3%, wodurch auch die Festigkeit erhöht wird. Aber in ähnlicher Weise wirkt auch Mangan, indem es die Oxyde ausscheidet; allerdings ist hierfür im Verhältnis zum Phosphor eine ungefähr vierfache Menge nötig. Derartige Bronzen nennt man „Manganbronzen". Falls nur eine Sauerstoffentziehung bezweckt wird, nimmt man bis zu 6% Mangan (für Stehbolzenkupfer); überschüssiges Mangan steigert die Festigkeit und Härte und verringert die Dehnbarkeit, letzteres jedoch nur verhältnismäßig wenig. Über die Änderung der Eigenschaften gibt Abb. 187 Auskunft, welche Ergebnisse von Rudeloff[2])

---

[1]) Diegel, Marine-Rundschau, 1898, S. 1485.
[2]) Rudeloff, Mitteilungen Lichterfelde, 1893, S. 292; 1895, S. 39.

herrühren. Es sei hier gleich bemerkt, daß die höher manganhaltigen Bronzen bei den höheren Temperaturen sehr gute Festigkeiten zeigen, weswegen sie für Stehbolzenmaterial bei Lokomotivkesseln Verwendung finden.

5. Kupfer und Nickel.

Nickel wird mit einem Reingehalt von 97,0 bis 99,7% hergestellt; als Verunreinigungen finden sich Kupfer, Eisen, Silizium, Arsen, Schwefel, Kohlenstoff und Phosphor vor. Die zulässigen Verunreinigungen von Elektrolytnickel sind 0,10% Kupfer, 0,15% Eisen und Spuren der anderen

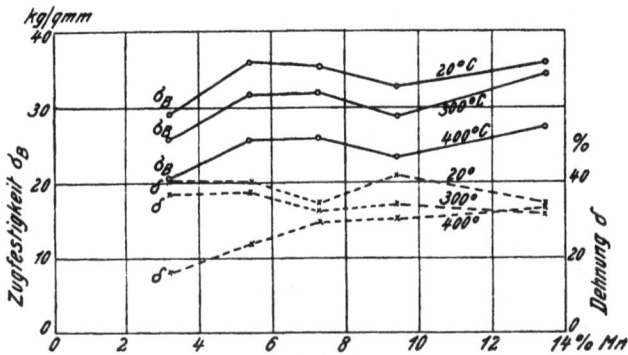

Abb. 187. Abhängigkeit der Festigkeitseigenschaften vom Mn-Gehalt warmgewalzter Cu-Mn-Legierungen.

Elemente; Hüttennickel besitzt stärkere Beimengungen. Das spezifische Gewicht beträgt 8,6 bis 8,9; die Zugfestigkeit im ausgeglühten Zustande ist 40 bis 44 kg/qmm bei einer Dehnung von 35 bis 32%.

Unter den Kupfer-Nickellegierungen interessiert in hervorragendem Maße das Monelmetall, das nicht durch künstliches Legieren mehrerer Bestandteile hergestellt, sondern direkt aus dem Rotnickelkies erhalten wird. Dadurch sind die Grundstoffe in gleichem Verhältnis wie in dem Monelerz vorhanden, so daß man von einer Naturlegierung sprechen kann. Das Monelmetall kann in seiner Zusammensetzung zwischen 50 und 70% Nickel variieren; am gebräuchlichsten ist eine Zusammensetzung von 67% Nickel, 28% Kupfer, 5% Mangan und Eisen und Spuren von Silizium und Kohlenstoff. Der Schmelzpunkt liegt bei ungefähr 1160°, das spezifische Gewicht beträgt 8,87 bis 8,97. Die Wärmeleitfähigkeit ist ungefähr 20% derjenigen des Kupfers, also nicht sehr hoch. Das Metall ist außerordentlich zäh, jedoch dabei bearbeitbar und läßt sich löten und schweißen. Das Schmieden erfordert allerdings einen größeren Kraftaufwand als beim Stahl, und entsprechend schwieriger gestaltet sich auch das Walzen. Das Monelmetall ist ausgezeichnet widerstandsfähig gegenüber dem Angriff zahlreicher Säuren und Alkalien sowie der Witterung und des Seewassers.

Die mechanischen Eigenschaften sind folgende:

Eigenschaften		Guß	Warm gewalzt	Hart	
				geglüht	gezogen
Streckgrenze	kg/qmm	50	35—50	25	72—94
Festigkeit	kg/qmm	58—67	56—63	58	73—95
Dehnung	%	26—44	30	40	12— 4

Der Elastizitätsmodul des geglühten Materials beträgt 1550000 bis 1620000 kg/qcm. Da das Monelmetall seine Festigkeit bis 400⁰ nahezu beibehält, erscheint es unter Berücksichtigung auch seiner anderen vorteilhaften Eigenschaften für Turbinenschaufeln sehr günstig; bekanntlich verwendet man für diese Zwecke auch noch 5 proz. Nickelstahl bzw. Messing mit 72% Kupfer und 28% Zink. Eine weniger angenehme Eigenschaft des Monelmetalls besteht in der Neigung, im glühenden Zustande Gase in beträchtlichen Mengen aufzunehmen, weswegen es vor dem Luftzutritt bewahrt werden muß.

Im allgemeinen kann gesagt werden, daß Nickel die Festigkeit der Kupfer-Nickellegierungen nicht in gleichem Maße erhöht, als es Kupfer tut, während die Dehnbarkeit nach Versuchen von Read und Graves[1]) in beiden Fällen gleich ist. Das Ziehvermögen soll durch Nickel mehr leiden als durch Kupfer; dagegen wird die Hin- und Herbiegbarkeit sowie die Widerstandsfähigkeit gegenüber Meerwasser durch das erstere Metall beträchtlich erhöht. Die Kupfer-Nickellegierungen sind warm schmiedbar und walzbar; ein Zinkzusatz von 20 bis 40% bei 50 bis 60% Kupfer (Neusilber) setzt die Warmbearbeitbarkeit stark herunter. In höherer Temperatur wird das Neusilber spröde und zerspringt leicht. Die Kaltbearbeitung ist gut. Die Festigkeit des geglühten Neusilberdrahtes beträgt ungefähr 52 kg/qmm.

Der Kupfer-Nickelguß hat die unangenehme Eigenschaft, porös zu werden; zur Erzielung dichter Gußstücke wird Aluminium zugesetzt, auch Zink verhindert die Gasblasenbildung.

Eine Legierung mit 60% Kupfer und 40% Nickel wird als „Konstantan" bezeichnet; eine solche aus 55% Kupfer, 31% Nickel, 13% Zink, 0,4% Eisen und 0,2% Blei heißt „Nickelin".

6. Kupfer-Zink-Aluminium.

Vielfach versucht man, durch Zusatz eines dritten Elementes die Festigkeitseigenschaften binärer Legierungen zu verbessern. So wirkt z. B. ein Aluminiumzusatz zu Kupfer-Zinklegierungen zunächst festigkeits- und dehnbarkeitssteigernd; wird er jedoch über 0,5 bis 0,9% gesteigert, welcher Betrag nach Versuchen von Reason[2]) (Abb. 188) sich nach dem Kupfer- und Zink-

---

[1]) Read und Graves, Institute of Metals, 1915.

[2]) Reason, Stahl und Eisen, 1913, S. 524.

gehalt richtet, so wird die Bronze spröde, und bei zunehmender Festigkeit nimmt die Dehnbarkeit mit dem Aluminiumgehalt ständig ab. Während die Versuche von Reason sich auf Legierungen mit hohem Kupferzusatz beziehen, behandeln diejenigen von Hanszel[1]) geringe Kupfergehalte

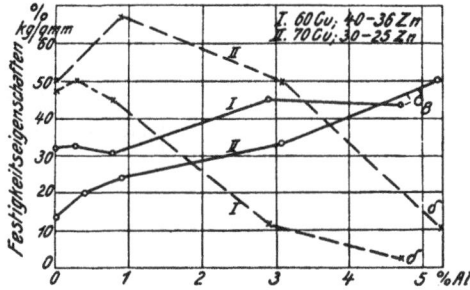

Abb. 188. Abhängigkeit der Festigkeitseigenschaften vom Al-Gehalt bei Cu-Zn-Al-Legierungen.

(Abb. 189). Festigkeit und Härte nehmen sowohl mit dem Kupfer- wie Aluminiumgehalt zu; hierbei tritt natürlich eine Verringerung des Zinkgehaltes entsprechend der Zunahme des Aluminiums ein. Im allgemeinen verlaufen bis zu rd. 10% Kupfer die Eigenschaften fast linear.

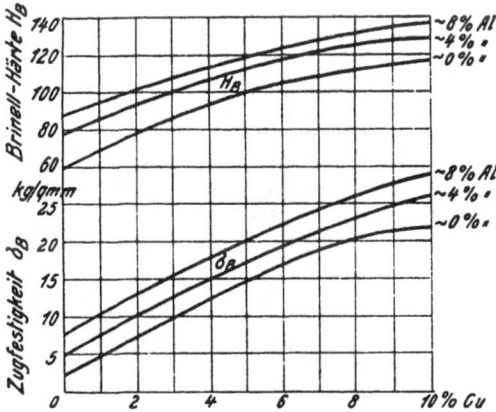

Abb. 189. Abhängigkeit der mechanischen Eigenschaften vom Cu-Gehalt bei Cu-Zn-Al-Legierungen.

Die Änderung der mechanischen Eigenschaften mit dem Aluminiumgehalt geht aus Abb. 190 nach Versuchen von Schulz[2]) hervor. Die Kupfergehalte wurden dabei in mäßigen Grenzen variiert, und je höher diese waren,

[1]) Hanszel, Zeitschrift für Metallkunde, 1921, S. 215.
[2]) Schulz, Metall und Erz, 1919, S. 198.

desto höhere Festigkeitseigenschaften wurden gefunden. Bemerkenswert ist der schnelle Anstieg der Härte bis zu ungefähr 4% Aluminium. In Abb. 191

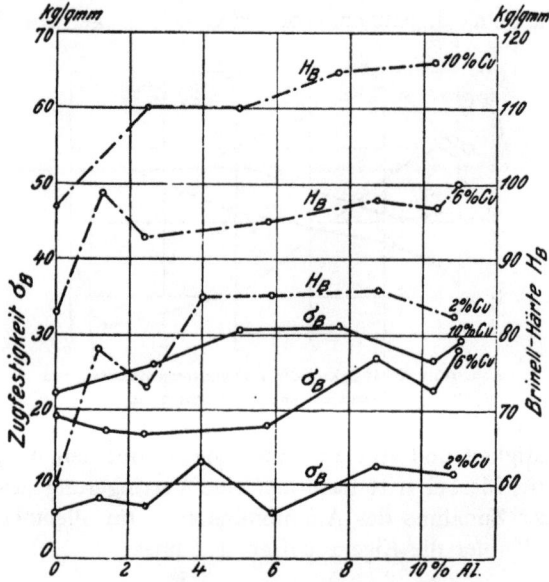

Abb. 190. Abhängigkeit der mechanischen Eigenschaften vom Al-Gehalt bei Cu-Zn-Al-Guß.

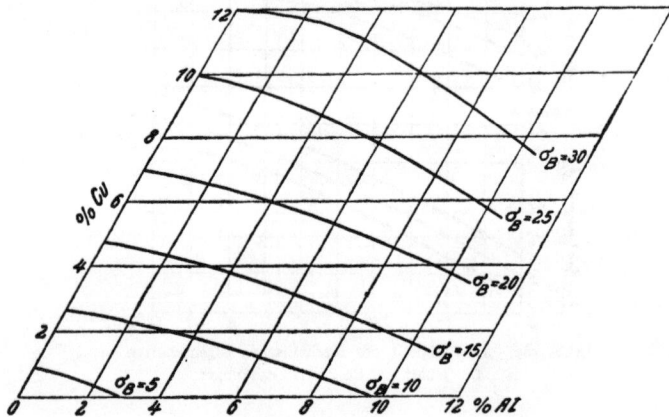

Abb. 191. Linien gleicher Zugfestigkeit bei Cu-Zn-Al-Guß.

sind die Kurven gleicher Festigkeit in Abhängigkeit vom Kupfer- und Aluminiumgehalt aufgetragen. Hiernach ergänzen sich die beiden Zusätze, und, um eine gewisse Festigkeit zu erzielen, kann man entweder mit mehr Aluminium und weniger Kupfer oder umgekehrt legieren.

7. Kupfer-Zinn-Zink.

Die Kupfer-Zinn-Zinklegierungen werden in der Hauptsache als Maschinenbronzen für Maschinenteile verwendet, die einmal, wenn sie in Eisen ausgeführt sind, der Gefahr des Rostens ausgesetzt wären, die aber auch, wenn sie wie Lagerschalen der Reibung unterworfen sind, nach einer gewissen Abnutzung ausgewechselt werden müssen. Die Teile werden meist als Guß (Rotguß) hergestellt, sie müssen daher leicht gießbar und gut bearbeitbar sein. Die günstige Bearbeitbarkeit wird durch einen mäßigen Bleizusatz erzielt, während der Zinkgehalt die leichte Gießbarkeit hervorruft.

Folgende Zusammensetzungen nach Ledebur[1]) haben sich für Maschinenteile wie Lagerschalen gut bewährt:

Verwendungszweck	Kupfer %	Zinn %	Zink %	Blei %
Ventile, Hähne	88	12	3	—
Exzenterringe	84—90	14—12	2	—
Pumpenkörper und Ventilgehäuse .	88	10	2	—
Stopfbuchsen	86	10	4	—
Dampfkolben-Dichtungsringe . . .	84	3	8,5	4,5
Dampfschieber	82	18	2	—
Zahngetriebe	89	8	3	—
Zähes Lagermetall	86	14	2	—
Lokomotivachsen-Lager	82	10	8	—
Eisenbahnlagerschalen	77—84	8—15	1—5	15—8

Die Materialvorschriften der deutschen Kriegsmarine sind folgende:

Verwendungszweck	Kupfer %	Zinn %	Zink %
Kleinere Lagerschalen	83	12	5
Größere Lagerschalen	85	11	4
Dickwandige Stücke	86	8	6
Ventile, Schieber, Hähne, Krümmer, Stutzen, Pumpengehäuse u. -körper, Schneckenräder, mit Weißmetall auszugießende Lager . .	87	8,7	4,3
Bodenventile	90	7	3
Hart zu lötende Teile	91	5—7	4—2

8. Kupfer-Zinn-Zink-Blei (Antimon, Arsen).

Neben den angeführten Komponenten treten im Rotguß noch andere Bestandteile auf, die vielfach als Verunreinigungen angesehen werden. So wird z. B. von manchen Behörden ein Bleigehalt von höchstens 0,8% bzw. ein Antimongehalt von 0,1% zugelassen. Aber auch Arsen wird zu den ungünstig wirkenden Bestandteilen gerechnet. Die Beeinflussung des Rotgusses

---

[1]) Ledebur-Bauer, Die Legierungen, Berlin, 1913.

durch Blei, Antimon und Arsen ist von Czochralski[1]) untersucht worden, und zwar an Bronzen von rd. 82 bis 85% Kupfer, 8,5% Zinn und 5 bis 6% Zink. Teilweise hatten die Bronzen noch einen Bleizusatz von ungefähr 5%. In Abb. 192 haben wir zunächst die Einwirkung des Bleies auf die Zinn-Zinkbronzen. Danach nimmt mit wachsendem Bleigehalt die Festigkeit

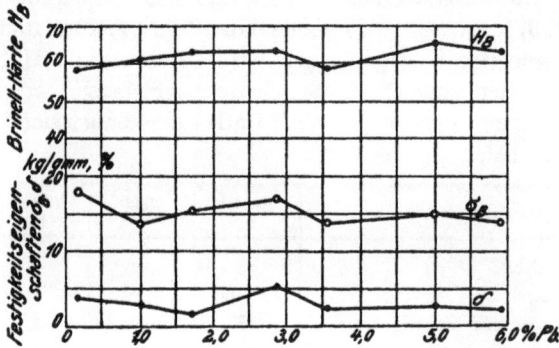

Abb. 192. Abhängigkeit der mechanischen Eigenschaften vom Pb-Gehalt bei Rotguß (Sandguß, Kernzone) mit ca. 82,3°/₀ Cu; 8,5°/₀ Sn; 6,0°/₀ Zn.

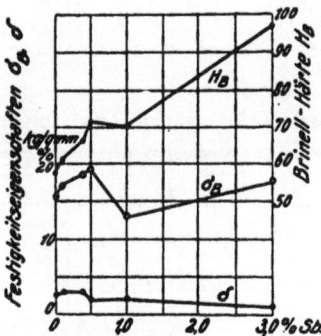

Abb. 193. Abhängigkeit der mechanischen Eigenschaften vom Sb-Gehalt bei Rotguß (feuchter Sandguß, Kernzone) mit ca. 85,2°/₀ Cu; 8,5°/₀ Sn; 5,6°/₀ Zn.

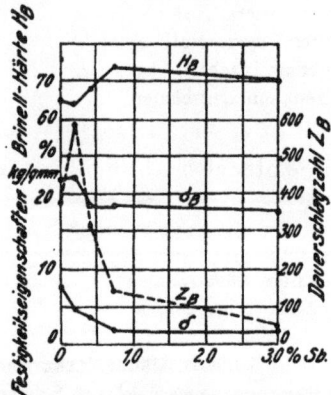

Abb. 194. Abhängigkeit der mechanischen Eigenschaften vom Sb-Gehalt bei Rotguß (trockener Sandguß, Kernzone) mit ca. 81°/₀ Cu; 8,5°/₀ Sn; 4,7°/₀ Zn; 5,5°/₀ Pb.

ganz gering ab, während Dehnbarkeit und Härte annähernd gleich bleiben. Bis zu 6% Blei ist also eine ungünstige Einwirkung nicht zu beobachten. Die Bearbeitbarkeit des Rotgusses wird mit steigendem Bleigehalt wesentlich verbessert. Gießbarkeit und Dünnflüssigkeit sollen zunehmen. Aus diesem Grunde wird vielerseits ein entsprechender Bleigehalt ausdrücklich vorge-schrieben.

---

[1]) Czochralski, Zeitschrift für Metallkunde, 1921, S. 171.

In ähnlicher Weise ist von Czochralski[1]) und Rolfe[2]) der Einfluß des Antimons untersucht worden. Abb. 193 stellt die Ergebnisse von Czochralski dar. Danach nimmt die Härte mit steigendem Antimongehalt zu, während die Festigkeit ungefähr gleich bleibt und die Dehnbarkeit wenig abnimmt. Auf jeden Fall erscheint ein Antimongehalt bis zu 0,4% ohne nachteilige Folgen. Besitzt die Legierung noch 5,5% Blei, so wird die Härte nicht in demselben Maße erhöht, dagegen die Festigkeit und Dehnbarkeit sowie die Dauerschlagzahl beträchtlich verringert (Abb. 194). Bis 0,3% Anti-

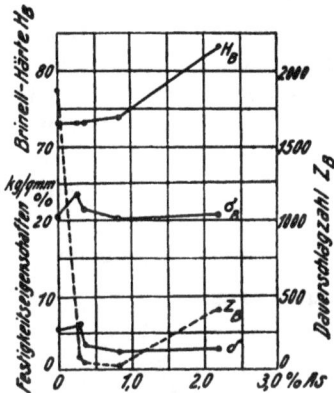

Abb. 195. Abhängigkeit der mechanischen Eigenschaften vom As-Gehalt bei Rotguß (trockener Sandguß, Kernzone) mit ca. 85% Cu; 8,5% Sn; 5% Zn.

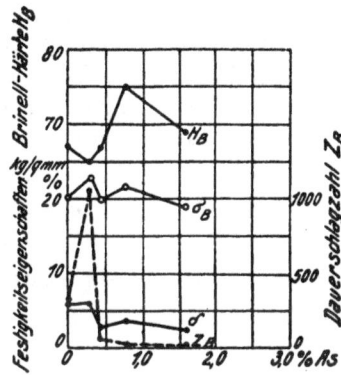

Abb. 196. Abhängigkeit der mechanischen Eigenschaften vom As-Gehalt bei Rotguß (trockener Sandguß) mit ca. 82% Cu; 8,5% Sn; 4,7% Zn; 5% Pb.

mon erscheinen noch zulässig, wenn die Legierung nicht eine größere Sprödigkeit annehmen soll. Die Bearbeitbarkeit wird durch den Antimongehalt nicht benachteiligt, und ebenfalls ist die Gießbarkeit eine sehr gute.

Der Einfluß des Arsens zeigt sich nach Abb. 195 nach Czochralski[3]) in einer allmählichen Steigerung der Härte bei ungefähr gleich bleibender Festigkeit und verringerter Dehnung. Eine Legierung mit 0,5% Arsen hat bereits eine große Sprödigkeit, wie auch aus der Dauerschlagzahl hervorgeht. Diese Versuche zeigen, daß ein Arsengehalt bis 0,2% noch zulässig erscheint. Wie aus Abb. 196 hervorgeht, ändert hieran ein Bleigehalt von 5% auch nichts. Zu denselben Ergebnissen sind auch Heyn und Bauer[4]) gelangt; nach ihren Versuchen wird die Streck- und Quetschgrenze ebenfalls beträchtlich gehoben. Die Bearbeitbarkeit des Rotgusses soll durch den Arsenzusatz nicht herabgedrückt werden; die Gießbarkeit war bis 1,5% Arsen gut.

[1]) Czochralski, Zeitschrift für Metallkunde, 1921, S. 276.
[2]) Rolfe, Zeitschrift für Metallkunde, 1921, S. 330.
[3]) Czochralski, Zeitschrift für Metallkunde, 1921, S. 380.
[4]) Heyn und Bauer, Mitteilungen Lichterfelde, 1911, S. 63.

G. Das Aluminium und seine Zusatzelemente.

1. Reines Aluminium.

Das technisch reine Aluminium hat einen Reinheitsgehalt von 96,0 bis 99,8%. An Fremdbestandteilen findet man ungefähr 1% Eisen und 0,9% Silizium. Die Widerstandsfähigkeit gegen Atmosphärilien ist nicht groß. Ebenso hält sich die Festigkeit in bescheidenen Grenzen, wodurch man gezwungen ist, zur Verbesserung der Eigenschaftswerte das Aluminium zu legieren. Man nimmt hierfür hauptsächlich Kupfer, aber auch Zink, Nickel, Zinn oder Magnesium. Der Schmelzpunkt des reinen Aluminiums liegt bei 658° und läßt sich durch Legieren bis auf ungefähr 550° herunterbringen. Das spezifische Gewicht beträgt für Reinaluminium 2,7, dagegen für die gebräuchlichen Legierungen läßt es sich aus den Bestandteilen errechnen und schwankt zwischen 2,47 und 3,30. Bei 350°, der besten Glühtemperatur, hat ausgeglühtes Reinaluminium mit 1,0% Eisen und 0,5% Silizium eine

Zugfestigkeit . . . . von 9,5 bis 11,5 kg/qmm
Dehnung . . . . ,, 41 ,, 32%
Brinellhärte . . . . ,, 26 ,, 31 kg/qmm.

In stark kalt gewalztem Zustande besitzt es eine

Zugfestigkeit . . . . von 23 bis 26 kg/qmm
Dehnung . . . . ,, 6 ,, 5%
Brinell-Härte . . . . ,, 65 ,, 68 kg/qmm.

In gegossenem Zustande beträgt die Festigkeit 4,5 bis 12,0 kg/qmm bei einer Dehnung von 10 bis 3%. Für die härtesten Aluminiumlegierungen findet man Brinell-Härten über 125 kg/qmm. Die Wärmeleitfähigkeit des reinen Aluminiums ist ungefähr 48% der des Kupfers; durch Legierungszusätze nimmt sie bis auf 25% ab. Der elektrische Widerstand nimmt von 0,0294 Ohm · qmm/m bei reinem Aluminium auf 0,0570 bei legiertem zu. Bei gleicher Leitfähigkeit ist der für elektrische Leitungen erforderliche Querschnitt rd. 1,7 mal größer als bei Kupferdraht, während das Gewicht aber nur 50% ausmacht. Das Schwindmaß des Aluminiums ist recht beträchtlich und beträgt rd. 1,8%; Aluminium lunkert daher stark. Der Elastizitätsmodul liegt bei ungefähr 700 000 kg/qcm.

2. Aluminium und Kupfer.

Ein Aluminiumzusatz zum Kupfer zerstört das Kupferoxydul unter Bildung von Aluminiumoxyd. Abb. 197 gibt das Aluminium-Kupferdiagramm. Es ist wie diejenigen der bisher besprochenen Legierungen vielgestaltig, und wir unterscheiden bei ihm zahlreiche Mischungslücken sowie sechs verschiedene Mischkristallarten. Außerdem tritt eine chemische Verbindung $CuAl_2$ auf. Technisch werden folgende Legierungen gebraucht: 99,9 bis 85,0% Kupfer und 0,1 bis 15,0% Aluminium und 0,1 bis 11,0% Kupfer mit 99,9 bis 89,0% Aluminium. Die Legierungen mit hohem Kupfergehalt bezeichnet man als „Aluminiumbronzen"; bei höherem Aluminiumgehalt nimmt die Sprödigkeit schnell zu, weswegen Legierungen mit mehr als 10% nicht mehr brauchbar sind. Die Aluminiumbronzen sind stark mit Reckspannungen behaftet. Die hochaluminiumhaltigen Legierungen werden für Gußzwecke benutzt; die Gasentwicklung wird durch das Aluminiumoxyd verhindert.

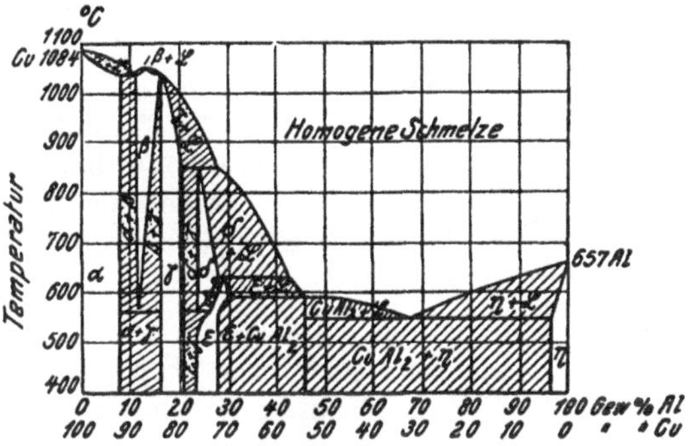

Abb. 197. Aluminium-Kupfer-Zustandsdiagramm.

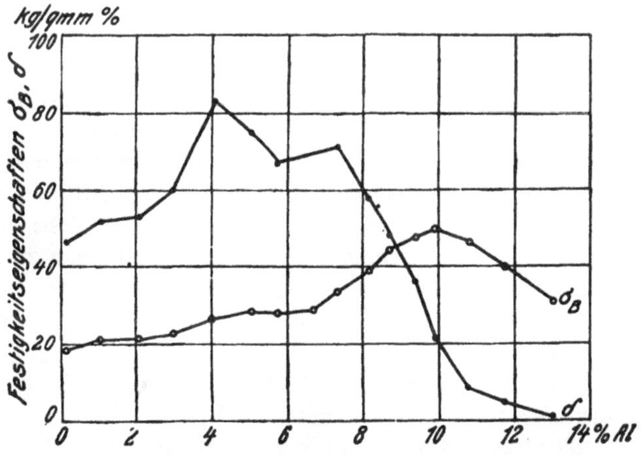

Abb. 198. Abhängigkeit der Festigkeitseigenschaften vom Al-Gehalt bei Al-Cu-Legierungen (Sandguß).

Die Aluminiumbronzen sind sehr homogen und besitzen keine Neigung zu Seigerungen; sie haben eine große Geschmeidigkeit und sind sehr zäh. Nach Versuchen von Carpenter und Edwards[1]) sollen Legierungen mit 5 bis 10% Aluminium gute Schlag- und Ermüdungsfestigkeiten besitzen und zugleich die Hin- und Herbiegeprobe in besonders gutem Maße erfüllen; diese Legierungen sind seewasserbeständig. In Abb. 198 ist die Abhängigkeit

---

[1]) Carpenter und Edwards, Alloys Research Committee, 1915.

246

der Festigkeitseigenschaften vom Aluminiumgehalt gegossener Proben dargestellt, wobei die außerordentliche Zunahme der Dehnbarkeit bei geringer Festigkeitserhöhung durch einen 4 bis 7 proz. Aluminiumzusatz hervortritt. Die mit höherem Aluminiumgehalt eintretende Sprödigkeit drückt sich deutlich in der abnehmenden Dehnung aus.

Schirrmeister[1]) hat Aluminiumbronzen mit hohem Aluminiumgehalt untersucht, wie aus Abb. 199 hervorgeht. Er fand, daß Schwindung und Lunkerung recht beträchtlich, dagegen Wetterbeständigkeit im Gegensatz zu derjenigen des reinen Aluminiums scheinbar gut ist. Die Legierungen ließen sich bis zu 12% Kupfer warm walzen. Schirrmeister empfiehlt für Walzgut 3 bis 4% Kupfer, obwohl die Dehnbarkeit schon beträchtlich abgenommen hat, und für Guß 10 bis 15% Kupfer, weil die Festigkeit hierbei einen erheblichen Wert erreicht. Nach Wunder[2]) besitzt Preßmaterial normalerweise einen Kupfergehalt bis zu 8%, und zwar nimmt man für Stangen, die sich durch schneidende Werkzeuge bearbeiten lassen müssen, bis 2%, für Preßteile bis 4% und für Walzgut bis 8%

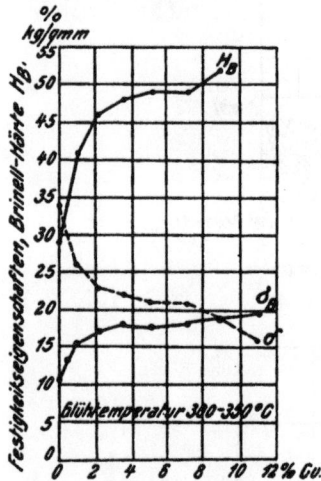

Abb. 199. Abhängigkeit der mechanischen Eigenschaften vom Cu-Gehalt geglühter Al-Cu-Legierungen.

An normalen Gußlegierungen für den Automobil- und Motorenbau benutzt man die verschiedensten Zusammensetzungen, z. B. 92% Aluminium und 8% Kupfer mit einer Festigkeit von 14 kg/qmm und einer Dehnbarkeit von 1,5% oder 95% Aluminium und 5% Kupfer mit 12,7 kg/qmm Zugfestigkeit und 3% Dehnung. Oftmals setzt man noch geringe andere Beimengungen hinzu und erhält z. B. Legierungen mit 90% Aluminium, 7,5% Kupfer, 1,5% Zink und 1,2% Eisen mit 14,8 kg/qmm Festigkeit oder für Kolben von Flugmotoren 88,5% Aluminium, 10,0% Kupfer, 1,3% Eisen und 0,2% Magnesium. Bei Aluminiumguß ist ähnlich wie beim Gußeisen zu beachten, daß die Wandstärke auf Festgkeit und Dehnbarkeit einen großen Einfluß ausübt. Dies hängt naturgemäß mit der Geschwindigkeit der Abkühlung und der Korngröße zusammen. Aus diesem Grunde werden bei Kokillenguß infolge der schnellen Erstarrung und der dadurch bedingten feinkörnigen Struktur Festigkeitssteigerungen um über 100% beobachtet; die Dehnbarkeit nimmt auch zu. Es sei noch bemerkt, daß das Einsetzen von Kokillen in die Form das Gußstück vor porösen und schwammigen Stellen schützt. Das Schwindmaß der gegossenen Aluminiumbronze ist annähernd doppelt so groß wie das der Zinnbronze.

---

[1]) Schirrmeister, Stahl und Eisen, 1915, S. 649.
[2]) Wunder, Zeitschrift für Metallkunde, 1921, S. 51.

3. Aluminium und Zink.

Abb. 200 gibt das Aluminium-Zink-Zustandsdiagramm; es besteht aus zwei reinen Mischkristallgebieten mit dazwischen liegender Mischungs-lücke. Bei diesem Schaubild können wir wieder eine Peritektikale beobachten,

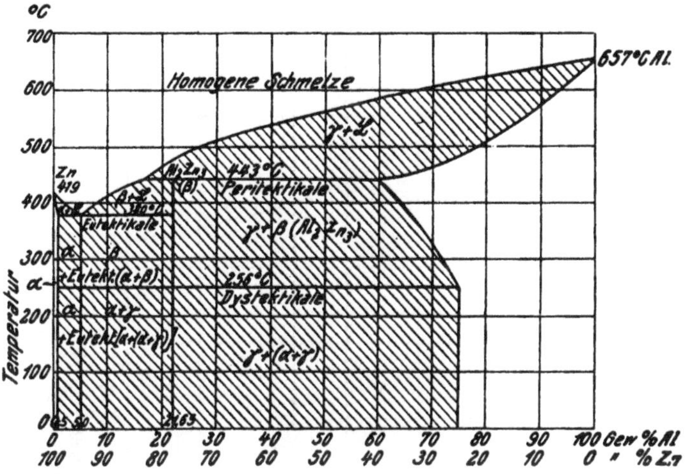

Abb. 200. Aluminium-Zink-Zustandsdiagramm.

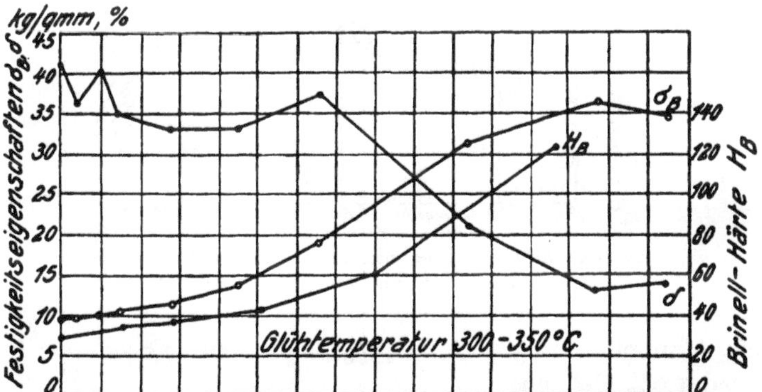

Abb. 201. Abhängigkeit der mechanischen Eigenschaften vom Zn-Gehalt geglühter Al-Zn-Legierungen.

die bei 443° liegt, aber auch eine Dystektikale bei 256°, bei welcher Temperatur die β-Kristalle (Al_2Zn_3) in α- und γ-Mischkristalle zerfallen. Technisch wert-voll sind hauptsächlich die Legierungen bis zu 14% Zink. Schwindung und Lunkerung sind nach den vorher angeführten Versuchen von Schirrmeister sehr groß, Wetterbeständigkeit dagegen recht gering; im übrigen sind die Legierungen sehr gut walzbar. In Abb. 201 sind die Ergebnisse von Schirr-meister an gewalzten und geglühten Blechen zusammengestellt. Hiernach

zeigt sich, daß bis 14% Zink die Dehnbarkeit trotz Festigkeits- und Härtesteigerung keine nennenswerte Einbuße erleidet. Erst über 14% Zink wird das
Material spröde. Die Witterungsbeständigkeit ist ungünstig. Für Gußzwecke
wird vielfach noch Kupfer in nennenswerten Mengen der Legierung beigesetzt;
hierbei ergeben sich folgende brauchbare Legierungen:

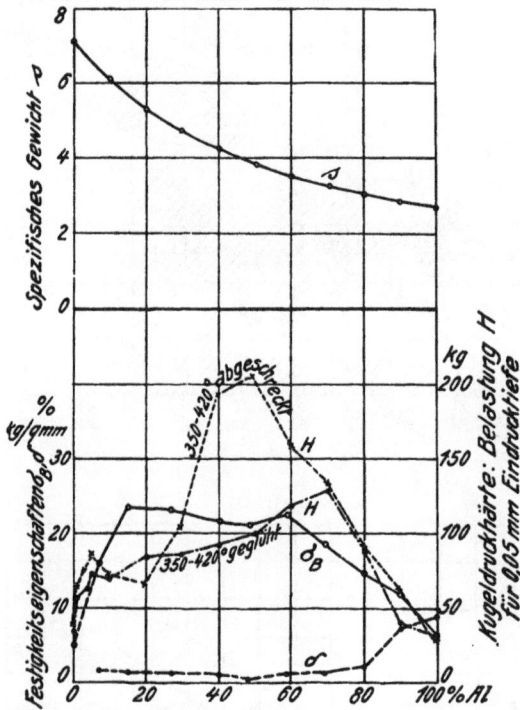

Abb. 202. Abhängigkeit der mechanischen Eigenschaften und des
spez. Gewichtes vom Al-Gehalt bei Al-Zn-Legierungen (Guß).

84% Aluminium, 13,5% Zink, 2,5% Kupfer mit 17,6 kg/qmm Festigkeit
und 1,0% Dehnung,

87,5% Aluminium, 10% Zink, 2,5% Kupfer mit 15,5 kg/qmm Festigkeit und 2,0% Dehnung,

89% Aluminium, 7% Zink, 2,5% Kupfer, 1,5% Eisen mit 19,3 kg/qmm
Festigkeit und 4,5% Dehnung.

Aus Abb. 202 geht nach Versuchen von Bauer und Vogel (Brinell-Härte),
Portevin (Festigkeit und Dehnung) und Shepherd (spezifisches Gewicht)[1]
die Änderung der Eigenschaften bei den verschiedenen Aluminiumgehalten
der gegossenen Legierungen hervor. Danach finden wir bei ungefähr 20%

---

[1]) Bauer usw., Mitteilungen Lichterfelde, 1915, S. 174.

Aluminium, d. h. für die Verbindung Al_2Zn_3 die höchste Festigkeit, während die Dehnbarkeit im γ-Mischkristallgebiet zunimmt. Das spezifische Gewicht sinkt allmählich mit wachsendem Aluminiumgehalt. Die Härte des reinen Aluminiums und Zinks ist nahezu gleich; mit steigendem Zinkgehalt wächst die Härte, bis sie ungefähr im Endpunkt der Dystektikalen nach einer Ausglühung der Proben einen Höchstwert erreicht. In ähnlicher Weise steigert auch ein wachsender Aluminiumzusatz zum Zink die Härte, bis bei 5% Alu-

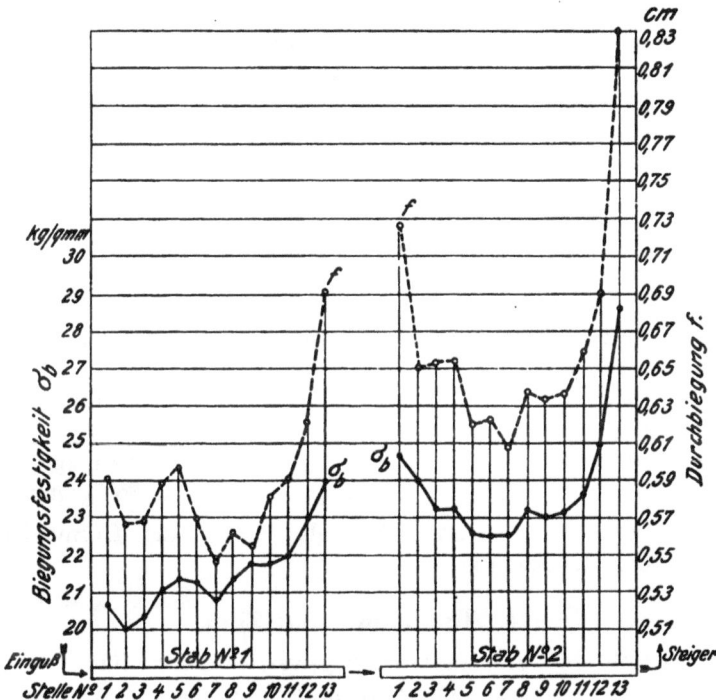

Abb. 203. Abhängigkeit der mechanischen Eigenschaften von der Lage im Gußstück bei Al-Zn-Guß (90% Al; 8% Zn; 1,5% Cu).

minium der eutektische Punkt erreicht ist. Im abgeschreckten Zustand finden wir ebenfalls einen Höchstwert für das Eutektikum, aber auch einen solchen im Endpunkt der Peritektikalen bei rd. 55% Aluminium; ein Minimum besteht bei ungefähr 20% Aluminium, d. h. für die Verbindung Al_2Zn_3, die demnach weicher ist als ihr Zerfallsprodukt, die α- und γ-Mischkristalle. Aus dem teilweise abweichenden Verlauf des Festigkeitslinienzuges gegenüber der Härte ist zu schließen, daß die Proben von Portevin und vielleicht auch die von Shepherd nicht genügend geglüht, d. h. nicht dem vollkommen stabilen Zustande zugeführt waren. Bauer und Vogel haben diesem Punkte besondere Aufmerksamkeit geschenkt.

In Abb. 203 ist die Abhängigkeit der mechanischen Eigenschaften von
der Lage im Gußstück nach Versuchen von Wyß[1]) dargestellt. Wie wir es
bereits beim Gußeisen sahen, übt auch hier die mehr oder weniger schnelle
Erstarrung einen großen Einfluß auf die Biegungsfestigkeit und Bruchdurchbiegung aus. Je weiter die zu prüfende Stelle von dem Einguß entfernt
ist, um so höher ist die Festigkeit. An den vorliegenden Versuchsstäben,
die nebeneinander in einem Kasten geformt waren, haben die Stirnflächen
scheinbar ebenfalls abkühlend gewirkt. Das spezifische Gewicht ändert sich
in gleicher Weise wie die Biegefestigkeit; bei einem einzelnen Stab schwankte
es zwischen 2,78 und 2,85. Reines Aluminium verhielt sich genau so, nur
lagen die Werte für die Biegungsfestigkeit bei 16 bis 22 kg/qmm und für die
Durchbiegung bei 0,7 bis 1,3%.

Eine Legierung von 70% Zink und 30% Aluminium, die im gegossenen
Zustande eine

Festigkeit	von 11,0	bis	17,0 kg/qmm
Dehnung	„ 0,6	„	4,4%
Schlagfestigkeit	„ 0,5	„	1,0 mkg/qcm
Brinell-Härte	„ 61,0	„	69,0 kg/qmm

besitzt, erreicht nach dem Pressen in warmem Zustande in einer Strangpresse
eine

Festigkeit	von 25,0	bis	33,0 kg/qmm
Dehnung	„ 15,0	„	27%
Schlagfestigkeit	„ 1,1	„	2,4 mkg/qcm
Brinell-Härte	„ 84	„	89 kg/qmm.

Pressen und Walzen verursachen also infolge der Kornverfeinerung
eine Veredelung des Materials.

4. Aluminium und Zinn.

Der Einfluß eines Zinnzusatzes auf gewalztes und geglühtes Aluminium
ergibt sich nach Versuchen von Schirrmeister[2]) aus Abb. 204. Härte und
Festigkeit bleiben nahezu gleich bis zu 13% Zinn, dagegen nimmt die Dehnbarkeit ab, das Material wird also spröde. Ein Zinnzusatz sollte daher vermieden werden, zumal die Schwindung wenig verringert wird. Zinn-Aluminium
ist nur kalt walzbar.

5. Aluminium und Magnesium.

Die Abhängigkeit der mechanischen Eigenschaften vom Magnesiumgehalt gewalzter und geglühter Aluminiumlegierungen geht nach Schirrmeister aus Abb. 205 hervor. Danach übt ein Magnesiumgehalt bis zu
ungefähr 1,7% keinen großen Einfluß auf die Festigkeitseigenschaften aus;

---

[1]) Wyß, Ferrum, 1912/13, S. 168.
[2]) Schirrmeister, Stahl und Eisen, 1915, S. 651.

erst mit höherem Gehalt steigt die Festigkeit sehr schnell. Ein Warmwalzen ist nur bis 7% Magnesium möglich, bei größeren Zusätzen blättern die Walzplatten auf. Während das reine Aluminium stark lunkert, wird die Schwindung

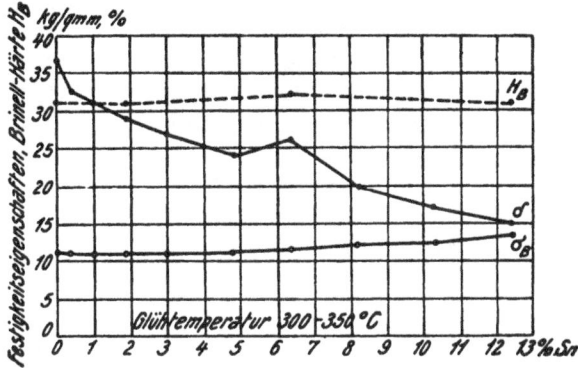

Abb. 204. Abhängigkeit der mechanischen Eigenschaften vom Sn-Gehalt geglühter Al-Sn-Legierungen.

des 3 bis 4% magnesiumhaltigen bedeutend geringer, um bei höheren Gehalten wieder zu wachsen. Die Wetterbeständigkeit ist nicht sehr gut; die Legierungen mit 6% Magnesium sind am wenigsten widerstandsfähig. Für Guß-

zwecke kommen wohl hauptsächlich Legierungen mit ungefähr 8 bis 10% Magnesium in Betracht, weil diese über eine hohe Festigkeit verfügen.

Gußlegierungen mit 95% Aluminium und 5% Magnesium sind gut bearbeitbar und haben eine Festigkeit von 19 kg/qmm und eine Dehnung von 3%; das spezifische Gewicht beträgt 2,47. Ersetzt man in dieser Legierung 4% Magnesium durch 2% Kupfer, so hat man für diese Zusammensetzung von 97% Aluminium, 2% Kupfer und 1% Magnesium eine Festigkeit von 13 kg/qmm und eine Dehnbarkeit von 8%.

An dieser Stelle sei auch das »Duralumin« erwähnt, das in verschiedenen Legierungsverhältnissen hergestellt wird; ungefähr beträgt die

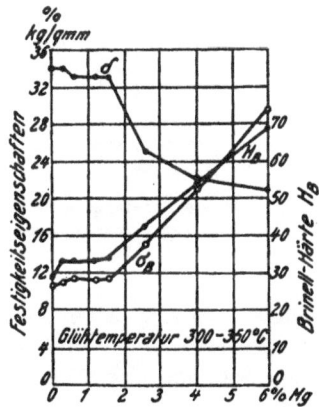

Abb. 205. Abhängigkeit der mechanischen Eigenschaften vom Mg-Gehalt geglühter Al-Mg-Legierungen.

Zusammensetzung 0,5% Magnesium, 0,5 bis 0,8% Mangan, 3,5 bis 5,5% Kupfer, Rest Aluminium. Das spezifische Gewicht ist 2,75 bis 2,84, der Schmelzpunkt 650⁰. Das Duralumin hat die merkwürdige Eigenschaft, daß es sich auf Grund seines Magnesiumgehaltes ähnlich wie Stahl härten und vergüten läßt, worüber im späteren Kapitel das Nähere gesagt ist. Die Festigkeit beträgt je nach der Zusammensetzung und Bearbeitung 36 bis 62 kg/qmm bei einer

Dehnung von 25 bis 3%. Der Elastizitätsmodul liegt zwischen 700000 und 730000 kg/qcm. Für Warmbearbeitung oder bei einer Formgebung mit notwendiger Zwischenglühung verwendet man geglühtes Material, bei einer Bearbeitung durch Schneiden, Bohren, Fräsen usw. dagegen veredeltes und kaltgerecktes; für Drücken, Stanzen und Pressen benutzt man geglühtes Material, das nachträglich veredelt werden kann.

Legierungen von 70 bis 89% Aluminium und 30 bis 2% Magnesium heißen »Magnalium« und besitzen ein spezifisches Gewicht von 2,4 bis 2,7.

6. Aluminium und Eisen.

Über die Aluminium-Eisen-Legierungen liegen in der Hauptsache nur Versuche von Schirrmeister[1]) vor, der eine praktische Legierungsmög-

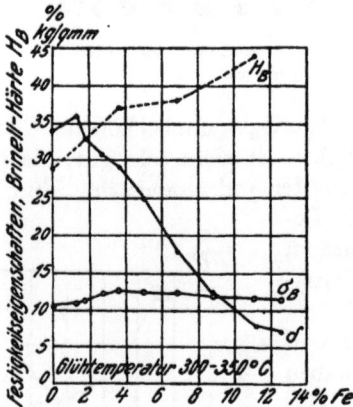

Abb. 206. Abhängigkeit der mechanischen Eigenschaften vom Fe-Gehalt geglühter Al-Fe-Legierungen.

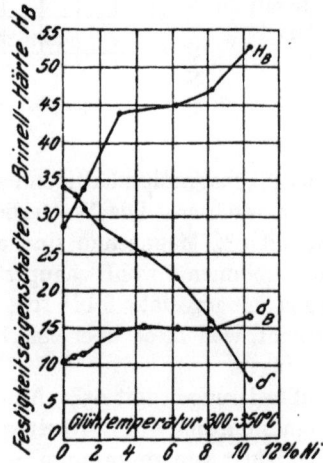

Abb. 207. Abhängigkeit der mechanischen Eigenschaften vom Ni-Gehalt geglühter Al-Ni-Legierungen.

lichkeit bis 16% Eisen festgestellt hat. Die Abhängigkeit der mechanischen Eigenschaften geht aus Abb. 206 hervor. Danach wird durch das Eisen, und zwar von ungefähr 2% ab eine gewisse Sprödigkeit hervorgerufen, die sich in einer Zunahme der Brinell-Härte und einer starken Verminderung der Dehnbarkeit zeigt. Die im Aluminium normalerweise vorkommenden Eisengehalte bis 1% sind also ohne nennenswerten Einfluß auf die Eigenschaften. Im übrigen stellte Schirrmeister fest, daß Schwinden und Lunkern stark hervortritt; mit höherem Eisengehalt wird das Nachsaugen jedoch verringert und hört bei etwa 4% Eisen gänzlich auf. Die Legierungen sollen bis 12% Eisen warm walzbar sein und scheinbar eine gute Wetterbeständigkeit besitzen.

---

[1]) Schirrmeister, Stahl und Eisen, 1915, S. 873.

7. Aluminium und Nickel.

Die ebenfalls von Schirrmeister durchgeführten Versuche sind in ihren Ergebnissen in Abb. 207 dargestellt. Nickel verleiht dem Aluminium danach eine sehr große Sprödigkeit, die bereits bei geringen Mengen einsetzt. Die praktische Legierungsmöglichkeit besteht bis rd. 17% Nickel, weil bei höheren Gehalten die Gefahr einer Ausseigerung des überschüssigen Nickels vorliegt. Die Legierungen sind bis ungefähr 12% Nickel warm walzbar;

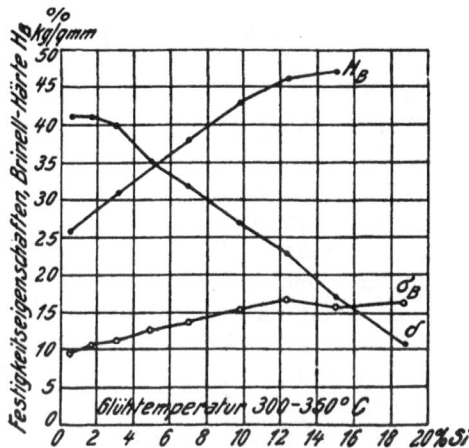

Abb. 208. Abhängigkeit der mechanischen Eigenschaften vom Si-Gehalt geglühter Al-Si-Legierungen.

bei höheren Zusätzen nimmt ihre Sprödigkeit zu stark zu. Für Gußzwecke empfiehlt Schirrmeister wegen der geringen Schwindung ungefähr 10 bis 12% Nickel. Die Wetterbeständigkeit der Legierungen ist scheinbar sehr gut.

8. Aluminium und Silizium.

Abb. 208 verzeichnet die gleichfalls von Schirrmeister herrührenden Versuchsergebnisse. Danach kann ein Siliziumgehalt bis 3% als nahezu ohne Einfluß angesehen werden; mit höherem Gehalt nimmt die Sprödigkeit zu. Im allgemeinen muß hervorgehoben werden, daß die Dehnbarkeit sehr große Werte erreicht, worin auch die ausgezeichnete Warmwalzbarkeit bis 20% Silizium beruht.

Schirrmeister hält für Walzgut 5 bis 7% Silizium und für Guß 10 bis 12% am geeignetsten. In letzterem Falle hat die Festigkeit einen Höchstwert erreicht, ohne daß die Dehnbarkeit bis auf ihren tiefsten Stand gesunken ist. Schwindung und Lunkerung nehmen mit zunehmendem Siliziumgehalt ab. Abgesehen von Legierungen mit sehr hohen Siliziumgehalten soll die Wetterbeständigkeit gut sein.

H. Das Zink.

Zink ist ein verhältnismäßig sprödes Metall vom spezifischen Gewicht 6,86 bis 7,20, je nachdem es gegossen oder gewalzt ist. Als Verunreinigungen treten hauptsächlich Blei, Eisen, Zinn und Kadmium auf; für gute Qualitäten kann man folgende Prozentgehalte fordern: Reinheitsgrad 98,0 bis 99,9% Zink, Verunreinigungen an Blei bis 0,04%, Eisen bis 0,03% und Kadmium bis 0,04%. Nach Haughton[1]) sind für Bleche folgende Höchstmengen an Verunreinigungen zulässig:

1,25% Blei, 9,25% Kadmium, 0,12% Eisen, 0,02% Arsen, 0,02% Antimon, 0,01% Zinn.

Die Walztemperatur beträgt 100 bis 150⁰. Blei wird bis zu 1% von Zink gelöst, wie aus dem Blei-Zinkdiagramm Abb. 209 hervorgeht. Die Verunreinigungen machen das Zink mehr oder weniger spröde, und Gehalte über 0,1% Blei und über 0,2% Kadmium sollen in Gußstücken Rißbildungen hervorrufen. Nach Benedicks[2]) hat reines Zink bei 170 und 330⁰ Umwandlungspunkte, so daß also drei Modifikationen bestehen. Hierauf beruht die Tatsache, daß Zink bei Zimmertemperatur spröde ist, jedoch bis ungefähr 170⁰ weicher und dehnbarer wird, welche Eigenschaft bei höheren Temperaturen wieder verloren geht. Die Temperaturen der Umwandlungspunkte werden durch die Verunreinigungen verschoben. Die Sprödigkeit des Zinks bei Zimmertemperatur drückt sich in seiner außerordentlich geringen Zugfestigkeit aus, die 3 bis 16 kg/qmm beträgt, während die Biegefestigkeit 5 bis 17 kg/qmm ausmacht, je nachdem das Material gegossen oder gewalzt wurde; letzteres hat die besseren Werte. Das Zink hat ein hohes Schwindmaß, wodurch an der Oberfläche des Gusses Sauglöcher gebildet werden.

Als während des Krieges die Frage der Ersatzmetalle dringender wurde, zeigte es sich, daß das Zink sich durch Pressen veredeln läßt. Hierbei geschieht das Pressen auf einer Strangpresse zu Stangen. Während der gegossene Barren wegen seiner groben Kristalle die geringe Festigkeit von 2 bis 3 kg/qmm hat, ist Preßzink sehr feinkörnig und erreicht daher hohe Festigkeiten. Hanszel[3]) berichtet über ein Material mit ungefähr 1,1% Blei, 0,2% Eisen und Spuren Kadmium, das in laufender Fabrikation Zugfestigkeiten von 19 bis 25 kg/qmm, Dehnungen von 38 bis 21% und Brinell-Härten von ungefähr 50 kg/qmm besitzt, während allerdings die Kerbschlagzähigkeit mit 0,5 bis 0,7 mkg/qcm nur gering ist. Demgegenüber seien die Werte für Preßmessing (Stangen und Profile) mit 58 bis 61% Kupfer, 1,8% Blei, 0,5% Eisen, 0,5% Zinn, Rest Zink noch angeführt, wie sie von der Militärverwaltung gefordert wurden: Zugestigkeit mindestens 40 kg/qmm,

Dehnung mindestens 25%;

die Kerbschlagzähigkeit dieses Preßmessings betrug ungefähr 5 mkg/qcm.

---

[1]) Haughton, Zeitschrift für Metallkunde, 1921, S. 386.

[2]) Benedicks, Metallurgie, 1910, S. 531.

[3]) Hanszel, Zeitschrift für Metallkunde, 1921, S. 209.

Zur Erzielung einer größeren Härte bei Gußstücken legiert man das Zink mit Kupfer bis zu 10%.

Es mag hier noch angeführt werden, daß die sog. Spandauer Zinklegierung, jener bekannte Kriegssparmetallersatz aus 4 bis 7% Kupfer, 2 bis 3,5% Aluminium, Rest Zink bestand und im gegossenen Zustand je nach der Dauer der Erstarrung eine Zerreißfestigkeit von 9 bis 14 kg/qmm aufwies.

I. Das Blei und seine Zusatzelemente.

1. Reines Blei.

Das spezifische Gewicht beträgt 11,25 bis 11,37. Das Blei ist sehr dehnbar und wetterbeständig und wird zum Auskleiden von Säurebehältern benutzt. Als Verunreinigungen findet man folgende Zusatzmetalle:

bis rd. 0,08% Kupfer	bis rd. 0,008% Eisen
bis rd. 0,3% Antimon	bis rd. 0,04% Zink
bis rd. 0,02% Silber	bis rd. 0,04% Wismut

Spuren Nickel.

2. Blei und Zink.

Abb. 209 gibt das Zustandsdiagramm der Blei-Zinklegierungen. Es zeichnet sich durch eine Mischungslücke im flüssigen Metall aus, in welchem Bereich sich die Schmelze entmischt. Betrachten wir eine Legierung von 30% Zink und 70% Blei, so bildet sich oberhalb der Temperatur a eine homo-

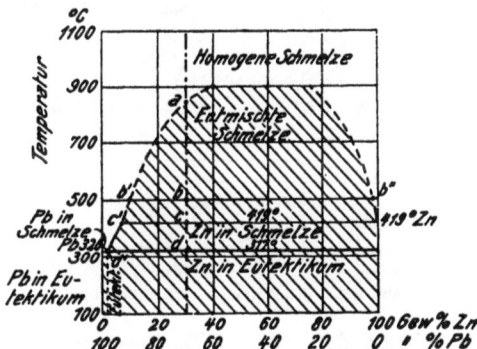

Abb. 209. Blei-Zink-Zustandsdiagramm.

gene Schmelze. Sowie bei der Abkühlung die Temperatur aber in die Mischungslücke eintritt, bilden sich zwei getrennte Schichten, die ihre Zusammensetzung mit der weiteren Temperaturabnahme ändern. Bei der Temperatur b besteht eine an Blei gesättigte Lösung von $b''\%$, die sich von einer an Blei gesättigten Lösung von $b'\%$ absondert. Sowie eine Temperatur von 419⁰ erreicht wird, scheiden sich Zinkkristalle aus, die in der Schmelze

256

umherschwimmen. Dadurch wird die Schmelze zinkärmer, bis sie bei 317⁰(d) nur noch 2%(d') enthält und zu einem Eutektikum erstarrt. Betrachten wir nun noch das Verhalten bei einer bestimmten Temperatur, etwa 500⁰, so finden wir hierbei folgende Existenzmöglichkeiten: Legierungen von o bis b'% Zink und b'' bis 100% Zink bestehen als homogene Lösungen; Legierungen von b' bis b''% Zink bestehen aus zwei getrennten Flüssigkeiten,

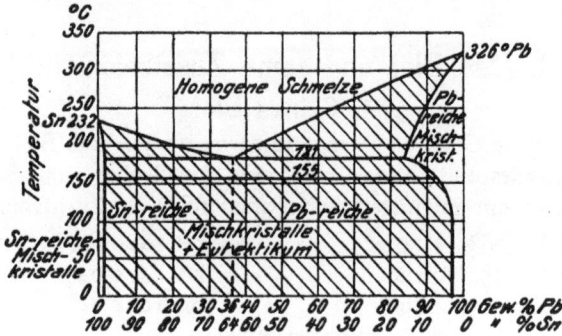

Abb. 210. Blei-Zinn-Zustandsdiagramm.

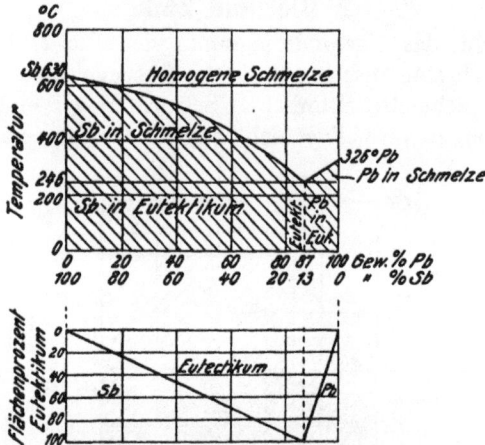

Abb. 211. Blei-Antimon-Zustandsdiagramm.

von denen die eine b' und die andere b''% Zink enthält. Bei 419⁰ besteht reines Zink und eine Mutterlauge c' (= 8% Zink). Die Ausscheidung des Zinks aus der Mutterlauge geschieht bis zum eutektischen Punkt 317⁰. Die Eigenschaft, im flüssigen Zustande sich u. U. zu entmischen, wird praktisch zur Trennung des Zinks vom Blei ausgenutzt.

3. Blei und Zinn.

Abb. 210 gibt das Blei-Zinn-Zustandsdiagramm, das einfach gestaltet ist. Es besitzt im festen Zustande zwei reine Mischkristallgebiete und eine

Mischungslücke, während im flüssigen Zustande die Löslichkeit in allen Verhältnissen möglich ist. Alles Nähere geht aus dem Schaubild hervor. Es sei nur bemerkt, daß für 64% Zinn bei 181° ein Eutektikum besteht; diese Legierung nennt man »Sickerlot«.

4. Blei und Antimon.

Das ganze feste Gebiet der Blei-Antimonlegierungen stellt eine Mischungs-lücke dar (Abb. 211), während die beiden Bestandteile im flüssigen Zustand sich in allen Verhältnissen mischen. Auch zu diesem Schaubild dürfte nichts weiter hinzuzusetzen sein, da die Verteilung des Eutektikums seiner Menge nach ebenfalls aus Abb. 211 hervorgeht.

Antimonhaltiges Blei ist sog. »Hartblei«, sein Antimongehalt beträgt bis zu 13%; die Härtesteigerung gegenüber dem reinen Blei erreicht un-gefähr den vierfachen Betrag. Über 25% Antimon geht man nicht hinaus, weil die Legierung zu spröde wird. Blei-Antimonlegierungen seigern leicht, welchem Übelstande man durch Beschleunigung der Abkühlung begegnen kann.

K. Das Zinn und seine Zusatzelemente.

1. Reines Zinn.

Das spezifische Gewicht des Zinnes beträgt 7,2 bis 7,5 je nach dem Bearbeitungszustand. Das Zinn ist weich, geschmeidig und sehr dehnbar. Als Verunreinigungen kommen Spuren Arsen, Blei, bis 0,06% Eisen, bis 1,5% Kupfer und Wismut in Betracht. Der technisch höchste Reinheits-gehalt ist 98,6 bis 99,9%.

Das Zinn hat die merkwürdige Eigenschaft, daß es unter gewissen Um-ständen von der sog. »Zinnpest« befallen wird, wodurch eine Zersetzung zu einem granen Pulver vor sich geht. Diese Erscheinung beruht auf einer Modifikationsänderung des Zinns bei ungefähr 18° Wärme. Die leichte Unterkühlungsmöglichkeit verhindert für gewöhnlich einen Zerfall des Zinns; äußere Umstände wie Impfen (Ansteckung) oder sehr langes Verweilen in einer Temperatur unterhalb +18° können die Erscheinung hervorrufen.

2. Zinn und Zink.

Abb. 212 stellt das Erstarrungsschaubild der Zinn-Zinklegierungen dar, wegen dessen Einfachheit nichts hinzugefügt zu werden braucht.

3. Zinn und Antimon.

Das Erstarrungsschaubild der Zinn-Antimonlegierungen ist in Abb. 213 veranschaulicht.

258

L. Die Lagermetalle.

Die besten Lagermetalle bestehen in der Hauptsache aus Blei-Zinn-legierungen. Allerdings werden hierfür nicht die hohen Zinngehalte benutzt, die man für die Weichlote verwendet; außerdem legiert man, um die Härte zu erhöhen, auch noch Kupfer und Antimon hinzu. Es sollen diejenigen Legierungen als Lagermetalle sich am besten bewähren, bei denen harte Körner in einer weichen Grundmasse liegen. Hierdurch wird die Reibung herabgemindert und eine Einbettung der harten, die Tragkraft aufnehmenden Kristalle in einer nachgiebigen Unterlage erreicht. Eine derartige An-

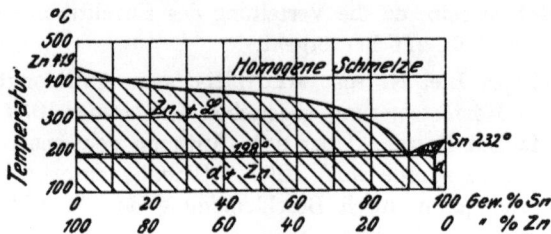

Abb. 212. Zinn-Zink-Zustandsdiagramm.

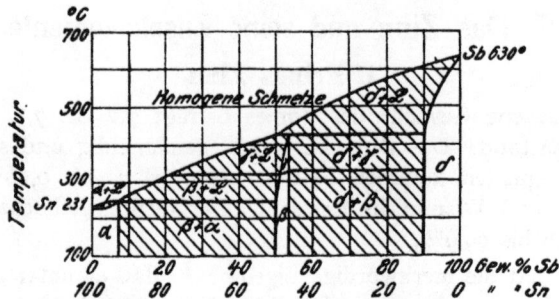

Abb. 213. Zinn-Antimon-Zustandsdiagramm.

ordnung soll besser sein als die umgekehrte, nämlich weiche Körner in einem harten Grunde. Ein hoher Bleigehalt macht ein Lagermetall minderwertig, während Antimon die Härte der Legierung erhöht; bei letzterem Zusatz nimmt jedoch zu gleicher Zeit die Sprödigkeit zu, die durch einen Kupferzusatz nicht so sehr in die Erscheinung tritt. Diese als Weißmetalle benannten Legierungen finden ausgedehnte Verwendung zum Ausguß von Lagerschalen, weil sie eine geringe Härte besitzen und dadurch die Achsen nicht angreifen; außerdem sollen die Lagerweißmetalle eine geringere Zapfenreibung verusachen als alle anderen zu demselben Zweck benutzten Legierungen.

Nach den metallographischen Untersuchungen sowohl von Charpy[1] wie Heyn und Bauer[2] besteht ein Weißmetall mit rd. 83% Zinn, 11%,

[1] Charpy, Bulletin de la Société d'Encouragement, 1898, S. 670; 1899, S. 972.
[2] Heyn und Bauer, Mitteilungen Lichterfelde, 1911, S. 29; Stahl und Eisen, 1911, S. 509.

Antimon und 5,5% Kupfer aus drei verschiedenen Gefügebestandteilen, nämlich nadelförmigen Kristallen, die wahrscheinlich feste Lösungen von 35% Kupfer und 65% Zinn darstellen und außerordentlich hart und spröde sind, des weiteren würfelförmigen Kristallen, eine feste Lösung von Zinn und Antimon von je ungefähr 50%, die härter als Zinn aber weicher als die vorher genannten Mischkristalle ist, und endlich nahezu reinem Zinn als Grundmasse, das weich und geschmeidig ist. Auf die Größe der Kristalle und damit auf die Eigenschaften der Legierung ist die Abkühlungsgeschwindigkeit des Gusses von großem Einfluß, weil bei langsamer Abkühlung die Struktur grobkörnig, bei schneller Erstarrung dagegen feinkörnig wird. In folgender Tabelle sind die Kennzeichen der Wärmebehandlung zusammengestellt:

Mikrogefüge	Bruchgefüge	Gießtemperatur und Abkühlung
Dünne Nadeln, kleine Würfel	feinkörnig, mattgrau	niedrige Temperatur, schnelle Abkühlung
Dicke Nadeln in vielfach sternförmiger Anordnung, große Würfel	hell glänzend, grob kristallinisch	niedrige Temperatur, langsame Abkühlung
Kettenförmig angeordnete Nadeln, kleine Würfel	feinkörnig, hell glänzend, kristallinisch	hohe Temperatur, schnelle Abkühlung
Kettenförmig angeordnete Nadeln, große Würfel	hell glänzend, grob kristallinisch	hohe Temperatur, langsame Abkühlung

Ein feinkörniges Gefüge hat größere Härte, Quetschgrenze, Stauch- und Druckfestigkeit.

Zur Streckung des Metalles, d. h. zur Verringerung des im Preise hohen Zinnes hat man in größerem Maße Blei genommen, wodurch allerdings die Legierung weicher wird. Die durch das Blei hervorgerufene Weichheit läßt sich durch Antimon und Kupfer regulieren, jedoch muß hierbei darauf Bedacht genommen werden, daß die Sprödigkeit nicht zu sehr steigt. Man kann statt des Bleigehaltes auch Zink nehmen; diese Legierungen lassen sich jedoch schwerer bearbeiten, und ihr Schmelzpunkt liegt höher als derjenige der Bleilegierungen.

Nach Heyn und Bauer[1]) sind praktisch wichtig folgende Legierungen

mit		Geringem Zinn-Gehalt	Mittlerem Zinn-Gehalt	Hohem Zinn-Gehalt
Zinn	%	0—22	33—55	68—85
Antimon	%	5—25	8—26	0—17
Blei	%	58—88	35—56	6—24
Kupfer	%	1 —7	(auf Kosten des Antimons)	

[1]) Heyn und Bauer, Stahl und Eisen, 1915, S. 445; Verhandlungen d. Vereins zur Beförderung des Gewerbefleißes, 1914, Beiheft.

Die beiden Forscher fanden folgende Eigenschaften: Antimonfreie Legierungen lassen sich bis 50% Höhenverminderung durch Stauchen zusammendrücken, ohne Risse zu erhalten; bei 10% und mehr Antimon tritt eine Rißbildung bei um so niedrigerer spezifischer Belastung ein, je mehr Blei enthalten ist, so daß bei 55% Blei die Spannung rd. 9,5 kg/qmm ist. Ein Kupferzusatz verhindert bei einem Gehalt von 2 bis 3% schon die Seigerungen, erhöht die Brinell-Härte und die Schlagfestigkeit. Steigender Zinngehalt begünstigt bei Legierungen mit 25% Antimon die Seigerung, wobei die harten, würfelförmigen und antimonreichen Mischkristalle wegen ihres geringen spezifischen Gewichtes in der Schmelze nach oben steigen; diese wird also oben antimon- und unten bleireicher. Man muß daher den Guß so schnell wie möglich erstarren lassen. Eine Legierung von 30% Zinn, 60% Antimon und 10% Blei besitzt die größte Härte. Setzen wir zu den Blei-Antimonlegierungen Zinn bzw. zu den Zinn-Antimonlegierungen Blei, so wird in beiden Fällen die Brinell-Härte erhöht.

Es mögen einige Weißgußlegierungen nach Ledebur-Bauer[1]) angeführt sein, weil sie einen Anhalt über die Art der Zusammensetzung geben:

	Zinn %	Antimon %	Kupfer %	Blei %	Zink %
Für Bahnbedarf	83	11	6	—	—
Für Lager von Pressen	85	10	5	—	—
Antimonreiche Legierungen	76,7	15,5	7,8	—	—
	72,8	18,2	9	—	—
Geringwertige Lagermetalle	42	16	—	42	—
	60	5,5	—	34,5	—
	45	13	2	40	—
Englisches Lagermetall	53	10,6	2,4	33	1,0
	77,8	19,4	—	—	2,8
Hoch-bleihaltige Lagermetalle	—	16	—	84	—
	20	20	—	60	—
	—	25	10	65	—
Hoch-zinkhaltige Lagermetalle	—	10	5	—	85
	14,5	—	5,5	—	80
	46	0,4	1,6	—	52
	7,6	3,8	2,3	3	83,3
	15	—	3	42	40

In den auf den Seiten 262—266 folgenden Tabellen sind die Eigenschaften einiger wichtiger Kupfer- und Aluminiumlegierungen sowie Spritzgußlegierungen und Metallote verzeichnet.

[1]) Ledebur-Bauer, Die Legierungen, Berlin, 1913.

III. Kapitel. Die Eigenschaften der Metalle in Wärme und Kälte.

Die von vielen Forschern im Laufe der letzten Jahrzehnte durchgeführten systematischen Untersuchungen über die Festigkeitseigenschaften der Baustoffe, die besonders durch den Bau der Verbrennungsmotoren und die allgemeine Anwendung des überhitzten Dampfes aktuell wurden, haben die Tatsache ergeben, daß die Eigenschaften der Metalle in hohem Maße von der Versuchstemperatur abhängig sind. Allgemeingültige Gesetze sowie eine tiefer dringende Erkenntnis des Wesens dieser Veränderungen konnten bisher nicht gefunden werden, so daß wir bis heute lediglich die Tatsache der Veränderungen feststellen können.

A. Die Eisen-Kohlenstoff-Legierungen.

1. Gußeisen.

Das Verhalten des Gußeisens gegenüber höheren Temperaturen ist verhältnismäßig wenig untersucht worden. Es liegen hierüber Versuche von Bach[1] vor, welche die Zugfestigkeit in Abhängigkeit vom Wärmegrad geben, Abb. 214. Wir erkennen, daß das Gußeisen ein Baustoff ist, der bis zu ungefähr 400° recht wärmebeständig bleibt. Darüber hinaus nimmt die Festigkeit allerdings

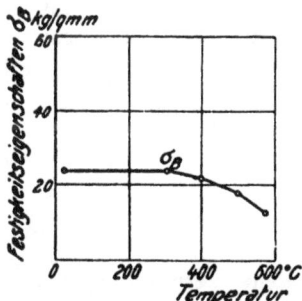

Abb. 214. Abhängigkeit der Festigkeitseigenschaften von der Temperatur bei Gußeisen.

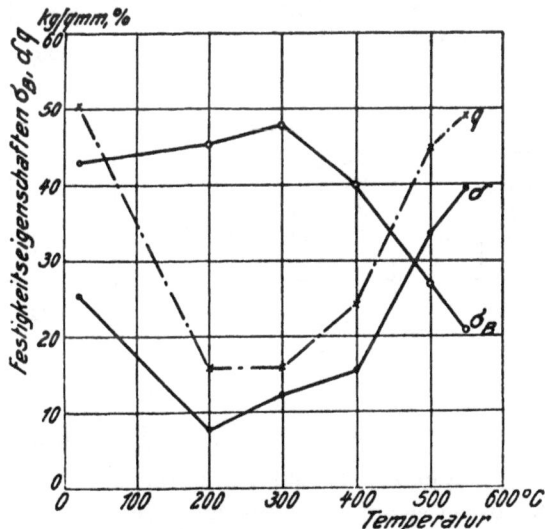

Abb. 215. Abhängigkeit der Temperatur bei Stahlformguß (0,19% C; 0,32% Mn; 0,19% Si).

ab und erreicht bei ungefähr 600° nur noch die Hälfte des Ausgangswertes. Mit der Brinell-Härte verhält es sich nach Versuchen von Robin[2] ganz ähnlich; auch er stellte einen besonders schnellen Abfall zwischen 400 und 600° fest.

---

[1] Bach-Baumann, Festigkeitseigenschaften und Gefügebilder der Konstruktionsmaterialien, Berlin, 1915.

[2] Robin, Internat. Verband für die Materialprüfungen der Technik, VII. Kongreß.

Chemische Zusammensetzung			Besondere Verwendungsmöglichkeit	Verarbeitungseigenschaften			
Cu %/₀	Sonstige Beimengungen %/₀	Rest		Spanbildung	Hartlötbarkeit	Warmschmiedbarkeit	Kaltreckbarkeit
100	—	—	—	schlecht	gut	gut	gut
91	0,2 Pb	Zn	Rottomback . . .	mäßig	gut	schlecht	gut
85	0,2 Pb	Zn	Goldtomback, unechte Goldwaren	mäßig	gut	schlecht	gut
72	0,06 Pb	Zn	Turbinenschaufeln	mäßig	gut	schlecht	gut
70	{0,4 Pb} {1,0 Sn}	Zn	Kondensatorrohre.	mäßig	gut	schlecht	gut
63	0,5 Pb	Zn	Druck- und Lötzwecke	mäßig	gut	mäßig	gut
60	2,2 Pb	Zn	Rohre, Stangen. .	gut	mäßig	gut	genügend
59	0,5 Pb	Zn	Munzmetall, Rohre	genügend	genügend	gut	genügend
57	2,3 Pb	Zn	Schrauben	gut	mäßig	gut	genügend
56	{0,6 Pb} {1,4 Mn}	Zn	—	mäßig	mäßig	gut	mäßig
99,5	—	Mg	Elektr. Leitungsdrähte	—	gut	genügend	gut
97,5	—	Sn	dto	—	gut	genügend	gut
95	—	Al	Federn	—	gut	gut	gut
92	—	Sn	Webdrähte	—	gut	schlecht	gut
100 Al	—	—	—	mäßig	—	gut	gut
97 Al	{0,4 Si} {0,5 Fe}	2 Cu	—	genügend	—	gut	genügend

2. Stahlformguß.

Obwohl der Stahlformguß für vielerlei Bauteile Verwendung findet, bei denen er auf besonders hohe Temperaturen erwärmt wird, liegen auch über ihn nur verhältnismäßig wenige Versuche vor. Abb. 215 stellt Ergebnisse von Bach[1]) dar, die an einem Stahlformguß mit 0,19% Kohlenstoff ermittelt wurden. Im Gegensatz zum Gußeisen zeigt sich nun hier die bemerkenswerte Tatsache, daß die Festigkeit bei 300° einen Höchstwert besitzt, um von hier aus rasch abzufallen. Es läßt sich nun vermuten, daß

---

[1]) Bach-Baumann, Festigkeitseigenschaften und Gefügebilder der Konstruktionsmaterialien, Berlin, 1915.

Kupfer- und Aluminium-Legierungen.

Spezifisches Gewicht	Festigkeit und Dehnung									
	gezogenes Material (Stangen und Drähte)				gewalztes Material (Bleche und Bänder)				gezogene und geglühte Rohre	
	geglüht		hart gezogen		geglüht		hart gezogen		σ_B kg/qmm	δ %
	σ_B kg/qmm	δ %	σ_B kg/qmm	δ %	σ_B kg/qmm	δ %	σ_B kg/qmm	δ %		
8,9	25	40	45	5	20	30	45	5	20	25
8,8	25	40	35	10	25	30	35	5	—	—
8,7	25	40	60	5	25	30	35	10	—	—
8,6	30	5c	40	20	30	40	40	15	—	—
8,6	30	50	40	20	30	40	40	15	35	25
8,6	35	50	70	5	30	40	60	5	—	—
8,5	40	30	45	20	40	25	—	—	55	10
8,5	35	40	55	5	30	40	50	5	35	25
8,5	40	30	45	20	40	25	—	—	—	—
8,3	45	30	—	—	45	25	—	—	—	—
8,9	—	—	70	5	—	—	—	—	—	—
8,9	—	—	90	5	—	—	40	8	—	—
8,3	40	60	100	5	35	60	70	5	—	—
8,9	40	70	100	5	—	—	—	—	—	—
2,7	10	35	20	5	10	25	15	5	—	—
2,8	15	35	30	5	15	25	25	5	—	—

entsprechend der Festigkeitsänderung eine solche der Dehnung und Querschnittsverminderung stattfindet. Dies trifft jedoch nur bis zu einem gewissen Grade zu. Die Querschnittsverminderung erreicht ihren Mindestwert bei ungefähr derselben Temperatur, bei der die Festigkeit ihren Höchstwert besitzt. Anders verhält sich dagegen die Dehnbarkeit; auch sie hat einen Mindestwert, der jedoch bei ungefähr 200° liegt, d. h. also bei einer niedrigeren Temperatur. Dieses eigentümliche Verhalten finden wir auch bei einem großen Teil der Stähle wieder; seine Ursachen sind bislang noch unbekannt, wenn auch Fettweis[3]), wie wir später noch sehen werden, sie mit der Alterung in Verbindung bringen will.

---

[1]) Fettweis, Stahl und Eisen, 1919, S. 1.

Spritzgußlegierungen[1]).

Gruppe	Eigenschaften	Chemische Zusammensetzung %					
		Zn	Sn	Cu	Sb	Al	Pb
Weißmetall (Weißmessing)	leicht verarbeitbar; Schmelzintervall $\sim$ 175—415°; neigen zur Korrosion	93	3,5	2	1,5	—	—
		92,8	—	2,5	—	4,7	—
		90	1	6	—	3	—
		87	10	3	—	—	—
		85	5	5	—	5	—
		83	5	10	—	2	—
		74	15	5	—	6	—
		46	31	20	3	—	—
Zinn	Schmelzpunkt $\sim$ 220°; widerstandsfähig gegen schwache Säuren und Alkalien	—	90	4,5	5,5	—	—
		—	88	8	4	—	—
		—	86	6	8	—	—
		—	84	7	9	—	—
		—	80	—	10	—	10
		—	61,5	3	10,5	—	25
		—	10	—	10	—	80
		—	5	—	15	—	80
		—	4	1	15	—	80
Blei	Schmelzpunkt $\sim$ 325°; geringe Festigkeit; korrodieren nicht	—	—	—	17	—	83
		—	—	—	10	—	90
Aluminium	Schmelzpunkt $\sim$ 625°; größere Festigkeit und Dehnbarkeit als Zn-Spritzguß; widerstandsfähig gegen schwache organische Säuren und Salpetersäure	Alle Legierungen zwischen Aluminium und Kupfer					
Bronze und Messing	—	Alle Legierungen zwischen Kupfer und Zinn bzw. Zink					

3. Stahl.

Wir hatten bereits in einem früheren Kapitel auf die Haltepunkte hingewiesen, die im Stahl und Eisen bei einer Erwärmung und Abkühlung auftreten. Diese Umwandlungen prägen sich naturgemäß den einzelnen Eigenschaften ebenfalls auf, und so sehen wir z. B. in Abb. 216 nach Versuchen von Durrer[2]), daß die mittlere spezifische Wärme bei reinem Eisen mit der Temperatur bis ungefähr 700° zuerst geradlinig zunimmt, um bei ungefähr

---

[1]) Sterner-Rainer, Zeitschrift für Metallkunde, 1921, S. 368.
[2]) Durrer, Verein deutscher Ingenieure, Forschungshefte, Nr. 204.

Verzeichnis von Metalloten[1]).

Chemische Zusammensetzung %						Benennung und Eigenschaft	Erstarrungs- temperatur °C	Zerreißfestig- keit des Lotes kg/qmm
A. Zinnbleilote.								
Sn	Pb	Sb						
63	37	—				Eutektische Legierung . .	182	9,3
50	50	—				Schnellot	230—182	7,1
33,3	66,7	—				strengflüssig	247—182	6,9
15	78	7				für Weißblech und Messing	236—232	6,9
6,9	83,3	9,8				mit Kolben lötbar	234—228	8,1
3,7	88,8	7,5				leichtflüssig	233—216	7,9
B. Aluminiumlote.								
Sn	Sb	Al	Cu	Zn	Mn			
—	—	95,4	4,6	—	—		679—540	17,8
4,2	—	92,6	2,6	0,6	—		649—639	15,5
5	—	87	8	—	—		629—617	19,6
2	—	82	6	10	—		627—565	19,7
—	—	80	8	12	—		620—589	19,6
—	—	75	3,5	20	1,5	für Guß	616—593	19,2
—	5	70	3	22	—	für Spritzguß	599—575	8,3
—	—	30	20	50	—		466—431	11,0
—	—	20	15	65	—		431—402	18,1
—	—	12	8	80	—		402—378	31,7
—	—	9	4	87	—		396—375	17,6
—	—	7	3,4	89,6	—		379—374	18,6
—	—	6	2,6	91,4	—		377—371	15,9
—	—	4	2	94	—		382—368	19,7
C. Kupfer-Zinklote.								
Cu	Zn							
58,5	41,5					strengflüssig	894—884	37,9
54	46					Schlaglot	881—870	33,7
52,5	47,5					strengflüssig	875—863	33,4
50	50					Hartlot	865—853	27,7
48	52					Hartlot	860—845	16,6
45	55					Hartlot	851—830	16,0
43	57					sehr strengflüssig	841—830	5,8
41,5	58,5					mäßig strengflüssig . . .	836—830	3,5
40	60					gutflüssig	830—823	1,8
37,5	62,5					leichtflüssig	825—807	1,6
35,3	64,7					sehr schnellflüssig	816—780	3,5
33,3	66,7					leichtflüssigstes Lot . . .	807—740	3,2

[1]) Sterner-Rainer, Zeitschrift für Metallkunde 1921, S. 368.

Chemische Zusammensetzung %					Benennung und Eigenschaft	Erstarrungs-temperatur °C	Zerreißfestigkeit des Lotes kg/qmm

D. Silberlote.

Cu	Zn	Ag	Cd	Mn	Benennung und Eigenschaft	Erstarrungs-temperatur °C	Zerreißfestigkeit
53	43	4	—	—	strengflüssig	861—855	37,8
48	48	4	—	—	mäßig strengflüssig . . .	851—825	19,6
43	48	9	—	—	Messinglot	830—822	13,3
40	40	10	10	—		777—763	16,9
30	30	20	20	—		735—712	29,0
3	2	20	—	—		327—300	13,8
38	50	12	—	—		802—792	13,5
29	4,5	40	20,5	6	Argentanlot.	717—670	35,6
25	3	58	14	—	weichstes Lot.	691—676	45,0
25	13	60	2	—	Weichlot	709—700	42,7
20,4	13,6	66	—	—	Hartlot.	729—721	45,4
15	5	75	5	—	Kettenlot.	748—718	38,6
20	5	75	—	—	Emaillierlot	771—740	42,4

E. Kupfer-Zink-Zinnlote.

Sn	Cu	Zn	Pb		Benennung und Eigenschaft	Erstarrungs-temperatur °C	Zerreißfestigkeit
14	58	28	—			808—728	3,4
14,3	52,4	33.3	—			798—724	1,1
4	48	48	—		strengflüssig	856—846	4,2
14	47	39	—		etwas strengflüssig. . . .	788—758	0,5
12,5	45	42,5	—		mäßig strengflüssig . . .	790—766	1,4
9,4	44,4	56,2	—		mäßig strengflüssig . . .	806—769	0,7
5,5	40	54,5	—		gutflüssig.	833—829	0,6
3	44	50	3			805	2,2

F. Eisenlote.

Pb	Cu	Zn	Mn		Benennung und Eigenschaft	Erstarrungs-temperatur °C	Zerreißfestigkeit
20	80	—	—		Kupferlot	1011—952	5,1
10	90	—	—		Kupferlot	1045—952	5,9
—	66,6	12	22,4		Manganlot	863—817	39,6
—	64	20	16		Manganlot	869—853	34,0
—	58	29	13		Manganlot	845—840	46,2
—	61,4	32	6,6		Manganlot . . . . . . : .	898—881	33,9

G. Neusilberlote.

Cu	Zn	Ni			Benennung und Eigenschaft	Erstarrungs-temperatur °C	Zerreißfestigkeit
53	33,2	13,8			Neusilberlot	985—972	40,0
45	35	20			Argentanlot	1036—1016	39,4
43,5	38	18,5			Argentanlot	1020—1003	36,6
41	42,5	16,5			Argentanlot	974—894	30,4
38	50	12			Argentanlot	907—873	13,9
35	57	8			Argentanlot	871—851	9,5

770⁰ (A_2) bzw. bei 919⁰ (A_3) und bei 1404⁰ (A_4) Unregelmäßigkeiten im Verlaufe aufzuweisen. Ähnlich wie die mittlere spezifische Wärme weisen auch die Wärmeausdehnung, der spezifische Temperaturkoeffizient des elektrischen Leitwiderstandes, die Suszeptibilität und das spezifische Volumen mit wachsender Temperatur entsprechende Änderungen auf, die für gewöhnlich bei Erreichung der Haltepunkte einen diskontinuierlichen Verlauf nehmen. Aus diesem Grunde kann man diese Untersuchungen zur Kontrolle von Haltepunktsbestimmungen benutzen. In Abb. 217 ist nach P. Curie[1]) die Abhängigkeit der Stärke des Magnetismus von der Temperatur und der Feldstärke dargestellt; wir sehen hierin den größten Verlust der Magnetisierbarkeit beim Punkt A_2 und erkennen zugleich die

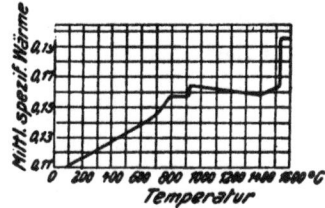

Abb. 216. Abhängigkeit der mittleren spez. Wärme von der Temperatur bei reinem Eisen.

außerordentlich geringe Magnetisierbarkeit oberhalb dieses Punktes, beginnend bei einer Temperatur von ungefähr 770⁰.

Die Festigkeitseigenschaften sind in ganz wenigen Fällen nur bis Temperaturen über 500⁰ ermittelt, weil einmal die Baustoffe in praxi nicht so

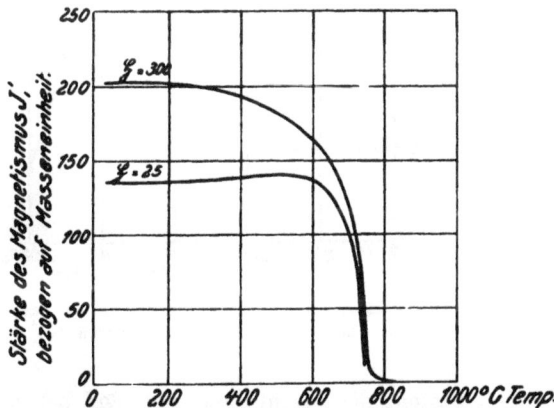

Abb. 217. Abhängigkeit der Stärke des Magnetismus von der Temperatur bei Eisen (0,04⁰/₀ C) für verschiedene Feldstärken.

hoch erwärmt werden und anderseits, die Versuchsausführung immerhin Schwierigkeiten begegnet. So ist in Abb. 218 das Verhalten des Elastizitätsmoduls für einen Flußstahl von 55 kg/qmm Festigkeit nach Versuchen von Bach[2]) dargestellt, woraus der starke Abfall zu erkennen ist. Festigkeitsberechnungen für höhere Temperaturen sind daher stets unter Berücksich-

---

[1]) P. Curie, Thèse, Paris, 1895.
[2]) Bach-Baumann, Festigkeitseigenschaften und Gefügebilder der Konstruktionsmaterialien, Berlin, 1915.

tigung des betreffenden Elastizitätsmodulwertes auszuführen. Die Festigkeitswerte gehen aus Abb. 219 nach Versuchen von mir[1]) und Leber an
einem geglühten Flußeisen mit 0,1% Kohlenstoff hervor. Die Festigkeit
erreicht bei 200⁰ einen Höchstwert und die Querschnittsverminderung bei
derselben Temperatur einen Mindestwert; beide Eigenschaften entsprechen
sich also. Die Streckgrenze zeigt ein eigentümliches Verhalten derart, daß
sie bei 100⁰ einen Mindestwert besitzt, auf den bei 150⁰ ein Höchstwert wieder

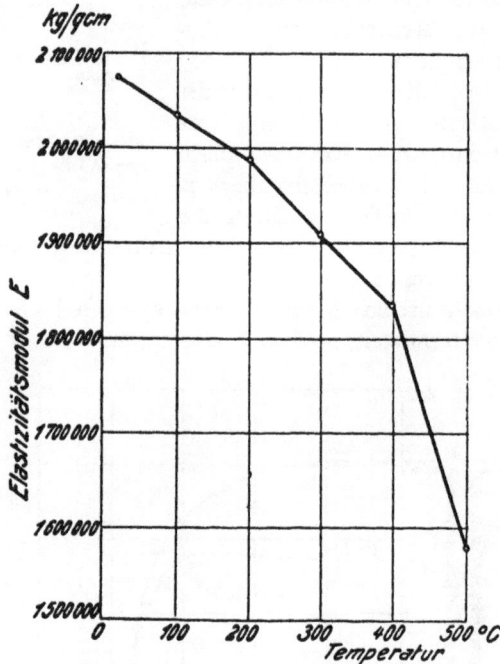

Abb. 218. Abhängigkeit des Elastizitätsmoduls von der Temperatur bei Flußeisen mit $\sigma_B = 55$ kg/qmm.

folgt. Außerdem besteht die Eigentümlichkeit, daß bei 300⁰ die obere und
untere Streckgrenze zu einem einzigen Punkt zusammenfallen und bei 400⁰
die Ausprägung der Fließgrenze verschwindet. Die Dehnbarkeit besitzt
bei 100⁰ einen Mindestwert und steigt allmählich mit zunehmender Temperatur an. Die Ermüdungsfestigkeit, die durch die Bruchschlagzahl des
Kruppschen Schlagwerkes ermittelt wurde, ist bei ungefähr 150⁰ am größten,
um von hier aus mit wachsender Temperatur schroff abzufallen; sie besitzt
bei ungefähr 40⁰ einen Tiefstwert, der etwas unter der Festigkeit bei Zimmertemperatur liegt. Wenn man bedenkt, daß bei ungefähr 300⁰ die sog. Blauwärme liegt, so erkennt man, daß das eigentümliche Verhalten der Stähle

---

[1]) Müller und Leber, Zeitschrift des Vereins deutscher Ingenieure, 1923, S. 362.

nichts mit dieser selbst zu tun hat. Diese zwei Eigenschaften, nämlich die Festigkeitsänderungen mit der Temperatur und die Sprödigkeit von in der Blauhitze bearbeitetem Stahl müssen wohl unterschieden werden. Nach der Festigkeit zu urteilen, besitzt der Stahl bei 200⁰ eine gewisse Sprödigkeit, weil die Querschnittsverminderung gering ist. Trotz dieser Sprödigkeit ist aber die Ermüdungsfestigkeit groß, und es ist beachtenswert, daß die Veränderungen in den Festigkeitseigenschaften ganz besonders stark in der dynamischen Ermüdungsbeanspruchung zutage treten.

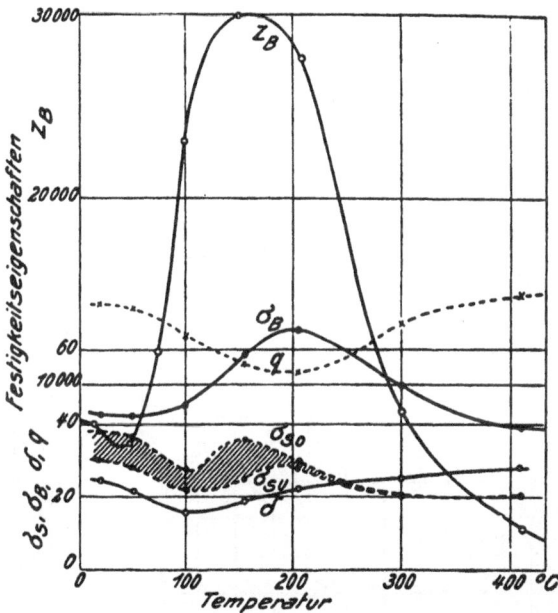

Abb. 219. Abhängigkeit der Festigkeitseigenschaften von der Temperatur
bei geglühtem Flußeisen (0,1%/₀ C).

Überblickt man die Ergebnisse der verschiedenen Forscher, so findet man große Unterschiede in denjenigen Temperaturen, bei denen die Eigenschaften des Stahles einen Höchst- bzw. Mindestwert besitzen. Der Grund für diese Verschiedenartigkeit ist bislang noch ungeklärt, jedoch weisen Versuche von Le Chatelier[1] nach einer Richtung hin, die in Zukunft vielleicht eine Erklärung bringen kann. Le Chatelier erklärt die Veränderungen aus dem Einfluß der Versuchsgeschwindigkeit, da die Mindest- und Höchstwerte sich scheinbar nach höheren Temperaturen hin verschieben, wenn die Versuchsgeschwindigkeit vergrößert wird. Dieser Hinweis tritt besonders bei der Biegefähigkeit in die Erscheinung, indem diese von 80⁰ ab sich vermindert, um bei 300⁰ einen Mindestwert zu erreichen. Bei der Kerbschlagfestigkeit

---

[1]) Le Chatelier, Stahl und Eisen, 1919, S. 1.

liegt der Mindestwert bei 450⁰ bis 475⁰, ist also zur höheren Temperatur
gerückt. Die Brinell-Härte erreicht nach Versuchen von Robin[1]) bei 100⁰ einen
Mindestwert, dagegen bei 250⁰ einen Höchstwert. Von 250⁰ ab nimmt sie zuerst
bis 400⁰ langsam, alsdann bis 600⁰ schneller und darüber hinaus wieder langsamer ab. Während in der Kälte, d. h. unter 0⁰ die Festigkeit bei abnehmender

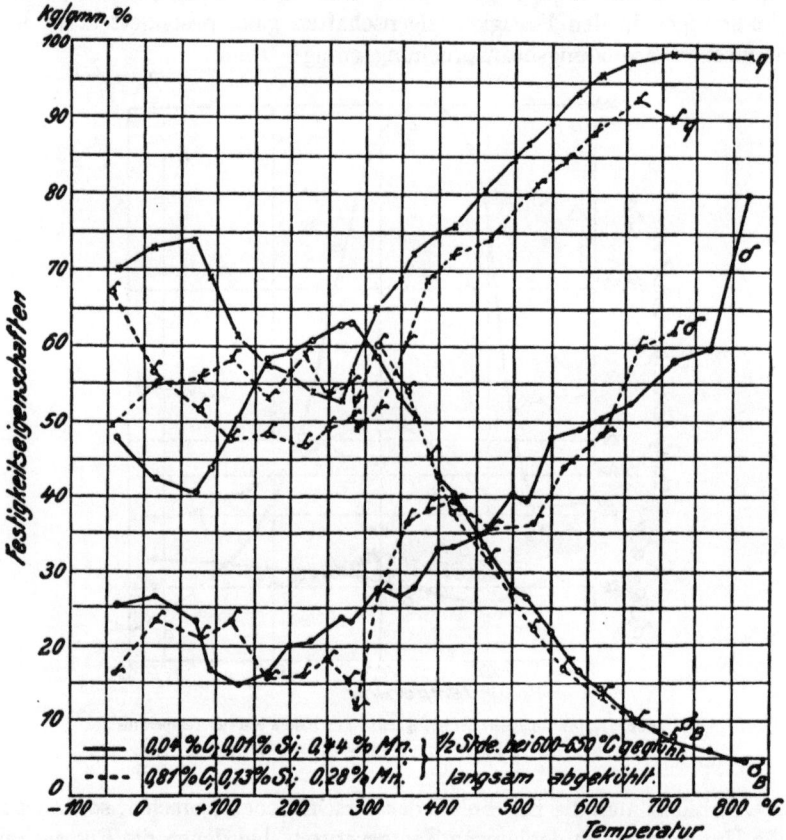

Abb. 220. Abhängigkeit der Festigkeitseigenschaften von der Temperatur bei geglühtem Flußeisen.

Dehnung wächst, nimmt die Schlagfestigkeit ebenfalls ab und die Härte zu.
Wir erkennen daraus, daß der Stahl bei tiefen Temperaturen spröde wird.

Neben der Versuchsgeschwindigkeit spielt naturgemäß auch die chemische Zusammensetzung sowie sonstige Vorbehandlung eine große Rolle.
Die chemische Zusammensetzung wurde von Reinhold[2]) und Robin[3])

---

[1]) Robin, Internationaler Verband für die Materialprüfungen der Technik, VI. Kongreß, 1912.

[2]) Reinhold, Ferrum, 1916, S. 97.

[3]) Robin, Metallurgie, 1908, S. 97; 1910, S. 336.

berücksichtigt, indem diese Forscher Flußeisen und Stahl von verschiedenen Kohlenstoffgehalten untersuchten. Nach den Versuchen von Reinhold besitzt die Festigkeit nach Abb. 220 zwischen ungefähr 60⁰ und 200⁰ ein Minimum, und zwar liegt die Temperatur um so höher, je mehr Kohlenstoff das Material besitzt. Das gleiche gilt von dem Höchstwert der Festigkeit, der zwischen 220⁰ und 350⁰ gefunden wurde. Für die Dehnbarkeit gilt das Analoge. Die Kerbzähigkeit wurde von Reinhold bis 900⁰ ermittelt. (Abb 221). Außer bei ungefähr 100⁰ besitzt sie noch einen Höchstwert bei ungefähr 700⁰,

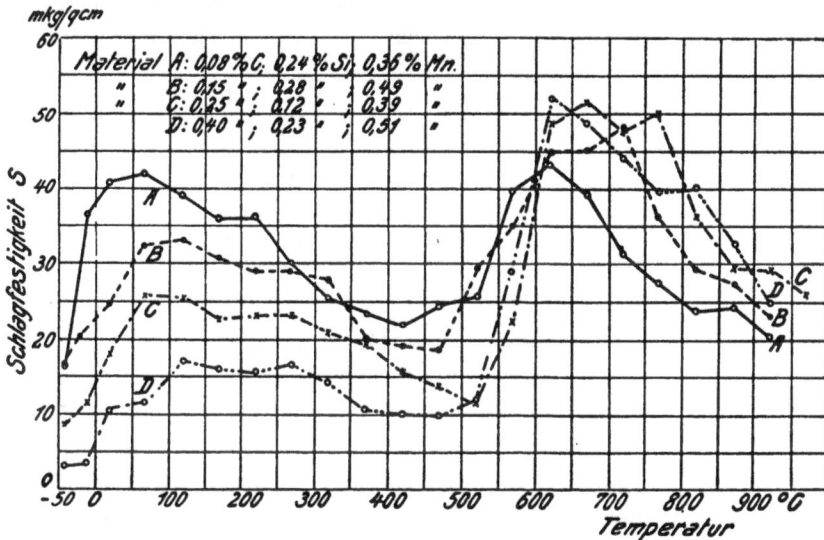

Abb. 221. Abhängigkeit der Schagfestigkeit von der Temperatur bei Flußeisen.

während ₁bei ungefähr 450⁰ der mittlere Tiefwert liegt. Man erkennt nun, daß unterhalb 450⁰ bis 500⁰ die Zähigkeit um so größer ¦ist, je geringer der Kohlenstoffgehalt ist, während bei einer Temperatur über 500⁰ das Umgekehrte beobachtet wird. Für die höheren Temperaturen fand nun Robin, daß die Brinell-Härte um so rascher abnimmt, je mehr Kohlenstoff der Stahl enthält, so daß bei 850⁰ die Härte sämtlicher Stähle ungefähr gleich wird. Für abgeschreckte Kohlenstoffstähle blieb die Härte bis rd. 200⁰ nahezu gleich, um alsdann infolge der fortschreitenden Zersetzung des Martensits einen starken Abfall zu erleiden. Diese Tatsache ist von Wichtigkeit für Werkzeugstähle, wenn man bedenkt, daß die Schnelldrehstähle ihre Härte bis ungefähr 600⁰ behalten. Unterhalb 200⁰ ist die Härte um so größer, je höher der Kohlenstoffgehalt des Stahles ist (Abb. 222).

Neben dem Kohlenstoffgehalt spielen naturgemäß die sonstigen Beimengungen eine wesentliche Rolle, und es sollen z. B. Phosphor und Silizium die Schwankungen in der Festigkeit und Härte vermindern. Leider liegen über derartige Untersuchungen noch keine weiteren Ergebnisse vor. Es mögen jedoch einige Versuche von Goerens und Hartel[1]) angeführt werden, die an gewöhnlichem Handelsflußeisen geschahen, das aus dem Kopf und dem Fuß eines Blockes gewalzt war; die Kopfproben waren daher mit Seigerungen behaftet, die Fußproben dagegen nicht. Die Ergebnisse mit dem Charpy-schen Pendelschlaghammer decken sich nahezu, allerdings haben die geseigerten Proben bis 550° eine etwas geringere Kerbzähigkeit, darüber hinaus jedoch eine etwas günstigere. Interessant ist, daß zwischen —75° und +10° sowie +125° und +500° die Proben in zwei Teile zerbrachen, während bei Temperaturen von +10° bis +125° und +500° bis +1000° die Proben nicht zerbrachen, sondern sich nur durchbogen oder Anrisse zeigten.

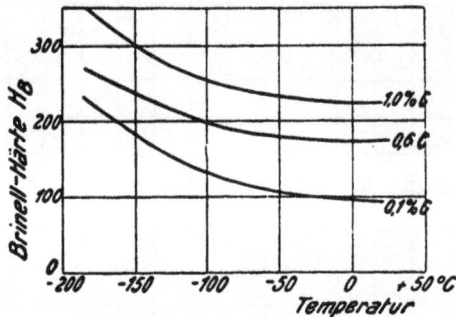

Abb. 222.   Abhängigkeit der Härte von der Temperatur bei C-Stählen verschiedener C-Gehalte.

Es interessiert nun noch, ob sich Schweiß- und Flußeisen in der Wärme verschieden verhalten. Während der Elastizitätsmodul, die Streckgrenze und Dehnbarkeit in ihren Änderungen, wie ich beobachten konnte, ungefähr gleich bleiben, — der Elastizitätsmodul erfährt eine Abnahme bis auf 1 600 000 kg/qcm bei 400° — beträgt die Erniedrigung der Querschnittsverminderung für Flußeisen bei 225° (Mindestwert) 43%, diejenige für Schweißeisen bei 150° (Mindestwert) nur 18%. Ganz ähnlich ist die Festigkeit des Schweiß-eisens keinen so großen Schwankungen unterworfen wie diejenige des Fluß-eisens; gegenüber Zimmertemperatur ist die maximale Erhöhung für Flußeisen 48%, dagegen für Schweißeisen 28%. Eine Verschiebung in der Temperatur konnte nicht festgestellt werden. Ermittelt man die Formänderungsarbeit aus dem Zerreißschaubild, so findet man bei ungefähr 100° für beide Eisensorten einen Mindestwert, der gegenüber Zimmertemperatur bei Flußeisen um 29%, bei Schweißeisen dagegen um 40% tiefer lag. Innerhalb der Temperaturen 200° bis 400° betrug die Formänderungsarbeit für Flußeisen 7,2 bis 13,7 mkg/qcm und für Schweißeisen 5,3 bis 13,0 mkg/qcm. Die hierfür verwendeten Eisensorten hatten bei Zimmertemperatur folgende Festigkeitseigenschaften:

Flußeisen: 48 kg/qmm Festigkeit und 24% Dehnung,
Schweißeisen: 39 kg/qmm Festigkeit und 24% Dehnung.

---

[1]) Goerens und Hartel, Zeitschrift für anorganische Chemie, 1913, S. 130.

Im allgemeinen scheint daher hinsichtlich der Änderung der Festigkeit und Querschnittsverminderung Flußeisen empfindlicher zu sein als Schweißeisen. Weitere Versuche würden der Klärung dieser Frage dienlich sein.

Schlagversuche an Schweiß- und Flußeisen wurden von Kaiser[1] ausgeführt. Dieser Forscher untersuchte 2 Eisensorten mit 0,05% Kohlenstoff und fand, daß eine Abkühlung auf —20° auf Flußeisen viel empfindlicher einwirkte als auf Schweißeisen. Gegenüber Zimmertemperatur zeigte Flußeisen einen Verlust an Kerbzähigkeit um 89%, Schweißeisen dagegen nur um 43%. Bei —85° hatte sich der Unterschied ausgeglichen, und beide Sorten wiesen einen Verlust von 91% auf. Diese Angaben decken sich mit den vorher genannten und zeigen ebenfalls die scheinbar größere Empfindlichkeit des Flußeisens.

B. Die Sonderstähle.

1. Nickelstahl.

Die Temperatur ist nicht nur von Einfluß auf die Festigkeitseigenschaften der Kohlenstoffstähle, sondern in ähnlicher Weise werden auch die

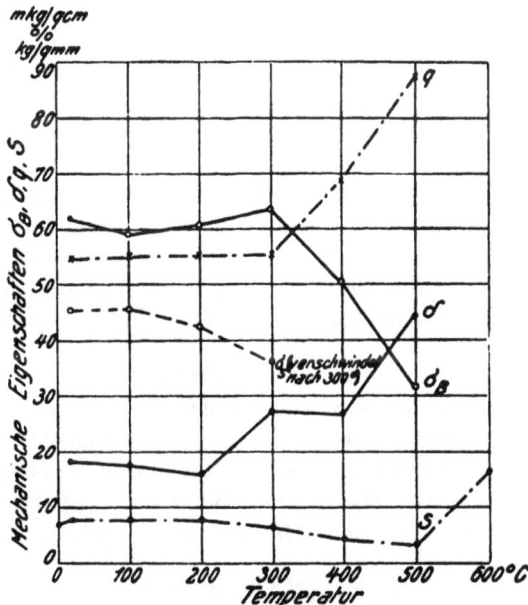

Abb. 223. Abhängigkeit der mechanischen Eigenschaften von der Temperatur bei geglühten Ni-Stählen mit 0,2% C; 5% Ni.

Sonderstähle davon berührt. Abb. 223 gibt die Abhängigkeit der mechanischen Eigenschaften geglühter 5proz. Nickelstähle nach Versuchen von

---

[1] Kaiser, Stahl und Eisen, 1921, S. 333.

Bach[1]) wieder. Die Schwankungen in der Festigkeit sind recht gering, und von 300⁰ an tritt eigentlich erst eine stärkere Abnahme ein. Diese Tatsache ist von Wichtigkeit für die Verwendung des Materials zu Turbinenschaufeln. Die Streckgrenze verschwindet nach 300⁰. Entsprechend der Festigkeit verhält sich die Dehnung und Querschnittsverminderung, während die Kerbzähigkeit (Schlagfestigkeit) bei 500⁰ geringer ist. In Abb. 224 sind die Brinell-Härten verschiedener Nickelstahlsorten in der Kälte nach Versuchen von Robin[2]) dargestellt. Danach nimmt analog den Kohlenstoffstählen die Härte mit abnehmender Temperatur zu. Der martensitische Stahl mit 16% Nickel hat naturgemäß die größte Härte, der austenitische Stahl mit 24% Nickel die geringste. Im allgemeinen laufen aber die Änderungen aller 3 Sorten parallel.

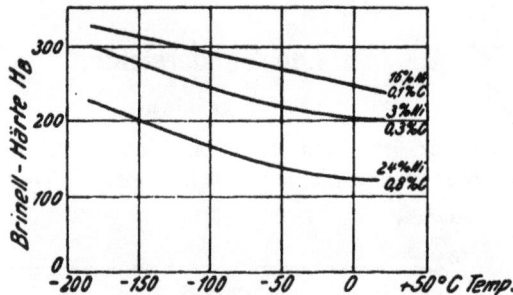

Abb. 224. Abhängigkeit der Stärke von der Temperatur bei Ni-Stählen verschiedener Ni-Gehalte.

Zum Unterschied von diesen Stählen zeigt ein Siliziumfederstahl mit 2% Silizium und 0,5% Kohlenstoff nur eine geringe Härtezunahme, was seiner Verwendbarkeit zum Vorteil gereicht. In der Wärme haben die austenitischen Nickelstähle nur einen geringen Härteabfall, während die geglühten perlitischen und martensitischen Stähle von 400⁰ ab ihre Härte vermindern.

2. Manganstahl.

Das Verhalten der Manganstähle weicht scheinbar von demjenigen der Nickelstähle in gewisser Weise ab. Welter[3]) untersuchte einen Stahl mit 1% Mangan und fand bei diesem mit zunehmender Temperatur außerordentliche Eigenschaftsschwankungen. Bei 200⁰ besaß der Stahl eine beträchtliche Sprödigkeit, wie aus Abb. 225 hervorgeht.

3. Nickel-Chromstahl.

Während sich im allgemeinen die perlitischen Sonderstähle wie die Kohlenstoffstähle verhalten, gelingt es, durch genügende Zusätze anderer Stoffe,

---

[1]) Bach-Baumann, Festigkeitseigenschaften und Gefügebilder der Konstruktionsmaterialien, Berlin, 1915.

[2]) Robin, Stahl und Eisen, 1909, S. 641.

[3]) Welter, Verein deutscher Ingenieure, Forschungshefte, Nr. 230.

z. B. Chrom, die Änderungen in den Eigenschaften stark zu vermindern, ja, sogar zu unterdrücken. Dies geht z. B. aus Abb. 226 für geglühten Nickel-Chromstahl nach Versuchen von Bach[1]) hervor. Dieser Nickel-Chromstahl verhält sich ungefähr wie der vorhin besprochene Nickelstahl, die Schwankungen sind fast gänzlich verschwunden. In einem gewissen Gegensatz hierzu stehen allerdings die Versuche an vergütetem Nickel-Chromstahl von mir[2]) und Leber (Abb. 227), der recht beträchtliche Schwankungen zeigte.

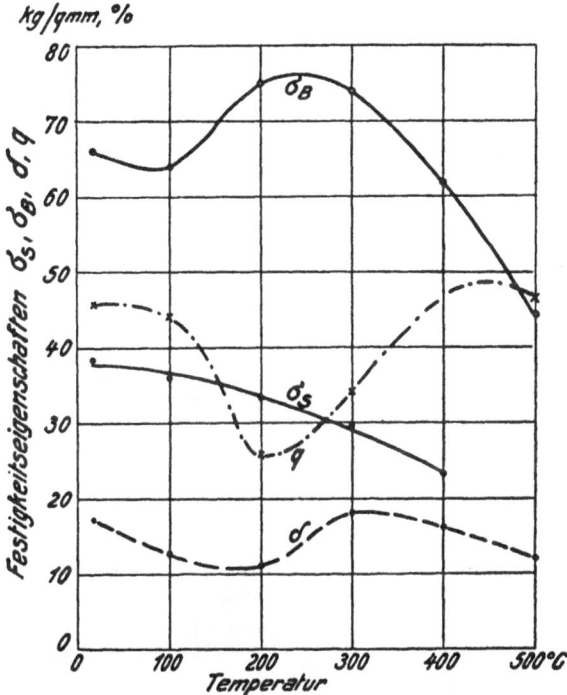

Abb. 225. Abhängigkeit der Festigkeitseigenschaften von der Temperatur
bei geglühtem Mn-Stahl (0,43% C; 1,02% Mn; 0,2% Si).

Inwieweit die Vergütung von Einfluß ist, mag dahingestellt bleiben, auf jeden Fall scheint, wie aus den Dauerschlagzahlen Z_n und Z_n' hervorgeht, das geglühte Material sich gleichmäßiger zu verhalten. Während bei dem oben erwähnten ausgeglühten Flußeisen die Ermüdungsfestigkeit bei ungefähr 150° ein Maximum erreichte, hat es sich bei dem Nickel-Chromstahl auf ungefähr 250° verschoben, wobei bemerkt sein möge, daß Stabform und- Größe in beiden Fällen gleich waren. Beachtenswert ist auch der Abfall der Ermüdungsfestigkeit für den Nickel-Chromstahl bei ungefähr 150°, während das

---

[1]) Bach-Baumann, Festigkeitseigenschaften und Gefügebilder der Konstruktionsmaterialien, Berlin, 1915.
[2]) Müller und Leber, Zeitschrift des Vereins deutscher Ingenieure, 1923, S. 362.

Flußeisen einen geringen Abfall bei ungefähr 50⁰ zeigte. Man erkennt hieraus, daß diese Fragen durchaus noch nicht geklärt sind und noch weiterer umfangreicher Versuche bedürfen.

Eingehende Versuche von Edert[1]) an Nickel-Chromstählen mit ungefähr 0,3% Kohlenstoff, 1,9 bis 4,0% Nickel und 1,5 bis 1,7% Chrom ergaben ähnliche Resultate und zeigten, daß ebenso wie bei einem Chromstahl mit 0,4% Kohlenstoff und 2,4% Chrom der Festigkeitsabfall erst nach 300⁰

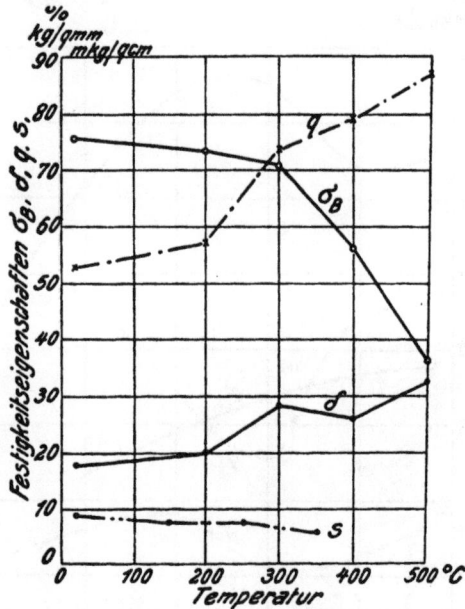

Abb. 226. Abhängigkeit der Festigkeitseigenschaften von der Temperatur bei geglühtem Ni-Cr-Stahl (0,3% C; 3,5% Ni; 0,4% Cr).

eintritt. Der sog. rostsichere Stahl mit rd. 0,1% Kohlenstoff, 1,5% Nickel und 16% Chrom verändert seine Festigkeit bis 450⁰ nur wenig, während ein anderer rostsicherer Stahl mit ungefähr 0,3% Kohlenstoff, 6% Nickel und 21% Chrom unterhalb 300⁰ bereits einen starken Festigkeitsabfall erleidet, der lediglich bei ungefähr 500⁰ etwas verzögert wird.

4. Schnelldrehstahl.

Bevor wir auf die Schnelldrehstähle eingehen, wollen wir noch den Einfluß der einzelnen Komponenten nach Versuchen von Robin[2]) betrachten, Dieser fand für geglühte Molybdänstähle, daß die Härte bis 600⁰ nur ganz gering, alsdann jedoch stark und plötzlich abnahm. Bei Vanadinstählen

---

[1]) Edert, Stahl und Eisen, 1922, S. 961.
[2]) Robin, Revue de Métallurgie, 1909, S. 180.

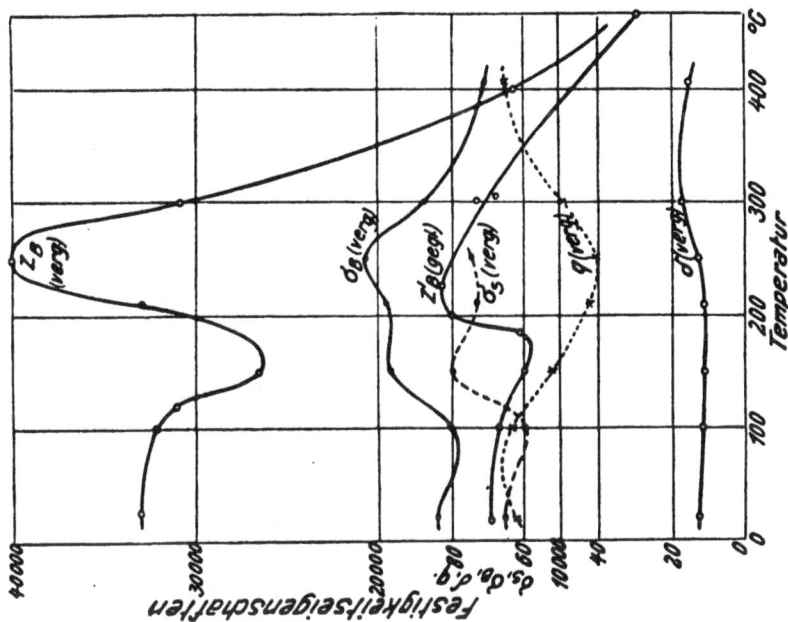

Abb. 227. Abhängigkeit der Festigkeitseigenschaften von der Temperatur bei geglühtem und vergütetem Ni-Cr-Stahl (0,14% C; 3,37% Ni; 1,24% Cr).

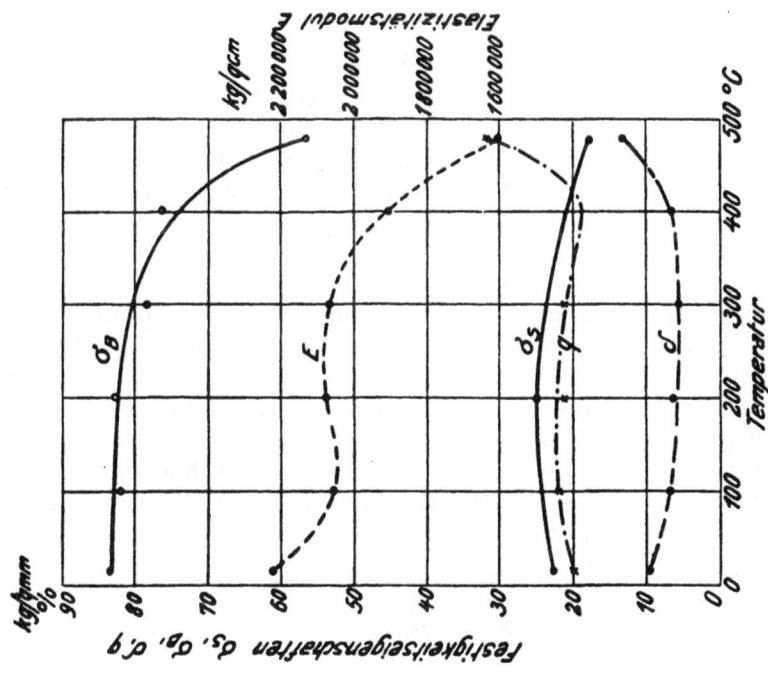

Abb. 228. Abhängigkeit der Festigkeitseigenschaften von der Temperatur bei geglühtem Cr-Wo-Stahl (0,64% C; 4,79% Cr; 13,63% Wo; 0,17% Va; 0,2% Mo).

trat der Abfall bereits von 400⁰ ab ein. Wolframstähle hielten ihre Härte bis ungefähr 500⁰ und Chromstähle bis 400⁰. In jedem Falle ist die Härte um so größer, je höher der Gehalt an dem betreffenden Zusatzstoff ist. Die martensitischen Stähle zeichneten sich dadurch aus, daß die Festigkeit keinen

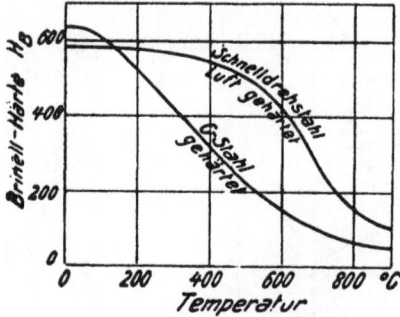

Abb. 229. Abhängigkeit der Härte von der Temperatur bei C- und Schnelldrehstahl.

Höchst- und Mindestwert besaß, sondern bis 500⁰ je nach der chemischen Zusammensetzung nahezu konstant blieb. Ähnliches war an den austenitischen und karbidhaltigen Stählen zu beobachten, auch ist bei diesen beiden die Festigkeit bis 500⁰ nahezu gleichbleibend. In Abb. 228 sind die Festigkeitseigenschaften für geglühte Chrom-Wolframstähle nach Welter[1]) dargestellt, aus welchen das Vorhergesagte deutlich ersichtbar ist. Abb. 229 gibt noch die Abhängigkeit der Härte von der Temperatur bei Schnelldrehstählen im Gegensatz zu gehärteten Kohlenstoffstählen nach Versuchen von Robin[2]). Wir erkennen hieran die bis zu hohen Temperaturen bleibende Schneidhaltigkeit der ersteren.

C. Das Kupfer und seine Legierungen.

1. Kupfer.

Die Einwirkung der Temperatur auf die Festigkeitseigenschaften erstreckt sich nicht nur auf die Stähle, sondern auch auf die sog. Metalle und ihre Legierungen. Das Verhalten von Rundkupfer ist nach Versuchen von Rudeloff[3]) aus Abb. 230 ersichtlich. Die bei Zimmertemperatur erreichte Festigkeit beträgt ungefähr 29 kg/qmm, woraus zu entnehmen ist, daß besonders unter Berücksichtigung der verhältnismäßig geringen Dehnbarkeit das Material kein reines Kupfer, sondern vermutlich eine Zinnlegierung darstellt. Die Festigkeit des Rundkupfers nimmt mit zunehmender Temperatur allmählich ab. Zugleich lassen aber auch Querschnittsverminderung, Dehnbarkeit und Streckgrenze nach. Für geglühtes reines Kupfer (99,8% Cu) hat Rudeloff[4]) die gleiche Gesetzmäßigkeit gefunden; die Festigkeitswerte liegen nur entsprechend der Reinheit tiefer und reichen von 23 kg/qmm bei Zimmertemperatur auf 5 kg/qmm bei 500⁰. Die Härte ändert sich in ähnlicher Weise wie die Streckgrenze, und bei Temperaturen unter 0⁰ nimmt sie nach Versuchen von Robin nur wenig zu.

[1]) Welter, Verein deutscher Ingenieure, Forschungshefte, Nr. 230.
[2]) Robin, Revue de Métallurgie, 1908, S. 162.
[3]) Rudeloff, Mitteilungen Lichterfelde, 1893, S. 318.
[4]) Rudeloff, Mitteilungen Lichterfelde, 1898, S. 171.

Abb. 230. Abhängigkeit der Festigkeitseigenschaften von der Temperatur bei Rundkupfer.

Abb. 231. Abhängigkeit der Festigkeitseigenschaften von der Temperatur bei Preßmessing.

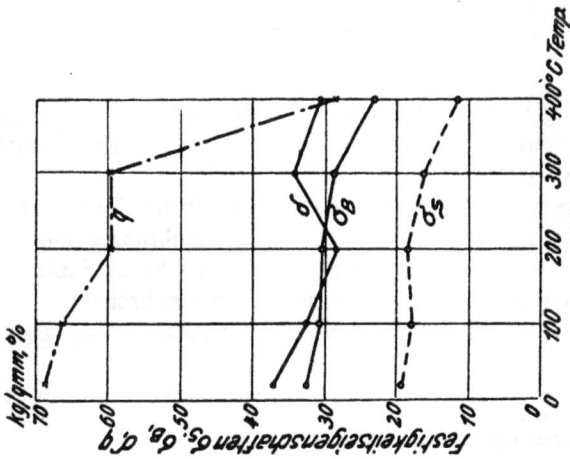

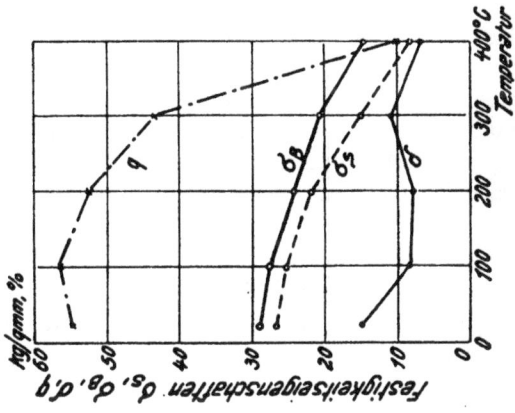

Abb. 232. Abhängigkeit der Festigkeitseigenschaften von der Temperatur bei gewalzter Mn-Bronze (9,4% Mn).

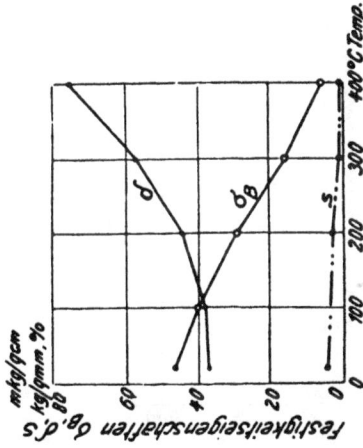

2. Messing.

Die Eigenschaften des Messings gehen aus Abb. 231 nach Versuchen von Bach[1]) hervor. Bach prüfte ein Preßmessing; ganz ähnlich wie Kupfer zeigte auch dieses eine mit der Temperatur allmählich sinkende Festigkeit, während die Dehnung entgegengesetzt dem Verhalten des Rundkupfers zunimmt. Die Schlagfestigkeit nimmt ab, was durch die geringere Festigkeit hervorgerufen wird. Für Gußmessing ist der Verlauf der Festigkeitskurve ähnlich.

3. Bronze.

Zinn- und Manganbronzen haben die Eigenschaft, daß sie bis ungefähr 200° ihre Festigkeit nahezu behalten; Dehnbarkeit und Streckgrenze nehmen

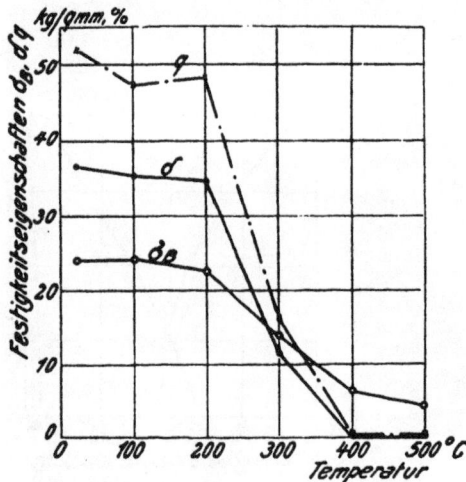

Abb. 233. Abhängigkeit der Festigkeitseigenschaften von der Temperatur bei Sn-Zn-Bronce (5,5 % Sn; 2,8 % Zn; 0,3% Pb; 91,4% Cu).

auch nur geringfügig ab, so daß also diese Bronzen bis zu der genannten Temperatur gut brauchbar sind, wie aus Abb. 232 nach Versuchen von Rudeloff[2]) hervorgeht.

Die Eigenschaft, die Festigkeit bis zu den höheren Temperaturen noch zu behalten, findet man auch, wenn man den Zinnbronzen noch einen gewissen Zusatz an Zink und Blei zufügt. Abb. 233 gibt die Festigkeitseigenschaften einer von Bach[1]) untersuchten Zinn-Zinkbronze, die erkennen läßt, daß von 400° ab die Dehnbarkeit einen verschwindend kleinen Wert

---

[1]) Bach-Baumann, Festigkeitseigenschaften und Gefügebilder der Konstruktionsmaterialien, Berlin, 1915.
[2]) Rudeloff, Mitteilungen Lichterfelde, 1895, S. 37.

erreicht. Ähnliches finden wir bei den von Dewrance[1]) geprüften Zinn-Zinkbronzen, die einen bedeutend höheren Zinngehalt als die Bachschen Proben
hatten (Abb. 234). Bei den letzteren zeigt sich die eigentümliche Tatsache,
daß durch einen Bleizusatz von 0,5% bei einer entsprechenden Kürzung
des Kupfergehaltes die Festigkeit bis zu ungefähr 300⁰ erhalten blieb, während
rend sie ohne den Bleizusatz bereits bei annähernd 180⁰ abfiel. Ob tatsächlich

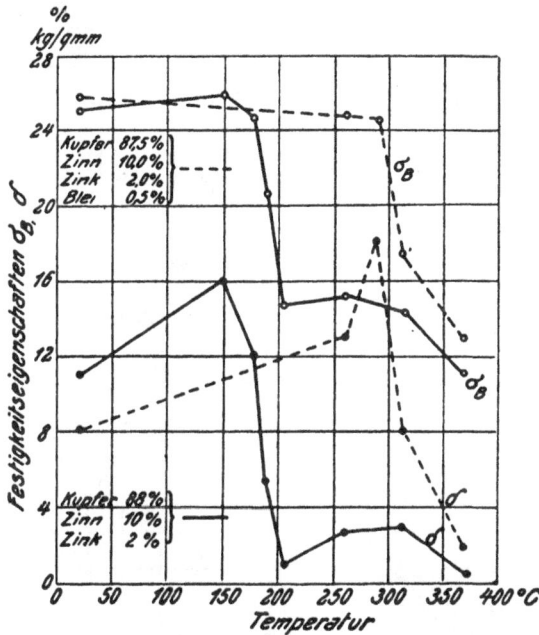

Abb. 234. Abhängigkeit der Festigkeitseigenschaften von der Temperatur bei Sn-Zn-Bronze.

der Bleizusatz diesen Einfluß ausgeübt hat, bedarf der Nachprüfung. Zugleich
hat jedoch Dewrance gefunden, daß bei weiterem Bleizusatz auf Kosten
des Kupfers die Festigkeit bei Zimmertemperaturen allmählich wieder abnimmt. Die von Dewrance geprüften Proben waren Gußbronzen.

D. Das Aluminium.

Die Wirkung der Wärme auf Aluminium geht aus Abb. 235 und 236
hervor. Betrachten wir zunächst gewalztes und ausgeglühtes Aluminium!
Bei diesem nimmt, wie ich beobachten konnte, die Festigkeit von Beginn an
fast geradlinig ab, während die Streckgrenze ein Maximum bei 100⁰ zeigt.
Die Dehnbarkeitskurve hat einen Wendepunkt bei ungefähr 150⁰. Wird das
Aluminium im kaltgewalzten Zustande höheren Temperaturen ausgesetzt,

---

[1]) Dewrance, Stahl und Eisen, 1915, S. 216.

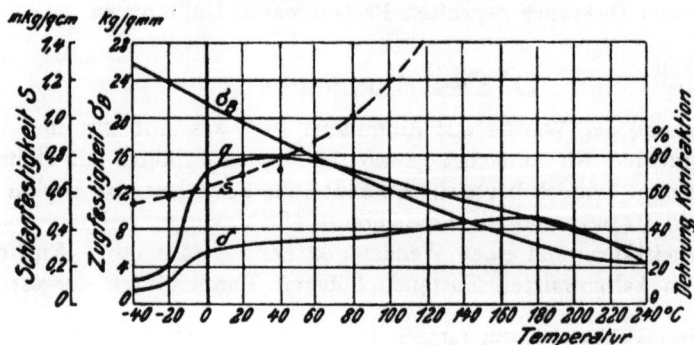

Abb. 235. Abhängigkeit der Festigkeitseigenschaften von der Temperatur bei ausgeglühtem Aluminium (99,5% Al; 0,3% Fe; 0,2% Si).

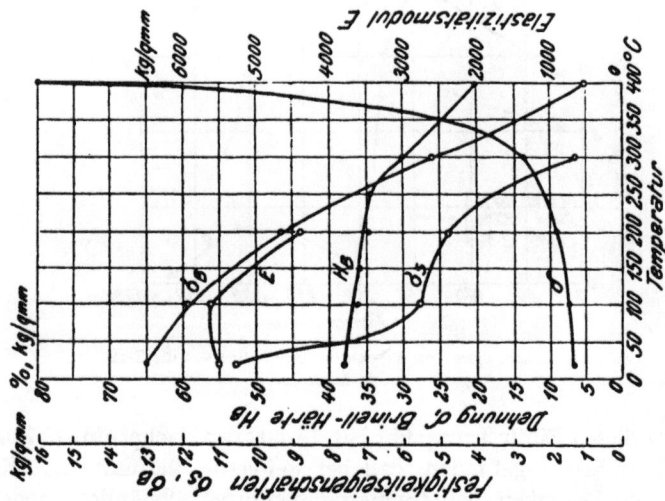

Abb. 236. Abhängigkeit der mechanischen Eigenschaften von der Temperatur bei kaltgewalztem Aluminium (99,5% Al; 0,3% Fe; 0,2% Si).

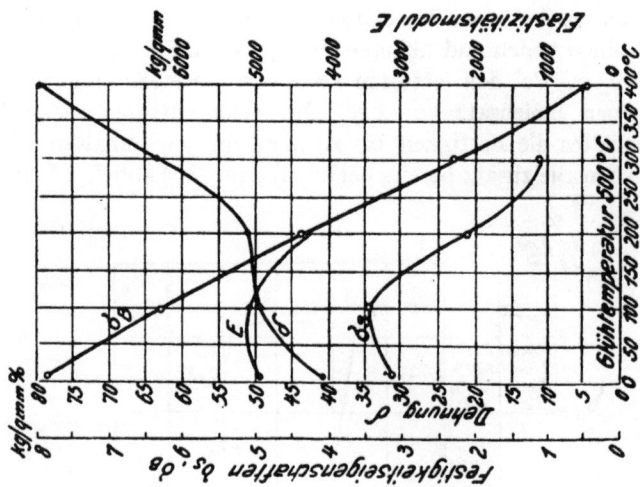

Abb. 237. Abhängigkeit der Festigkeitseigenschaften von der Temperatur bei Preßzink.

so muß man zwei Vorgänge unterscheiden; diese bestehen einmal in der Erweichung des kaltgereckten Materials und dann in der Beeinflussung des Stoffes als solchen durch die Wärme. Wie aus dem späteren zu entnehmen ist, spielt in diesem Falle die Dauer der Erwärmung sowie die Höhe der Temperatur eine ganz besondere Rolle, weil die Erweichung des Materials, d. h. die Ausglühung eine Funktion dieser beiden Größen ist. Die Folge der Kaltwalzung ist ein gegenüber dem ausgeglühten Material allmählicher gestalteter Festigkeitsabfall. Die Streckgrenze weist keinen Höchstwert auf, sondern sinkt ebenfalls schnell ab, und die Dehnbarkeit nimmt bis ungefähr 300^0 allmählich, von dieser Temperatur ab dann sehr schnell zu. Je höher erhitzt wurde, desto mehr macht sich die Wirkung des Ausglühens bemerkbar. Wahrscheinlich dürfte der starke Härteabfall von 250^0 ab seine Ursache ebenfalls darin haben.

E. Das Zink.

Über das Verhalten des Zinks bei verschiedenen Temperaturen liegen nur wenige Untersuchungen vor; eine ausführliche wurde von Hanszel[1] gemacht, die sich auf Preßzink erstreckte. Nach den Ergebnissen (Abb. 237) nimmt die Festigkeit allmählich ab; sie ist bei tiefen Temperaturen unter 0^0 am höchsten und erreicht bei etwa 240^0 einen Mindestwert. Entsprechend der abnehmenden Festigkeit nimmt die Dehnbarkeit zu, und zwar bei ungefähr -10^0 besonders stark; sie erreicht bei $+180^0$ ein Maximum, welches wahrscheinlich eine Folge der Umwandlung ist. Alsdann nimmt sie wieder ab. Die Querschnittsverminderung ist ebenso wie die Dehnung und Schlagfestigkeit in den tiefen Temperaturen am geringsten; sie nimmt bei -10^0 plötzlich sehr stark zu, erreicht bei $+20^0$ einen Höchstwert und nimmt alsdann wieder stetig ab, während die Schlagfestigkeit aus dem Kältegebiet allmählich zunimmt. Aus den Ergebnissen erkennt man deutlich die Zweckmäßigkeit, das Zink für seine Bearbeitung in Gesenken auf 180^0 zu erwärmen, also in den Zustand der größten Bildsamkeit zu bringen. Die Eignung zur Herstellung von Preßteilen ist trotzdem immerhin recht gering, und es müssen daher zur Vermeidung von Rißbildungen schroffe Übergänge nach Möglichkeit vermieden werden.

IV. Kapitel. Der Einfluß des Kaltreckens (Ziehen, Walzen, Hämmern).

Für die Weiterverarbeitung der Rohstoffe ist die Kenntnis der Gesetze, die den Kaltwalz- und Ziehprozeß beherrschen, von ausschlaggebender Bedeutung. Wir wollen uns daher nunmehr diesen zuwenden. In der Praxis ist es heute noch vielfach üblich, von weichen, achtelharten, viertelharten, halbharten, harten, federharten und doppelfederharten Blechen, Bändern

---

[1] Hanszel, Zeitschrift für Metallkunde, 1921, S. 213.

und Drähten zu sprechen, Bezeichnungen, die in Ermangelung feststehender Zahlenangaben einer großen Willkür je nach der Auffassung des Herstellers und des Verbrauchers unterliegen. Es kann daher nur dringend empfohlen werden, von diesem Gebrauche abzugehen und Angebote bzw. Bestellungen nur auf Grund bestimmter Festigkeitszahlen zu machen; man wird sich viel Ärger und Verdruß dadurch ersparen. In den meisten Fällen kann man bestimmte Umsetzungsverhältnisse wählen, wobei als Grundlage der völlig ausgeglühte Zustand des Metalles gewählt wird, weil sich dieser Wert in der Hauptsache nach der chemischen Zusammensetzung richtet. Dabei sollte man Festigkeitsmaßstäbe, wie achtel- und viertelhart, vollständig ausschalten, da eine derartig feine Unterteilung fabrikatorisch schwer innegehalten werden kann, zumal ein jedes liefernde Werk naturgemäß Toleranzen auch in den Festigkeitseigenschaften mit Recht beanspruchen kann und muß. Diese Toleranzen betragen rd. $\pm$ 10 bis 12%. Unter Zugrundelegung des weich geglühten Zustandes kann man folgende Zerreißfestigkeitserhöhungen für die Zwischenreckgrade setzen:

halbhart	10 bis	40%
hart	40 „	70%
federhart	70 „	120%
doppelfederhart	120 „	180%.

Wenn man ein Metall kalt reckt, d. h. walzt, zieht oder hämmert, so verändern sich seine Eigenschaften in ausgezeichnetem Maße. Man hört vielfach die Ansicht, daß das Metall durch eine derartige Bearbeitung verdichtet wird. Dies trifft allerdings zu, soweit in dem Material Blasen und sonstige Hohlräume vorhanden sind. In diesem Falle haben wir aber ungesundes Material, das nicht normalen Verhältnissen entspricht. Falls einwandfreie Rohstoffe vorliegen, kann von einer Verdichtung durch eine Kaltbearbeitung keine Rede sein; der Ausdruck ist vielmehr vollkommen irreführend, denn eine Verdichtung würde eine Erhöhung des spezifischen Gewichtes bedeuten. Wie aber bisher durch die wissenschaftlichen Untersuchungen feststeht, nimmt das spezifische Gewicht mit dem Kaltreckgrade, der z. B. beim Ziehen durch die prozentuale Querschnittsverminderung ausgedrückt ist, ab. Abb. 238 zeigt dies nach Versuchen von Goerens[1]) bei Flußeisen in deutlicher Weise. Für Kupfer finden wir das Gesetz auf einer der folgenden Abbildungen nach Untersuchungen von mir[2]) bestätigt. Der Grund für dieses eigenartige Verhalten konnte bisher noch nicht gefunden werden. Während Tammann[3]) die Entstehung von Lücken und Kanälen durch die Verschiebung der Kristallteile als Ursache annimmt, und Kahlbaum, Sturm und andere[3]) eine Änderung des molekularen Aufbaues in Gestalt einer neuen Phase vermuten, neigt Heyn[3]) zu der Annahme, daß die Dichteänderung durch die bei jeder

---

[1]) Goerens, Ferrum, 1912/13, S. 65.
[2]) Müller, Verein deutscher Ingenieure, Forschungshefte, Nr. 211.
[3]) Tammann, Lehrbuch der Metallographie, Leipzig, 1921.

plastischen Deformation entstehenden elastischen Anspannungen hervorgerufen wird; durch letztere werden allerdings rechnungsmäßig unter Berücksichtigung der Poissonschen Konstanten $m = \dfrac{10}{3}$ Volumvergrößerungen
erzeugt.

Außer der Änderung des spezifischen Gewichtes tritt auch eine solche
zahlreicher anderer Eigenschaften ein, von denen hier noch das magnetische
Verhalten von Flußeisen und Stahl erwähnt sein
möge. Nach Versuchen von Goerens[1]) (Abb. 239)
nimmt die maximale Permeabilität mit zunehmendem Kaltreckgrad ab, und zwar für die kohlenstoffarmen Sorten stärker als für die kohlenstoffreichen. Die Permeabilität des kohlenstoffarmen Flußeisens fällt zunächst sehr schnell bis
ungefähr 30% Reckgrad und nachher nur noch
allmählich ab. Die Koerzitivkraft nimmt zu, und
zwar für die kohlenstoffarmen und -reichen Sorten
in annähernd gleichartiger Gesetzmäßigkeit. Ein
kaltgerecktes Eisen ist also magnetisch härter als
das geglühte Material.

Abb. 238. Abhängigkeit des spezifischen Gewichtes vom Kaltreckgrad
bei Flußeisen mit 0,07% C.

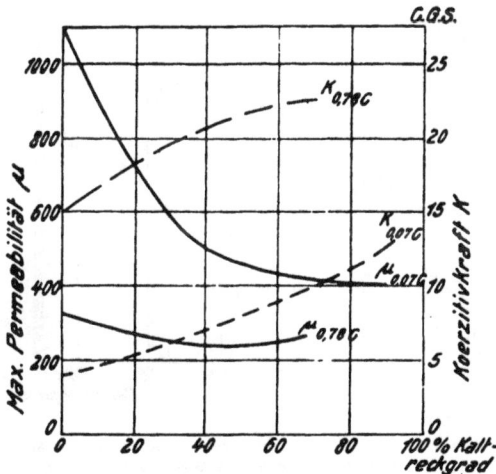

Vielfach bietet das Studium der Angreifbarkeit eines Metalles durch
Säuren die Möglichkeit, Rückschlüsse auf den Grad seiner Bearbeitung zu

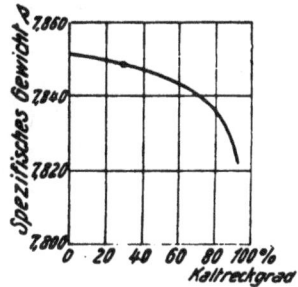

Abb. 239. Abhängigkeit der Permeabilität und Koerzitivkraft
vom Kaltreckgrad bei Flußeisen (0,07% C) und Stahl (0,78% C).

ziehen. Ein allgemein gültiges Gesetz über die Angreifbarkeit durch Säuren
läßt sich nicht aufstellen, da sich die einzelnen Metalle teilweise vollkommen

---

[1]) Goerens, Ferrum, 1912/13, S. 65.

verschieden voneinander verhalten. Wie aus den Versuchen von Goerens[1])
(Abb. 240) hervorgeht, nimmt die Löslichkeit in $^1/_{10}$ Schwefelsäurelösung

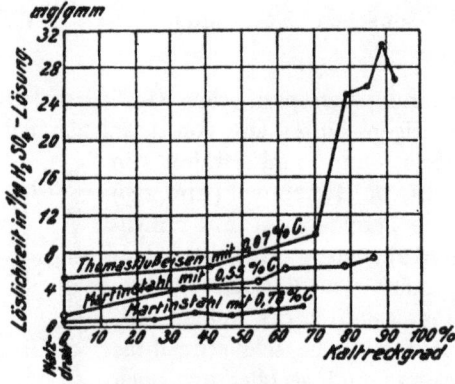

Abb. 240. Abhängigkeit der Säurelöslichkeit vom Kaltreckgrad bei Eisen und Stahl.

mit dem Kaltreckgrade zu. Goerens hat dies sowohl für Thomasflußeisen
mit geringem Kohlenstoffgehalt wie auch für Martinstahl mit mittlerem und
höherem Kohlenstoffgehalt festgestellt, und zwar verläuft die Kurve bis

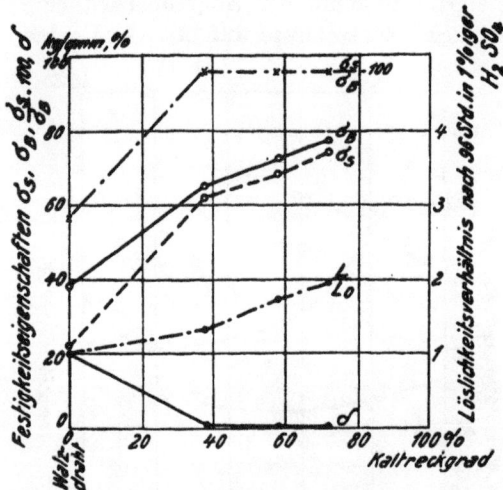

Abb. 241. Abhängigkeit der Festigkeitseigenschaften und Säurelöslichkeit vom Kaltreckgrad bei Flußeisendraht mit 0,09% C;
0,49% Mn; 0,01% Si.

ungefähr 70 bis 85% Reckgrad nahezu geradlinig. Bei dem Thomasflußeisen trat nach 70% Reckgrad plötzlich eine starke Zunahme der Löslichkeit
ein; vermutlich dürfte sie für die anderen Stähle wenn auch bei höheren

---

[1]) Goerens, Ferrum, 1912/13, S. 148.

Reckgraden ebenfalls einsetzen. Im ganzen zeigen diese Versuche, daß ein Stahl durch das Kaltrecken an Widerstandsfähigkeit gegenüber Säure verliert. Ähnliches haben auch Speer und Winter[1]) gefunden.

Die Änderung der Festigkeitseigenschaften mit dem Kaltrecken geht aus Abb. 241 nach Versuchen der beiden eben genannten Forscher hervor. Danach nimmt mit wachsendem Kaltreckgrad die Festigkeit zuerst schneller, dann langsamer zu; ähnliches geschieht mit der Streckgrenze, jedoch wächst

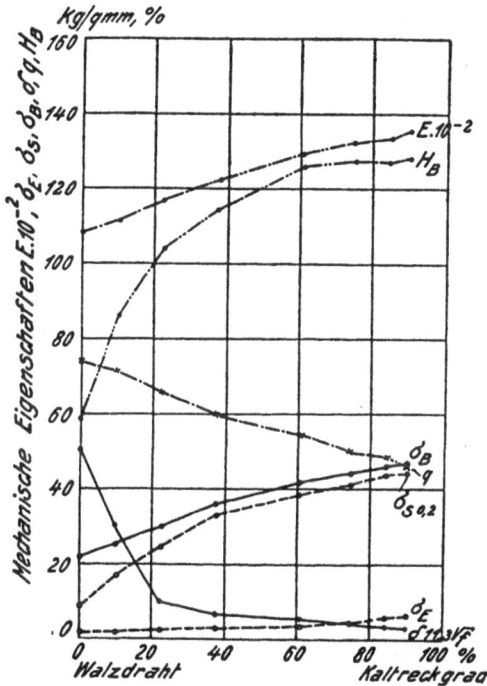

Abb. 242. Abhängigkeit der mechanischen Eigenschaften vom Kaltreckgrad bei Kupferdrähten.

diese in stärkerem Maße als die Festigkeit, so daß das Verhältnis $\frac{\sigma_s}{\sigma_n}$ durch die allmähliche Annäherung der Streckgrenze an die Bruchgrenze immer größer wird. Von ungefähr 35% Reckgrad ab erreicht diese Verhältniszahl einen Höchstwert, den sie ungefähr beibehält. Die Berechnung dieser Verhältniszahl bei Prüfung eines Materials auf Zerreißfestigkeit gibt immer einen Maßstab, ob das betreffende Material kalt vorbearbeitet worden war. Entsprechend der zunehmenden Festigkeit nimmt die Dehnbarkeit ab, und zwar bis ungefähr 30% Reckgrad schneller, alsdann langsamer; es bedeutet dies, daß das Eisen mit zunehmendem Reckgrad auch an Sprödigkeit zunimmt.

---

[1]) Speer und Winter, Martens-Heyn, Handbuch der Materialienkunde für den Maschinenbau, Bd. IIA, S. 261.

In Abb. 242 sind die Änderungen der mechanischen Eigenschaften für gezogene Kupferdrähte nach Versuchen von mir[1]) verzeichnet, während Abb. 243 die Festigkeitseigenschaften von Zinn-Bronzedrähten ebenfalls nach meinen Versuchen wiedergibt. Alle diese Materialien zeigen die gleiche Änderung der Eigenschaften, und hinsichtlich der Festigkeit, Streckgrenze

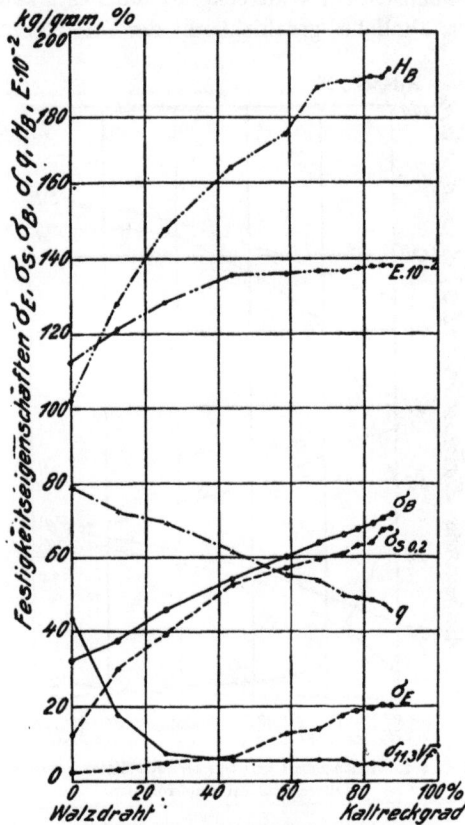

Abb. 243. Abhängigkeit der Festigkeitseigenschaften vom Kaltreckgrad bei Sn-Bronzedrähten (2,5% Sn).

und Dehnbarkeit verhalten sich diese Metalle, zu denen auch Aluminium gehört, in gleicher Weise wie das Eisen. Auch hier nimmt die Streckgrenze stärker zu als die Festigkeit und die Dehnbarkeit bis zu ungefähr 25% Reckgrad sehr stark ab. Die wahre Elastizitätsgrenze wächst fast geradlinig, und die Querschnittsverminderung fällt ebenso. Hinsichtlich des Elastizitätsmoduls wurde ein Unterschied gegenüber den Versuchen von Goerens an Eisen und Stahl festgestellt. Während der Elastizitätsmodul bei dem letz-

---

[1]) Müller, Verein deutscher Ingenieure, Forschungshefte, Nr. 211.

teren Material scheinbar praktisch unverändert bleibt, und lediglich bei sehr hohen Reckgraden wahrscheinlich durch die Kornzerstörung einen Abfall erfährt, ist bei den „Metallen" eine deutliche und nicht zu vernachlässigende Zunahme des Elastizitätsmoduls mit wachsendem Reckgrad festzustellen. Die Brinell-Härte nimmt bei Kupfer und seinen Legierungen durch das Ziehen beträchtlich zu.

Wird ein ausgeglühtes Metall mit dem Zieheisen in verschiedenen Stufen gezogen, so durchläuft es vom weichen bis zum harten Zustande .sämtliche Zwischenstufen, unter denen sich eine besonders kennzeichnende befindet, der das beste Formänderungsvermögen zukommt. Diese Eigentümlichkeit hat schon Pye[1]) hervorgehoben, indem er sagt, daß Kupfer beim Ziehprozeß vom weichen in den brüchigen Zustand durch ein Zwischenstadium größter Zähigkeit hindurchgeht. Man kann diesen Zustand an den sog. Messing-druckblechen erkennen, deren Güte sich durch den Zugversuch nicht einwandfrei feststellen läßt. Als Eigenschaften muß neben kleiner Korngröße zur Verhinderung des Narbigwerdens eine genügende Festigkeit, verbunden mit hoher Formbarkeit, gefordert werden. Ungenügende Festigkeit bewirkt leicht vorzeitiges Reißen. Hieran erkennt man am besten die Notwendigkeit einer genügenden Festigkeit für eine bestimmte Zähigkeit. Die im Abschnitt BB, I. Kapitel, Absatz F (Zähigkeit und Sprödigkeit) angeführte Martens-sche Gleichung setzt eine bestimmte Kraft in Beziehung zur Einschnürung. Hierdurch steht also die Zähigkeit A in proportionaler Beziehung zur Bruch-einschnürung und zur effektiven Bruchspannung (Zerreißgrenze dividiert durch den effektiven Bruchquerschnitt). Wie aus der Beschreibung des wirklichen Vorganges beim Zerreißversuch hervorgeht, ist die effektive Bruch-spannung für mehr oder weniger verfestigte Proben desselben Stoffes gleich, so daß also die Zähigkeit für dasselbe Material proportional der jedem Reck-zustande zukommenden Einschnürung ist. Zerlegt man nun die gesamte Brucheinschnürung in denjenigen Teil, der bis zum Eintritt der Höchst-belastung über den ganzen Stab erfolgt, und in denjenigen Teil, der zwischen Höchstlast und Zerreißgrenze lokal eintritt, so erkennt man, daß diese lokale Einschnürung bei einem Reckgrad von 20 bis 30%, je nachdem Kupfer oder Bronze vorliegt, einen Höchstwert besitzt. Dieser Höchstwert fällt mit dem Knick in der Dehnungskurve zusammen. Berechnen wir für die verschiedenen Reckgrade aus den Höchstlasten (Bruchgrenzen) des Zerreißversuches mit Hilfe der bei diesen Lasten bestehenden effektiven Querschnitte die effektiven Höchstlastspannungen, so finden wir, daß diese bis ungefähr 25% Kaltreck-grad nahezu gleich bleiben und darüber hinaus plötzlich ansteigen. Die Grenze fällt ebenfalls mit der vorhin erwähnten größten Einschnürung zu-sammen, so daß wir also daraus erkennen, daß bei einem Reckgrad von un-gefähr 20 bis 30% ein ausgezeichneter Punkt der Zähigkeit liegt. Vermutlich

---

[1]) Pye, Engineering, 1911, S. 403; Internationale Zeitschrift für Metallographie 1912, S. 110.

ist das Material hier im Zustande der größten Zähigkeit, d. h. es verbindet das größte Formänderungsvermögen mit der größtmöglichen Festigkeit. Hiernach scheint das Martenssche Gesetz sich zu bestätigen unter der Annahme, daß in der früheren Gleichung unter f der Querschnitt bei der Höchstlast

Abb. 244. Warmgewalzte Zinnbronze (Walzdraht). (Vergr. 330×).

Abb. 245. Kaltgezogene Zinnbronze (26% Kaltreckgrad). (Vergr. 330×).

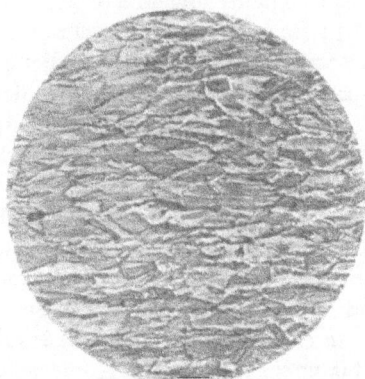

Abb. 246. Kaltgezogene Zinnbronze mit Fluidalstruktur (44% Kaltreckgrad). (Vergr. 330×).

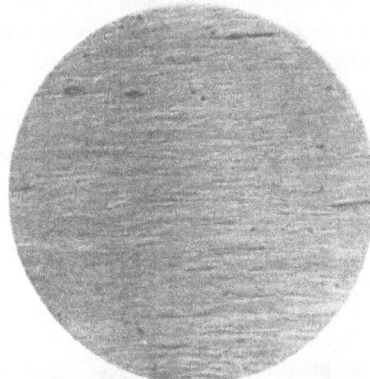

Abb. 247. Kaltgezogene Zinnbronze mit Fluidalstruktur (67% Kaltreckgrad). (Vergr. 330×).

(Bruchgrenze des normalen Zerreißversuches) und unter P die Zerreißgrenze zu verstehen ist.

Werden Metalle nicht gezogen, sondern gewalzt, so treten ähnliche Verhältnisse zutage, wie wir sie bisher besprochen haben; dies ist besonders deswegen beachtenswert, weil der Walzvorgang sich vom Ziehvorgang in wesentlichen Punkten unterscheidet. Beim Ziehen werden die Kristallkörner in der Ziehrichtung allmählich gestreckt, und es tritt die sog. Fluidalstruktur auf, wie aus den Abb. 244 bis 247 nach Versuchen von mir[1] hervorgeht. Die einzelnen

---

[1] Müller, Verein deutscher Ingenieure, Forschungshefte, Nr. 211.

Körner nehmen dabei die Form von kleinen Zylindern an, weil das Ziehgut von allen Seiten des Umfanges gleichmäßig beansprucht wird. Wie Heyn[1]) festgestellt hat, wird der Draht beim Ziehen nicht über den ganzen Querschnitt gleichförmig gereckt. Durch Ausmessen der Körner fand er, daß der Kern die größte Zugbeanspruchung erfährt, so daß nach einem gewissen Reckgrade eine Unterteilung der Körner eintritt. Die Unterteilung vollzieht sich nach Versuchen von Altpeter[2]) in der Kernzone eher als in der Außenzone. Durch diese ungleiche Beanspruchung, die vielleicht der Grund für den sog. „überzogenen", im Querschnitt rissigen Draht ist, dürften die Reckspannungen

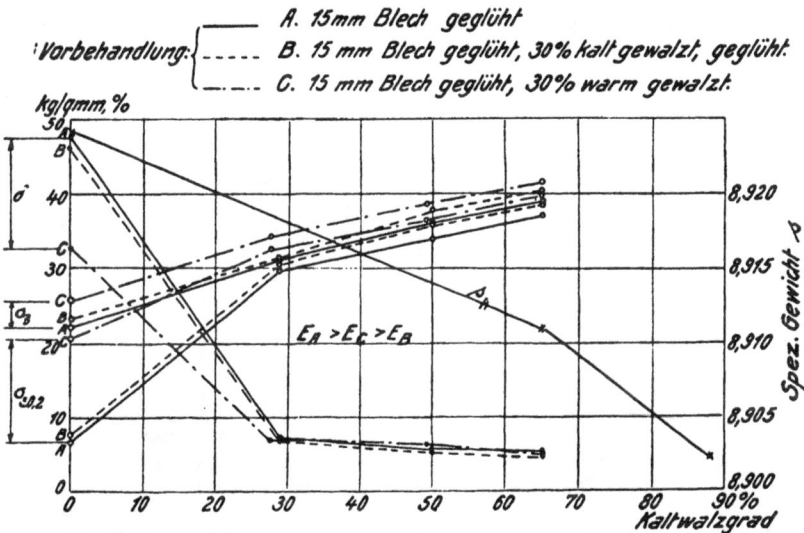

Abb. 248. Abhängigkeit der mechanischen Eigenschaften und des spezifischen Gewichtes vom Kaltwalzgrad bei Kupferblechen.

hervorgerufen werden. Beim Walzvorgang liegen die Verhältnisse insofern anders, als durch das Zusammenquetschen die Kristalle sich abplatten, weil dem Walzgut die Möglichkeit gegeben ist, seitlich bis zu einem gewissen Maße auszuweichen. Durch Versuche, welche ich[3]) an Kupfer auszuführen Gelegenheit hatte, hat sich gezeigt, daß die Vorbehandlung von teilweise wesentlichem Einfluß auf die durch das spätere Kaltwalzen hervorgerufenen Eigenschaften ist (Abb. 248). Bekanntlich wird das Metall vom Block zuerst warm heruntergewalzt, um dann kalt weiter gereckt (gezogen oder gewalzt) zu werden. Wie aus dem nächsten Kapitel hervorgeht, nimmt das Material je nach der Vorbehandlung ein gröberes oder feineres Korn an, das seinerseits auf eine

---

[1] Martens-Heyn, Handbuch der Materialienkunde für den Maschinenbau, Bd. IIA S. 23).

[2] Altpeter, Stahl und Eisen, 1915, S. 362.

[3] Müller, Verein deutscher Ingenieure, Forschungshefte, Nr. 211.

Verringerung bzw. Vergrößerung der Festigkeit hinwirkt. Der Elastizitäts-modul nimmt im allgemeinen mit der Korngröße zu. Anderseits wird durch ein gröberes Korn eine geringere Brinell-Härte erreicht. Wird ein Blech vor dem endgültigen Kaltwalzen bereits um einen gewissen Betrag kalt vorge-walzt mit darauffolgender Ausglühung, so wird bei dem letzten Kaltwalzen eine größere Festigkeit und eine etwas geringere Dehnbarkeit erreicht, als wenn das Ursprungsmaterial nur warm gewalzt und geglüht war (vgl. Proben *A* und *B*). Der Grund hierfür liegt in der geringeren Korngröße des Materials *B* gegenüber *A*. Wird das Blech vor der Kaltwalzung warmgewalzt ohne Zwi-schenglühung (Material *C*), so ist infolge des Warmwalzens die Korngröße gering und demzufolge die Festigkeit nach dem späteren Kaltwalzen ent-

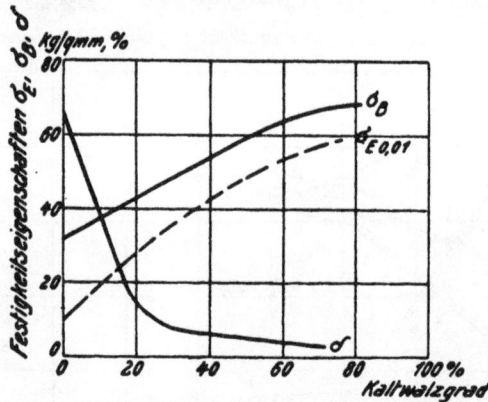

Abb. 249. Abhängigkeit der mechanischen Eigenschaften vom
Kaltreckgrad bei Aluminium mit 0,63% Si; 0,48% Fe.

sprechend hoch. Bemerkenswert ist, daß von ungefähr 25% Reckgrad ab in der Dehnbarkeit kein Unterschied für die verschiedenen Vorbehandlungen besteht. Wie beim Eisen nimmt das spezifische Gewicht mit dem Kaltwalz-grad auch ab. Es möge noch bemerkt sein, daß die Festigkeitserhöhung mit zunehmendem Kaltwalzgrad nahezu geradlinig verläuft. Ein Reckgrad (Dickenabnahme) von 88% gibt eine Festigkeit von 44 kg/qmm bei 4% Dehnung. Die Kornverfeinerung macht sich auch bei der Hin- und Herbiege-probe bemerkbar, indem Material *C* in der Walzrichtung die größte Biege-fähigkeit zeigte. Ganz analoge Verhältnisse finden wir nach Versuchen von Grard[1]) bei Messingblech (Abb. 249).

Bei Aluminium konnte ich feststellen, daß die Festigkeit um so geringer war, je stärker warm vorgewalzt wurde. Ein Blech, das also vom Block auf 5 mm heruntergewalzt wird, besitzt eine geringere Festigkeit als ein sol-ches, das nur auf 25 mm gewalzt wird. Allerdings ist die Anfangsstärke bei dem nachherigen Kaltwalzen ohne wesentlichen Einfluß auf die bei den

---

[1]) Grard, Internationaler Verband für die Materialprüfungen der Technik, VI. Kon-greß.

einzelnen Kaltreckgraden erzielte Festigkeit. Die Verfestigungsgrenze für Aluminiumblech wird bei einem Kaltreckgrad von 98 bis 99% erreicht und beträgt für reines Aluminium ungefähr 23 kg/qmm. Wird das Kaltrecken weiter getrieben, so sinkt die Festigkeit wieder ab, weil das Formänderungsvermögen erschöpft ist. Die Gefahr der Rißbildung ist dann unvermeidlich. Auch beim Aluminium verläuft die Festigkeitszunahme mit wachsendem Kaltreckgrad ungefähr geradlinig, um allerdings nach 80% Reckgrad stärker anzusteigen, während die Dehnbarkeit dem-

entsprechend abfällt. Im übrigen ist der Verlauf der Kurven nach Versuchen von Schulz[1]) der gleiche wie bei den anderen Metallen (Abb. 250).

Die Abflachung der Kristalle unter besonderer Bevorzugung der Walzrichtung bringt es mit sich, daß die Festigkeit in einem Blech nach den verschiedenen Richtungen auch verschieden ist. Bei Eisenblechen hat man[2]) gefunden, daß die Festigkeit in der Längsrichtung der Bleche im allgemeinen größer ist als in der Querrichtung. Oft wurde auch das Gegenteil festgestellt. Magnetisch fanden Gumlich und Vollhardt[3]) für Dynamobleche senkrecht zur Walzrichtung eine größere Härte als parallel zu ihr; für die elektrische Leitfähigkeit wurde ein solches Verhalten kaum bemerkt. Die vielfach geringere Festigkeit senkrecht zur Walzrichtung

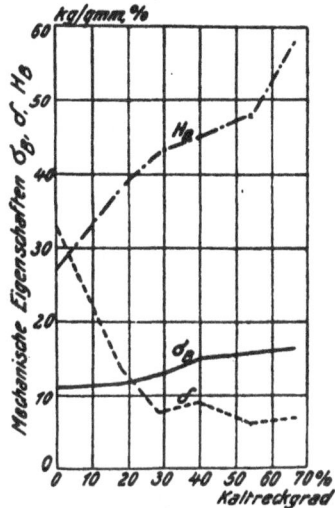

Abb. 250. Abhängigkeit der mechanischen Eigenschaften vom Kaltreckgrad bei Aluminium mit 0,63% Si; 0,48% Fe.

erscheint zunächst als Wirkung der gestreckten Schlackeneinschlüsse. Berücksichtigt man jedoch die Veränderungen des Gefüges durch das Walzen, so gelangt man zu dem Schluß, daß die Kornbeanspruchung sich mit der Prüfrichtung beträchtlich ändert. Meine[4]) Untersuchungen haben nun ergeben, daß für Kupfer der Elastizitätsmodul, in der Walzrichtung gemessen, stets kleiner ist als senkrecht zu ihr. Die Festigkeit ist senkrecht zur Walzrichtung um rd. 2 kg/qmm größer. Bei Aluminiumblechen kann man für die Querproben eine um 5 bis 6% größere Festigkeit als für die Längsproben ebenfalls feststellen, und bei beiden Metallen ist daher die Dehnbarkeit in der Walzrichtung größer als senkrecht zu ihr. Noch deutlicher treten die Unterschiede beim Hin- und Herbiegeversuch hervor, für welche meine Ergebnisse von Kupferblechen in Abb. 251

---

[1]) Schulz, Metall und Erz, 1919, S. 92.
[2]) Rudeloff, Mitteilungen Lichterfelde, 1889, S. 97; 1890, S. 289. — Otto, Stahl und Eisen, 1903, S. 1369. — Tetmajer, Hütte, 21. Auflage, Bd. 1, S. 516. — Benjamin, Baumaterialienkunde, 2. Jahrgang, S. 227. — Baumann, Verein deutscher Ingenieure, Forschungshefte, Nr. 135 und 136.
[3]) Gumlich und Vollhardt, Elektrotechnische Zeitschrift, 1908, S. 903.
[4]) Müller, Verein deutscher Ingenieure, Forschungshefte, Nr. 211.

dargestellt sind. Man erkennt deutlich, daß unter ungefähr 30° gegenüber der Walzrichtung das Blech die beste Biegefähigkeit besitzt. In der 90°-Richtung ist die Biegefähigkeit am geringsten, weil hier die Biegekante parallel zur Hauptstrecklage der Körner liegt. In derselben Abbildung finden sich noch die Werte für den ausgeglühten Zustand eingetragen. Für ein derartiges Blech haben wir bis ungefähr 45° annähernd dieselbe Biegefähigkeit; die 90°-Richtung ist hier ebenfalls schlechter. Für die Praxis ergibt sich hieraus die Lehre, Wulstungen und Umbördelungen an Blechen und Bändern möglichst unter 60° zur Walzrichtung vorzunehmen, weil sonst leicht Ausschuß entstehen kann. Nach neueren Untersuchungen von Körber und Wieland[1]) ist die Festigkeit längs und quer zur Walzrichtung bei α-Messing (72,3% Cu

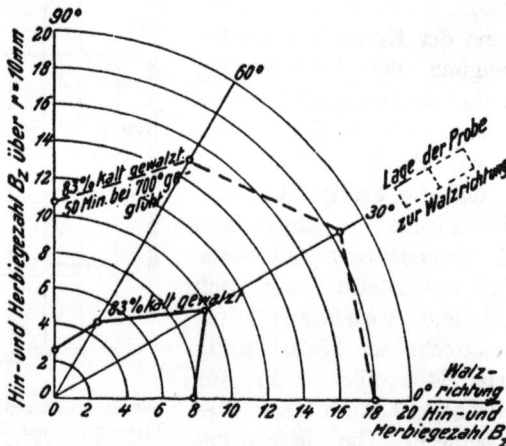

Abb. 251. Abhängigkeit der Biegefähigkeit von der Walzrichtung bei kaltgewalzten und geglühten Kupferblechen (83% Kaltwalzgrad).

und 27,6% Zn) praktisch gleich; bei einem höheren Zinkgehalt (62,9% Cu und 37,0% Zn), also bei Annäherung an den α-β-Zustand wird die Längsfestigkeit etwas größer als die Querfestigkeit, welcher Unterschied mit noch höherem Zinkgehalt des reinen α-β-Messings (60,1% Cu und 39,6% Zn) wächst. Auffallend ist die größere Bruchdehnung in allen Fällen bei den Längsproben, und der Unterschied nimmt mit der Höhe des Zinkgehaltes zu. Die Kerbzähigkeit der Messingbleche wurde quer bedeutend geringer gefunden als längs, was sich mit meinen Versuchen an Kupferblechen deckt. Mit zunehmendem Zinkgehalt nehmen allerdings die Unterschiede ab und verhalten sich demnach entgegengesetzt wie bei der Bruchdehnung.

Auf Grund dieser sämtlichen Versuchsergebnisse scheint die Querfestigkeit eines Metalles mit homogenem Gefüge größer als die Längsfestigkeit zu sein; treten jedoch zwei in der Härte ungleiche Strukturbestandteile auf, so dürfte die Festigkeit quer zur Walzrichtung kleiner sein als längs.

---

[1]) Körber und Wieland, Mitteilungen aus dem Kaiser-Wilhelm-Institut für Eisenforschung, Düsseldorf, 1921, Heft 1, S. 57.

V. Kapitel. Der Einfluß des Ausglühens.

A. Die Wirkung der durch Umwandlungen bedingten Kornveränderungen; Überhitzen, Verbrennen.

Kornveränderungen können eintreten:

1. bei solchen Metallen, welche Umwandlungspunkte besitzen, wenn man über diese hinaus glüht, und
2. bei sämtlichen Metallen, wenn sie eine Reckung erfahren haben.

So kann z. B. Kupfer seine Korngröße nur ändern, wenn es vor dem Glühen gezogen oder gewalzt wurde, weil es keinen Umwandlungspunkt besitzt. Hingegen kann z. B. Eisen einmal durch Vorrecken mit nachfolgendem Glühen und dann ohne ein Vorrecken lediglich durch Wärmebewegung über die Umwandlungspunkte seine Korngröße ändern. Wenn man Eisen dem Glühprozeß unterwirft, so findet bis 800⁰ nur eine geringe Änderung in der Korngröße statt. Hierbei ist zu beachten, daß bei 700⁰ der Perlitpunkt überschritten wird und eine Umkristallisation einsetzt. Die Umkristallisation nimmt, wie bereits früher gesagt wurde, ihren Ausgang von kleinen Keimen, und je höher wir glühen, um so stärker wachsen die Körner, so daß bei 900⁰ eine starke Zunahme stattfindet, wie Versuche von mir[1] und Leber in Abb. 252 zeigen.

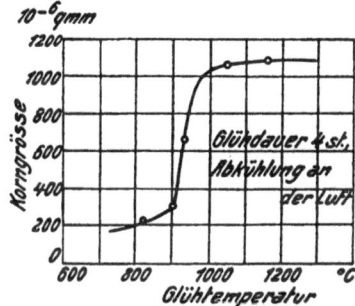

Abb. 252. Abhängigkeit der Korngröße von der Glühtemperatur bei Flußeisen mit 0,1% C.

Bei diesen Versuchen geschah die Abkühlung an der Luft, so daß also die nachherige, bei der Perlitumwandlung wieder stattfindende Kristallbildung im Verhältnis gering blieb, nämlich nach 1200⁰ Glühtemperatur nur die Größe von 1100 μ^2 erreichte. Man erkennt aber daran, daß, je höher die Glühtemperatur und demnach je größer das Korn der festen Lösung war, auch um so größer das nachher bei der Abkühlung entstandene Ferritkorn ist. Die Größe des martensitischen Kornes ist also trotz der späteren Rückumwandlung von Einfluß auf die Korngröße des ausgeglühten Materials. Aus den angeführten Versuchen geht zugleich hervor, daß nach Erreichung einer Temperatur von ungefähr 1050⁰ das Flußeisen keine wesentliche Kornvergrößerung mehr erfährt.

Ein zweiter wichtiger Punkt beim Glühen, der auch die Korngröße stark beeinflußt, ist die Glühdauer. Hierüber liegen Versuche von Pomp[2] an Flußeisen vor (Abb. 253). Pomp fand, daß bis 700⁰, also bis zur Erreichung des Perlitpunktes, kaum beachtenswerte Änderungen der Korngröße eintraten,

---

[1] Müller und Leber, Zeitschrift des Vereins deutscher Ingenieure, 1923. S. 361.
[2] Pomp, Ferrum, 1915/16, S. 57.

was ja auch erklärlich ist, weil vorher eine Umkristallisation nicht erfolgt. Bis 1100° wird bei einer Glühdauer bis zu 8 Stunden die Korngröße nicht der-

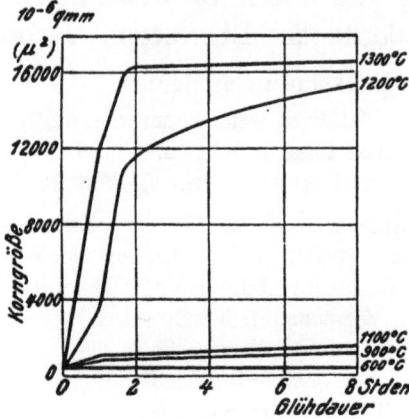

Abb. 253. Abhängigkeit der Korngröße von der Glühdauer bei Flußeisen mit 0,08% C; 0,07% Mn.

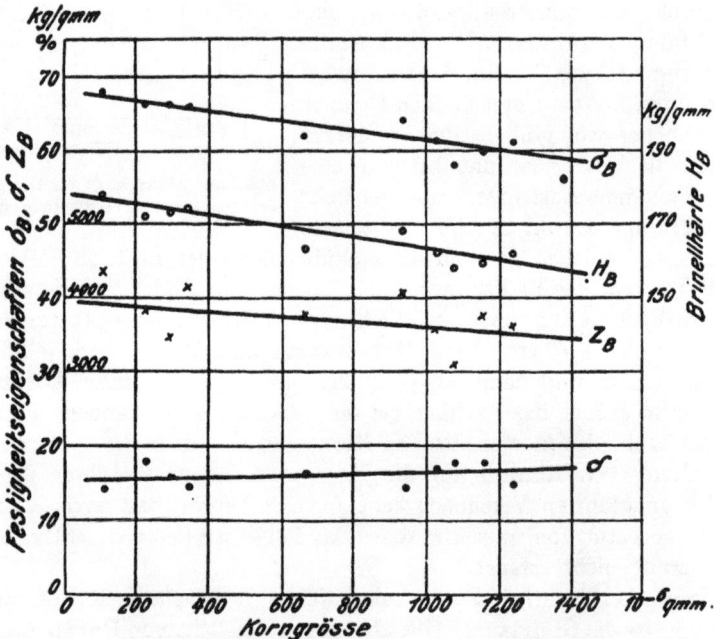

Abb. 254. Abhängigkeit der Festigkeitseigenschaften von der Korngröße bei Stahl.

art beeinflußt, daß sie praktisch von besonderer Wichtigkeit wäre. Über 1100° dagegen tritt eine starke Zunahme ein, die besonders bei einer Glühdauer bis zu 2 Stunden stattfindet, worauf alsdann das Wachstum nur noch allmählicher erfolgt. Von 1200⁰ ab tritt wieder ein geringeres Wachsen ein. Die Ferritkörner werden bei 1100⁰ zackig, wir haben ein ausgesprochen überhitztes Gefüge (Widmannstättensche Struktur). Gegenüber den Versuchen von mir und Leber erkennt man eine Verschiebung in der Temperatur des größten Kristallwachstums, die vielleicht ihren Grund in der Verschiedenheit der chemischen Zusammensetzung der beiden Materialien besitzt.

Wie bereits vorher des öfteren erwähnt wurde, ist die Korngröße von Einfluß auf die Festigkeitswerte, wie Abb. 254 nach Versuchen von mir[1]) und Leber zeigt. Danach nehmen mit wachsender Korngröße Zerreißfestigkeit, Brinell-Härte und Ermüdungsfestigkeit ab, dagegen die Dehnbarkeit zu. Was für Stahl gilt, ist auch für sämtliche anderen Metalle gültig. Die bei den angeführten Versuchen durch das Glühen erreichte Korngröße

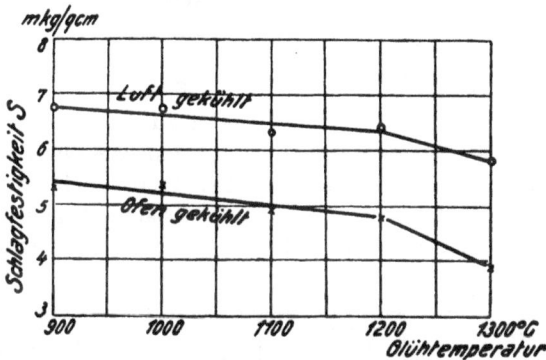

Abb. 255. Abhängigkeit der Schlagfestigkeit von der Glühtemperatur bei Flußstahl mit 0,29% C; 0,56% Mn; 0,40% Si.

genügte noch nicht, um die Festigkeitseigenschaften in ungünstiger Weise zu beeinflussen. Glüht man nämlich noch höher bis auf 1200⁰ und darüber, so sinken Zerreißfestigkeit und Schlagfestigkeit, aber auch die Dehnbarkeit beträchtlich; das Material wird spröde. Diesen Zustand nennen wir „überhitzt". Die Eigenschaften des überhitzten Zustandes gehen aus Abb. 255 nach Versuchen von Heyn und Bauer[2]) hervor. Zugleich ist zu erkennen, daß eine Luftkühlung bessere Schlagfestigkeitswerte zur Folge hat als eine Ofenkühlung, weil bei der ersteren infolge des schnellen Durchganges durch den Perlitpunkt die Kristalle nicht in dem Maße wachsen konnten wie bei einem langsamen Durchgang durch das Gebiet Ar_3—Ar_1. Will man also besonders feines Korn haben, so wird man neben der vorhin besprochenen möglichst geringen Erhitzung über Ac_3 beim Abkühlen durch Luft möglichst schnell das Umwandlungsgebiet bis 700⁰ durcheilen. Die Verringerung der Kerbzähigkeit durch Ofenkühlung beträgt beim Flußstahl bei einer Erwärmung zwischen 900⁰ und 1300⁰ 21 bis 33% und ist um so größer, je höher die Temperatur

---

[1]) Müller und Leber, Zeitschrift des Vereins deutscher Ingenieure, 1923, S. 361.
[2]) Heyn und Bauer, Stahl und Eisen, 1914, S. 234.

gewählt wurde. Für Stahlformguß mit 0,49% Kohlenstoff fanden Heyn und Bauer ähnliches, jedoch betrug die Verringerung im Mittel 27% und war für das Temperaturintervall 900⁰ bis 1200⁰ vom Wärmegrad unabhängig. Aus Abb. 256 nach Versuchen von Pomp[1]) geht der Zusammenhang der Schlagfestigkeit mit der Korngröße hervor. Bei sehr starkem Kornwachstum nimmt die Kerbzähigkeit hyperbelartig ab. Die Abhängigkeit der Schlagfestigkeit von sehr hohen Temperaturen und der Zusammenhang mit der Korngröße geht auch aus Abb. 257 ebenfalls nach Versuchen von Pomp hervor. Dieser Forscher fand, daß bei achtstündiger Glühdauer bis zu einer Temperatur von 1000⁰

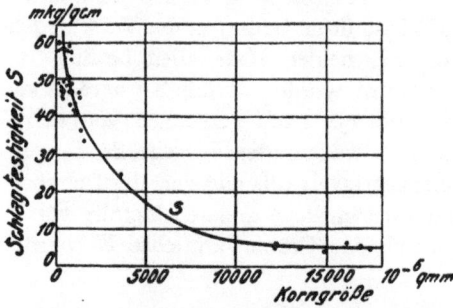

Abb. 256. Abhängigkeit der Schlagfestigkeit von der Korngröße bei geglühtem Flußeisen mit 0,08% C; 0,07% Mn; 0,02% Si.

keine Abnahme der Kerbzähigkeit eintrat; dagegen wurde ein Minimum gefunden bei 1300⁰ nach einstündiger, bei 1200⁰ nach zweistündiger und bei 1100⁰ nach 38 stündiger Glühdauer. Nach den angeführten Versuchen von Pomp sind folgende Bedingungen für das Zustandekommen des

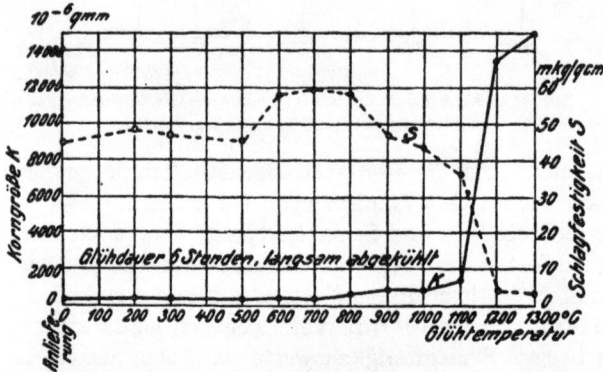

Abb. 257. Abhängigkeit der Korngröße und Schlagfestigkeit von der Glühtemperatur bei gewalztem Flußeisen mit 0,08% C; 0,07% Mn; 0,02% Si.

überhitzten Zustandes beim Eisen notwendig: Entweder mehr als zweistündige Glühdauer bei 1200⁰ oder mindestens einstündige bei 1300⁰ und darauf folgende langsame Abkühlung; für tiefere Temperaturen kommen entsprechend längere Glühzeiten in Betracht. Wie aus den vorhergehenden Abbildungen sich ergibt, bringt die dynamische Probe die Überhitzung deutlich zum Ausdruck, sie wird daher mit mehr Vorteil angewendet als der statische

---

[1]) Pomp, Ferrum, 1915/16, S. 49.

Zerreißversuch. Aber eine geringe Kerbzähigkeit ist noch nicht der Beweis für eine vorliegende Überhitzung, sondern die Kennzeichen einer solchen lassen sich nach Heyn[1]) in folgenden Punkten zusammenfassen:

1. Geringe Kerbzähigkeit bzw. Biegezahl mit der Heynschen Hin- und Herbiegeprobe,
2. grobes Bruchkorn,
3. grobe Mikrostruktur und
4. die Möglichkeit, die Kerbzähigkeit durch Ausglühen über 900° oder bei entsprechend langer Zeit zwischen 700° und 900° zu erhöhen, während eine halbstündige Glühdauer unterhalb 850° die Biege- festigkeit nicht wesentlich vergrößert.

Hieraus folgt also, daß nach Punkt 4 das Eisen wieder regenerierbar sein muß. Abb. 258 gibt nach Heyn[1]) die Biegezahl bei verschiedenen Glühtemperaturen im überhitzten und regenerierten Zustand. Das Rege- nerieren beruht darauf, daß die Kristalle durch eine geeignete Wärmebehandlung wieder in den feinkörnigen Zustand überführt werden; dieses kann natürlich auch durch Abschrecken bei 900° mit nachfolgendem Anlassen bei 850° geschehen. Ist dies nicht mehr möglich, was bei einer außer- ordentlich hohen Erhitzung des Stahles bis nahe an den Schmelz- punkt unter gleichzeitigem Luft- (Sauerstoff-)Zutritt vorkommt, so ist das Eisen „verbrannt". Es

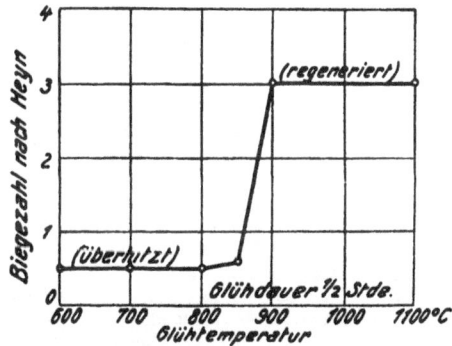

Abb. 258. Abhängigkeit der Biegezahl von der Glüh- temperatur bei Flußeisen mit 0,07% C; 0,10% Mn; 0,06% Si.

besitzt stellenweise entkohlte Zonen und oxydische Einschlüsse, welche die einzelnen Kristalle umgeben und den metallischen Zusammenhang unter- brechen; verbranntes Eisen ist also nicht mehr regenerierbar.

Ein praktisches Beispiel für die Vernichtung des überhitzten Gefüges durch Wärmebewegung bietet der Stahlformguß. Das Gefüge des Stahlform- gusses, der aus untereutektoiden Legierungen besteht, setzt sich aus Ferrit und Perlit zusammen, die einen zackig-nadelförmigen Aufbau besitzen. Um diese sog. Widmannstättensche Struktur zu zerstören und damit die Festigkeitseigenschaften zu verbessern, sollte jeder Stahlformguß genügend ausgeglüht werden. Auf Grund eingehender Versuche von Oberhoffer[2]) ist zur Erzielung einer vollständigen Umkristallisation eine Erhitzung auf rd. 30° über den jeweiligen Punkt Ac_3 notwendig, d. h. also ein Wärmegrad, bei dem

---

[1]) Heyn, Martens-Heyn, Handbuch der Materialienkunde für den Maschinenbau, Bd. IIA, S. 310 und 317.

[2]) Oberhoffer, Das schmiedbare Eisen, Berlin, 1920.

die feste Lösung die größte Anzahl Kristallisationskeime und damit die geringste Korngröße besitzt. Hierdurch ist, wie aus dem Vorhergehenden folgt, die Gewähr gegeben, daß bei der Abkühlung die Ferrit-Perlitstruktur ebenfalls feinkörnig wird. Die von Oberhoffer vorgeschlagene Erhitzungskurve in Abhängigkeit vom Kohlenstoffgehalt gleicht sich der zweckmäßigsten Härtekurve, die später wiedergegeben wird, an. In Abb. 259 werden Versuchsergebnisse von Oberhoffer für einen Stahlformguß mit 0,26% Kohlenstoffgehalt wiedergegeben, und man erkennt deutlich die mit Überschreitung der

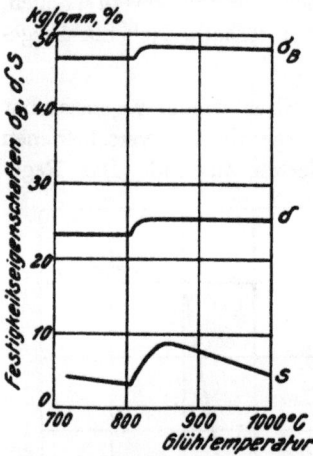

Abb. 259. Abhängigkeit der Festigkeitseigenschaften von der Glühtemperatur bei Stahlformguß mit 0,26% C; 0,80% Mn.

A_3-Kurve einsetzende Einwirkung der angeführten besten Glühtemperatur auf die mechanischen Eigenschaften und insbesondere auf die Schlagfestigkeit S. Die Wahl einer zu hohen Glühtemperatur hat eine Verschlechterung der Kerbzähigkeit zur Folge. Heyn und Bauer[1] stellten fest, daß der Stahlformguß als Rohguß die geringste Kerbzähigkeit besitzt; übrigens nimmt die Schlagfestigkeit im allgemeinen mit steigendem Kohlenstoffgehalt ab. Ein Ausglühen bei 900° verbessert entsprechend den Oberhofferschen Versuchen die Zähigkeit beträchtlich, aber durch ein Ausschmieden wird sie noch weiter erhöht. Um dem Stahlformguß die besten Eigenschaften zu verleihen, muß man ihm also das kleinste Gefüge geben, d. h. man kühlt bis 600° an der Luft ab und alsdann zur Verhütung von Spannungen möglichst langsam bis zur Zimmertemperatur.

Es verdienen hier noch Versuche von Oberhoffer und Weisgerber[2] angeführt zu werden, welche die Festigkeit in Abhängigkeit von der Wandstärke beim Stahlformguß, der unter sonst gleichen Bedingungen gegossen wurde, behandeln. Die Versuche laufen also auf den Einfluß der Abkühlungsgeschwindigkeit heraus. Die Ergebnisse sind in Abb. 260 und 261 zusammengestellt, und zwar für zwei verschiedene Kohlenstoffgehalte. Im ungeglühten Zustand nehmen Festigkeit und Streckgrenze mit wachsender Wandstärke ab, während Dehnbarkeit und Querschnittsverminderung zunehmen. Im geglühten Zustande sind sämtliche Eigenschaftswerte bedeutend erhöht. Bei höher gekohltem Stahlformguß trat das Eigentümliche ein, daß bei dünnen Wandstärken unter 50 mm das Ausglühen eine Festigkeitsverminderung brachte. Man erkennt daraus, daß für geringe Wandstärken eine Glühung keine Verbesserung zu bringen braucht; die Glühwirkung hängt von der Wandstärke ab.

[1] Heyn und Bauer, Stahl und Eisen, 1914, S. 276.
[2] Oberhoffer und Weisgerber, Stahl und Eisen, 1920, S. 1439.

Auch bei den „Metallen" können wir von einer Überhitzung sprechen, die ebenfalls eine geringe Kerbbiegefähigkeit zur Folge hat. Z. B. wird die Hin- und Herbiegefähigkeit von Blei nach langem Erhitzen verringert, und so eine Sprödigkeit erzeugt. Bauer[1]) fand diese Eigenschaft nach einer Erwärmung auf 100° erst nach 24 Tagen, nach einer solchen auf 145° aber bereits nach 6 Tagen; die Korngröße hatte mit der Dauer der Erhitzung und der Höhe der Temperatur beträchtlich zugenommen. Bei Kupfer wird die Zähigkeit durch Glühen über 500° um so geringer, je höher die Temperatur gewählt

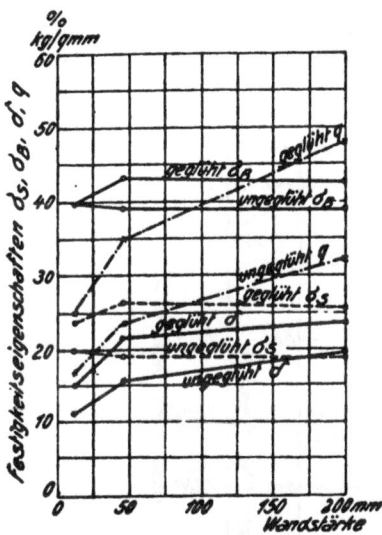

Abb. 260. Abhängigkeit der Festigkeitseigenschaften von der Wandstärke bei ungeglühtem und 2 Stdn. bei 900° C geglühtem Stahlformguß mit 0,15% C; 0,67% Mn; 0,34% Si.

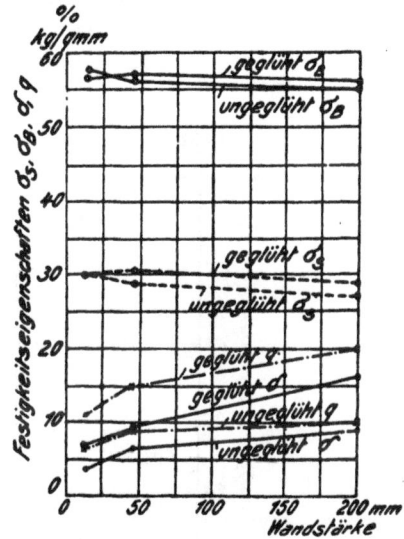

Abb. 261. Abhängigkeit der Festigkeitseigenschaften von der Wandstärke bei ungeglühtem und 2 Stdn. bei 800° C geglühtem Stahlformguß mit 0,43% C; 0,86% Mn; 0,34% Si.

wird. Ein Verbrennen ist beim Kupfer nicht so leicht zu erreichen, weil eine Sauerstoffaufnahme und damit Kupfer-Oxydulentstehung erst bei Temperaturen, die 20° unter dem Schmelzpunkt liegen, beobachtet wird. Bei den Metallen, die keine Umwandlungspunkte besitzen, läßt sich eine Überhitzung nur durch Kaltrecken mit darauffolgendem Glühen oder durch Warmrecken wieder gutmachen.

Es scheint hier der Ort zu sein, um einiges über die Herstellung eines einwandfreien, für die Beurteilung zulässigen Bruches zu sagen. Zerreißt man einen Stab durch allmählich gesteigerte Kraft, so erhält man als Folge der Reckung der Kristalle einen sehnigen Bruch. Feilt man den Stab dagegen ringsum ein und bricht ihn möglichst ohne Biegung durch einen scharfen kurzen Schlag, so erhält man ein körniges Gefüge entsprechend den Kristallen.

---

[1]) Bauer, Mitteilungen Lichterfelde, 1913, S. 357.

Zur Herstellung eines für die Beurteilung einwandfreien Bruches an Stählen glüht man diese eine halbe Stunde bei 760⁰ aus, versieht sie nach Luftabkühlung mit einem Kerb und bricht sie durch scharfen Schlag entzwei.

B. Die Wirkung der durch Recken bedingten Kornveränderungen.

Wie bereits in einem früheren Kapitel gesagt worden ist, ändert sich im allgemeinen die Struktur eines kaltgereckten Metalles bei seiner Glühung, und zwar tritt zunächst eine Unterteilung der Fluidalstruktur auf, worauf eine Neubildung von Kristalliten (Rückkristallisation) einsetzt, an die sich

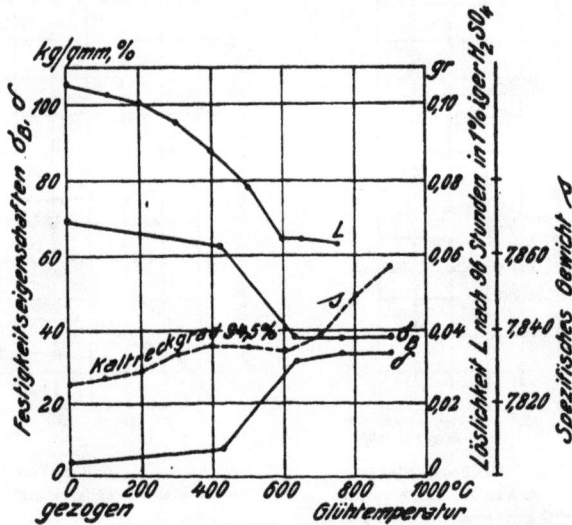

Abb. 262. Abhängigkeit der Festigkeitseigenschaften, des spezifischen Gewichtes und der Säurelöslichkeit von der Glühtemperatur bei kaltgerecktem Flußeisendraht mit 0,05% C; 0,29% Mn; 0,01% Si; (51,4% Kaltreckgrad).

das Kornwachstum anschließt. Eine Rückkristallisation wird nach jeder plastischen Deformation durch das Ausglühen hervorgerufen, welche Temperaturen für Stahl und Eisen unterhalb A_3 liegen, also im Grunde mit den vorhin besprochenen Glühungen nichts zu tun haben. Die Kornverfeinerung, die durch Unterteilung der Kristalle geschieht, ist proportional dem Grade der plastischen Deformation, wodurch innerhalb gewisser Grenzen die endgültige Korngröße mit abnehmendem Reckgrade wächst. Wie aus den späteren Abbildungen zu ersehen ist, sinkt die Temperatur der Kornumwandlung mit steigendem Deformationsgrad. Die Rückkristallisation des Eisens beginnt schon bei 350⁰ und erstreckt sich bis ungefähr 750⁰, die des Kupfers beginnt bei ungefähr 200⁰ und erstreckt sich bis ungefähr 350⁰. Bekanntlich wirkt der Kohlenstoffgehalt auf Kornverfeinerung hin, so daß bei höherem

Gehalt auch ein höherer Reckgrad erforderlich ist, um ein Wachstum hervorzurufen. Es sei hier gleich bemerkt, daß ebenso wie beim Ziehen auch beim
Walzen die Kernzone stärker beansprucht wird als die Außenzone; je nach
der Tiefe des Eindringens der Walzarbeit wird man also verschiedene Korngrößen im Querschnitte bei der späteren Glühung antreffen. Demgemäß
besitzt Walzmaterial u. U. in der Kernzone eine größere Härte als in der
Randzone, welcher Unterschied nach Versuchen von Pomp[1]) bei einem gewissen Walzgrad einen Höchstwert besitzt.

Wenn man einen Flußeisendraht, der kalt vorgezogen, also verfestigt
wurde, bei verschiedenen Temperaturen ausglüht, so wird man finden, daß
er seine Festigkeitseigenschaften beträchtlich ändert; die Festigkeit nimmt

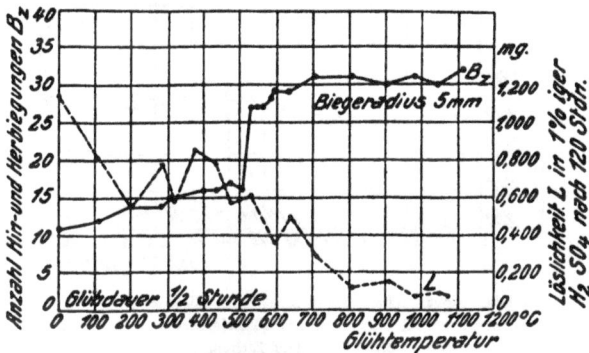

Abb. 263. Abhängigkeit der Biegefähigkeit und Säurelöslichkeit von der
Glühtemperatur bei hartgezogenem Flußeisen mit 0,08% C; 0,39% Mn; (85%
Ziehgrad).

ab, die Dehnbarkeit nimmt zu. Derartige Ergebnisse sind in Abb. 262 nach
Heyn und Bauer[2]) dargestellt. Zugleich ist noch die Löslichkeit des Eisen-
drahtes in einproz. Schwefelsäurelösung als Gewichtsverlust nach 96 Stunden
eingetragen. Man erkennt, daß die Löslichkeitskurve der Festigkeitslinie
gleichläuft. Bemerkenswert ist hierbei, daß die Erweichung nicht gleichmäßig geschieht, sondern zuerst bis über 400° allmählich, dann plötzlich
stark vorschreitend und von ungefähr 600° ab sich nur noch wenig ändernd.
Das spezifische Gewicht, das einem höheren Kaltreckgrad entspricht, nimmt
bis ungefähr 600° allmählich zu und nachher wieder stärker. Von ungefähr
800° ab ist die Zunahme wieder gering und dürfte sich einem Höchstwert
nähern. Entsprechend der Dehnungszunahme ändert sich auch die Hin-
und Herbiegefähigkeit, wie aus Abb. 263 nach Versuchen von Goerens[3])
hervorgeht. Auch hier finden wir für den vorliegenden Draht bei ungefähr
550° ein plötzliches Ansteigen der Biegefähigkeit.

---

[1]) Pomp, Stahl und Eisen, 1920, S. 1261.
[2]) Heyn und Bauer, Martens-Heyn, Handbuch der Materialienkunde für den
Maschinenbau, Bd. II A, S. 270.
[3]) Goerens, Ferrum, 1912/13, S. 231.

Aber nicht nur die mechanischen Eigenschaften ändern sich mit der Glühtemperatur, sondern auch die magnetischen. Abb. 264 nach Goerens gibt hierüber Auskunft. Die Permeabilität und die Remanenz wachsen für den vorliegenden Draht von ungefähr 350° an sehr stark, während die Koerzi-

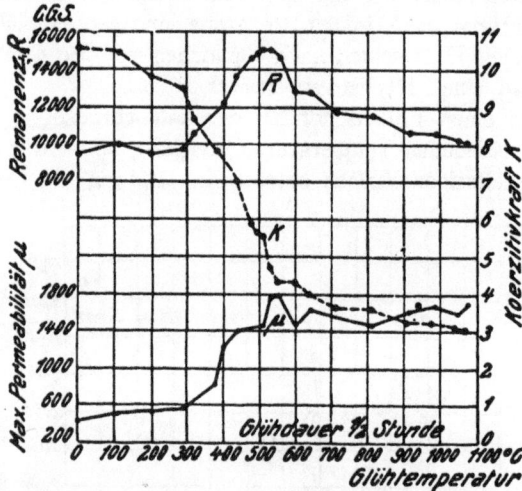

Abb. 264. Abhängigkeit der magnetischen Eigenschaften von der Glühtemperatur bei hartgezogenem Flußeisendraht mit 0,08% C; 0,39% Mn; (85% Ziehgrad).

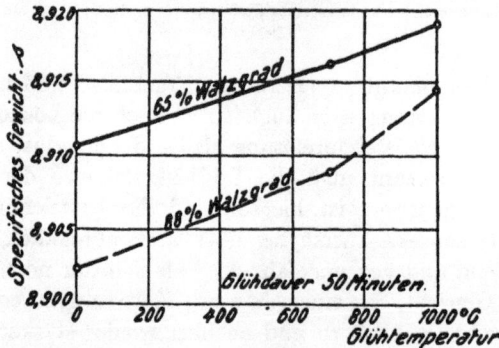

Abb. 265. Abhängigkeit des spezifischen Gewichtes von der Glühtemperatur bei kaltgewalzten Kupferblechen.

tivkraft in entsprechender Weise abnimmt. Bei rd. 550° haben sämtliche drei Kurven wieder einen Knick, indem sie sich von da an nur noch wenig ändern. Die Remanenz macht insofern eine Ausnahme, als sie nach Erreichung des Höhepunktes wieder abfällt.

Betrachten wir nun die Verhältnisse genauer an Kupfer, das insofern besonders gut dazu geeignet ist, weil es aus einheitlichen Kristallen besteht!

Nach Versuchen von mir[1]) nimmt das spezifische Gewicht mit zunehmendem Reckgrad ab; wenn man das kaltgereckte Material ausglüht, so nimmt das spezifische Gewicht wieder zu. Abb. 265 veranschaulicht dies für zwei ver-

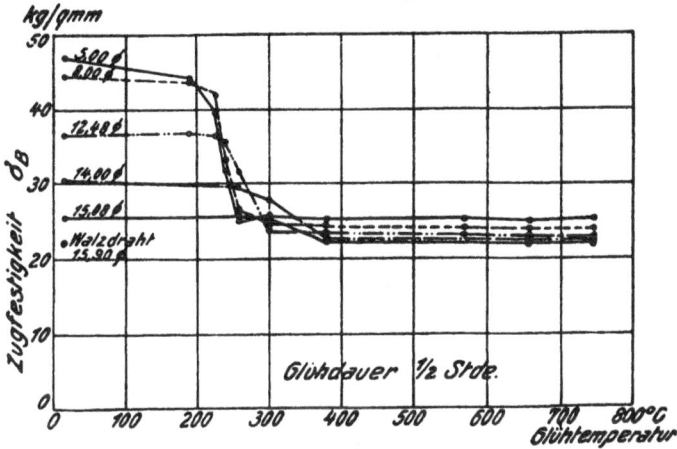

Abb. 266. Abhängigkeit der Zugfestigkeit von der Glühtemperatur bei kaltgereckten Kupferdrähten.

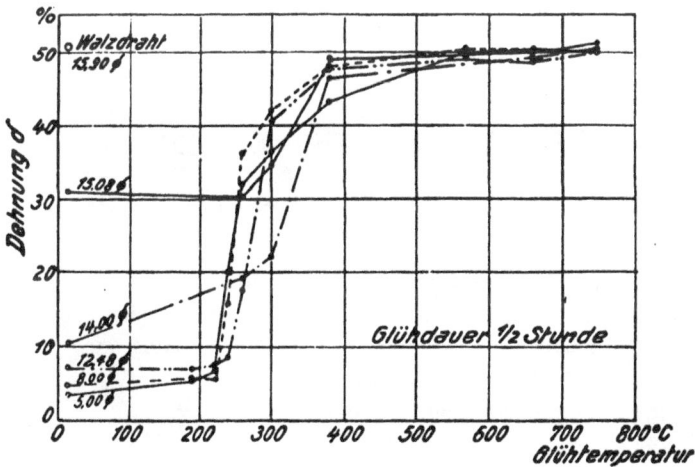

Abb. 267. Abhängigkeit der Dehnung von der Glühtemperatur bei kaltgereckten Kupferdrähten.

schiedene Kaltwalzgrade. Hierbei ist beachtenswert, daß, wieweit auch die Glühtemperatur gesteigert wird, ohne das Material zu überhitzen, das stark gereckte Kupfer nicht den Wert des weniger stark gereckten erreicht. Diese Eigenschaft ist beachtenswert, da sie uns bei den Festigkeitseigenschaften

[1]) Müller, Verein deutscher Ingenieure, Forschungshefte, Nr. 211.

wieder entgegentritt. Werden nun Drähte verschiedenen Kaltreckgrades bei verschiedenen Temperaturen geglüht, so verringert sich nach meinen Versuchen (Abb. 266) die Festigkeit zunächst langsam, um von einer gewissen Temperatur an plötzlich abzufallen. Nach dem Absturz erfolgt wieder eine allmähliche Erweichung bis zur Festigkeitskonstanz. Abb. 267 gibt die Abhängigkeit der Dehnung von der Temperatur derselben kaltgereckten Kupferdrähte und Abb. 268 die Brinell-Härten. Die drei Eigenschaften Festigkeit,

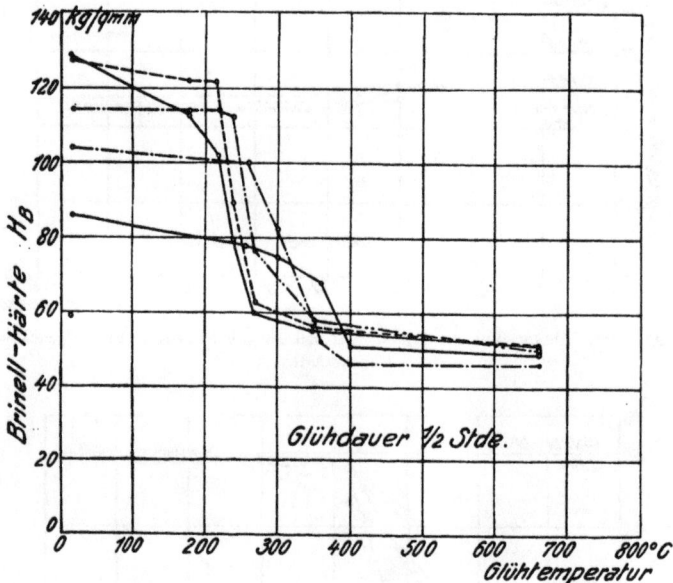

Abb. 268. Abhängigkeit der Härte von der Glühtemperatur bei kaltgereckten Kupferdrähten.

Dehnbarkeit und Härte entsprechen sich vollkommen. Würden wir noch höher erwärmt haben, so würde die Dehnung nach Erreichung des Höchstwertes wieder absinken, weil alsdann eine Überhitzung eingetreten wäre. Wir können also vier Zonen unterscheiden:

    1. die Zone der Beibehaltung der Verfestigung,

    2. die Zone der plötzlichen Erweichung,

    3. die Zone der allmählich weiter zunehmenden Erweichung und

    4. die Zone der Überhitzung.

Die räumliche Darstellung der Abb. 269 gibt über diese Einteilung ein gutes Bild. Die Zone der Beibehaltung der Verfestigung umfaßt ein um so geringeres Temperaturintervall, je größer der Kaltreckgrad war. Weniger stark verfestigtes Material ist also bis zu einer höheren Temperatur festigkeitsbeständig als stark gerecktes. Für einen Reckgrad von 0 bis 90% liegt der Beginn der plötzlichen Entfestigung zwischen ungefähr 300 und 50⁰.

Infolgedessen wird die Zone der plötzlichen Erweichung, die hinsichtlich der Festigkeit ungefähr 100 bis 150⁰ umfaßt, je nach dem Reckgrad verschoben. Ganz ähnliche Ergebnisse habe ich an Zinn-Bronzedrähten gefunden, nur daß für diese andere Temperaturen in Betracht kommen. Der Beginn der plötzlichen Entfestigung liegt je nach dem Reckgrad hierbei zwischen ungefähr 30 und 230⁰, während sich die Erweichungszone über ein Temperaturintervall von ungefähr 50 bis 150⁰ erstreckt (vgl. Abb. 270 bis 272 für Festigkeit, Dehnung und Härte).

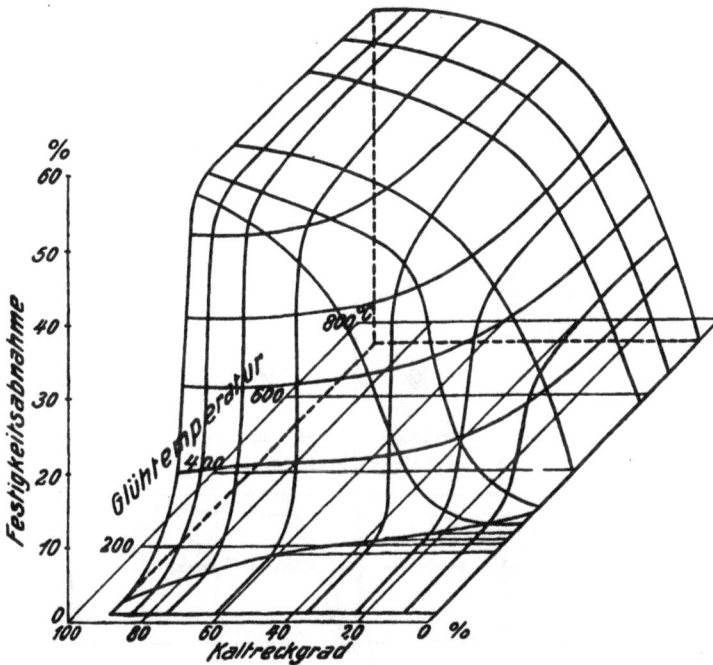

Abb. 269. Abhängigkeit der Festigkeitsabnahme von Glühtemperatur und Kaltreckgrad bei Kupferdrähten.

Grard[1]) hat ebenfalls die Erweichung der Metalle studiert, und er fand für Messing und Elektrolytkupfer folgende Temperaturgebiete:

1. Zone der Beibehaltung der Verfestigung:
   Messing I mit 67% Cu und 33% Zn bis 250⁰,
   Messing II mit 90% Cu und 10% Zn bis 300⁰,
   Elektrolytkupfer mit 0,25% Verunreinigungen bis 125⁰,
2. Zone der plötzlichen Erweichung:
   Messing I 250 bis 400⁰,
   Messing II 300 bis 400⁰,
   Elektrolytkupfer 125 bis 200⁰,

---

[1]) Grard, Metallurgie, 1910, S. 652.

20*

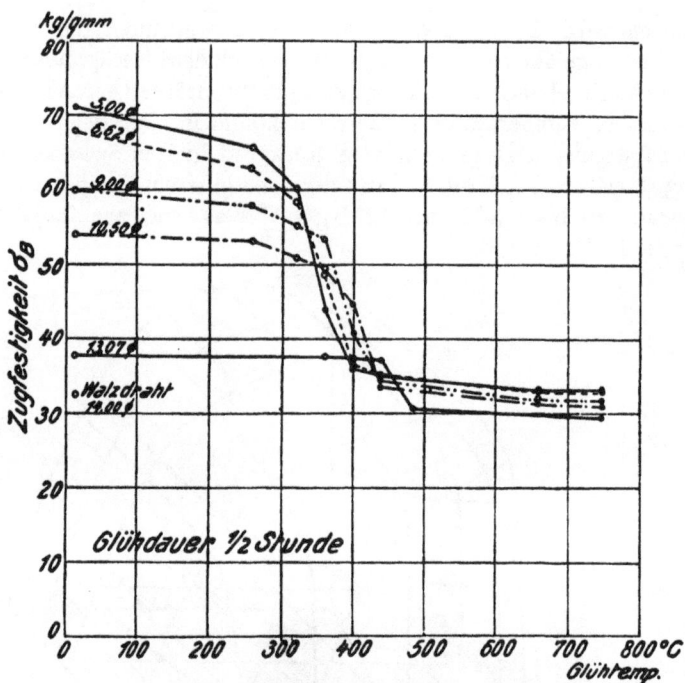

Abb. 270. Abhängigkeit der Zugfestigkeit von der Glühtemperatur kaltgereckter Sn-Bronzedrähte (2,5% Sn).

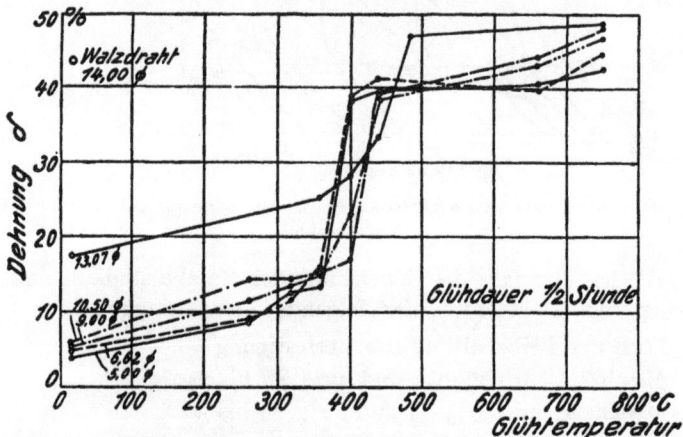

Abb. 271. Abhängigkeit der Dehnung von der Glühtemperatur kaltgereckter Sn-Bronzedrähte (2,5% Sn).

3. Zone der allmählich weiter zunehmenden Erweichung:
   Messing I 400 bis 830⁰,
   Messing II 400 bis 800⁰,
   Elektrolytkupfer 200 bis 700⁰.

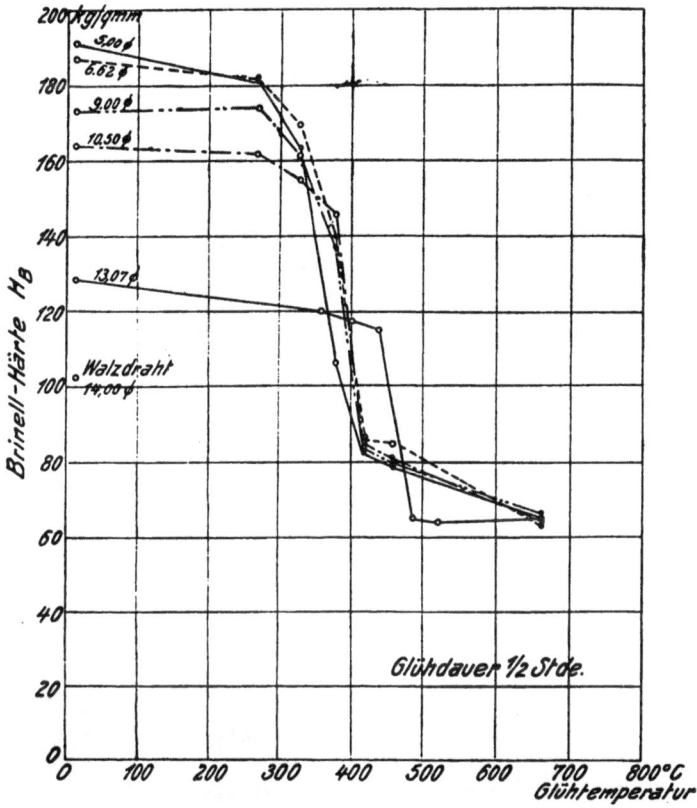

Abb. 272. Abhängigkeit der Härte von der Glühtemperatur kaltgereckter Sn-Bronzedrähte
(2,5% Sn).

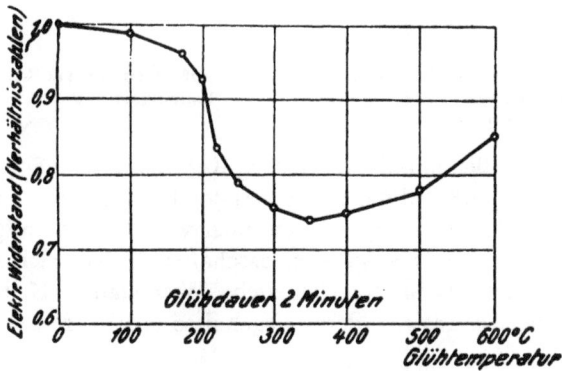

Abb. 273. Abhängigkeit des elektrischen Widerstandes von der Glühtemperatur kaltgereckter Elektrolytkupferdrähte.

310

Scheinbar ist sowohl die Höhe der Temperaturen wie der Umfang der Intervalle eine Funktion der chemischen Zusammensetzung der Metalle, wobei, wie ein Vergleich meiner Ergebnisse an Kupfer mit denjenigen von Grard lehrt, die Verunreinigungen eine große Rolle spielen. Nach Goerens[1]

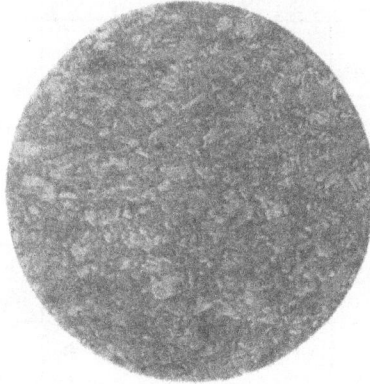

Abb. 274. Zinnbronze mit zerstörter Fluidal-struktur (Kornzerfall) (67% Kaltreckgrad; 330° Glühung 1/2 Stde). (Vergr 330×).

Abb. 275. Zinnbronze mit Rückkristallisation (67% Kaltreckgrad; 390° Glühung 1/2 Stde). (Vergr. 330×).

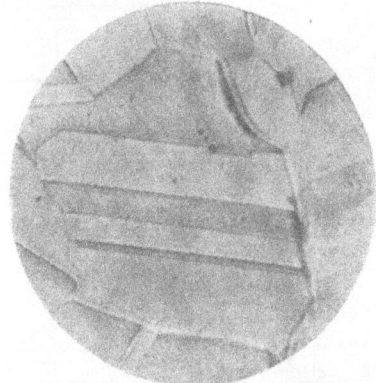

Abb. 276. Zinnbronze mit Kornwachstum (67% Kaltreckgrad; 750° Glühung 1/2 Stde). (Vergr. 330×).

reicht für einen Flußeisendraht von 0,08% Kohlenstoff und 85% Kaltreckgrad die erste Zone bis 507° und die zweite von 507 bis 530°. Für Eisen und Stahl hängen naturgemäß die Temperaturen auch vom Kohlenstoffgehalt ab.

Aber nicht nur die Festigkeitseigenschaften ändern sich mit der Glüh-temperatur, sondern auch der elektrische Widerstand. Hierüber hat Ge-wecke[2] Versuche angestellt, deren Ergebnisse in Abb. 273 verzeichnet sind.

[1] Goerens, Ferrum, 1912/13, S. 229.
[2] Gewecke, Martens-Heyn, Handbuch der Materialienkunde für den Maschinenbau, Bd. II A, S. 305.

Bei 200⁰ nimmt der Widerstand plötzlich ab, um allerdings nach Erreichung einer Temperatur von 350⁰ wieder anzusteigen.

Betrachten wir nunmehr die Kornveränderungen in Abhängigkeit von der Glühung, so finden wir nach Abb. 274 bis 276 nach meinen oben erwähnten Versuchen, daß mit Eintritt der plötzlichen Erweichung die Fluidalstruktur verschwindet und die langgestreckten Körner sich unterteilen. Bei Eintritt der Zone der allmählich weiter zunehmenden Erweichung beginnt das fortschreitende Wachstum. Die Gesetze dieses Kornwachstums gehen nach Versuchen von Heyn[1]) aus Abb. 277

hervor. Bei einer Temperatur von 500⁰ hat sich nach 4 Stunden Glühdauer die Korngröße kaum verändert; bei 700⁰ ist sie in derselben Zeit um den 25 fachen Betrag gewachsen. Bei 900 und mehr Grad nimmt sie zuerst sehr schnell, darauf langsamer zu, und zwar genügen bei diesen hohen Temperaturen wenige Minuten, um die Kristalle kräftig anwachsen zu lassen.

Wenn man Metallproben, z. B. Kupfer oder Aluminium, mit verschiedenem Reckgrad vollständig ausglüht, so wird man finden, daß die Erweichung nicht bis zu derjenigen des Ausgangsmaterials zurückgeführt werden kann; es wird ein Verfestigungsrest zurückbleiben. Dieser kann bei Bronze bis zu 5 kg/qmm und bei Kupfer bis zu 4 kg/qmm betragen, und zwar

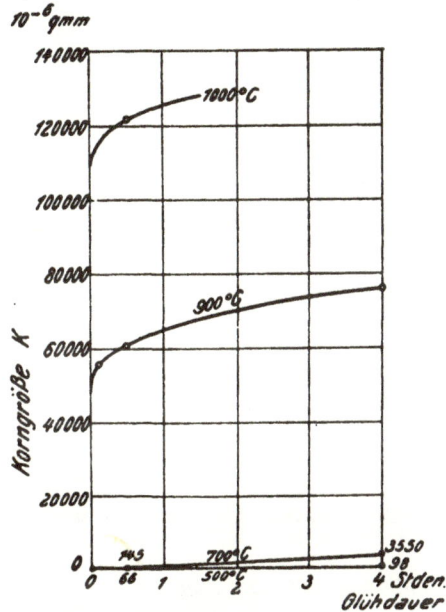

Abb. 277. Abhängigkeit der Korngröße von der Glühdauer bei Kupfer.

ist der Verfestigungsrest um so größer, je höher der Kaltreckgrad war. Ähnliches hat sich auch bei Aluminium gezeigt. Diese Eigentümlichkeit ist vielleicht auf die Korngröße zurückzuführen; vielleicht kommt aber auch eine mehr oder weniger große Gleichrichtung der Kristalle nach dem Recken und der darauffolgenden Einformung in Betracht, da die Kristalle bekanntlich keine isotropen Körper sind, sondern entsprechend der Lage ihrer Hauptachsen nach den verschiedenen Richtungen hin auch verschiedene Festigkeitseigenschaften zeigen.

Es muß an dieser Stelle auf eine Erscheinung aufmerksam gemacht werden, die am kohlenstoffarmen Flußeisen nach einer Kaltreckung mit darauffolgendem Glühen beobachtet wird. Pomp[2]) fand, daß eine ganz besonders

---

[1]) Heyn, Martens-Heyn, Handbuch der Materialkunde für den Maschinenbau, Bd. II A, S. 213.
[2]) Pomp, Stahl und Eisen, 1920, S. 1261.

starke Kornvergröberung beim nachherigen Ausglühen eintritt, wenn mit einem Reckgrad von 8 bis 16 (im Mittel 11) % kaltgewalzt und darauf das Walzgut (Flußeisen mit 0,05% Kohlenstoff) auf 650 bis 850⁰ geglüht wird. Geringere oder größere Beanspruchungen bringen ein kleineres oder gar kein Kornwachstum hervor. Pomp spricht demgemäß von einem kritischen Reckgrad und einer ebensolchen Glühtemperatur, die beide, da sie infolge der Kornvergröberung eine Verringerung der Härte, Festigkeit und Kerbzähigkeit bedingen, möglichst vermieden werden sollen. Übrigens hat Sherry[1]) auch bereits auf dieses Verhalten des Eisens aufmerksam gemacht, läßt es jedoch nur für ein Material bis höchstens 0,18% Kohlenstoffgehalt gelten.

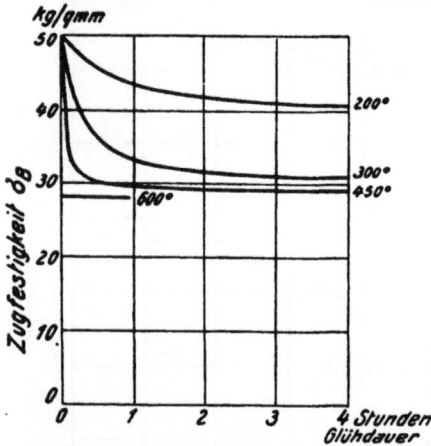

Abb. 278. Abhängigkeit der Zugfestigkeit von der Glühdauer gezogener Bronzedrähte.

Er sieht als kritischen Reckgrad einen solchen von ungefähr 9% an und verlegt die kritische Temperatur bei geringen Reckungen zwischen 690 und 780⁰.

Wie aus dem Gesetz über das Kornwachstum hervorgeht, ist die Glühdauer von einer annähernd ähnlichen Wirkung wie die Temperaturhöhe. Abb. 278 stellt die Gesetzmäßigkeit an gezogener Bronze nach Versuchen von Le Chatelier[2]) dar. Je höher die Glühtemperatur ist, desto geringere Zeit ist notwendig, um zu einem stabilen Zustande zu gelangen. Während für 200⁰ nach 4 Stunden eine vollständige Ausglühung bei weitem noch nicht erzielt ist, wird diese bei 450⁰ nach 2 Stunden annähernd erreicht. Der Verlauf der Kurven zeigt, daß voraussichtlich bei den niederen Temperaturen die vollständige Ausglühung auch nach einer sehr langen Zeit nicht möglich ist; scheinbar entspricht einer jeden Temperatur auch ein ganz bestimmter Erweichungszustand, der je nach der Höhe des Wärmegrades mehr oder weniger von dem Endzustand entfernt bleibt. Eine ganz ähnliche Gesetzmäßigkeit finden wir für den elektrischen Widerstand von Kupferdrähten nach Versuchen von Gewecke[3]) (Abb. 279), so daß dieser weiter nichts hinzuzufügen ist.

Endlich möge noch die Einwirkung der Glühtemperatur auf die Reckspannungen betrachtet werden. Durch die ungleichmäßige Beanspruchung der Metalle beim Kaltziehen und -walzen treten in ihnen Eigenspannungen

---

[1]) Sherry, Stahl und Eisen, 1918, S. 1163.

[2]) Le Chatelier, Martens-Heyn, Handbuch der Materialienkunde für den Maschinenbau, Bd. IIA, S. 275.

[3]) Gewecke, Martens-Heyn, Handbuch der Materialienkunde für den Maschinenbau, Bd. II A, S. 306.

auf, die beträchtliche Werte annehmen können. Heyn[1]) hat diese Reckspannungen ihrer Größe und Richtung nach dadurch ermittelt, daß er die Längenänderungen von Stäben nach verschiedenem Abdrehen der Mantelzonen

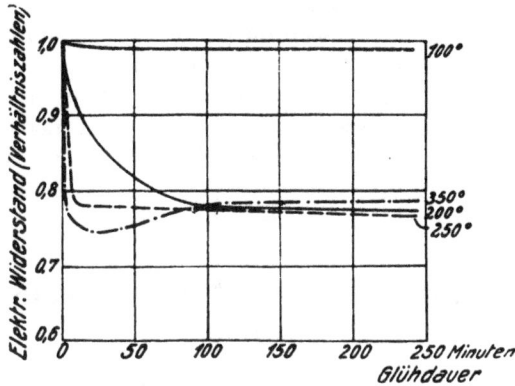

Abb. 279. Abhängigkeit des elektrischen Widerstandes von der Glühdauer kaltgereckter Elektrolytkupferdrähte.

feststellte und hieraus unter Zugrundelegung des Hookeschen Gesetzes die Spannungen berechnete. In einem kaltgezogenen Stab bestehen in der Kernzone Druck- und in der Randzone Zugspannungen. Entsprechend diesen

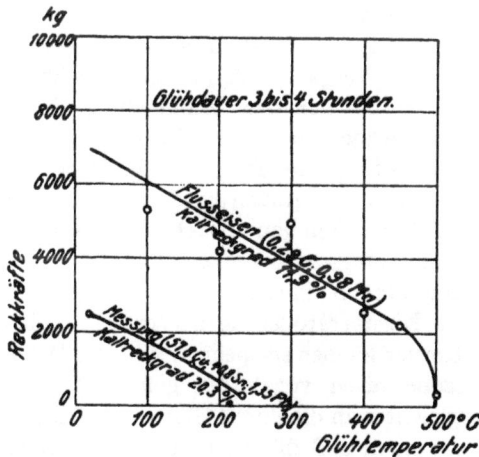

Abb. 280. Abhängigkeit der Kaltreckspannungen von der Glühtemperatur bei Flußeisen und Messing.

Längsspannungen bestehen selbstverständlich auch Querspannungen innerhalb des Querschnittes. Werden die mit Eigenspannungen behafteten Metalle ausgeglüht, so nehmen mit wachsender Glühtemperatur die Reckspannungen

---

[1]) Heyn, Mitteilungen Lichterfelde, 1917, S. 10; Stahl und Eisen, 1917, S. 442.

ab, wie aus Abb. 280 hervorgeht, und zwar verschwinden sie für Messing schneller als für Flußeisen; für ersteres kommt daher, wenn man das Material von Spannungen befreien will, ein Anlassen auf ungefähr 230⁰, für letzteres dagegen ein solches bis ungefähr 500⁰ in Betracht. Das Verschwinden der Spannungen durch das Ausglühen dürfte auf der Änderung des Elastizitätsmoduls und der Streckgrenze bei der erhöhten Temperatur beruhen, wodurch ein Ausgleich der Längen in den einzelnen Schichten sich vollziehen kann. Man erkennt, daß die notwendigen Temperaturen noch innerhalb, wenn auch nahe an der Grenze jener Zone liegen, innerhalb welcher die Verfestigung beibehalten wird. Man nennt das Anlassen zum Zwecke der Beseitigung der inneren Spannungen auch „künstliches Altern".

VI. Kapitel. Der Einfluß des Warmreckens (Schmieden, Walzen).

A. Das Schmieden.

Unter Warmrecken (Warmwalzen und Schmieden usw.) versteht man eine Bearbeitung bei Temperaturen, die über Zimmerwärme gelegen sind. Bei den Stählen erfolgt somit diese Bearbeitung je nach der Höhe der Temperatur unterhalb des Perlitpunktes A_1, d. h. also im Zustande der zerfallenen Lösung, oder im Umwandlungsgebiet A_1—A_3 bzw. im Gebiet der festen Lösung oberhalb A_3. Je nachdem, in welchem Gebiet sich das Material zur Zeit der Bearbeitung befindet, sind die erhaltenen Eigenschaften verschieden. Teilweise überdecken sich hier zwei Vorgänge, nämlich eine Reckung und eine Glühung, so daß im allgemeinen bei normaler Schmiedung ein feinkörniges Gefüge erhalten wird. Unter gewissen Umständen kann, wie wir später sehen werden, auch ein sehr grobes Gefüge entstehen. In ähnlicher Weise wie nach einer Glühung die Abkühlung einen großen Einfluß auf die Kornabmessungen besitzt, äußert sich nach Versuchen von Oberhoffer, Lauber und Hammel[1] nach Abb. 281 die Abkühlungsgeschwindigkeit auf die Korngröße des geglühten Materials. Eine langsame Abkühlung unter Kieselgur, Kohlenlösche oder im Ofen bringt eine Kornvergrößerung hervor; eine schnelle Abkühlung an der Luft läßt die Körner kleiner erscheinen, weil der Wärmedurchgang durch die Umwandlungszone rasch vonstatten geht und zum Wachstum keine Zeit mehr ist. Vergleicht man die durch Glühen bzw. Schmieden vorbehandelten Stähle, so findet man, daß die Korngröße der geschmiedeten weit unter derjenigen der geglühten liegt, daß also das Schmieden auf Kornverfeinerung hinwirkt. Bei beiden Vorbehandlungsarten wächst die Korngröße mit der Höhe der Temperatur, so daß man also, wenn man auf besonders feines Korn Wert legt, die Wärmegrade nicht zu hoch wählen darf. Die Durchführung von Versuchen über die Einwirkung des Schmiedeprozesses begegnet einigen Schwierigkeiten, weil nicht nur die Schmiedeanfangstemperatur von Bedeutung

---

[1] Oberhoffer, Lauber und Hammel, Stahl und Eisen, 1916, S. 265.

ist, sondern und vielleicht in größtem Maße die Schmiedeendtemperatur. Sinkt die letztere unter 700⁰, so treten schon die Eigenschaften einer gewissen Kaltbearbeitung auf. Junkers[1]) hat Versuche über die Einwirkung des

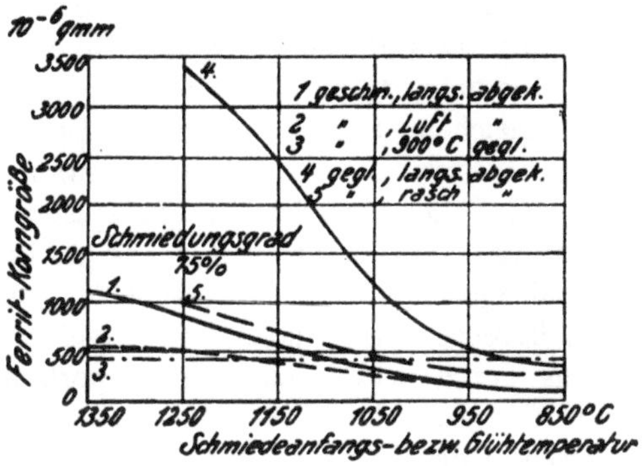

Abb. 281. Abhängigkeit der Ferritkorngröße von der Schmiedeanfangs- bzw. Glühtemperatur bei weichem Flußeisen mit 0,1% C; 0,4% Mn.

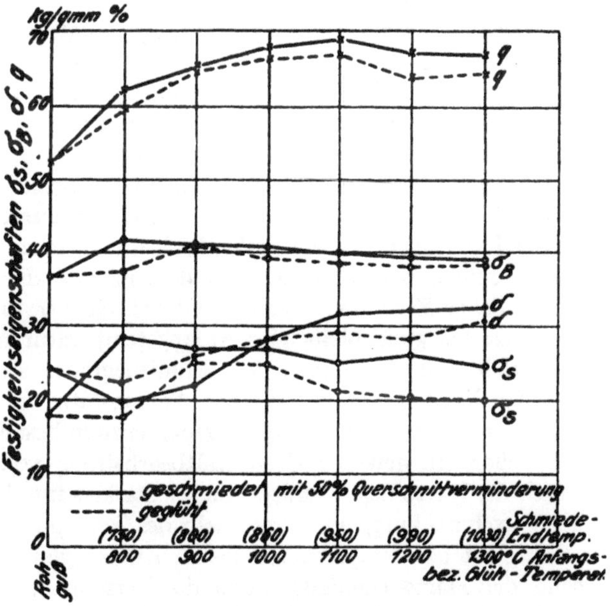

Abb. 282. Abhängigkeit der Festigkeitseigenschaften von der Anfangstemperatur bei geschmiedetem Flußeisen mit 0,13% C; 0,50% Mn; 0,25% Si.

Schmiedens auf Flußeisen angestellt, und in Abb. 282 sind die Festigkeitsergebnisse in Abhängigkeit von der Anfangstemperatur für 50% Schmiedegrad aufgetragen. Es finden sich in dieser, sowie in den nächsten Abbildungen

---

[1]) Junkers, Stahl und Eisen, 1921, S. 677.

zugleich die Eigenschaften der entsprechend geglühten Proben vor. Deutlich ist zu entnehmen, daß der Rohguß keine besonders guten Eigenschaften besitzt; durch Glühen werden sie bedeutend verbessert, wie die gestrichelten Linien zeigen; eine durchgreifende Verbesserung wird jedoch erst nach einem Schmiedeprozeß erreicht. Das geschmiedete Material erscheint gleichmäßiger als das geglühte. Oberhalb 750° Endtemperatur wächst mit steigender Schmiedewärme bei gleichem Schmiedegrad die Dehnbarkeit und Querschnittsverminderung, mithin also die Zähigkeit, während Festigkeit und Streckgrenze abnehmen. Hierdurch ist der große Einfluß der Temperatur charakterisiert. Wenn das Eisen oberhalb A_3 fertig geschmiedet wird, ändern sich Dehnbarkeit und Querschnittsverminderung nur noch wenig; ebenso bleibt auch die Streckgrenze nahezu konstant, so daß man also sagen kann, daß die Verbesserung durch Schmieden dann proportional der Temperatur zunimmt, wenn das Fertigschmieden im Umwandlungsgebiet A_1—A_3 stattfindet. Beim Fertigschmieden im Gebiet der festen Lösung hat also die Höhe der Temperatur keinen so großen Einfluß mehr. Im Interesse eines feinen Kornes wird man jedoch nicht so hoch gehen und lieber mit einem etwas größeren Reckwiderstand vorlieb nehmen.

Betrachten wir nun noch die Änderungen der Eigenschaften mit zunehmendem Schmiedegrad, wie sie für Temperaturen von 800 bzw. 1100° in Abb. 283 und 284 dargestellt sind, so finden wir durch eine 50proz. Verschmiedung eine bedeutende Verbesserung sämtlicher Eigenschaften des Rohgusses. Nach Erreichung dieses Reckgrades bleiben die Eigenschaften praktisch gleich. Es gilt dies für sämtliche Temperaturen über A_1. In den beiden Abbildungen sind auch die Werte für das ungeschmiedete, aber geglühte Material eingetragen, so daß man in der Lage ist, durch einen Vergleich die jeweilige Wirkung des Schmiedens zu erkennen, das hiernach besonders günstig die Streckgrenze beeinflußt. Zu ähnlichen Ergebnissen kommt Oberhoffer[1]; auch er findet, daß die Streckgrenze bei gleichbleibender Anfangstemperatur mit sinkender Endtemperatur, d. h. mit der Größe des Schmiedegrades steigt, dagegen bei gleichbleibender Endtemperatur von der Anfangshitze unabhängig ist. Bei Endtemperaturen unter A_1 wächst die Streckgrenze in besonders starkem Maße, weil hier schon ein gewisser Grad Kaltbearbeitung vorliegt. Naturgemäß steigt auch die Härte des Schmiedestückes stark, wenn die Endtemperatur, d. h. die Verschmiedung, noch unterhalb des Perlitpunktes liegt, und während die Festigkeit bei Temperaturen bis A_1 nahezu gleich bleibt, steigt sie entsprechend der Härte ebenfalls, wenn die Verschmiedung in den zu kalten Temperaturbereich unterhalb des Perlitpunktes getrieben wird. Man erkennt an diesen Eigenschaften auch den außerordentlichen Einfluß der Schmiedetemperatur, und ganz besonders ist auf die Endwärme Rücksicht zu nehmen. Durch eine nachträgliche Glühung wird natürlich die Wirkung des Schmiedens wieder aufgehoben.

---

[1] Oberhoffer, Stahl und Eisen, 1913, S. 1507; 1916, S. 234.

Mars[1]) verlangt aus den angeführten Gründen, daß die Schmiedung einen Mittelweg zwischen höchster Schmiedetemperatur bei gröbstem Korn und geringstem Kraftaufwand und geringster Temperatur bei feinstem Korn und größerem Kraftaufwand einschlägt; dies läßt sich durch eine schnelle Vorschmiedung bei hohen Temperaturen und durch ein Fertigschmieden in derselben Hitze jedoch bei sinkenden Wärmegraden erzielen, indem mit dem Fertigmaß auch die unterste Temperaturgrenze erreicht wird.

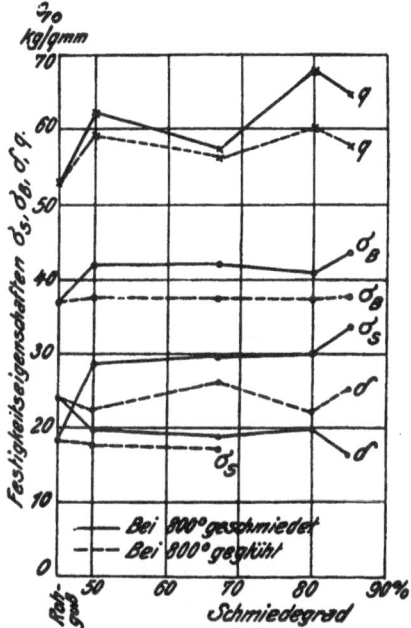

Abb. 283. Abhängigkeit der Festigkeitseigenschaften vom Schmiedegrad bei Flußeisen mit 0,13% C; 0,50% Mn; 0,25% Si.

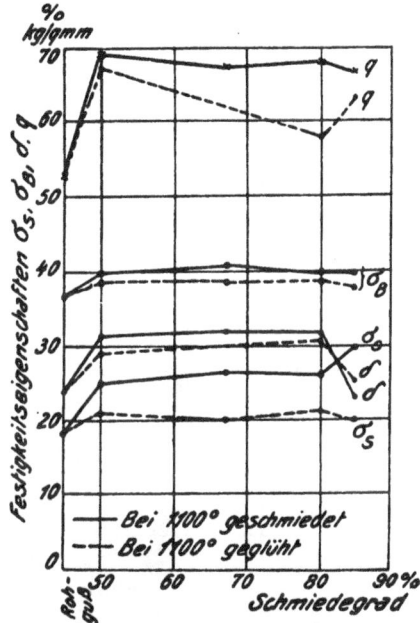

Abb. 284. Abhängigkeit der Festigkeitseigenschaften vom Schmiedegrad bei Flußeisen mit 0,13% C; 0,50% Mn; 0,25% Si.

Im Anschluß an die Schmiedung sei noch auf die „Schwarzbrüchigkeit" hoch gekohlter Stähle verwiesen, die durch die Spannungen infolge ungleichmäßiger und nicht genügender Erhitzung beim Schmieden hervorgerufen werden soll. In dem schwarzen Kern des Eisens befinden sich Temperkohleeinschlüsse, die durch Zersetzung des Zementits bei der folgenden Glühung entstanden sind und den Schwarzbruch erzeugen.

B. Das Warmwalzen.

Die Untersuchungen des Einflusses des Schmiedens gestalten sich ganz besonders schwierig, weil die Materialbeanspruchung infolge der örtlichen Deformationen keine ganz gleichmäßige ist; es muß sich dies natürlich in den

---

[1]) Mars, Die Spezialstähle, Stuttgart.

Ergebnissen kundtun. Beim Warmwalzen liegen die Verhältnisse einfacher, und da hier die Materialbeanspruchung sich bedeutend gleichmäßiger gestaltet, dürften diese Untersuchungen ein größeres Interesse beanspruchen. Es sei aber schon bemerkt, daß die bisherigen Untersuchungen sich hinsichtlich des Umfanges nur in mäßigen Grenzen bewegen; zur Erlangung eingehender Kenntnisse bedarf es noch einer großen Arbeit.

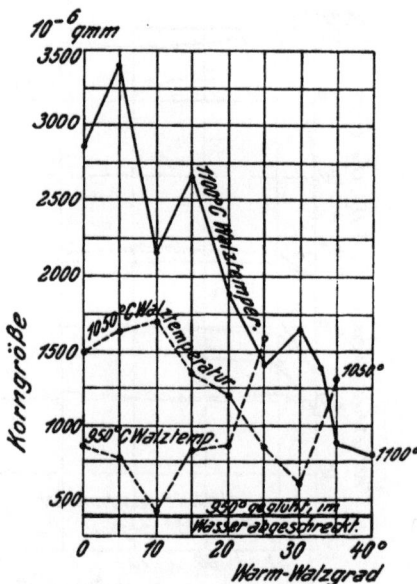

Abb. 285. Abhängigkeit der Korngröße vom Warmwalzgrad bei Flußeisen mit 0,08% C; 0,38% Mn; 0,16% Si.

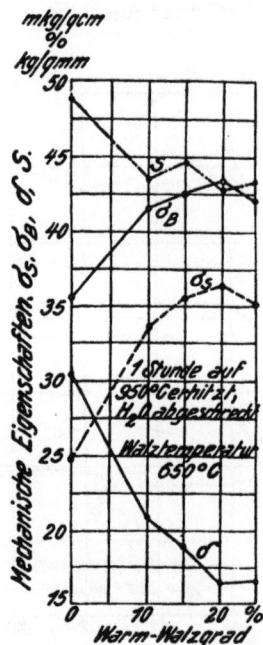

Abb. 286. Abhängigkeit der mechanischen Eigenschaften vom Warmwalzgrad bei Flußeisen mit 0,08% C; 0,38% Mn; 0,16% Si.

Wüst und Huntington[1]) haben eingehende Versuche über die Einwirkung des Warmwalzens am kohlenstoffarmen Flußeisen ausgeführt. Während Oberhoffer in seiner angeführten Arbeit fand, daß nach einer Schmiedung besonders für hartes Flußeisen eine Luftkühlung einer solchen unter einem wärmehaltenden Mittel vorzuziehen ist, weil sie Streckgrenze, Bruchfestigkeit und Härte im Verhältnis zum Kohlenstoffgehalt erhöht, ohne die Dehnbarkeit und Schlagfestigkeit zu verringern, und für weiches Flußeisen bis zu 1100° Schmiedetemperatur eine Luftkühlung durch Erhöhung der Schlagfestigkeit und der Dehnbarkeit ebenfalls günstig erscheint, haben Wüst und Huntington bei ihren Warmwalzversuchen den praktischen Verhältnissen entsprechend lediglich Luftkühlung angewendet. Die Korn-

[1]) Wüst und Huntington, Stahl und Eisen, 1917, S. 829.

größen, die sie für ein Flußeisen mit 0,08% Kohlenstoff nach verschiedenen Walzgraden und Walztemperaturen fanden, sind in Abb. 285 dargestellt. Es ergibt sich daraus, daß die Wirkung der Walzarbeit auf das Gefüge je nach der Walztemperatur sehr verschieden ist. Die beiden Forscher fanden, daß bei einer Temperatur unter 700° die Körner gestreckt sind, allerdings weniger als bei kaltgewalztem Material. Natürlich kann man bereits Spuren von einer Rückkristallisation beobachten. Liegt die Walztemperatur zwischen 700 und 900°, so tritt als Folge der Rückkristallisation eine Vergröberung des Gefüges ein, deren Umfang vom Reckgrad, von der Höhe der Walztemperatur und der Abkühlungsgeschwindigkeit beeinflußt wird. Eine Walztemperatur über 900° bringt zunächst keine weitere Verfeinerung hervor, wenn das Material vor dem Walzen nicht zu lange der Hitze ausgesetzt war; in diesem Falle ist es bereits feinkörnig. Geht man jedoch auf Temperaturen von 1000° und darüber, so tritt eine Kornverfeinerung ein. In allen diesen Fällen nimmt mit stärkerem Walzgrade die Korngröße ab.

Entsprechend den durch die Umwandlungspunkte A_1 und A_3 gekennzeichneten drei Temperaturintervallen sind in Abb. 286 bis 288 nach Wüst und Huntington die mechanischen Eigenschaften in Abhängigkeit vom Warmwalzgrad für die Walztemperaturen 650, 800 und 1100° aufgetragen. Bei sämt-

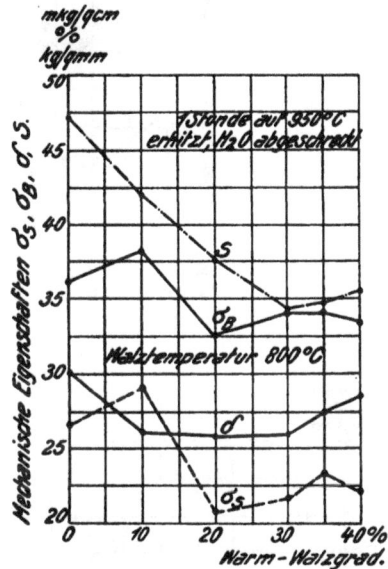

Abb. 287. Abhängigkeit der mechanischen Eigenschaften vom Warmwalzgrad bei Flußeisen mit 0,08% C; 0,36% Mn; 0,16% Si.

lichen drei Behandlungsarten erfolgt mit stärkerem Walzgrad eine Abnahme der Kerbzähigkeit S. Das Verhalten der anderen Festigkeitseigenschaften wird jedoch stark von der Höhe der Walztemperatur beeinflußt. Walzen im Temperaturgebiet der festen Lösung, also oberhalb 900° hat ein geringes Ansteigen von Streckgrenze und Festigkeit mit zunehmendem Walzgrad zurFolge; Walzen im Umwandlungsgebiet bringt einen recht beträchtlichen Abfall der beiden Eigenschaften mit sich. Wird dagegen unterhalb des Perlitpunktes (670°) gewalzt, so finden wir bei starkem Ansteigen der Streck- und Bruchgrenze und schnellerem Abfall der Dehnung ein Verhalten, das an die Wirkung des Kaltreckens stark erinnert. Bemerkenswert ist, daß bei einer Walztemperatur von 800° ganz ähnlich wie beim Schmieden unter gleichem Wärmegrad eine Dickenverminderung des Walzgutes um 10% eine Erhöhung der Festigkeit und Streckgrenze mit sich bringt. Vielleicht hängen die mit stärkerem Walzgrad gegenüber dem Schmieden auftretenden Unterschiede für den

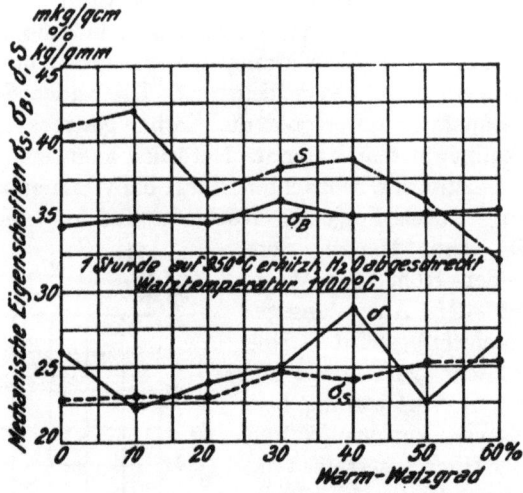

Abb. 288. Abhängigkeit der mechanischen Eigenschaften vom Warmwalzgrad bei Flußeisen mit 0,08% C; 0,38% Mn; 0,16% Si.

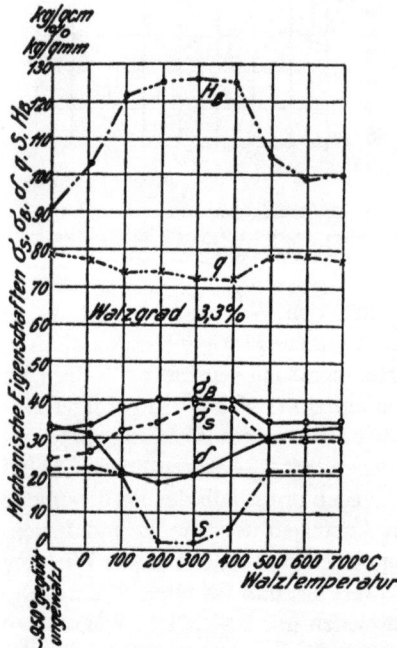

Abb. 289. Abhängigkeit der mechanischen Eigenschaften von der Walztemperatur bei Flußeisen mit 0,05% C.

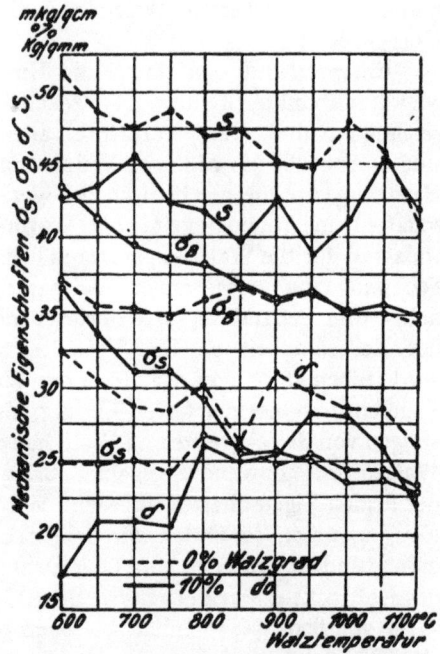

Abb. 290. Abhängigkeit der mechanischen Eigenschaften von der Walztemperatur bei Flußeisen mit 0,08% C; 0,38% Mn; 0,16% Si.

Umwandlungsbereich A_1—A_3 mit den außerordentlich labilen Verhältnissen zusammen, die hier herrschen. Für das Gebiet der festen Lösung decken sich die Ergebnisse von Wüst und Huntington mit denjenigen von Junkers.

Betrachten wir nun, wie sich die mechanischen Eigenschaften des Flußeisens zur Höhe der Walztemperatur verhalten! Für einen Walzgrad von 3,3% bis 700° gibt hierüber Abb. 289 nach Versuchen von Pomp[1]) Auskunft, während Abb. 290 nach Wüst und Huntington[2]) die Ergebnisse für die höheren Walztemperaturen bis 10% Walzgrad darstellt. Das Walzen bei

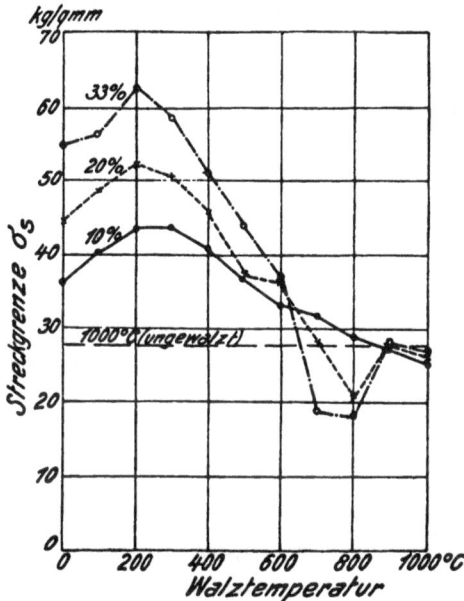

Abb. 291. Abhängigkeit der Streckgrenze von Walztemperatur und Walzgrad bei Flußeisen mit 0,05% C; 0,10% Mn.

Temperaturen im Ferrit-Perlitgebiet deckt eine Eigenschaft des Flußeisens auf, die sehr bedeutsam ist, nämlich sein Verhalten bei plastischer Deformation in der Blauwärme. Wenn man zu allmählich steigenden Walztemperaturen übergeht, so findet man, daß Flußeisen in dem Temperaturintervall von ungefähr 200—400° eine große Sprödigkeit annimmt, die sich in einem Höchstwert der Härte, Festigkeit und Streckgrenze und einem Mindestwert der Dehnbarkeit, Querschnittsverminderung und vor allen Dingen Kerbzähigkeit kennzeichnet. Bei einer Walztemperatur von 500° an ist diese Sprödigkeit wieder verschwunden. Walzt man bei höheren Temperaturen als 600°, etwa im Umwandlungsgebiet A_1—A_3 oder in dem der festen Lösung, so verringern sich mit höherem Wärmegrad Festigkeit, Streckgrenze und Kerbzähigkeit,

---

[1]) Pomp, Stahl und Eisen, 1920, S. 1137 und 1261.
[2]) Wüst und Huntington, Stahl und Eisen, 1917, S. 832.

während die Dehnung zunimmt (vgl. Abb. 290). Diese Ergebnisse von Wüst und Huntington stimmen im großen und ganzen mit denjenigen von Junkers für das Schmieden überein, wie wir das bereits schon vorher sahen. Auch das Verhalten der gewalzten Proben gegenüber den geglühten ist das gleiche wie dort, indem sich unterhalb ungefähr 750 bis 800⁰ Kaltreckeinflüsse bemerkbar machen. Berücksichtigt man die verschiedenen Walzgrade, so prägen sich hierbei besonders die Streckgrenze und Schlagfestigkeit scharf aus. Mit steigendem Reckgrad nehmen Festigkeit, Streckgrenze und Härte bis zu der vorher angedeuteten Blauwärmetemperatur zu, wie Abb. 291 für die

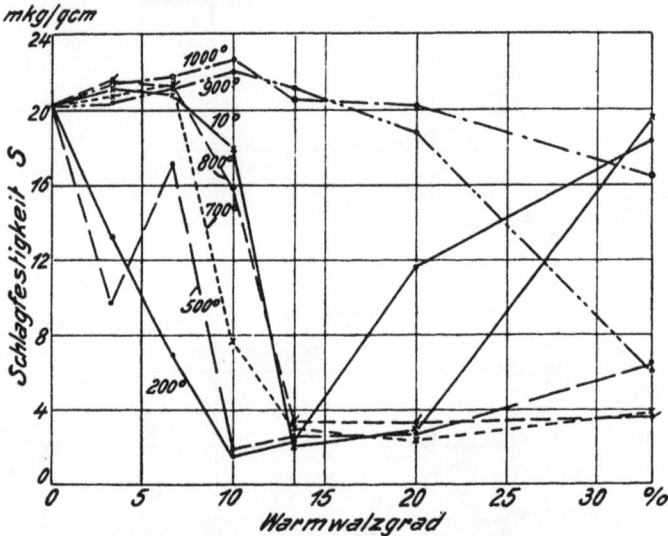

Abb. 292. Abhängigkeit der Schlagfestigkeit von Walzgrad und Walztemperatur bei Flußeisen (0,05% C) nach Ausglühen bei 865⁰ C.

Streckgrenze nach den Versuchen von Pomp erkennen läßt. Von 900⁰ ab bringen steigende Reckgrade nur noch geringe Erhöhungen der Härte, und bei 1000⁰ Walztemperatur findet keine Steigerung mehr statt. Auffallend ist das Verhalten der starken Walzgrade (rd. 20 bis 33%) bei 700 bis 800⁰. Die so behandelten Bleche haben in diesem Temperaturintervall ein Minimum, das unter dem für 1000⁰ erhaltenen Werte liegt. Die Kerbzähigkeit (Abb. 292) bleibt bei den bei Zimmertemperatur gewalzten Blechen bis 10% Warmwalzgrad nahezu gleich und erfährt erst bei den größeren Reckgraden eine starke Abnahme. Bei den in der Blauwärme (200 bis 400⁰) gewalzten Blechen dagegen findet man sofort einen starken Abfall, worauf die Zähigkeit diesen kleinen Wert bei weiterem Walzen beibehält. In Abhängigkeit von der Walztemperatur nimmt die Kerbzähigkeit ab, um nach einer Walzung bei 300⁰ ein Minimum zu erreichen. Wenn die ursprüngliche Kerbzähigkeit ungefähr wieder erlangt werden soll, muß man bei geringeren Reckgraden über 500⁰ und großen Reckgraden über 800⁰ als Walztemperatur wählen.

Aus den eben besprochenen Versuchen ergibt sich mit Deutlichkeit, daß die Bearbeitung in der Blauwärme bei 200 bis 300⁰ dem Eisen im kalten Zustande eine große Sprödigkeit verleiht. Glühen wir nunmehr die warmgewalzten Eisenbleche aus, so finden wir nach den angeführten Versuchen von Pomp, daß die Härte, Zugfestigkeit, Streckgrenze und Schlagfestigkeit nach einer Walzung um ungefähr 10 bis 20% ein Minimum, dagegen nach einem Reckgrad von ungefähr 3 bis 10% ein Maximum besitzen. Die Härte im Blechquerschnitt ist meist geringer als an der Oberfläche, sie verhält sich also umgekehrt wie nach dem Warmwalzen.

Betrachtet man die zugehörigen Korngrößen (Abb. 293), so findet man nach Pomp, daß sie nach 10% Warmwalzgrad während der nachfolgenden

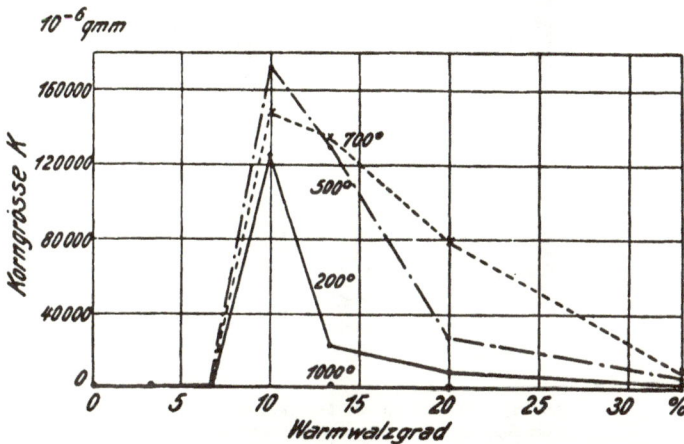

Abb. 293. Abhängigkeit der Korngröße von Walzgrad und Walztemperatur bei Flußeisen (0,05% C) nach Ausglühen bei 865⁰ C.

Ausglühung am stärksten zugenommen haben und zwar hauptsächlich im Kern, wo ein stärkeres Recken als an den Außenzonen stattgefunden hat. Dieses Maximum der Korngröße zeigt sich bis zu Walztemperaturen von 800⁰, darüber hinaus wird das Gefüge nach dem Ausglühen mehr oder weniger feinkörnig. 10 bis 20% Reckgrad stellen also eine kritische Kaltformgebung dar. Beim Vergleich der beiden letzten Abbildungen findet man, daß die ungünstigen Festigkeitseigenschaften, besonders was die Härte, Kerbzähigkeit und Streckgrenze anbelangt, mit den Höchstwerten der Korngröße zusammenfallen. Pomp erblickt den Grund hierfür in einer Entmischung des Perlits innerhalb des Bereiches der kritischen Deformation, wobei sich der Zementit in Form von Adern zwischen den Ferritkörnern abscheidet. Hieraus ergibt sich die Notwendigkeit, ein Warmwalzen unterhalb A_3 als Endtemperatur zu vermeiden, weil bei späterem Ausglühen, falls ein ungefähr 5- bis 20proz. Reckgrad und eine Walztemperatur von 700 bis 800⁰ vorliegt, eine Kornvergröberung und dadurch Herabsetzung der Festigkeitseigenschaften eintritt. Diese Kornvergröberung macht sich besonders bei Ausglühtemperaturen von 650 bis 850⁰ bemerkbar, unter Umständen genügt noch die Eigenwärme des Walzgutes. Überschreitet der Reckgrad die kritische Deformation, so tritt infolge Kalthärtung je nach der Walztemperatur die hierfür bekannte Erhöhung der Festigkeit und Verminderung der Dehnbarkeit ein. Aus dem Vorstehenden erkennt man also, daß sowohl für das warm wie das kaltgewalzte Eisenblech ein kritischer Reckgrad und eine kritische Glühtemperatur bestehen, die beide möglichst umgangen werden sollten.

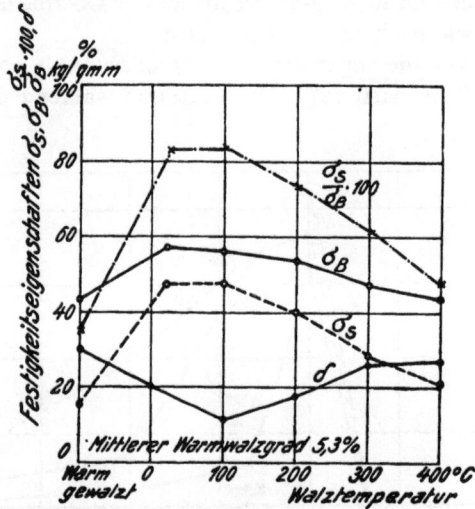

Abb. 294. Abhängigkeit der Festigkeitseigenschaften von der Recktemperatur bei warmgewalztem Delta-Metall.

In Abb. 294 sind Versuche von Rudeloff[1] an Deltametall (rd. 56% Cu, 40% Zn, 1% Pb, 1% Fe, 1% Mn) dargestellt. Die Werte lassen deutlich die Abweichung gegenüber dem Flußeisen erkennen. Von einer Sprödigkeit bei 200 bis 300⁰ ist hier keine Rede, vielmehr nehmen Festigkeit und Streckgrenze mit zunehmender Walztemperatur gleichmäßig ab.

C. Der Blaubruch und seine verwandten Erscheinungen.

Wie aus dem Kapitel über die Eigenschaften der Metalle in Wärme und Kälte hervorgeht, ist von einer eigentlichen Sprödigkeit in der Blauwärme nichts zu bemerken, so daß die bekannte Blauwarmbiegeprobe ihren Zweck vielfach nicht erfüllen dürfte. Eine Sprödigkeit tritt erst dann zutage, wenn das Eisen in der Blauwärme gereckt wurde, oder wenn nach dem Kaltrecken ein Anlassen auf Blauwärme erfolgt. Im allgemeinen versteht man unter Blaubruch die Zerstörung einer Biegeprobe in der Blauwärme, also in einem

---

[1] Rudeloff, Martens-Heyn, Handbuch der Materialienkunde für den Maschinenbau, Bd. II A, S. 308.

Zustande, in dem die Festigkeit ein Maximum und die Querschnittsverminderung ein Minimum erreicht, während die Dehnbarkeit ihren Tiefstwert allerdings schon wieder überschritten hat, und die Kerbschlagprobe eine gute
Zähigkeit ergibt. Die Versuche von Pomp[1]) (Abb. 295) zeigen deutlich den
Einfluß der Walztemperatur und des Walzgrades auf die Kerbzähigkeit;
und Fettweis[2]) konnte nachweisen, daß kaltgerecktes Eisen nach einem
Anlassen auf Temperaturen bis 100⁰ bereits ein Ansteigen der Streckgrenze
erfährt, die mit größerer Anlaßdauer und höherer Anlaßtemperatur um so
schneller vor sich geht. Aber auch genügend langes Lagern bei Zimmer-

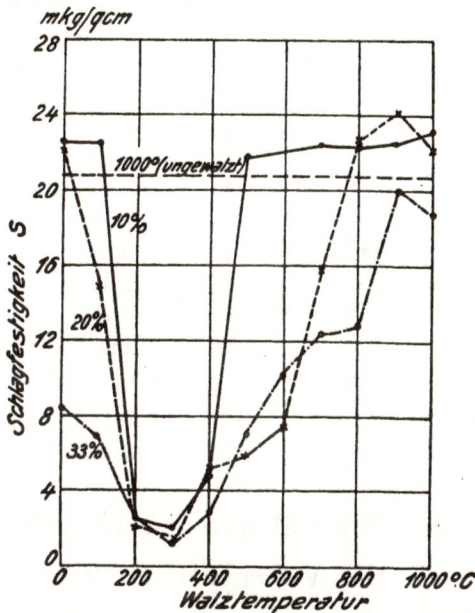

Abb. 295. Abhängigkeit der Schlagfestigkeit von Walztemperatur und Walzgrad bei Flußeisen mit 0,05 % C;
0,10 % Mn.

wärme genügt schon zur Hervorbringung dieser Eigenschaftsänderung,
und es zeigt sich hier eine Übereinstimmung mit Beobachtungen von Stromeyer[3]), wonach mit der Schere abgeschnittene Kesselblechstreifen sogleich
nach dem Abtrennen die Biegeprobe aushielten, dagegen nach längerem Lagern
nicht mehr. Diese Erscheinung dürfte mit der von Martens und andern
Forschern beobachteten Erhöhung der Streckgrenze nach der Belastung
und längeren Lagerung zusammenhängen. Fettweis nennt daher diese Erscheinung „Altern" und sucht sie in Beziehung zu den Blaubrucherschei-

---

[1]) Pomp, Stahl und Eisen, 1920, S. 1261.
[2]) Fettweis, Stahl und Eisen, 1919, S. 1.
[3]) Stromeyer, Metallurgie, 1907, S. 385.

nungen zu bringen. Nach Versuchen von Körber und Dreyer[1]) ist die Wirkung der Temperatursteigerung beim Recken annähernd doppelt so groß wie die der nachträglichen Erwärmung von gleich stark kalt gereckten Proben.

Preuß[2]) hat die Sprödigkeit des Flußeisens nach einer Warmstreckung bei 300⁰ mit Hilfe des Kruppschen Dauerschlagwerkes festgestellt. Seine Ergebnisse sind jedoch zu wenig zahlreich, um eine Gesetzmäßigkeit erkennen zu lassen. Auf jeden Fall nimmt, wie Abb. 296 zeigt, die Ermüdungsfestigkeit mit dem Reckgrade beträchtlich ab. Von einer anderen Auffassung der Blauwärme geht Heyn[1]) aus. Er erblickt einen Grund für das eigenartige Verhalten des Eisens in den hohen Eigenspannungen, die dem Material infolge der Bearbeitung zugefügt werden. Nicht nur scheint das Eisen in der Blauwärme sehr empfindlich für die Aufnahme von Eigenspannungen zu sein, sondern auch die bei ungefähr 300⁰ herrschende verminderte Dehnbarkeit sowie ungleichmäßige Recktemperaturen können die Erzeugung der Spannungen in besonderem Maße begünstigen.

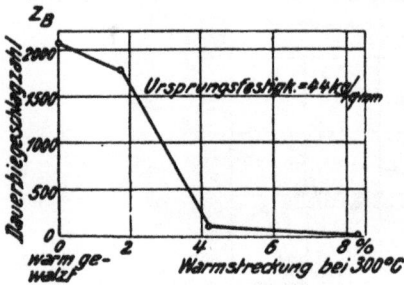

Abb. 296. Abhängigkeit der Dauerschlagbiegezahl vom Warmreckgrad in der Blauwärme bei Flußeisen.]

Trotz der bisher vorliegenden zahlreichen Versuche kann die Frage des Blaubruches noch nicht als geklärt gelten; vielleicht können Eigenspannungsmessungen hierüber einen Aufschluß geben.

VII. Kapitel. Der Einfluß des Abschreckens (Härten).
A. Die Volumenänderungen.

Die Umwandlungspunkte, welche die Eisenkohlenstofflegierungen im festen Zustande besitzen, werden sicher von Einfluß auf die Volumenänderungen sein, die beim Erwärmen des Stahles bestehen. Hauptsächlich sind die Längenänderungen der Stähle Gegenstand eines gründlichen Studiums gewesen, weil bei ihnen durch die Möglichkeit der Härtung die Eigenschaften praktisch besonders in die Erscheinung treten. Wenn ausgeglühte Kohlenstoffstähle allmählich erhitzt werden, so nimmt die thermische Ausdehnung nach Versuchen von Driesen[3]) innerhalb des Temperaturintervalles bis 600⁰ keinen geradlinigen Verlauf, sondern zwischen 160 und 200⁰ besteht ein Mindestwert der Ausdehnung, der um so größer ist, je höher der Kohlenstoffgehalt ist. Driesen vermutet bei ungefähr 180⁰ eine polymorphe Umwandlung

---

[1]) Körber und Dreyer, Mitteilungen aus dem Kaiser Wilhelm-Institut für Eisenforschung, Düsseldorf, 1921, II. Bd., S. 59.

[2]) Preuß, Stahl und Eisen, 1914, S. 1373.

[3]) Driesen, Ferrum, 1913/14, S. 129.

des Karbids. Erhitzt man über 600°, so entsteht bei ungefähr 700°, d. h. beim Punkt Ac_1, eine Verzögerung der Ausdehnung bzw. eine Volumenverminderung, die mit höherem Kohlenstoffgehalt auch zunimmt und bis zum Punkte A_3 reicht; über A_3 hinaus tritt wieder eine Verlängerung ein. Abb. 297 gibt Versuchsergebnisse von Andrew, Rippon, Miller und Wragg[1]). Die größte Zusammenziehung nach Überschreitung von Ac_1 soll nach Charpy und Grenet[2]) für einen eutektoiden Stahl mit 0,85% Kohlenstoff bestehen; bei weiterer Erhöhung des Kohlenstoffgehaltes nimmt die Volumenverminderung wieder ab. Die übereutektoiden Stähle dehnen sich nach Überschreitung des Perlitpunktes wieder aus.

Der wahre Ausdehnungskoeffizient hängt naturgemäß auch vom Kohlenstoffgehalte ab, jedoch nur für Temperaturintervalle bis 350°; für höhere Bereiche, 300 bis 700°, ist für alle Kohlenstoffgehalte die Ausdehnung praktisch gleich.

Studiert man die Änderung der spezifischen Volumina, wie sie durch das Abschrecken infolge der molekularen Umwandlungen entsteht, und wie dies Oknof[3]) getan hat, so bleibt die durch die Erwärmung hervorgerufene Zusammenziehung bzw. Ausdehnung außer Betracht. Hierbei zeigt sich, daß eine Volumänderung bei reinem Eisen und solchen Stählen, die keine Perlitumwandlung besitzen, wie z. B. die martensitischen und austenitischen Sonderstähle, innerhalb der Abschrecktemperaturen von 0 bis 1000° nicht eintritt. Eine molekulare Umwandlung ist also für diese nicht vorhanden. Dagegen zeigen Stähle, die den Punkt A_1 besitzen, nach Abschrecken bei 700°

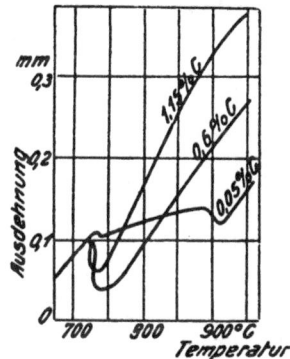

Abb. 297. Abhängigkeit der Ausdehnung von der Erhitzungstemperatur bei C-Stahl.

eine beträchtliche Volumenzunahme, die mit dem Eintritt der festen Lösung im Zusammenhang steht, während die Gesamtänderung, d. h. diejenige durch Wärme und molekulare Umwandlung eine Volumenverkleinerung anzeigt. Es überdecken sich also zwei Vorgänge; scheinbar ist der erstere mit seiner Volumenverkleinerung stärker. Nach Oknof soll die Volumenzunahme infolge der molekularen Umwandlung bei weiterer Temperatursteigerung konstant bleiben, ja, bei Stählen bis zu 0,5% Kohlenstoffgehalt zwischen 750 und 800° wieder einer Volumenverkleinerung gegenüber 700° Platz machen. Die Volumenvergrößerung soll nur vom Kohlenstoffgehalt abhängig sein und für den eutektoiden Stahl einen Höchstwert besitzen; sie soll aber auch, abgesehen von anderen Beimengungen, von der Intensität des Abschreckens abhängen. Die Höhe der Temperatur zwischen 700 und 1000° scheint danach keinen Einfluß auszuüben. Die übereutektoiden Stähle haben eine Volumen-

[1]) Andrew, Rippon, Miller und Wragg, Stahl und Eisen, 1921, S. 453.
[2]) Charpy und Grenet, Bulletin de la Société d'Encouragement, 1903, S. 464.
[3]) Oknof, Ferrum, 1913/14, S. 1.

vergrößerung beim Abschrecken, die kleiner ist als diejenige des eutektoiden Stahles und dementsprechend mit steigendem Kohlenstoffgehalt abnimmt. Es sei hier zugleich bemerkt, daß bei einer Zersetzung des Eisenkarbides (Temperung), die bei übereutektoiden Stählen unter Umständen leicht vorkommen kann, bereits bei niedrigen Abschrecktemperaturen (unter 700°) Volumenvergrößerungen einzutreten vermögen.

B. Die physikalischen Eigenschaften.

Die Festigkeitseigenschaften richten sich hauptsächlich nach der Höhe der Härtetemperatur. Hierüber geben Versuche von Kühnel[1]) Auskunft, die an einem Kohlenstoffstahl von 0,34% Kohlenstoff und 0,63% Mangan ausgeführt wurden (Abb. 298). Der Verlauf der Festigkeitskurve ist ein stetiger; von ungefähr 700° ab nimmt die Festigkeit allmählich

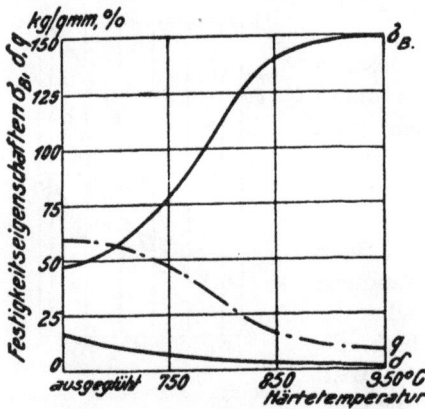

Abb. 298. Abhängigkeit der Festigkeitseigenschaften von der Härtetemperatur bei C-Stahl mit 0,34 % C; 0,63 % Mn.

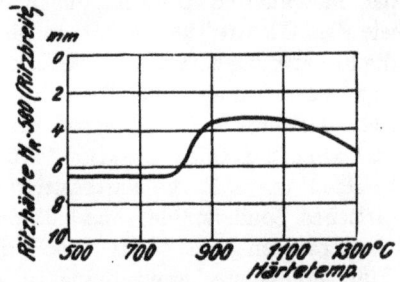

Abb. 299. Abhängigkeit der Ritzhärte von der Härtetemperatur bei Schnelldrehstahl mit 22,8% Wo; 4,4% Cr; 0,8% C.

immer stärker zu und erreicht bei ungefähr 900° ihren Höhepunkt. Da zugleich die Querschnittsverminderung und die Dehnbarkeit abnimmt, wächst also die Sprödigkeit mit der Härtetemperatur. Die Messung der Härte von abgeschreckten Stählen ist mit Hilfe des Brinellverfahrens nicht möglich, weil die Kugeleindrücke nur außerordentlich klein werden. Für derartige Proben verwendet man zweckmäßig das Shoresche Skleroskop, das z. B. für Rollenlager, gehärtete Bolzen u. dgl. eine Härte von mindestens 90° angeben muß. Man kann aber auch die Ritzhärte nach Martens anwenden, bei welcher Bestimmung mit einem Diamanten unter verschiedenen Belastungen Ritzen eingegraben werden, und als Maß die Belastung für eine ganz bestimmte Ritzbreite, etwa 0,01 mm gilt. Es sei hier bemerkt, daß dieses Verfahren infolge seiner Mängel (Langwierigkeit, unscharfe Ritzkanten) sich nicht eingebürgert hat. Die Möglichkeit seiner Verwendung geht jedoch aus Abb. 299 hervor, welche die

---

[1]) Kühnel, Diss., Berlin, 1913.

Ergebnisse für einen Schnelldrehstahl nach Heyn und Bauer[1] darstellt. Hier läßt sich genau erkennen, daß dieser Schnelldrehstahl bei einer Härtung bis zu 1100⁰ die größte Härte erreicht. Die bei 900⁰ erlangte ist nicht eine solche, der die beste Arbeitsmöglichkeit des Stahles entspricht.

C. Das Härten der Werkzeugstähle.

Je nach der Art des Werkzeuges muß sich der Stahl richten, wenn man vor unliebsamen Überraschungen geschützt sein will; z. B. wird man für Schneidwerkzeuge, welche dynamischen Beanspruchungen ausgesetzt sind, Kohlenstoffstähle mit freiem Zementit möglichst vermeiden, weil die Fe_3C-Einlagerungen Veranlassung zu Brüchen geben können. Wenn man einen Werkzeugstahl härtet, so muß man ihn bis in das Gebiet der festen Lösung hinein erhitzen, d. h. also über den Punkt Ac_3. Liegt nun ein eutektoider Stahl mit 0,9% Kohlenstoff vor, so bedarf dieser zur Erfüllung der oben genannten Forderung einer niedrigeren Temperatur als ein Stahl mit geringem Kohlenstoffgehalt, weil die A_3-Linie mit zunehmendem Kohlenstoffgehalt abfällt. Die A_3-Linie muß aber unbedingt überschritten werden, weil im untereutektoiden Umwandlungsgebiet A_1—A_3 Ferrit als weicher Bestandteil vorhanden ist. Mit höherem Kohlenstoffgehalt wird man also die Härtetemperatur erniedrigen können. Wenn man den Stahl von der Härtetemperatur abschreckt, um durch Unterkühlung den martensitischen Zustand zu erhalten, so muß diese schnelle Wärmeentziehung mindestens bis unterhalb 700⁰ gehen, weil sonst eine Ferritausscheidung und damit eine Erweichung eintritt. Eine Abschreckung unterhalb 700⁰ wird also nie eine Härtesteigerung hervorbringen. Die Härtetemperatur darf nicht so hoch gesteigert werden, daß Austenit entsteht, ja, sogar ausgesprochene martensitische Nadeln dürfen bei einer richtigen Härtung nicht vorkommen, weil eine derartige Widmannstättensche Struktur stets das Zeichen einer Überhitzung ist. Derartige Stähle neigen sehr leicht zu Härterissen.

Während die untereutektoiden Stähle bis in das Gebiet der festen Lösung hinein erhitzt werden müssen, aber nur soweit, wie diese Lösung im Entstehungszustande, als „Hardenit" bezeichnet, noch keine ausgeprägte, nadelige Struktur aufweist, ist in den übereutektoiden Stählen an Stelle des freien Ferrits Zementit vorhanden, und der weiche Ferrit kommt nur als Bestandteil des Perlits vor. Infolge der großen Härte des Zementits ist dieser einer Härtung des Stahles nicht hinderlich. Der Perlit wird aber durch eine Erhitzung über A_1 aufgelöst, so daß also übereutektoide Stähle nur über den Perlitpunkt erhitzt zu werden brauchen. Ein Verschwinden des Zementits würde nur durch starke Temperaturerhöhung bis in das Gebiet der festen Lösung hinein zu erzielen sein, wodurch einer Überhitzung des Stahles die Möglichkeit gegeben wäre. Übereutektoide Stähle bringt man durch kräftiges Durchschmieden in einen Zustand, in dem das Zementitnetz zerstört ist und der

---

[1]) Heyn und Bauer, Stahl und Eisen, 1909, S. 736.

Zementit in einzelnen Körnern auftritt. Abb. 300 gibt die zweckmäßigen Härtetemperaturen für die verschiedenen Kohlenstoffgehalte wieder; man erkennt daran, daß, je kohlenstoffärmer der Stahl ist, er desto leichter überhitzt werden kann.

Bevor der Stahl gehärtet wird, glüht man ihn vorsichtig und gleichmäßig aus, um etwaige Spannungen zu entfernen. Für das Ausglühen wird eine möglichst niedrige Temperatur gewählt, die sich der Härtetemperatur nähert. Das Abkühlen erfolgt so, daß die Glut gleichmäßig und allmählich verschwindet. Für den Härteprozeß muß die Erhitzung ebenfalls allmählich stattfinden, um keine Spannungen aufkommen zu lassen. Als Härteofen verwendet man am besten ein Salzbad, weil dieses eine möglichst gleichmäßige Erwärmung des Werkstückes gewährleistet. Nach Erreichung der gewollten Härtetemperatur wird das Werkstück entweder in Wasser oder, falls man die Abschreckung nicht zu schroff haben will, in Wasser mit einer Ölschicht abgeschreckt. Bei der Abschreckung ist ebenfalls auf eine möglichst gleichmäßige Abkühlung Bedacht zu nehmen. Um den Stahl aber genügend hart zu bekommen, ist es notwendig, ihn auch tief genug abzuschrecken. Es genügt nicht, bis kurz unter den Perlitpunkt zu gehen, da sonst ein Anlassen durch die dem Stahl innewohnende Wärme herbeigeführt werden kann. Wie früher schon erwähnt wurde, beginnt die Zersetzung des Martensits bereits bei 100°, hieraus ergibt sich also die Notwendigkeit, die schnelle Abschreckung bis auf mindestens 100° geschehen zu lassen.

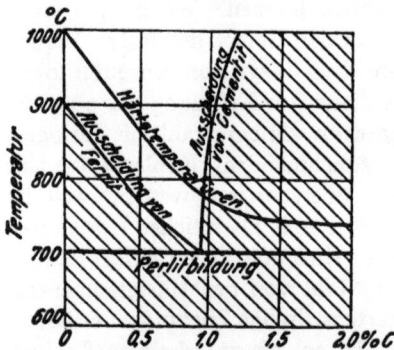

Abb. 300. Abhängigkeit der richtigen Härtetemperaturen vom C-Gehalt bei Stählen von mittlerer Probengröße.

Beim Abschrecken behält der Stahl ein vergrößertes Volumen, wie aus Abschnitt A hervorgeht und wodurch Spannungen in ihm erzeugt werden. Diese sind durch eine künstliche Alterung, welche in einer nachträglichen Erwärmung auf 150 bis 200° besteht, auszugleichen.

Die Härtung der legierten Werkzeugstähle richtet sich in der Wahl der Härtetemperaturen je nach den Gehalten. Wolframstähle, die bekanntlich durch die rötliche Farbe des Schleiffunkens erkennbar sind, können bis zu hohen Temperaturen erhitzt werden, ohne Schaden zu erleiden. Diese Eigenschaft kommt den Schnelldrehstählen zustatten, die wie die Wolframstähle bei sehr hohen Temperaturen nicht grobkörnig werden. Die Härtewirkung der Wolframstähle ist größer als die der Kohlenstoffstähle, und da die Umwandlungstemperaturen durch den Wolframgehalt herabgedrückt werden, kann die Härtung auch bei niedrigeren Temperaturen als für die Kohlenstoffstähle vorgenommen werden. Bei Chromstählen liegen die Verhältnisse umgekehrt. Chrom erhöht die Umwandlungstemperaturen, aus welchem Grunde das Ausglühen sowie die Härtung bei etwa 850⁰ zu erfolgen hat. Das Abschrecken der Chromstähle geschieht am besten in Öl, weil sie sehr zu Spannungsrissen neigen. Während Wolfram einer Überhitzung entgegenwirkt, trifft dies für Chrom nicht zu. Für beide ist aber infolge ihres geringen Wärmeleitvermögens die Wärmebehandlung außerordentlich vorsichtig auszuführen, um Risse zu vermeiden. Andrerseits begünstigt Chrom viel stärker als Wolfram die Härtung des Stahles, so daß beide Bestandteile durch ihr Zusammentreffen im Schnelldrehstahl sich in ihren Eigenschaften vielfach ergänzen. Wenn Schnelldrehstähle auf 900⁰ gebracht sind und an der Luft abkühlen, so sind sie hart. Zur Vermeidung von Rißbildungen erfolgt das Abschrecken der Schnelldrehstähle am besten in einem Luftstrom und möglichst nicht in Wasser. Beim nachherigen Schleifen können infolge örtlicher Erwärmung wegen des geringen Wärmeleitvermögens leicht Risse auftreten. Will man den Schnelldrehstahl erweichen, so ist dies nur möglich durch eine Art Anlassen, das bei 700 bis 900⁰ geschehen muß. Hierbei ist darauf zu achten, daß die Abkühlung um so langsamer vor sich gehen darf, je höher die Glühtemperatur gewählt wurde. Mars[1]) empfiehlt eine Abkühlungsdauer von 2 bis 6 Stunden von 900⁰ auf etwa 500⁰ je nach der Größe des Glühgutes. Als Härtetemperaturen kommen nach Mars folgende in Betracht:

Gewindebohrer, Reibahlen, Spiralbohrer
  in mittleren Stärken · . . . . 900 bis 950⁰
  in größeren Stärken . . . . 950 ,, 1000⁰
Schnitte, Fräser . . . . 1000 ,, 1100⁰
Stempel . . . . 1100 ,, 1200⁰
Drehmesser 1300⁰

Das Gefüge der gehärteten Schnelldrehstähle besitzt eine feinkörnige Karbidstruktur, indem die Doppelkarbidkörner in feiner Verteilung angeordnet sind.

D. Das Verhalten der „Metalle".

Die Härtung der Kohlenstoffstähle durch Temperaturerhöhung und Abschreckung wird durch die Umwandlungen hervorgerufen, die der Stahl in seinem festen Zustande bei höheren Wärmegraden durchmacht. Nur bei einzelnen Metallegierungen finden wir Umwandlungspunkte und auch nicht einmal für alle Zusammensetzungen, so daß man im allgemeinen bei „Metallen" auf eine Härtewirkung durch Abschrecken nicht rechnen kann. Als die technisch wichtigsten Metallegierungen kommen hierfür die Zinnbronzen mit rd. 9 bis 29% Zinn und die Aluminiumbronzen mit 8 bis 16% Aluminium in Betracht; erstere haben einen Umwandlungspunkt bei 500⁰, letztere bei rd. 560⁰.

---

[1]) Mars, Die Spezialstähle, Stuttgart, 1912.

Während bei diesen beiden Legierungsarten also eine Reaktion zwischen den Bestandteilen durch das Abschrecken unterdrückt wird, ist hiervon

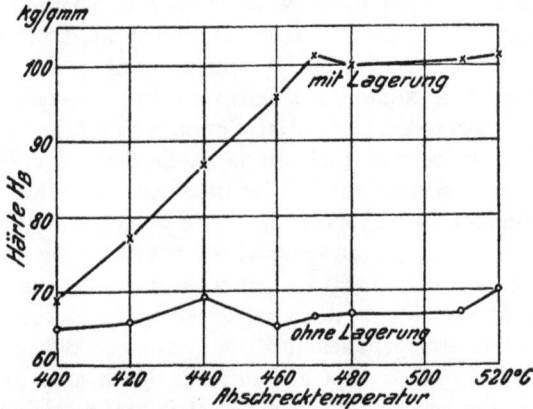

Abb. 301. Abhängigkeit der Härte von der Abschrecktemperatur bei verschieden nachbehandeltem Duralumin mit 96 % Al; 3,5 % Cu; 0,5 % Mg.

die Unterbindung einer polymorphen Umwandlung eines Gefügebestandteiles zu unterscheiden, die wir mikroskopisch nicht verfolgen können. Vielleicht gehören hierzu die magnesiumhaltigen Kupfer- bzw. Zink-Aluminiumlegie-

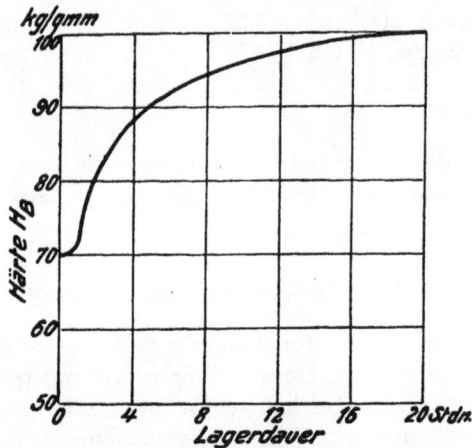

Abb. 302. Abhängigkeit der Härtesteigerung von der Lagerdauer bei abgeschrecktem Duralumin mit 96% Al; 3,5% Cu; 0,5% Mg.

rungen, die tatsächlich durch einen Glühprozeß härtbar sind. Zu ihnen gehört das Duralumin. Nach den Mitteilungen von Wilm[1]) genügt schon ein

---

[1]) Wilm, Metallurgie, 1911, S. 225.

Zusatz von 0,5% Magnesium, um dem Aluminium eine Härtbarkeit zu verleihen. Worauf die Härtbarkeit des Duralumin zurückzuführen ist, ist bis heute auch nach den Untersuchungen Fraenkels[1]) noch unklar; im Gefügebild kann man keinen Anhalt finden.

Wenn man das Duralumin bei verschiedenen Temperaturen abschreckt und sogleich nachher die Härte bestimmt, so findet man, daß sie unabhängig von der Abschrecktemperatur einen konstanten, ziemlich tiefliegenden Wert

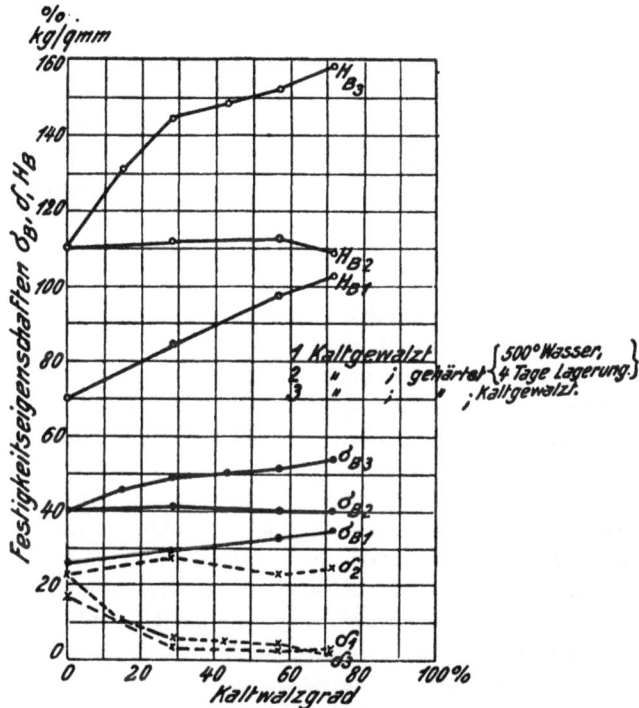

Abb. 303. Abhängigkeit der Festigkeitseigenschaften vom Kaltwalzgrad bei verschieden vorbehandeltem Duralumin mit 96% Al; 3,5% Cu; 0,5% Mg.

besitzt. Läßt man diese abgeschreckten Proben nunmehr einige Zeit liegen, und mißt wieder die Härte, so erkennt man, daß sie, wie aus Abb. 301 hervorgeht, eine beträchtliche Zunahme erfahren hat, die im Höchstwert ungefähr 60% beträgt. Das Material macht also einen Alterungsprozeß durch. Der Höchstwert wird für eine Legierung mit 0,5% Magnesium bei einer Abschrecktemperatur von ungefähr 470 bis 500⁰ erreicht. Für einen höheren Magnesiumgehalt rückt die Temperatur höher, und zwar für 1,5% Magnesium auf rd. 550⁰. Es zeigt sich nun, daß die Härtesteigerung nach dem Abschrecken schon nach

---

[1]) Fraenkel und Seng, Zeitschrift für Metallkunde, 1920, S. 225.

ungefähr einer Stunde beginnt, darauf außerordentlich stark und im weiteren Verlauf der Lagerdauer allmählich langsamer zunimmt, wie aus Abb. 302 hervorgeht. Zur Steigerung der absoluten Werte wird nun diesen Magnesium-Kupfer-Aluminiumlegierungen noch Mangan zugesetzt; Mangan erhöht die Härte, während Nickel die Zähigkeit günstig beeinflussen soll. Betrachten wir nunmehr an Hand von Abb. 303 den Vorgang einer vollständigen Vergütung eines kaltgewalzten Bleches! Durch das Kaltwalzen (*1*) wird die Festigkeit erhöht und die Dehnbarkeit erniedrigt. Wird dieses durch Kaltwalzen verfestigte Blech nunmehr bei 500⁰ in Wasser abgeschreckt und längere Zeit gelagert (*2*), so erhält man eine Festigkeit, die für die vorliegende Legierung 40 kg/qmm für sämtliche Blechstärken beträgt. Die Dehnbarkeit hat ebenfalls stark zugenommen. Das Kaltrecken ist demnach ohne Einfluß auf die Wirkung des nachfolgenden Vergütens. Das vergütete Blech kann man nun wiederum kalt walzen, und man erhält dann die durch (*3*) gekennzeichneten Linienzüge, d. h. die Festigkeit ist wiederum erhöht, die Dehnbarkeit dagegen infolge der Kaltreckung stark herabgedrückt. Die Linienzüge der Härte verlaufen analog.

Aus dem Vorstehenden ergibt sich nun, daß man eine Härtesteigerung durch Glühen und Abschrecken wegen der besseren Verarbeitungsmöglichkeit tunlichst vermeidet; erst dann, wenn die Bearbeitung vollendet ist oder aber besondere Eigenschaften gefordert werden, wird man · die Härteglühung vornehmen. Nach Wilm braucht man aber nicht einmal das glühende Metall in Wasser abzuschrecken, es genügt vielmehr schon ein langsames Erkalten, um Festigkeit und Härte beträchtlich zu erhöhen, ja, diese beiden Eigenschaften sollen sogleich nach dem allmählichen Abkühlen höher sein als nach dem Abschrecken. Durch eine darauffolgende Lagerung holt aber das abgeschreckte Material den Vorsprung des langsam erkalteten ein und überflügelt es. Je höher die Festigkeitseigenschaften nach der Härteglühung sind, um so höher bleiben sie auch bei der nachfolgenden Kaltreckung, weswegen man am besten immer erst die vollständige Ablagerung abwartet, bevor man weiterreckt. Im allgemeinen richtet sich die Höhe der notwendigen Abschrecktemperatur nach der chemischen Zusammensetzung. Das vergütete Material verliert bei einer gewissen Temperatur, die unterhalb der Abschrecktemperatur liegt, seine Vergütung wieder. Durch Abschrecken gehärtetes Duralumin, das auf 100⁰ angelassen wird, besitzt eine ebenso hohe Festigkeit, wie sie durch langsame Abkühlung aus der Härtetemperatur von 500⁰ erzielt wird. Ein darauffolgendes Lagern steigert die Eigenschaften aber nicht mehr so stark. Wird gehärtetes Material zunächst kalt gereckt und alsdann auf 100⁰ angelassen, so soll es keine wesentliche Erweichung erfahren, während die Dehnbarkeit in bedeutendem Maße steigt. Zur Linderung der Sprödigkeit wird das Material unter Umständen auf 200⁰ angelassen.

Die Wirkung eines Abschreckens aus höherer Temperatur, nämlich 400, 600 und 800⁰ auf Nickel, Aluminium, Kupfer, Messing, Zinnbronze, Aluminiumbronze, Zinn-, Zink-, Kupfer- und Nickel-Kupfer-Legierungen ist von Weidig[1]) untersucht worden. Die Ergebnisse sind recht vielgestaltig und praktisch von geringerer Bedeutung, da die Änderungen der Festigkeit, Dehnbarkeit und Hin- und Herbiegezahlen verhältnismäßig unbedeutend sind. Allerdings wird einigen Legierungen und Metallen, z. B. dem Kupfer, der Aluminium- und Zinnbronze und Messingsorten nachgesagt, daß sie durch Abschrecken in Wasser bei höheren Temperaturen zäher und geschmeidiger werden. Hiervon ist jedoch nach den Versuchen von Weidig nichts zu bemerken. Während die Festigkeit des Nickels einer α-Zinnbronze und einer Aluminiumbronze mit 5% Aluminium durch das Abschrecken herabgedrückt wurde, konnte teilweise auch eine geringere Dehnbarkeit bzw. Biegezahl festgestellt werden, was also auf ein Spröderwerden dieser Metalle hindeuten würde. Aluminium zeigte nach dem Abschrecken eine etwas höhere Festigkeit bei verringerter Dehnung und Biegezahl, während Nickel-Kupfer mit rd. 43% Nickel und Zink-Zinnbronze mit 4% Zink und 6% Zinn neben einer höheren Festigkeit auch eine größere Dehnbarkeit aufweisen. Diese beiden Legierungen könnten also zäher erscheinen. Kupfer und α-Messing zeigten beide eine konstante Festigkeit; das Messing dagegen eine höhere Dehnbarkeit. Wie Grenet[2]) fand, erfährt eine α-δ-Zinnbronze mit ungefähr 10% Zinn ein Härtemaximum, wenn sie nach der Abschreckung auf 200⁰ angelassen wird.

Guillet[3]) untersuchte Gußaluminium und -Zinnbronzen mit verschiedenen Aluminium- und Zinngehalten. Er stellte fest, daß durch das Abschrecken Festigkeit und Dehnbarkeit im allgemeinen erhöht werden, und zwar erreichen diese Erhöhungen ein Maximum bei Temperaturen, die für die einzelnen Legierungssorten verschieden sind. Auch Maurer[4]) und Portevin[5]) stellten für die α-δ-Zinnbronzen (15 bis 25% Zinngehalte) nach einem Abschrecken über 500⁰ ein geringes Weicherwerden fest, woraus man den Schluß ziehen kann, daß der β-Bestandteil an Weichheit den α- und δ-Teil übertrifft. Neben geringerer Härte zeigen diese Bronzen größere Festigkeit, Dehnbarkeit und vor allem Kerbzähigkeit. Die Wirkung des Abschreckens wächst naturgemäß mit der Menge des β-Bestandteiles. Die von Greenwood[6]) untersuchten Aluminium-Kupferlegierungen mit 12 bis 13% Aluminium, die also in der Nähe des α-γ-Eutektoids liegen, wiesen in langsam abgekühltem Zustande eine größere Härte auf als im abgeschreckten; also eine Analogie zu den von Grenet untersuchten Zinnbronzen. Ihr abgeschreckter Zustand ist eine reine β-Struktur, die gegenüber α scheinbar weicher, gegenüber γ

[1]) Weidig, Verhandlungen des Vereins zur Beförderung des Gewerbefleißes, 1911. Müller, Metall und Erz, 1913, S. 220.

[2]) Grenet, Revue Mét., 1911, S. 108.

[3]) Guillet, Müller, Metall und Erz, 1913, S. 220.

[4]) Maurer, Mitteilungen aus dem Kaiser Wilhelm-Institut für Eisenforschung, Düsseldorf, 1921, I. Bd.

[5]) Portevin, Metallurgie, 1910, S. 188.

[6]) Greenwood, Heyn und Bauer, Mitteilungen Lichterfelde, 1910, S. 344; 1911, S. 61.

aber härter ist. Für 9 bis 12% Aluminium wird dementsprechend durch das Abschrecken eine Härtesteigerung bedingt, die um so größer ist, je höher die Abschrecktemperatur gewählt wird. Hierbei tritt eine dem Martensit ähnliche Nadelstruktur auf, deren große Härte sich auch in einer Festigkeitserhöhung neben verminderter Dehnbarkeit ausdrückt. Bemerkenswert ist, daß nach den Versuchen von Guillet die Höchstwerttemperaturen für die Dehnbarkeit bei den Aluminiumbronzen mit denjenigen für die Festigkeit nicht zusammenfallen. Aus diesen Versuchen ergibt sich, daß die Aluminiumbronzen bis 8% Aluminium und die Zinnbronzen zwischen 9 und 16% Zinn im gegossenen Zustande tatsächlich eine Verbesserung ihrer Festigkeitseigenschaften erfahren. Auffallend ist, daß bei einer Zinnbronze mit 5% Zinn eine verminderte Festigkeit und Dehnbarkeit von Guillet festgestellt wurde; es ist dieses eine reine α-Bronze, während die anderen von ihm untersuchten Proben α-δ-Bronzen sind, die bekanntlich bei 500⁰ einen eutektoiden Punkt besitzen.

Wenn aber auch die Ergebnisse der Weidigschen Versuche im allgemeinen nicht auf eine höhere Zähigkeit schließen lassen, so ist es durchaus nicht gesagt, daß eine solche nicht trotzdem besteht, da, wie wir früher gesehen haben, der gewöhnliche Zerreißversuch kein klares Bild über die Zähigkeitsverhältnisse gibt.

Bemerkenswert sind noch Versuche von Bauer und Vogel[1]) über die Abschreckwirkung beim Aluminium-Zinkguß. Aus dem früher gegebenen Erstarrungsschaubild lassen sich die Umwandlungspunkte entnehmen, und man erkennt aus dem Vergleich der Härtekurven für den ausgeglühten und abgeschreckten Zustand, inwieweit die β-Kristallart, d. h. die Verbindung Al_2Zn_3 von Einfluß ist; durch ihre geringe Härte wird diejenige der reinen gesättigten γ-Mischkristalle beträchtlich herabgedrückt; in ausgeglühtem Zustande geschieht dies durch die α-Mischkristalle. Übrigens haben Bauer und Vogel beim reinen Zink ebenfalls deutliche Härtesteigerungen durch Abschrecken festgestellt, was auf verschiedene Modifikationen schließen läßt.

Eine beträchtliche Härtesteigerung, wenn auch nicht durch Abschrecken, läßt sich bei den gegossenen α- und α-δ-Zinnbronzen nach Heyn und Bauer[2]) dadurch erzielen, daß die Erstarrung schnell geschieht, wodurch eine Homogenisierung des Gefüges vermieden wird; in gleicher Weise hat daher Kokillenguß eine größere Härte und Druckfestigkeit als Sandguß; die Querschnittgröße spielt eine analoge Rolle. Durch nachträgliches Homogenisieren (Ausglühen) wird die Härte heruntergedrückt. Man kann also durch schnelle Abkühlung die gleiche Wirkung erzielen, wie durch höheren Zinnzusatz.

---

[1]) Bauer und Vogel, Mitteilungen Lichterfelde, 1915, S. 174.
[2]) Heyn und Bauer, Mitteilungen Lichterfelde, 1910, S. 344; 1911, S. 63.

VIII. Kapitel. Der Einfluß des Anlassens (Vergüten).

A. Die physikalischen Eigenschaften.

Im VII. Kapitel haben wir gesehen, daß ein Stahl bei seiner Erwärmung sein spezifisches Volumen ändert; er wird größer, d. h. sein spezifisches Gewicht wird kleiner. Wenn wir einen gehärteten Stahl nunmehr anlassen, indem wir ihn höheren Temperaturen aussetzen, so tritt der umgekehrte Vorgang ein, und das spezifische Gewicht wird größer, wie aus Abb. 304 nach Versuchen von Maurer[1]) hervorgeht. Dabei erreicht es bei ungefähr 450° ein Maximum, um von dort aus allmählich wieder abzusinken. Für gleiche Anlaßtemperaturen nimmt die Größe der Volumenverringerung mit steigendem Kohlenstoffgehalt zu, um für einen eutektoiden Stahl einem Höchstwert zuzustreben. Die Festigkeitseigen-

schaften ändern sich natürlich ebenfalls sehr stark mit der zunehmenden Erweichung der abgeschreckten Stähle. Wie im vorigen Kapitel bereits gesagt wurde, kann man eine Verringerung der durch das Abschrecken bedingten großen Sprödigkeit nicht nur dadurch erreichen, daß man nachher wieder anläßt, sondern auch durch ein verzögertes Abschrecken. Ein solches verzögertes Abschrecken kann nun auf vielerlei Weise geschehen, indem alle möglichen

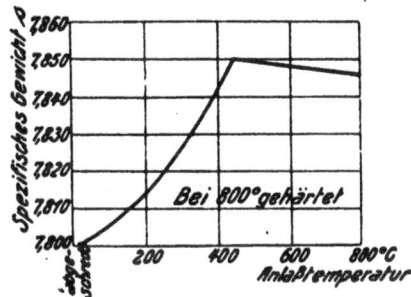

Abb. 304. Abhängigkeit des spezifischen Gewichtes von der Anlaßtemperatur bei Stahl mit 0,83% C.

Stadien, von der besonders schroffen Abschreckung in Eiswasser bis zur ganz allmählichen Abkühlung im Ofen durchschritten werden. Abb. 305 gibt nach Versuchen von Howe und Levy[2]) hierüber Auskunft. Die Abkühlung im Luftstrom, wie sie bei der Härtung von Schnelldrehstählen mit Vorliebe angewendet wird, ist schon so langsam und der Sprödigkeitsverlust des Stahles so groß, daß die Eigenschaften sich kaum noch von dem in Zimmerluft abgekühlten Stahle unterscheiden. Je länger die Abkühlung dauert, um so mehr geschieht die Entmischung des Zementits, die bekanntlich in der krassesten Form des körnigen Perlits die größte Weichheit zur Folge hat.

Mit zunehmender Anlaßtemperatur nimmt die Festigkeit und Härte allmählich ab, die Dehnbarkeit dagegen zu. In Abb. 306 und 307 finden sich die Ergebnisse der Festigkeitsuntersuchungen von mir[3]) und Leber an Stählen verschiedenen Kohlenstoffgehaltes. Bemerkenswert ist besonders die Änderung der Ermüdungsfestigkeit mit der Höhe der Anlaßtemperatur. Trotzdem Zugfestigkeit, Dehnbarkeit und Härte sich allmählich ändern, finden

---

[1]) Maurer, Mitteilungen Lichterfelde, 1906, S. 64.
[2]) Howe und Levy, Ferrum, 1913, S. 138.
[3]) Müller und Leber, Zeitschrift des Vereins deutscher Ingenieure, 1922, S. 543.

wir für die Ermüdungsfestigkeit Höchstwerte, die je nach dem Kohlenstoffgehalt bei verschiedenen Temperaturen liegen. Die Steigerung der Ermüdungsfestigkeit durch das Anlassen ist außerordentlich groß, wie aus Abb. 307 hervorgeht, in der die Dauerschlagzahlen für die geglühten Zustände ebenfalls eingetragen sind. So hat z. B. der Stahl mit 0,78% Kohlenstoff im geglühten

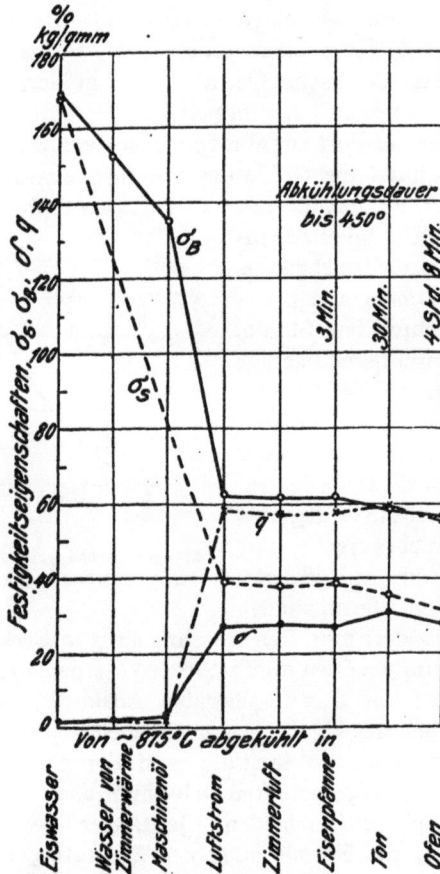

Abb. 305. Abhängigkeit der Festigkeitseigenschaften von der Abkühlungsgeschwindigkeit bei geglühtem Flußeisen mit 0,21% C; 1,19% Mn.

Zustand eine Dauerschlagzahl von 2500 bei 2 Schlägen je Umdrehung des gekerbten Stabes, dagegen nach dem Anlassen auf ungefähr 380° rd. 43000, d. h. das rd. 17fache. Die beste Anlaßtemperatur liegt bei einem kohlenstoffarmen Stahl tiefer; sie nimmt mit steigendem Kohlenstoffgehalte zu, erreicht für ungefähr 0,5% Kohlenstoff ein Maximum bei rd. 530° und sinkt scheinbar mit weiter zunehmendem Kohlenstoffgehalt wieder ab. (Abb. 109.) Die besonderen Zähigkeitseigenschaften, die den Stählen durch das eben besprochene An-

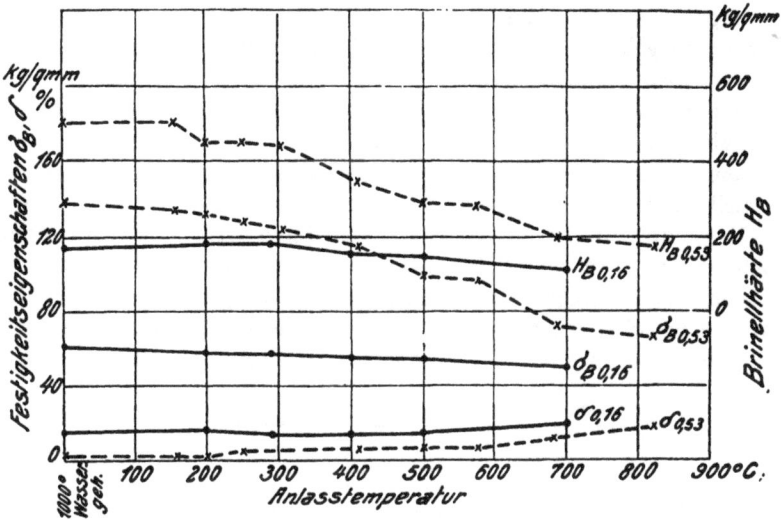

Abb. 306. Abhängigkeit der Festigkeitseigenschaften von der Anlaßtemperatur bei C-Stahl mit verschiedenem C-Gehalt.

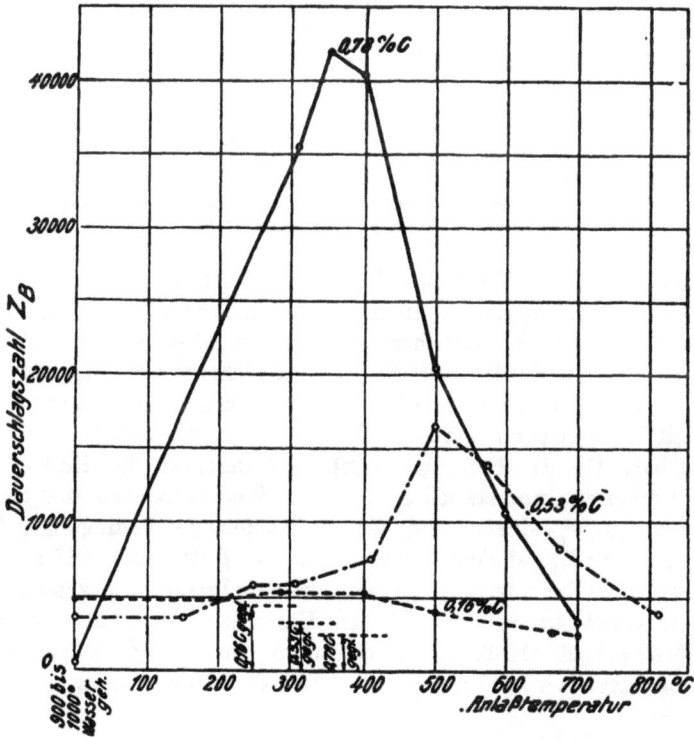

Abb. 307. Abhängigkeit der Dauerschlagzahl von der Anlaßtemperatur bei C-Stahl mit verschiedenem C-Gehalt.

22*

lassen gegeben werden, und die nur mit Hilfe der dynamischen Prüfung zu erkennen sind, geben das Recht, von einer „Vergütung" des Stahles zu sprechen. Im allgemeinen versteht man unter Vergüten ein Abschrecken in Wasser oder Öl mit darauffolgendem Anlassen. Bei den Konstruktionsstählen, bei denen neben hoher Festigkeit eine besonders gute Dehnbarkeit erzielt werden muß, kommen Anlaßtemperaturen in Betracht, die, wie aus dem Vorhergehenden erhellt, bedeutend höher (zwischen 400 und 750⁰) liegen, als sie für Werkzeugstähle üblich sind, bei denen es in erster Linie auf hohe Härte ankommt. Die Abkühlung nach dem Anlassen kann nun in Form einer Abschreckung in Öl oder Wasser erfolgen, auch kann sie an der Luft geschehen. Vorschriften lassen sich hierüber nicht angeben, weil sich die Behandlung nach der Art des Stahles bzw. nach den gewünschten Festigkeitseigenschaften richten

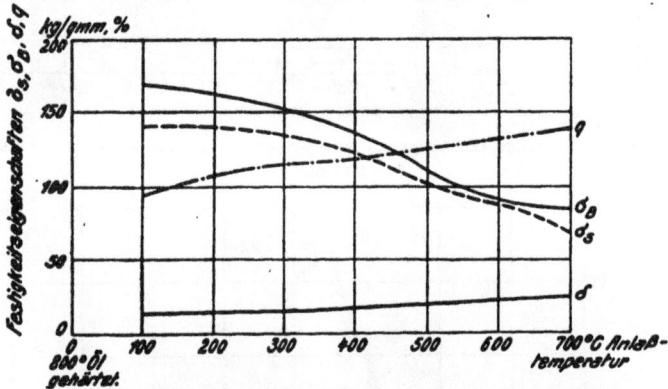

Abb. 308. Abhängigkeit der Festigkeitseigenschaften von der Anlaßtemperatur bei Ni-Cr-Stahl mit 0,24% C; 0,36% Mn; 3,19% Ni; 0,98% Cr.

muß. Es ist Sache des Versuches, das jeweils Beste aus den Stählen herauszuholen. Die Änderung der Eigenschaften der gehärteten Nickel-Chromstähle geht aus Abb. 308 nach Versuchen von French[1]) hervor. Das Bild ist ein ähnliches wie für die Kohlenstoffstähle, so daß nichts weiter hinzuzusetzen ist.

Im Anschluß an die Ergebnisse von French muß auf die sog. „Anlaßsprödigkeit" hingewiesen werden, die man öfter bei Nickel-Chromstählen gefunden hat. Die Anlaßsprödigkeit gibt sich besonders bei Kerbschlagversuchen zu erkennen, und sie soll derart große Werte erreichen, daß die Kerbzähigkeit bis zu 70% sinken kann. Zur Aufdeckung der Bedingungen für den Eintritt der Anlaßsprödigkeit haben Greaves, Fell und Hadfield[2]) Versuche angestellt, die folgende bemerkenswerten Tatsachen erkennen lassen: wenn man Nickel-Chromstähle nach dem Härten auf Temperaturen von mindestens 600⁰ schnell abkühlt, so erreichen sie eine gute Zähigkeit; wird die Abkühlung dagegen stark verzögert, so leidet die Kerbschlagfestigkeit außer-

---

[1]) French, Stahl und Eisen, 1910, S. 179.
[2]) Greaves, Fell und Hadfield, Stahl und Eisen, 1920, S. 984.

ordentlich, und zwar wächst der Grad der Sprödigkeit mit steigender Anlaßtemperatur. Spröder Stahl kann durch Anlassen auf 600 bis 650⁰ mit nachfolgendem Abschrecken wieder in den zähen Zustand überführt werden,
während zäher Stahl durch ein gleiches Anlassen mit folgender langsamer
Abkühlung spröde wird. Die Forscher
nehmen auf Grund ihrer Versuchsergebnisse einen Umwandlungsbereich zwischen 500 und 550⁰ an,
unterhalb welchem der spröde Zustand stabil ist.

Neben den Festigkeitseigenschaften ändern sich mit wachsender
Anlaßtemperatur auch die anderen
Eigenschaften; so nimmt z. B. die
Koerzitivkraft und Remanenz nach
Versuchen von Maurer[1]) (Abb. 309)
mit zunehmender Anlaßtemperatur
ab. Aber eigentümlicherweise verlaufen die Kurven nicht stetig,
sondern besitzen bei ungefähr 450⁰

Abb. 309. Abhängigkeit der Koerzitivkraft und der
Remanenz von der Anlaßtemperatur bei gehärtetem
C-Stahl mit 0,83% C.

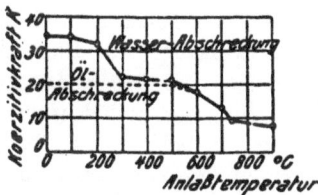

eine als Maximum ausgeprägte Erhöhung, die vielleicht mit dem von Heyn
als Osmondit bezeichneten Zwischenzustand zusammenhängt. Scheinbar
besteht auch Übereinstimmung mit den Dauerschlagversuchen von mir[2]) und
Leber, bei welchen die Stähle ebenfalls für 400⁰ einen Höchstwert besitzen.

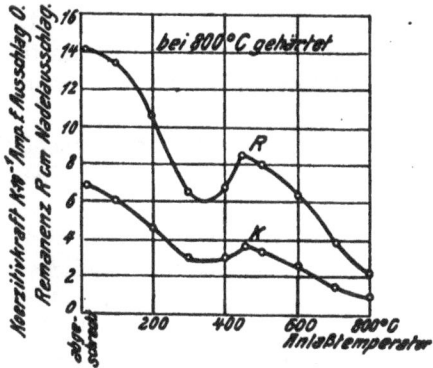

Abb. 310. Abhängigkeit der Koerzitivkraft
von der Anlaßtemperatur bei 1%igem
C-Stahl.

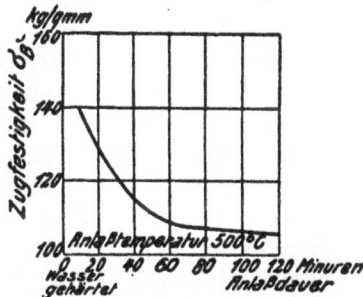

Abb. 311. Abhängigkeit der Zugfestigkeit
von der Anlaßdauer bei C-Stahl mit 1,33% C.

Der Einfluß der Ölabschreckung macht sich naturgemäß auch bei dem
späteren Anlassen bemerkbar. Bei der Wasserabschreckung erhält man reinen
Martensit, der nach Abb. 310 nach Versuchen von Sanford[3]) die höchste

---

[1]) Maurer, Mitteilungen Lichterfelde, 1909, S. 64.
[2]) Müller und Leber, Zeitschrift des Vereins deutscher Ingenieure, 1922, S. 543.
[3]) Sanford, Stahl und Eisen, 1920, S. 1415.

Koerzitivkraft besitzt. Wenn auch bei seinen Versuchen bei der Anlaßtemperatur von 400⁰ kein ausgeprägtes Maximum zustande kommt, so besitzt seine Kurve ebenfalls eine Unstetigkeit. Insofern decken sich also die
Ergebnisse der beiden. Durch die Ölabschreckung wird die Koerzitivkraft
nicht so hoch getrieben wie durch eine Wasserabkühlung; dementsprechend
nimmt sie auch beim nachfolgenden Anlassen bis ungefähr 500⁰ nicht ab,
sondern bleibt konstant. Hinsichtlich der Koerzitivkraft entspricht also
eine Ölabschreckung einer Wasserabschreckung mit nachfolgendem Anlassen
bis 500⁰.

Wie bei allen Glühungen, macht sich auch beim Anlassen neben der Anlaßtemperatur die Anlaßdauer geltend. Je länger die Anlaßdauer ist, desto
größer ist die Wirkung, und es genügt nicht, eine ganz geringe Zeit zu
wählen, weil man dann Gefahr läuft, keinen endgültigen Zustand, sondern
irgendein unkontrollierbares Zwischenstadium zu treffen. Zur Klärung dieser
Frage liegen Versuche von Jung[1]) vor. Danach ist eine recht beträchtliche
Dauer notwendig, in diesem Falle rd. 60 Minuten, um auf einen nahezu konstanten Endwert zu gelangen (Abb. 311).

B. Das Anlassen der Werkzeugstähle.

Zum Unterschied von dem Anlassen der Konstruktionsstähle, das,
wie bereits gesagt, bei beträchtlich hohen Temperaturen geschieht, erfolgt
das Anlassen der Werkzeugstähle bei bedeutend niedrigeren. In der Praxis
wird vielfach die Anlaßtemperatur nach den Anlauffarben bewertet, die durch
eine Oxydation der blanken Stahloberfläche entstehen. Dieses Verfahren ist
genau so wenig sicher und einwandfrei wie dasjenige der Bemessung der Glüh-
und Härtetemperatur nach der Farbe der Glut. Eine einwandfreie Tempera-
turbestimmung — und nur eine solche kann vor Fabrikationsenttäuschungen
schützen — kann allein mit Hilfe von Pyrometern geschehen. Für niedrige
Anlaßtemperaturen genügt ein Ölbad, für höhere dagegen ein Bleibad. Das
Anlassen hat zweierlei Funktionen zu erfüllen, einmal den Spannungsaus-
gleich im Stahl zur Vermeidung einer Beschädigung herbeizuführen und
dann die Sprödigkeit zu mildern, ohne die Härte zu beeinträchtigen. Damit
die Spannungen sich nicht vorher zum Schaden des Werkzeuges auslösen,
ist das Werkstück nach dem Härten gewissenhaft vor Zugluft, ungleichmäßiger
Erwärmung und Stoßbeanspruchung zu bewahren. Will man vorsichtig
vorgehen, so wird man das Werkstück, falls man nicht gleich nach dem Härten
anläßt, in der Zwischenzeit in temperiertem Öl aufbewahren. Das Maß der
Anlaßhärte ist von der Naturhärte abhängig; der von Natur härtere
Stahl besitzt nach dem Anlassen bei einer gewissen Temperatur auch eine
größere Anlaßhärte. In der Wahl der Anlaßtemperaturen geht man vielfach
nur so weit, um die Spannungen zu vernichten, und erhitzt das Werkstück

---

[1]) Jung, Diss., Berlin, 1914.

bis ungefähr 190⁰; oft geht man aber auch beträchtlich höher, und zwar
richtet man sich alsdann nach den Zwecken, denen das Werkzeug dienen
soll. Brearley-Schäfer[1]) empfehlen folgende Anlaßtemperaturen:

Verwendungszweck	Anlaß-temperatur ° Celsius
Messingschaber, kleine Drehstähle, Stahlhobelwerkzeuge, Holzschneide-werkzeuge, Papiermesser	220
Fräser, Drahtzieheisen, Schraubenschneidbacken, Gewindebohrer, Gewindesträhler, Durchschläge, Gesenke, Reibahlen, Hobelmesser, Steinschneidewerkzeuge	240
Spiralbohrer, Holzbohrer, Handhobeleisen	260
Holzbohrer, Äxte	275
Nadeln, Handsägen, Holzmeißel, Metallrundsägen, Schraubenzieher, Federn, Holzsägen	285

Alle diese Temperaturen liegen in dem Gebiet des Troostits, während
die Vergütungstemperaturen der Konstruktionsstähle im osmonditischen
und sorbitischen Bereich liegen.

IX. Kapitel. Die Korrosionserscheinungen.

A. Allgemeines.

Unter »Korrosion« versteht man die Zerstörung eines Metalles durch chemische und elektrische Einwirkungen. Die Erforschung der Ursachen der
Korrosion ist noch neueren Datums; sie reicht ungefähr 15 bis 20 Jahre
zurück. Trotz der Kürze der Zeit ist bereits ein außerordentliches Material
zusammengetragen, und es ist Heyn in Verbindung mit Bauer gewesen,
deren grundlegenden Arbeiten wir einen tieferen Einblick in die Ursachen der
Korrosionserscheinungen verdanken. Die Korrosionserscheinungen können
die verschiedensten Ursachen haben; neben ungeeigneter chemischer Zusammensetzung des Materials können innere Spannungen und auch mechanische Verletzungen der Oberfläche den Anlaß zu Korrosionen bieten, wenn das
Material chemischen oder elektrischen Einflüssen ausgesetzt ist. Die elektrolytischen Einflüsse beruhen nach Nernst[2]) darauf, daß ein Metall in einem
Lösungsmittel eine gewisse Lösungstension besitzt, die sich darin ausdrückt,
daß die Moleküle des Metalles in die Lösung hineinwandern; es findet so lange
eine Auflösung statt, bis die Lösungstension des Metalles dem osmotichen
Druck des gelösten Anteils das Gleichgewicht hält. Die Massenteilchen eines
Metalles A, das sich auflöst, gehen infolge Dissoziation aus dem Atomzustand
in die Ionenform über, die ihrerseits aus einem oder mehreren Atomen besteht

---

[1]) Brearley-Schäfer, Die Wärmebehandlung der Werkzeugstähle, Berlin.
[2]) Nernst, Theoretische Chemie, Stuttgart, 1913, S. 781.

344

und elektrisch geladen ist. Da nun jede wässerige Lösung freie positive Wasserstoffionen und negative Hydroxylionen enthält, verdrängen die in Lösung gehenden positiv geladenen Metallionen die Wasserstoffionen, die ihrerseits in den elementaren Zustand übergehen. Sowie durch die Gegenwart von freiem Sauerstoff der Wasserstoff oxydiert wird, tritt eine beschleunigte Lösung des Metalles ein. Sind außer A noch Ionen eines Metalles B mit geringerem Lösungsdruck im Elektrolyten, so kehren diese zu dem metallischen Zustand zurück, indem sie sich auf dem Metall A absetzen und ihre Ladung abgeben. Dieses wird dadurch an der betreffenden Stelle positiv geladen, während die umgebende Lösung negativ ist. Es entsteht also auf diese Weise ein elektrischer Strom von der Lösungsstelle des ursprünglichen Metalles durch den Elektrolyten zur Niederschlagstelle des Metalles und durch dieses zur Lösungsstelle zurück. Die auflösende Wirkung setzt sich daher fort. Die Oberfläche der Metalle ist aber auch nicht immer gleichmäßig, da vielfach Fremdbestandteile, verschiedene chemische Zusammensetzungen, Eigenspannungen u. dgl. auftreten. Hierdurch wird die Lösungstension an den einzelnen Oberflächenstellen geändert, und es treten demnach Potentialunterschiede auf, die eine schnellere Lösung des Metalles hervorrufen. Die positiv geladenen Wasserstoffionen wandern nach den Stellen der höheren Lösungstension, indem sie gegen die sich lösenden Metallionen ausgetauscht werden; die Hydroxylionen wandern an die Stellen der geringeren Tension. Je größer die Anzahl der Wasserstoffionen ist, um so größer ist die Lösungsgeschwindigkeit des Metalles; eine Säurezugabe begünstigt eine Erhöhung der Ionenzahl.

Wenn verschiedene Metalle mit dem gleichen Elektrolyten in Berührung kommen, so entstehen Spannungsdifferenzen zwischen ihnen. Eine leitende Verbindung der Metalle bringt einen schnellen Ausgleich der Potentialunterschiede, der bei einer Trennung der Metalle wesentlich verzögert wird.

Die galvanische Spannungsreihe richtet sich nach dem Elektrolyten; für die verschiedenen Metalle und Seewasser ist sie nach Untersuchungen von Diegel[1]:

> unedleres Ende (positiv) Zink,
> Aluminium,
> Eisen,
> Zinn,
> Aluminiumbronze (Cu-Al),
> Zinnbronze (89% Cu, 11% Sn),
> Zinn-Zinkbronze (88% Cu, 8% Sn, 4% Zn),
> Kupfer,
> edleres Ende (negativ) Phosphor-Zinnbronze (94% Cu, 6% Sn+P).

---

[1] Diegel, Verhandlungen des Vereins zur Beförderung des Gewerbefleißes, 1899, S. 313.

Der galvanische Strom geht vom unedleren Metall durch den Elektrolyten zum edleren. Das unedlere Metall wird hierbei zerstört, und je größer
der Spannungsunterschied ist, d. h. je weiter die Metalle in der Spannungsreihe auseinanderliegen, um so stärker tritt die Zerstörung in die Erscheinung.
Während das unedlere Metall (Anode) zerstört wird, erfährt das edlere (Kathode) eine Schutzwirkung. Die Wirkung des Spannungsunterschiedes, die
in einem Schutze des edleren Metalles auf Kosten des unedleren besteht,
kommt in einem guten Elektrolyten stärker zur Geltung als in einem weniger
guten Leiter, wie Versuche von Bauer und Vogel[1]) gezeigt haben. Nun kann
es vorkommen, daß durch ausgeschiedene Oxyde das unedlere Metall mit
anfänglich höherer Lösungstension mit fortschreitender Lösung ein edleres
Potential erhält, so daß das vorher edlere Metall negativ wird und nun seinerseits korrodiert. In diesem Falle haben wir also einen Polwechsel. Je nach der
Beschaffenheit der Oberfläche, ob sie abwechselnder Befeuchtung ausgesetzt
ist, ob die Oxyde abgeschwemmt werden u. dgl. mehr, können die Versuchsbedingungen also dauernd wechseln.

Nach Schleicher[2]) wird ein Metall in einem Elektrolyten stärker angegriffen, wenn es mit einem unedleren sich direkt in Berührung befindet,
als wenn keine Berührung vorhanden ist. Die Berührung zweier verschiedener
Metalle erhöht also die Korrosion. Andrerseits tritt bei zwei Metallen, die sich
ohne Berührung in einem Elektrolyten befinden, die Korrosion in verstärktem
Maße auf, wenn von außen Strom durch das Aggregat geschickt wird; fremder
galvanischer Strom erhöht also eine Korrosion. Es ist dieses Moment von
großer Wichtigkeit, weil bekanntlich der Erdboden oft stark von vagabun-
dierenden Strömen durchzogen wird.

Als Hauptursachen der Zerfressungen von Metallen, die mit Flüssigkeiten
in Berührung stehen, können folgende gelten:

1. Die Potentialunterschiede bei der Gegenwart mehrerer Metalle
   (galvanische Ströme),
2. die Potentialunterschiede örtlicher Natur infolge heterogener Gefüge, Verunreinigungen, Einschlüsse, ungleichmäßiger Bearbeitung
   und Glühung,
3. Thermoelektrische Ströme infolge von Temperaturunterschieden,
4. Fremdströme (vagabundierende Ströme),
5. rein chemische Einflüsse.

B. Die Korrosion des Eisens.

1. Die Graphitierung des Gußeisens (Eisenkrebs, Spongiose).

Unter „Graphitierung" (Eisenkrebs, Spongiose) des Gußeisens versteht
man die Zersetzung in eine weiche, mit dem Messer leicht schneid- und schab-
bare Masse, die mattgrau bis schwarz ist und allmählich so spröde wird,

---

[1]) Bauer und Vogel, Mitteilungen Lichterfelde, 1918, S. 114.
[2]) Schleicher, Metallurgie, 1909, S. 182.

daß sie mit dem Finger zerdrückbar ist; sie ist dem Graphit in ihrer äußeren Beschaffenheit nicht unähnlich. Der Graphit erscheint vielfach grauweiß in ihr. Ihr spezifisches Gewicht beträgt nach Kröhnke[1]) bis 2,0. Während man früher annahm, daß nur graues Gußeisen der Graphitierung anheimfallen kann, indem der Ferrit herausgelöst wird, während weißes Gußeisen keinen Veränderungen unterliegt, erscheint diese Ansicht nach Versuchen von Bauer und Wetzel[2]) nicht mehr haltbar; beiden gelang es, die Graphitierung künstlich einmal unter Anwendung des elektrischen Stromes, dann aber auch ohne einen solchen herbeizuführen. Unter der Einwirkung des elektrischen Stromes verwandeln sich graues und weißes Gußeisen, sofern sie als Anode dienen, bei Gegenwart eines guten Elektrolyten sehr schnell zu einer weichen oxydischen Masse. Falls kein fremder elektrischer Strom, z. B. vagabundierende Ströme, einwirkt, geschieht die Umwandlung allerdings nur sehr langsam. Die Berührung des Eisens mit andern Metallen wirkt auch beschleunigend auf die Zersetzung. Ebenso ist die Art des Wassers von ausschlaggebender Bedeutung, indem in Salzlösungen die Zerstörung schneller fortschreitet als in schlecht leitenden Flüssigkeiten. Naturgemäß ist die Spannung der von außen wirkenden elektrischen Ströme von Einfluß auf die Geschwindigkeit der Zersetzung. Die beiden Forscher fanden, daß als Voraussetzung für den Eintritt der Graphitierung die Gegenwart von Feuchtigkeit in tropfbar flüssiger Form ist; ohne eine solche ist nach ihren Versuchen eine Zersetzung unmöglich. Dementsprechend sehen sie in der Graphitierung einen dem Rostangriff verwandten Vorgang, bei dem die Zersetzung beim Grauguß stets den Graphitblättchen als den weichsten Bestandteilen folgt, die selbst allerdings nicht angegriffen werden. Der Angriff erstreckt sich vielmehr zum größten Teil auf den Ferrit, wodurch naturgemäß der Perlit auch in Mitleidenschaft gezogen wird. Die Weißfärbung der Graphitblättchen erklären Bauer und Wetzel für eine optische Täuschung, die durch den Gegensatz in der Färbung der mürben Grundmasse hervorgerufen wird. Damit scheint die Graphitierung auf zersetzende Einflüsse durch elektrische Ströme, Salze und organische Säuren des Bodens und bei Gegenwart eines anderen Metalles auf elektrolytische Einflüsse zurückzuführen zu sein.

2. Die Angreifbarkeit des Eisens durch Säuren, Salzlösungen und sonstige Einflüsse.

a) Die Angreifbarkeit durch Säuren.

Wie aus den früheren Kapiteln hervorgeht, werden die mechanischen Eigenschaften der abgeschreckten Stähle durch ein nachfolgendes Anlassen stark verändert. Setzt man nun nach dem Vorbilde von Heyn und Bauer[3])

---

[1]) Kröhnke, Metallurgie, 1910, S. 674.
[2]) Bauer und Wetzel, Ferrum, 1916/17, S. 1.
[3]) Heyn und Bauer, Mitteilungen Lichterfelde, 1906, S. 34; Metallurgie, 1909, S. 475; Stahl und Eisen, 1909, S. 733.

derartige Stahlproben der Einwirkung einer 1 proz. wässrigen Schwefelsäurelösung aus, so erhält man die in Abb. 312 verzeichneten Gewichtsabnahmen.
Die Stähle zeigen ein ausgeprägtes Maximum, das für einen eutektoiden
Stahl bei rd. 400° Anlaßtemperatur liegt. Der Zustand, in dem sich die Struktur hierbei befindet, heißt nach Heyns Vorschlag „Osmondit". Er stimmt
überein mit demjenigen der stärksten Dunkelätzung. In der Abbildung
finden wir auch die Lage der anderen Gefügebestandteile Troostit, Sorbit
und Perlit eingetragen. Für einen kohlenstoffärmeren Stahl mit z. B. 0,07%
besteht das Maximum der Löslichkeit zwischen 300 und 400°. Im Anschluß
hieran muß auf die Ergebnisse hingewiesen werden, die ich[1]) unter Mitwirkung
von Leber hinsichtlich der Ermüdungsfestigkeit in Abhängigkeit von der

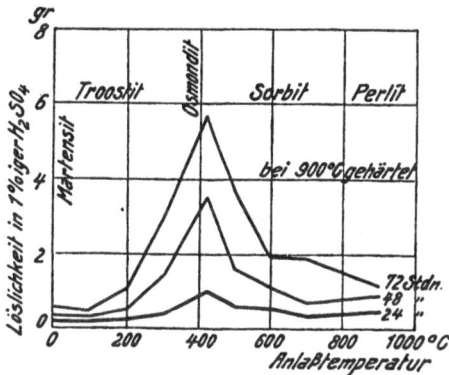

Abb. 312. Abhängigkeit der Säurelöslichkeit von der
Anlaßtemperatur bei gehärtetem C-Stahl mit 0,95% C;
0,35% Si; 0,17% Mn.

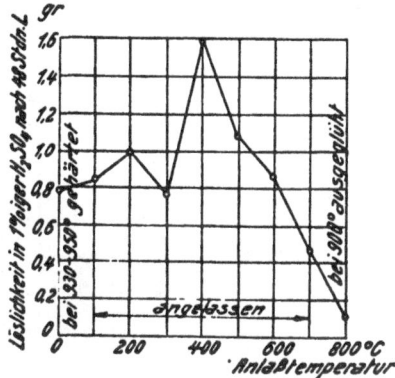

Abb. 313. Abhängigkeit der Säurelöslichkeit von
der Anlaßtemperatur bei Wo-Stahl mit 5% Wo;
0,65% C.

Anlaßtemperatur der Kohlenstoffstähle gefunden habe. Das Maximum der
Dauerschlagzahlen lag für 0,16% Kohlenstoff zwischen 300 und 400° und für
0,78% Kohlenstoff bei rd. 400°, also eine befriedigende Übereinstimmung,
die zeigt, daß ein Stahl im osmonditischen Zustande nicht nur die größte
Ermüdungsfestigkeit, sondern auch die größte Säurelöslichkeit besitzt. Ein
Höchstwert der Säurelöslichkeit ist außer bei den angelassenen Kohlenstoffstählen auch bei den Wolframstählen zu finden. Versuche von Mars[2]) ergaben hierüber ebenfalls eine maximale Löslichkeit bei 400° Anlaßtemperatur, wie aus Abb. 313 hervorgeht.

Heyn und Bauer untersuchten aber auch in den vorher angeführten
Arbeiten die Einwirkung der 1 proz. Schwefelsäure auf abgeschreckten Chrom-
Wolframstahl mit 28,8% Wolfram, 4,4% Chrom und 0,84% Kohlenstoff.
Die Ergebnisse sind in Abb. 314 dargestellt, und sie zeigen, daß bis 800°

---

[1]) Müller und Leber, Zeitschrift des Vereins deutscher Ingenieure, 1922, S. 543.
[2]) Mars, Die Spezialstähle, Stuttgart.

Abschrecktemperatur die Angreifbarkeit keine starken Veränderungen erleidet. Zwischen 800 und 900⁰ jedoch findet eine plötzliche Löslichkeitszunahme statt, die nach dem früheren mit einer Erhöhung der Härte verbunden ist. Bei 1200⁰ erreicht die Löslichkeit ihr Maximum, um darauf wieder abzufallen. Scheinbar kann mit Hilfe der Löslichkeitsprobe in Verbindung mit der Härteprüfung ein gewisser Rückschluß auf die Wärmebehandlung des Schnelldrehstahles gezogen werden, was um so wichtiger ist, als die mikroskopische Prüfung versagt.

Wird Flußeisen so hoch erhitzt, daß es in den überhitzten Zustand kommt, so zeigt es nach der Abkühlung ein edleres Verhalten als das nicht überhitzte Eisen.

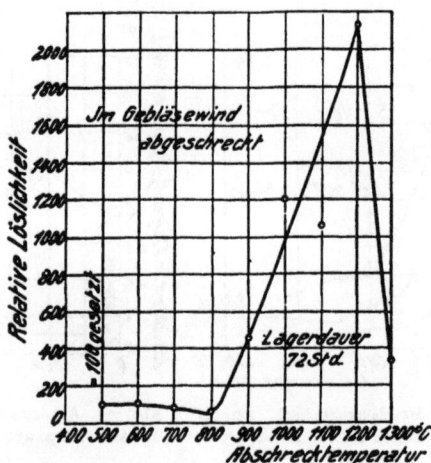

Abb. 314. Abhängigkeit der Löslichkeit in 1% iger Schwefelsäure von der Abschrecktemperatur bei Cr-Wo-Stahl mit 22,82% Wo; 4,43% Cr; 0,84% C.

Neben der Wärmebehandlung eines Stahles ist auch sein Reckzustand von Einfluß auf die Löslichkeit in 1proz. Schwefelsäure. Nach den angeführten Versuchen von Heyn und Bauer wird die Angreifbarkeit durch Recken gesteigert und durch Ausglühen verringert. Wenn es sich also um die Beständigkeit eines Stahles oder Flußeisens gegenüber Säuren handelt, so wird man möglichst das Material ausglühen. Es ist bemerkenswert, daß die Metalle sich nicht in ihrer Gesamtheit diesem Gesetz anpassen; so machen z. B. Kupfer und Aluminium scheinbar eine Ausnahme, da sie im kaltgereckten Zustande eine verringerte Löslichkeit zeigen sollen.

Die verschiedenen Eisensorten, wie Flußeisen, Schweißeisen und Gußeisen, verhalten sich gegenüber der 1proz. Schwefelsäure recht verschieden. Wie Heyn und Bauer fanden, verhält sich der Angriff dieser drei Materialien in der genannten Reihenfolge wie 1:2:100. Hierbei dürfte allerdings die chemische Zusammensetzung eine Rolle spielen, jedoch liegt das ungünstige

Verhalten des Schweißeisens und besonders des Gußeisens wahrscheinlich an den zahlreichen Schlackeneinschlüssen des ersteren und an den Graphiteinschlüssen des letzteren.

Während man früher geneigt war, die Rostangriffe des Eisens lediglich auf Kohlensäure zurückzuführen, haben Heyn und Bauer[1]) nachgewiesen, daß als wesentlichster Faktor der im Wasser freie, gelöste Sauerstoff in Betracht kommt. Nach ihren Untersuchungen tritt auch ein Rosten ein, wenn Kohlensäure nicht zugegen ist. Jedoch scheint die Art der Sauerstoffzufuhr von wesentlichem Einfluß zu sein, denn die beiden Forscher fanden, daß der Angriff doppelt so stark ist, wenn Sauerstoff durch das Wasser geleitet wird, als wenn er durch Diffusion der Luft von der Flüssigkeitsoberfläche her in das Wasser gelangt. Desgleichen hat die Erneuerung der Flüssigkeit sowie der Zustand der Eisenoberfläche (Gußhaut, Walzhaut, glatte oder rauhe Oberfläche, blanke oder oxydierte Oberfläche usw.) und die Flüssigkeitsmenge großen Einfluß auf den Rostvorgang. Wir erkennen hieran, daß bei den Untersuchungen der Korrosionen die verschiedensten Versuchsbedingungen zu beachten sind. Hierdurch werden natürlich die Forschungen außerordentlich erschwert und geben nachher nur durch Berücksichtigung aller Umstände ein den praktischen Verhältnissen entsprechendes Bild. Während der Angriff von 1 proz. Schwefelsäure für Flußeisen, Schweißeisen und Gußeisen die oben geschilderten, krassen Verhältnisse annimmt, beträgt die Löslichkeit für Wasser, das mit Kohlensäure gesättigt ist, bei den genannten drei Eisensorten 1:1,3:4,3. Man erkennt hieraus, daß der Angriff durch Schwefelsäure kein Maßstab für die Widerstandsfähigkeit gegen den Rostangriff bedeutet. Dies tritt um so stärker zutage, wenn man berücksichtigt, daß die drei Eisensorten in ruhendem Wasser keine nennenswerten Unterschiede im Rostangriff zeigen, wie ebenfalls die Versuche von Heyn und Bauer dartun; im bewegten Wasser soll allerdings Gußeisen einen stärkeren, aber dafür gleichmäßigeren Angriff erfahren als Schmiedeeisen.

Über die Löslichkeit in anderen Säuren liegen Versuche von Kröhnke[2]) vor. So wirkt Salzsäure viel stärker auf Gußeisen als auf Schmiedeeisen ein, und bei letzterem ist Schweißeisen ungünstiger als Flußeisen. Der Grund hierfür liegt auch wieder in den Schlacken- bzw. Graphiteinschlüssen; für das Gußeisen kommt auch noch die durch die Poren bedingte größere Oberfläche in Betracht. Je nachdem, wie nun die Erstarrungsverhältnisse des Gußeisens gewesen sind, wird durch diese auch die Angreifbarkeit in verschiedenem Maße beeinflußt; große Graphitblättchen wirken ungünstiger als kleine, und dichter Guß ist dem porösen gegenüber im Vorteil. Salzsäure greift Gußeisen weniger stark an als Schwefelsäure, dagegen Schmiedeeisen in stärkerem

[1]) Heyn und Bauer, Mitteilungen Lichterfelde, 1908, S. 1.
[2]) Kröhnke, Über das Verhalten von Guß- und Schmiederohren in Wasser, Salzlösungen und Säuren, München-Berlin, 1911.

Maße. Bei der Einwirkung von Schwefelsäure auf Eisen konnte Kröhnke einen Unterschied zwischen Schweiß- und Flußeisen nicht feststellen. Der Widerspruch, der sich hierin gegenüber den Versuchen von Heyn und Bauer ergibt, dürfte in äußeren Versuchsbedingungen liegen. Phosphorsäure greift die Eisensorten geringer an als Schwefelsäure und Salzsäure. Ameisensäure und Essigsäure verhalten sich im allgemeinen genau wie die oben besprochenen. In allen Fällen übt die Guß- und Walzhaut eine gewisse Schutzwirkung den Säuren gegenüber aus.

b) Die Angreifbarkeit durch Salzlösungen.

Die Einwirkung von Salzlösungen auf die Angreifbarkeit von Guß- und Schmiedeeisen ist von Kröhnke in der zuletzt angeführten Arbeit untersucht worden. Für seine Untersuchungen benutzte er die Chloride, Sulfate und Nitrate des Natriums und Ammoniums; er fand, daß im allgemeinen der Angriff bei bestimmten, kritischen Konzentrationen am stärksten ist. Diese Konzentrationen sind aber nicht nur eine Funktion des Salzgehaltes, sondern auch von der Beschaffenheit des Eisens abhängig. Die Ammoniumsalze haben einen außerordentlich starken Angriff, und unter ihnen ragt das Nitrat am stärksten hervor. In höher konzentrierten Lösungen konnte stets eine stärkere Rostneigung des Gußeisens gegenüber dem Schmiedeeisen festgestellt werden. In ruhendem, destilliertem Wasser, Leitungswasser und künstlichem Seewasser zeigte Gußeisen einen größeren Gewichtsverlust als Schmiedeeisen; für Schweiß- und Flußeisen waren die Ergebnisse ungefähr die gleichen. Wenn das Wasser fließt, wird der Rost natürlich dauernd fortgespült, so daß eine geringere Schutzwirkung in die Erscheinung tritt. Kröhnke stellte außerdem fest, daß bei wechselnder Berührung mit Wasser und Luft die Rosteinwirkungen bei dem Gußeisen geringer waren als bei Schmiedeeisen.

Wie oben schon ausgeführt wurde, treten die Korrosionen im allgemeinen um so stärker zutage, wenn zwei verschiedene Metalle in Berührung miteinander stehen. Hierüber haben Bauer und Vogel[1]) umfangreiche Untersuchungen angestellt, und sie fanden, daß in einer 1 proz. Kochsalzlösung das edlere Metall in Berührung mit dem unedleren erheblich weniger angegriffen wird, als wenn sich ersteres allein in der Salzlösung befunden hätte. Für Leitungswasser ergaben sich nicht so deutliche Unterschiede. Es folgt hieraus die schon früher besprochene Tatsache, daß in einem wenig guten Leiter die Beeinflussung der sich berührenden Metalle verhältnismäßig gering ist, in einem sehr schlechten Leiter dagegen kaum in die Erscheinung tritt. Die Leitfähigkeit des Elektrolyten ist also von großem Einfluß auf die Wirkung des Spannungsunterschiedes. Nach Heyn und Bauer[2]) wird Kupfer in Berührung mit dem unedleren Eisen geschützt; der Rostangriff des Eisens wird durch die Gegenwart von Kupfer im Leitungswasser um rd. 25%, im Seewasser um rd. 47% er-

---

[1]) Bauer und Vogel, Mitteilungen Lichterfelde, 1918, S. 114.

[2]) Heyn und Bauer, Mitteilungen Lichterfelde, 1908, S. 1.

höht. Nickel verstärkt den Rostangriff des Eisens im Leitungswasser um 14 bis 19%, und Flußeisen wird durch die Gegenwart von Gußeisen um 28 bis 50% weniger angegriffen, so daß also das erstere edler ist.

Das Verhalten zweier sich berührender Metalle wird praktisch benutzt, um Konstruktionsteile vor Korrosionen zu schützen. Für Eisen kommt als Schutzmetall nach den Untersuchungen von Bauer und Vogel praktisch nur Zink in Betracht. Je größer die Leitfähigkeit des Elektrolyten ist, um so geringer kann die Schutzmetalloberfläche im Verhältnis zur Eisenoberfläche gewählt werden.

Durch Einwirkung eines elektrischen Stromes — sei es, daß er von einer äußeren Stromquelle oder aus dem Element Eisen-Elektrolytschutzmetall stammt — wird der Rostschutz begünstigt. Je nach der Stromdichte wird er ein mehr oder weniger vollkommener sein; erreicht die Dichte 0,0000106 Amp/qcm, so genügt sie, um für handelsübliches Flußeisen bei Zimmerwärme in Kochsalzlösungen bis zur Seewasserkonzentration einen völligen Rostschutz zu erzielen.

c) Der Einfluß der chemischen Zusammensetzung des Eisens.

Unter Berücksichtigung aller der Umstände, die bisher als korrosionsbegünstigend angeführt wurden, erscheint es selbstverständlich, daß die chemische Zusammensetzung des Eisens — sei es, daß sie in gewollter Weise durch bestimmte Zusatzelemente verändert wird, sei es, daß sie ungewollt durch Verunreinigungen beeinflußt ist — von Einfluß auf die Zersetzung ist. Dies ist denn auch tatsächlich festgestellt worden. Die Löslichkeit in 1 proz. Schwefelsäure wird in Abhängigkeit vom Kohlenstoffgehalt nach Versuchen von Heyn und Bauer[1]) in Abb. 315 dargestellt. Hiernach scheint für einen mittleren Kohlenstoffgehalt von ungefähr 0,6% eine maximale Löslichkeit zu bestehen, die sich allerdings durch den

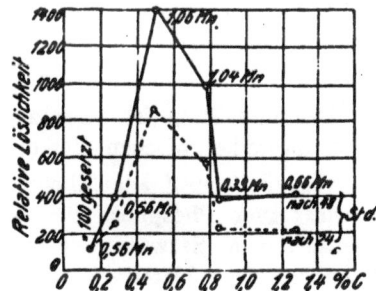

Abb. 315. Abhängigkeit der Löslichkeit in 1%iger Schwefelsäure vom C-Gehalt bei C-Stahl.

metallographischen Gefügeaufbau nicht erklären läßt. Inwieweit der höhere Mangangehalt von Einfluß ist, weiß man nicht; allerdings ist bekannt, daß bei Gußeisen ein Mangangehalt ohne bemerkenswerte Folgen bleibt. Der Einfluß eines höheren Kupfergehaltes auf das Eisen ist ebenfalls Gegenstand einer ausgedehnten Untersuchung von Bauer[2]) gewesen, der hierfür ein Material von 0,06 bis 0,09% Kohlenstoff, 0,37 bis 0,50% Mangan und bis 0,35% Kupfer

---

[1]) Heyn und Bauer, Stahl und Eisen, 1909, S. 873.
[2]) Bauer, Stahl und Eisen, 1921, S. 37.

352

benutzte. Im allgemeinen kann gesagt werden, daß die Versuche, die in freier Landluft, Seeluft, in kohlensäure- und schwefelsäurehaltiger Luft, in Seewasser und Erdbodenfeuchtigkeit ausgeführt wurden, keine Besonderheiten ergeben haben. In stark kohlensäurehaltigem Wasser sowie in säurehaltiger Luft zeigt ein Kupfergehalt gewisse Vorzüge. Anders wirkt ein Nickelzusatz. Ein Stahl mit 6% Nickel wird in Berührung mit nickelfreiem Eisen bei Gegenwart eines Elektrolyten kaum noch angegriffen; Diegel[1]) fand, daß mit steigendem Nickelgehalt des Stahles die Potentialdifferenz zwischen diesem und Zink steigt, und bei zwei Nickelstählen mit einer Nickeldifferenz von 23 bis 30% bleibt der nickelreiche Stahl erhalten. Ganz ähnlich wie Nickel verhält sich auch Chrom, wie Versuche von Friend, Bentley und West[2]) für Leitungswasser, Seewasser und Schwefelsäurelösung als Elektrolyten gezeigt haben. Die rostbeständigen Stähle V2A und V1M der Firma Friedr. Krupp A.-G., die 1,5 bis 5,8% Nickel und 15,8 bis 20,6% Chrom enthalten, haben folgende Gewichtsverluste in den verschiedenen Angriffsmitteln nach Angaben von Strauß und Maurer[3]) gezeigt:

Lagerungsart und -Dauer		Flußeisen	25%iger Nickelstahl	V1M	V2A
Luft (30 Tage)	%	100	1,1	0,4	0
Seewasser (20 Tage)	%	100	5,5	5,2	0,6
kalte 10%ige Salpetersäure (14 Tage)	%	100	69	—	0
kochende 50%ige Salpetersäure (2 Stunden)	%	100	103	—	0

Der V2A-Stahl ist edler als Kupfer; er liegt in der elektrolytischen Spannungsreihe zwischen diesem und Silber.

Wie die vorauf angeführten Zusatzmetalle die Korrosion beeinflussen, so wirkt auch Phosphor. Bei der Berührung verschieden phosphorhaltiger Eisensorten im Seewasser korrodiert nach den Versuchen von Diegel das phosphorreichere Material weniger als das phosphorärmere; scheinbar ist also ersteres die Kathode, die geschützt wird. Je höher nun der Phosphorgehalt ist, um so mehr nähert sich das Eisen in der Spannungsreihe dem Kupfer. Die Potentialdifferenz zwischen Eisen und Zink erreicht bei 0,05 bis 0,06% Phosphor bereits Werte, die bei höheren Gehalten nur noch langsam zunehmen. Nach Versuchen von Heyn und Bauer[4]) soll bei Gußeisen der Phosphorgehalt keinen bemerkenswerten Einfluß ausüben.

[1]) Diegel, Verhandlungen des Vereins zur Beförderung des Gewerbefleißes, 1903, S. 93.
[2]) Friend, Bentley und West, Stahl und Eisen, 1912, S. 876.
[3]) Strauß und Maurer, Zeitschrift für Metallkunde, 1922, S. 131.
[4]) Heyn und Bauer, Mitteilungen Lichterfelde, 1908, S. 1.

C. Die Korrosion der „Metalle".

1. Die einfachen Metalle.

a) Kupfer.

Bei der Untersuchung des Verhaltens von Kupfer im freien Seewasser fand Diegel[1]), daß bei 600⁰ ausgeglühtes Material doppelt so stark angegriffen wird wie kaltgerecktes. Ebenso geschehen die Anfressungen bei reinem Kupfer bedeutend leichter als bei solchem, das durch Arsen verunreinigt ist. Es kann möglich sein, daß im letzteren Falle die geringere Leitfähigkeit des arsenhaltigen den Grund bildet, da bekanntlich ein ganz geringer Arsengehalt genügt, um den elektrischen Widerstand des Kupfers stark zu erhöhen. Wenn man nun Kupfer verzinkt oder verzinnt, so wirkt natürlich der Überzug zunächst günstig, so lange er ununterbrochen und dicht ist. Sobald er aber zerstört ist, wirken die Reste auf das Kupfer in verstärktem Maße angreifend ein. Aber nicht nur hierdurch können die Korrosionen des Kupfers beschleunigt werden, sondern die Zersetzungsprodukte selbst begünstigen sie; Kupferoxydul tut das gleiche. Über das Verhalten von Kupfer verschiedener Reckgrade gegenüber Salzlösungen liegen von mir[2]) Versuche vor. Als Lösungen kam das künstliche Seewasser sowie dessen Komponenten, also Natriumchlorid, Magnesiumchlorid, Magnesiumsulfat und Calciumsulfat zur Verwendung. Da in den einzelnen Gefäßen nur Proben gleichen Reckgrades gelagert waren, wurde der Einfluß der verschiedenartigen Reckung jeweils ausgeschaltet. Es zeigte sich nun, daß im Seewasser das Natriumchlorid das wirksamste Salz ist, das zugleich auch in der stärksten Konzentration vorkommt; die anderen Salze spielen eine mehr oder weniger untergeordnete Rolle. Eine anfängliche Vermutung, daß die Gesamtwirkung in der Summe der Wirkungen der einzelnen Komponenten besteht, hat sich nicht bestätigt. Von den verwendeten Chloriden und Sulfaten waren die ersten wirksamer; ebenso bedingt der höhere Reckgrad die größere Angreifbarkeit durch Natriumchlorid, wohingegen Seewasser, Magnesiumsulfat und Magnesiumchlorid mit höherem Reckgrade eine geringere Einwirkung erkennen ließen. Es ist eine bekannte Tatsache, daß die sich bildenden Überzüge unter Umständen einen gewissen Schutz vor weiteren Korrosionen bilden können. Bei den verwendeten Salzen wurde festgestellt, daß die durch die Magnesiumsulfat- und Magnesiumchloridlösung hervorgebrachte Oxydation einen stärkeren Schutz darstellt als diejenige der Kochsalzlösung; und von den beiden erstgenannten wirkt die letztere wieder günstiger als die erstere.

b) Zink und Blei.

Nach Untersuchungen von Bauer und Wetzel[3]) werden Zink und Blei von sehr reinem Wasser sehr stark angegriffen; Leitungswasser zeigt einen

---

[1]) Diegel, Verhandlungen des Vereins zur Beförderung des Gewerbefleißes, 1903, S. 93.
[2]) Müller, Zeitschrift für Metallkunde, 1922, S. 286.
[3]) Bauer und Wetzel, Mitteilungen Lichterfelde, 1916, S. 333.

geringeren Angriff, weil sich scheinbar eine Schutzhaut bildet. Bemerkenswert ist das Ergebnis, daß Zink vom Gips, dagegen Blei vom Zement und Kalk sehr stark angegriffen werden.

c) Aluminium.

Entgegengesetzt wie Kupfer soll sich Aluminium verhalten, das durch Wasser und Salzlösungen nach Bailey[1]) in reinem Zustande weniger angegriffen wird als verunreinigtes Material. Nach Versuchen von Schulz[2]) greift Leitungswasser das Reinaluminium stärker an als destilliertes Wasser. Salpetersäure soll nach Bailey Aluminium in der Kälte fast gar nicht angreifen und in der Wärme nur sehr wenig. Salzsäure und Seewasser wirken angeblich sehr stark und Schwefelsäure schwach. Durch Kaltrecken wird die Löslichkeit in 10 proz. Salzsäure und 0,5 proz. Kalilauge erhöht. Auch wird nach Diegel[3]) gerecktes Material durch stärker gerecktes in einem Elektrolyten geschützt; letzteres ist also unedler. Reines und schwach mit Kupfer (ungefähr 2,3%) legiertes Aluminium hat eine geringere Säurelöslichkeit als höher legiertes (ungefähr 3,6% Kupfer), wie Schulz angibt. Heyn und Bauer[4]) unterscheiden beim Angriff des Aluminiums durch Wasser und Salzlösungen zwei Arten von Korrosionen, einen gleichmäßigen Angriff durch Entstehung von Aluminiumhydroxyd und örtliche Anfressungen. Je größer der Kaltreckgrad war, desto stärker erscheint der örtliche Angriff; ein Ausglühen bei 450° läßt ihn nicht eintreten. Dieser Angriff findet auch nicht bei allen Salzen und besonders bei destilliertem Wasser statt. Die Bildung des Aluminiumhydroxyds geschieht durch Leitungswasser leichter bei weichem Aluminium als bei kaltgerecktem.

2. Die Legierungen.

a) Kupfer-Zink (Messing).

Einen großen Teil unserer Kenntnis über die Korrosion der Messingsorten verdanken wir den ausführlichen Arbeiten Diegels[3]); er untersuchte hauptsächlich das Verhalten der Legierungen im freien Seewasser und fand dabei, daß die zinkreichen in Verbindung mit Kupfer oder kupferreicheren Legierungen durch den galvanischen Strom infolge ungefähr gleichmäßiger Auflösung des Kupfers und Zinks angegriffen werden. Übersteigt der Zinkzusatz einen Gehalt von ungefähr 28%, so soll einerseits die Korrosion erheblich größer sein, andrerseits aber die Zerstörung sich in der Hauptsache durch Auslaugen des Zinks bemerkbar machen. Diegel fand, daß dieses Herausfressen des Zinks durch einen Zusatz von 15% Nickel herabgedrückt und dadurch die Beständigkeit der zinkreichen Kupferlegierungen in Berührung mit Kupfer

---

[1]) Bailey, Institute of Metals, 1913.
[2]) Schulz, Metall und Erz, 1919, S. 96.
[3]) Diegel, Verhandlungen des Vereins zur Beförderung des Gewerbefleißes, 1903, S. 93.
[4]) Heyn und Bauer, Mitteilungen Lichterfelde, 1911, S. 2.

und Seewasser sehr erhöht wird. Die Frage der Zerstörung des Messings ist besonders deshalb von Bedeutung, weil es einer der wichtigsten Baustoffe des Maschinenbaues ist und z. B. im Schiffbau umfangreichste Verwendung findet. Zu einem der wundesten Punkte gehört die Zerstörung der Kondensatorrohre, die aus einer Legierung von 70% Kupfer, 29% Zink, 1% Zinn bestehen. Eine derartige Legierung setzt sich im allgemeinen aus α-Mischkristallen zusammen, wobei vielleicht noch β-Spuren vorhanden sind. Der Klärung dieser Frage haben sich besonders Lasche[1]) und Wurstemberger[2]) zugewendet. Bei fremden und galvanischen Strömen treten die Anfressungen punktförmig als muldenartige Vertiefungen von innen nach außen auf, während durch stark verschmutztes Kondensat Zerstörungen von außen nach innen erfolgen können. Liegen rein chemische Anfressungen z. B. durch Salzlösungen vor, so lassen sich diese durch ihre gleichmäßige Verteilung über das ganze Rohr leicht erkennen; sie schreiten mehr oder weniger langsam fort. Die Mischkristalle, aus denen das Messing besteht, können naturgemäß leicht galvanische Ströme lokaler Natur erzeugen, wenn z. B. ein heterogenes Gefüge, bestehend aus zwei Mischkristallarten vorliegt, oder eine aus einer Mischkristallart bestehende Struktur infolge ungenügender Homogenisierung Kristallseigerungen aufweist. Die zinkreichen Gebiete werden zuerst angegriffen, und die Zerstörung tritt an den Korngrenzen zuerst auf. Aus den Mischkristallen entsteht durch Entzinkung Kupfer, das sich vermutlich sofort wieder in kristalliner Form, jedoch stark mit Poren behaftet, ausscheidet. Dieses Kupfer unterscheidet sich von jenem durch rein chemische Zerstörungen entstandenen dadurch, daß letzteres schwammig und nicht in Kristallform auftritt. Nach Lasches Untersuchungen ergibt sich auch, daß geglühtes, grobkristallinisches Gefüge das Messing gegen elektrolytische Einflüsse widerstandsfähiger macht. Wurstemberger fand ein Auftreten der Entzinkung sowohl bei homogenem α- wie β-Messing, wobei sich das Kupfer pfropfenförmig einlagert oder schichtenweise aufsetzt. Je mehr Kupfer die Legierung enthält, desto geringer ist die Neigung zur Entzinkung; für diese steigt dann aber die Gefahr der von ihm als „selektive" Korrosion bezeichneten Erscheinung, bei der örtliche Anfressungen entstehen, die auch am Kupfer erkennbar sind, und die durch Veränderung des elektrischen Potentials infolge örtlicher Auflagerung von schwer löslichen Kupfersalzen auf dem Metall hervorgerufen werden. Demnach sind selektive Korrosionen und Entzinkung meist Begleiterscheinungen. Die Schutzfrage spielt zur Erhaltung des Messings naturgemäß eine große Rolle, und es zeigte sich auch bei den Versuchen von Lasche wieder, daß Zink einen besseren Schutz ausübt als Eisen, sobald Seesalzlösungen mit Schwefelsäure- bzw. Salpetersäure- oder Ammoniakzusatz in Frage kommen. Kupfer schützt natürlich das Messing in einer See-

---

[1]) Lasche, Zeitschrift für Metallkunde, 1920, S. 161; Konstruktion und Material im Bau von Dampfturbinen und Turbodynamos, Berlin, 1921. — Maas, Zeitschrift für Metallkunde, 1921, S. 152.

[2]) v. Wurstemberger, Zeitschrift für Metallkunde, 1922, S. 23.

salzlösung nur wenig, weil die beiden in der Spannungsreihe sehr nahe zusammenliegen. Dagegen werden die letzteren Verhältnisse umgekehrt, wenn der Seesalzlösung Säure oder Ammoniak zugesetzt wird. Es ist wichtig, festzustellen, daß bei einer Berührung des Messings mit Kohle ersteres auch zerfressen wird.

Wirken Fremdströme auf ein Aggregat ein, das sich aus Messing- und Eisenblech in 1proz. Seesalzlösung mit 0,1% Schwefelsäure oder 0,05% Salpetersäure zusammensetzt, wobei das Messingblech als Anode, das Eisenblech als Kathode dient, so ist mindestens eine Stromdichte von 0,01 Amp/qdm notwendig, wenn nach längerer Zeit Anfressungen vermieden werden sollen. Bei diesen von Lasche gewählten Versuchsbedingungen traten pfropfenförmige Entzinkungen auf.

Auf die praktischen Schutzeinrichtungen einzugehen, wie sie durch Verwendung von Schutzplatten und Schutzdynamos (Cumberland-Verfahren) sowie andere Methoden gebräuchlich sind, läßt der Raum dieses Buches nicht zu.

b) Kupfer-Nickel.

Infolge der guten Beständigkeit des Nickels erscheint die Verwendung dieses Metalles für Kupferlegierungen vielversprechend, und in der Tat sind die Kupfer-Nickellegierungen auch recht widerstandsfähig gegen Seewasser. Der Schutz, den sie durch Kupfer und andere Kupferlegierungen, z. B. Zinnbronze, erfahren, ist verhältnismäßig gering, dagegen sollen sie nach den angeführten Versuchen Diegels durch Eisen einen vollständigen Schutz erhalten. Je höher scheinbar der Nickelgehalt ist, um so mehr wird Kupfer bei seiner Schutzwirkung angegriffen.

c) Kupfer-Aluminium.

Die Aluminiumbronze soll nach den bereits oben angeführten Versuchen Diegels an Beständigkeit den Zinnbronzen nicht nachstehen. In Berührung mit diesen wird jedoch Aluminiumbronze angegriffen; es mag dies daher rühren, daß das Aluminium in der Spannungsreihe sehr nahe beim Zink steht, also ein ziemlich unedles Metall darstellt. Besteht die Legierung hauptsächlich aus Aluminium, z. B. nach Guillet[1]) aus 95% Al, 3,6% Cu, 0,5% Mg, 0,2% Fe und 0,4% Ag und ähnelt sie also dem Duralumin, so wird sie in destilliertem Wasser nur wenig angegriffen; im kaltgereckten Zustand soll sie beständiger sein als im ausgeglühten, wenn der Kochsalzgehalt der Lösung nur ungefähr 1% ist, während bei höheren Kochsalzgehalten (bis zu 10%) das gegenteilige Verhalten eintritt.

d) Aluminium-Nickel.

Hierüber liegen Versuche von Guillet[1]) vor; er fand, daß Aluminium mit einem Reinheitsgehalt von 99,2% durch destilliertes Wasser nicht ange-

---

[1]) Guillet, Ferrum, 1913/14, S. 117; Revue de Métallurgie, 1913, S. 769.

griffen wird. Sowie aber ein Nickelzusatz von mehr als 3 bis 5% hinzu-
kommt, tritt Korrosion ein; das gleiche gilt für Kochsalzlösungen bis 5%
Natriumchloridgehalt.

Aus den Angaben über die Angreifbarkeit der Metalle gegenüber chemischen Einflüssen ist der enge Zusammenhang mit der Konstitution zu erkennen.
Wagenmann[1]) formuliert folgende Gesetze für Zweistofflegierungen:

1. die chemische Widerstandsfähigkeit besitzt ein Maximum bei den
   Konzentrationen chemischer Verbindungen der Komponenten,
2. die chemische Widerstandsfähigkeit besitzt ein Maximum bei der
   Sättigungskonzentration fester Lösungen; zum mindesten tritt
   von der reinen Komponente aus häufig eine Steigerung der Widerstandsfähigkeit auf,
3. die chemische Widerstandsfähigkeit besitzt ein Minimum bei he-
   terogenen Gefügestrukturen, vor allen Dingen bei einem Eutektikum.

Im übrigen widerstreiten sich die Ergebnisse zahlreicher Forscher,
ein Beweis, daß das Korrosionsproblem noch seiner mit großen Schwierigkeiten verbundenen Lösung harrt.

---

[1]) Wagenmann, Metall und Erz, 1920, S. 406.

Autorenverzeichnis.

360

Sachverzeichnis.

362

364

Bücher über
Maschinenwesen und Gießerei

Gießerei und Schmiedetechnik

Deutsches Gießereitaschenbuch. Herausgegeben vom Verein Deutscher Eisengießereien. 493 S. kl. 8⁰. 1923.   Geb. M. 12.—

Die Gießerei. Zeitschrift für die Wirtschaft und Technik des Gießereiwesens. Herausgegeben vom Verein Deutscher Eisengießereien. Schriftleitung: Dr.-Ing. **Th. Gellenkirchen.** 11. Jahrg. 1924. Erscheint wöchentlich.   Vierteljährl. M. 4.50
Probenummern stehen auf Wunsch kostenlos zur Verfügung.

Gießerei-Handbuch. Herausgegeben vom Verein Deutscher Eisengießereien. 2. Auflage in Vorbereitung.

Die Schmiede und die Schmiede-Technik. Von **C. Oetling.** Bd. I. 671 S. Lex. 8⁰. 1920.
Brosch. M. 14.—; geb. M. 15.80

Die Elektro-Metallöfen. Von **E. F. Ruß.** 161 S. gr. 8⁰. 1922. Brosch. M. 7.50, geb. M. 9.—

Die Elektro-Stahlöfen. Von **E. F. Ruß.** 480 S. gr. 8⁰. 1924. Brosch. M. 14.—, geb. M. 15.50

Wärme-Kraftmaschinen

Zur Dampfturbinen-Theorie. Von **W. Deinlein.** 114 S. gr. 8⁰. 1909.   Geb. M. 4.—

Tabellen und Diagramme für Wasserdampf, berechnet aus der spezifischen Wärme. Von **O. Knoblauch, E. Raisch, H. Hausen.** 32 S. Lex. 8⁰. 1923.   Brosch. M. 2.40

Die Regelung der Ölmaschinen. Von **Fritz Modersohn.** 105 S. 8⁰. 1919. Brosch. M. 3.—

Thermodynamik der Turbomaschinen. Von **Guido Zerkowitz.** 181 S. gr. 8⁰. 1913.
Geb. M. 6.20

Schiffsmaschinen und Schiffbau

Der Schiffsmaschinenbau. Bd. I. Von **G. Bauer.** 766 S. Lex. 8⁰. 1923.
Brosch. M. 33.—, Halblw. M. 37.—, Lw. M. 39.—

Die Schiffsschraube und ihre Wirkung auf das Wasser. Von **Oswald Flamm.** 23 S. Lex. 8⁰. 1909.   Brosch. M. 10.—

Hilfstabellen zum raschen Entwerfen von Schiffsrissen. Von **C. Lazarus.** 18 S. gr. 8⁰. 1922.   Brosch. M. 1.20

Taschenbuch für Schiffsingenieure und Seemaschinisten. Von **E. Ludwig** und **E. Linder.** 3. Aufl. 514 S. kl. 8⁰. 1920.   Geb. M. 7.40

Kraftfahrzeuge

Vervollkommnung der Kraftfahrzeugmotoren durch Leichtmetallkolben. Von **Gabriel Becker.** 97 S. Lex. 8⁰. 1922.   Brosch. M. 6.—

Schnellastwagen mit Riesenluftreifen. Von **Gabr. Becker.** 44 S. gr. 8⁰. 1923. Brosch. M. 4.—

Erschütterungen schwerer Fahrzeugmotoren. Von **Fritz Huber.** 94 S. gr. 8⁰. 1920.
Brosch. M. 3.—

Kenntnis der Wechselwirkungen zwischen Radbereifungen und Fahrbahn. Von **C. Oetling.** 121 S. 8⁰. 1919.   Brosch. M. 3.50

Kältetechnik

Die Kompressions-Kältemaschine. Von **W. Koeniger.** 209 S. 8⁰. 1921. Brosch. M. 6.—

Neuere Kältemaschinen. Von **H. Lorenz** und **C. Heinel.** 6. Aufl. 413 S. 8⁰. 1922.
Brosch. M. 11.50; geb. M. 12.70

VERLAG R. OLDENBOURG / MÜNCHEN UND BERLIN

BÜCHER ÜBER MASCHINENWESEN UND GIESSEREI

Pumpen und Kompressoren

Untersuchungen und Neuerungen an Ventilkompressoren. Von **J. C. Breinl.** 116 S. gr. 8⁰.
1922.   Brosch. M. 4.50
Neue Theorie und Berechnung der Kreiselräder, Wasser- und Dampfturbinen, Schleuder-
pumpen und -gebläse, Turbokompressoren, Schraubengebläse und Schiffspropeller.
2. Aufl. Von **Hans Lorenz.** 162 S. gr. 8⁰. 1911.   Geb. M. 11.—

Wasserkraftanlagen

Neuere Wasserkraftanlagen in Norwegen. Von **E. Dubislav.** 182 S. gr. 8⁰. 1909.
                                                                      Brosch. M. 5.—
Berechnung und Entwerfen von Turbinen- und Wasserkraftanlagen und die Anwendung
des Turbinen-Rechenschiebers. Von **P. Holl.** 3. Aufl., besorgt von E. Glunk. 190 S.
gr. 8⁰. 1922.   Brosch. M. 6.50; geb. M. 8.—
Ertragreicher Ausbau von Wasserkräften. Von **Leiner.** 118 S. gr. 8⁰. 1920. Brosch. M. 5.90
Technische Hydromechanik. Von **H. Lorenz** (Lehrbuch der Technischen Physik, Bd. III).
522 S. 8⁰. 1910.   Geb. M. 15.80
Beitrag zur Kenntnis der Wassermessung mittels Meßschirms. Von **Viktor Mann.** 35 S. 4⁰.
1920.   Brosch. M. 1.50
Über Wasserkraftanlagen. Praktische Anleitung zu ihrer Projektierung, Berechnung und
Ausführung. Von **Ferd. Schlotthauer.** 3. Aufl. 107 S. 1923.
                                               Brosch. M. 2.50; geb. M. 3.50
Neue Grundlagen der technischen Hydrodynamik. Von **L. W. Well.** 224 S. 8⁰. 1920.
                                               Brosch. M. 6.50; geb. M. 7.70
Hydromechanik der Druckrohrleitungen. Von **Richard Winkel.** 101 S. 8⁰. 1919.
                                                                      Brosch. M. 3.—

Spezialmaschinen

Das Trocknen und die Trockner. Von Otto Marr †. Bearbeitet von **Karl Reyscher.**
4. Aufl. 538 S. 8⁰. 1923.   Brosch. M. 12.50; geb. M. 13.70
Leitfaden für den Ziegeleimaschinenbetrieb. Von **Richard Pantzer** und **Richard Galke.**
408 S. 8⁰. 1910.   Geb. M. 9.—
Die Baumwollspinnerei. Von **Wm. Scott Taggart.** Übersetzt und erweitert von Wilh.
Bauer. Bd. I. Berechnungen. 339 S. 8⁰. 1914.   Geb. M. 10.50

Werkzeuge, Maschinenelemente

Kugel- u. Walzenlager in Theorie u. Praxis. Von **Paul Haupt.** 203 S. 8⁰. 1920. Brosch. M. 4.50
Die Preßluftwerkzeuge, ihre Anwendung und ihr Nutzen.   Von **Erich C. Kroening.**
2. Aufl. 299 S. gr. 8⁰. 1922.   Brosch. M. 8.—; geb. M. 9.50
Automatische Registrierwagen. Bearbeitet von **O. Tauchnitz.** 130 S. gr. 8⁰. 1913.
                                                                      Geb. M. 7.—
Versuchsergebnisse des Versuchsfeldes für Maschinenelemente der Technischen Hochschule
zu Berlin. Lex. 8⁰
  Heft 1: Dehnungsmessung an laufenden Riemen. Von **Georg Steinmetz.** 20 S.
    1917.   Brosch. M. 1.—
  Heft 2: A. Entstehung der Lagerversuche. Von O. **Kammerer.** B. Durchführung
    der Lagerversuche. Von **Georg Welter** und **Gerold Weber.** 73 S. 1920.
                                                                      Brosch. M. 3.60
  Heft 3/4: I. Krankheiten der Zahnräder an Straßenbahnwagen. Von O. **Kammerer.**
    II. Versuche mit schnellaufenden Riemenscheiben.   Von **A. Markmann.**
    36 S. 1923.   Brosch. M. 4.—
  Heft 5: Versuche mit Fangvorrichtungen an Aufzügen. Von **G. Weber.** 36 S.
    1923.   Brosch. M. 3.20

VERLAG R. OLDENBOURG ╱ MÜNCHEN UND BERLIN